中国农业标准经典收藏系列

最新中国农业行业标准

第十二辑

植保分册

农业标准编辑部 编

中国农业出版社

编 委 会

主　编：刘　伟

副主编：冀　刚　杨桂华

编　委（按姓名笔画排序）：

刘　伟　李文宾　杨桂华

杨晓改　廖　宁　冀　刚

出 版 说 明

　　近年来，农业标准编辑部陆续出版了《中国农业标准经典收藏系列·最新中国农业行业标准》，将 2004—2014 年由我社出版的 3 300 多项标准汇编成册，共出版了 11 辑，得到了广大读者的一致好评。无论从阅读方式还是从参考使用上，都给读者带来了很大方便。为了加大农业标准的宣贯力度，扩大标准汇编本的影响，满足和方便读者的需要，我们在总结以往出版经验的基础上策划了《最新中国农业行业标准·第十二辑》。

　　本次汇编对 2015 年出版的 339 项农业标准进行了专业细分与组合，根据专业不同分为种植业、畜牧兽医、植保、农机、综合和水产 6 个分册。

　　本书收录了病虫害测报、虫害综合防治技术、抗病性鉴定、农药田间药效试验准则、低温冷害遥感监测等方面的农业行业标准 51 项。并在书后附有 2015 年发布的 7 个标准公告供参考。

　　特别声明：

　　1. 汇编本着尊重原著的原则，除明显差错外，对标准中所涉及的有关量、符号、单位和编写体例均未做统一改动。

　　2. 从印制工艺的角度考虑，原标准中的彩色部分在此只给出黑白图片。

　　3. 本辑所收录的个别标准，由于专业交叉特性，故同时归于不同分册当中。

　　本书可供农业生产人员、标准管理干部和科研人员使用，也可供有关农业院校师生参考。

农业标准编辑部

2016 年 10 月

目 录

附录

ICS 65.020
B 16

NY

中华人民共和国农业行业标准

NY/T 60—2015
代替 NY/T 60—1987

桃小食心虫综合防治技术规程

Rules for integrated control of the peach fruit moth
(*Carposina sasakii* Matsumura)

2015-02-09 发布

2015-05-01 实施

中华人民共和国农业部 发布

前　言

本标准按照 GB/T 1.1—2009 给出的规则起草。

本标准代替 NY/T 60—1987《桃小食心虫防治标准》。与 NY/T 60—1987 相比，主要技术变化如下：

——增加了防治原则、农业防治、物理防治和生物防治技术；

——增加了化学防治对象、防治适期和施药方法，修订了药剂种类。

本标准由农业部种植业管理司提出并归口。

本标准起草单位：山西省农业科学院植物保护研究所、全国农业技术推广服务中心、中国农业科学院果树研究所。

本标准主要起草人：赵飞、李萍、李捷、刘中芳、赵中华、王强、马春森、王洪平、李丽莉、张怀江、曹天文、郭晓君、杜凤沛、范仁俊、郭瑞峰。

本标准的历次版本发布情况为：

——NY/T 60—1987。

桃小食心虫综合防治技术规程

1 范围

本标准规定了桃小食心虫（*Carposina sasakii* Matsumura）综合防治的术语和定义、防治原则和防治技术。

本标准适用于苹果园中桃小食心虫的防治，其他果园桃小食心虫的防治可参照执行。

2 规范性引用文件

下列文件对于本文件的应用是必不可少的。凡是注日期的引用文件，仅注日期的版本适用于本文件。凡是不注日期的引用文件，其最新版本（包括所有的修改单）适用于本文件。

GB 4285 农药安全使用标准

GB/T 8321 农药合理使用准则

GB/T 17980.65 农药田间药效试验准则（二） 第 65 部分：杀虫剂防治苹果桃小食心虫

NY/T 1610 桃小食心虫测报技术规范

NY/T 5012 无公害食品 苹果生产技术规程

3 术语和定义

下列术语和定义适用于本文件。

3.1

性信息素 sex pheromone

昆虫成虫分泌和释放的、对同种异性个体有引诱作用的信息化学物质。

3.2

性诱剂 sex attractant

昆虫成虫分泌的引诱异性的信息素，或人工合成的有类似效应的化合物。

3.3

卵果率 rate of fruits infected with eggs

有卵果数占调查总果数的百分率。

4 防治原则

4.1 按照"预防为主、综合防治"的植保方针，贯彻"公共植保、绿色植保"的理念，坚持农业防治、物理防治、生物防治和化学防治相结合的原则。其中，化学防治根据桃小食心虫在土壤中结茧越冬和幼虫在树上蛀果为害的特点，在越冬幼虫出土期和成虫发生高峰期采取以地面防治为主、树上防治为辅的防治措施。桃小食心虫分类地位与形态特征参见附录 A。

4.2 农药施用应按照 GB 4285、GB/T 8321、GB/T 17980.65 和 NY/T 5012 的规定执行。

4.3 禁止使用剧毒、高毒、高残留农药和致畸、致癌、致突变农药。在果树上禁用的药剂名单见附录 B。

5 防治技术

5.1 农业防治

5.1.1 合理安排种植结构

建园时应连片种植单一水果种类,避免苹果、枣和山楂等果树混栽。

5.1.2 深翻灌水

果树落叶后至土壤封冻前,将树冠下土壤深翻20 cm～30 cm。深翻后,应在气温－3℃～10℃时对果园进行灌溉,以改变土壤的环境条件,破坏害虫的越冬场所。

5.1.3 捡拾落果

幼虫脱果期间,及时收集田间被害虫果、烂果、落地果,并集中深埋。深埋的深度在45 cm以上。

5.2 物理防治

5.2.1 果实套袋

在谢花后20 d～40 d苹果幼果期,对果实进行套袋保护。套袋前,应喷药一次,防止病虫为害果实。套袋时,应注意扎紧袋口。

5.2.2 树盘覆膜

在桃小食心虫越冬幼虫出土前,在树冠覆盖范围内覆盖地膜或园艺地布,中心与树干接合处用绳子扎在树干基部,薄膜边缘和接缝处用土压紧,消灭出土幼虫、蛹和防止越冬成虫飞出。

5.2.3 设置化蛹场所诱捕

在幼虫出土和脱果前,清除树盘内的杂草及其他覆盖物,整平地面,堆放石块诱集幼虫,然后随时捕杀。

5.3 生物防治

5.3.1 昆虫病原真菌

苹果谢花后,于越冬幼虫出土初期,选用100亿孢子/g金龟子绿僵菌可湿性粉剂3 000倍～4 000倍或80亿孢子/g白僵菌粉剂3 000倍喷洒树盘地面。施后覆草。覆草种类可选择各种作物的秸秆、杂草等,覆草厚度15 cm～20 cm。

5.3.2 昆虫病原线虫

苹果谢花后,于越冬幼虫出土初期,结合降雨和浇灌,每666.7 m²果园土壤中施放1亿条异小杆线虫等昆虫病原线虫种类,可杀灭出土和脱果幼虫以及蛹。线虫先配制成悬浮液,后用机动喷雾器均匀喷施或浇灌时冲施。

5.3.3 性诱剂诱杀

第2次生理落果后至果实采收前,利用桃小食心虫标准性诱芯制成水盆诱捕器或粘胶诱捕器对雄成虫进行诱杀。每个诱捕器中放置1个诱芯,活性组分含量1.0 mg/个,每30 d～45 d更换1次。每666.7 m²等距离悬挂诱捕器5个～8个,诱捕器悬挂于果树背阴面、树冠外围开阔处,高度1.5 m左右。水盆诱捕器选用硬质塑料盆,直径20 cm～25 cm,性诱芯用细铁丝固定在水盆中央,距水面0.5 cm～1 cm;当液面下降到2 cm时,要及时添加0.1%洗衣粉水。粘胶诱捕器中的性诱芯固定在粘胶板的中央,注意适时更换粘胶板。应及时清除虫尸和杂物。

5.4 化学防治

5.4.1 地面化学防治

5.4.1.1 防治对象

越冬幼虫和蛹。

5.4.1.2 防治适期

在上年桃小食心虫虫果率达到5%以上的果园,自苹果谢花后开始调查越冬幼虫出土数量或采用性诱剂监测田间成虫消长动态,当连续3 d发现幼虫出土或性诱剂诱捕器诱到第1头成虫时,开展地面化学防治。越冬幼虫出土调查方法和性诱剂监测田间成虫消长动态的方法按照NY/T 1610的有关要求执行。

5.4.1.3 施药方法

采用喷雾或撒施方式。

5.4.1.4 药剂及制剂用量

选用35%辛硫磷微胶囊剂300倍液～400倍液或40%毒死蜱乳油300倍液～500倍液均匀喷于树盘地面，或将药剂喷于细土上，吸附、拌匀后撒施。每666.7 m² 使用制剂500 mL。施药范围应超出树冠垂直投影范围。

5.4.2 树上化学防治

5.4.2.1 防治对象

卵、初孵幼虫和成虫。

5.4.2.2 防治指标

自苹果第2次生理落果后开始，采用性诱剂监测田间成虫消长动态。当单个诱捕器日均诱蛾量达到5头及以上、调查卵果率达到0.5%～1.0%时，即开展树上化学防治。性诱剂监测田间成虫消长动态及卵果率调查的方法按照NY/T 1610的有关要求执行。

5.4.2.3 施药方法

采用喷雾方式。

5.4.2.4 药剂及制剂用量

选用高效、低毒、低残留的药剂，如：4.5%高效氯氰菊酯乳油1 000倍液～2 000倍液或25 g/L溴氰菊酯悬浮剂1 500倍液～2 000倍液或40%毒死蜱乳油1 500倍液～2 000倍液或35%氯虫苯甲酰胺水分散粒剂7 000倍液～10 000倍液等进行喷雾防治。桃小食心虫发生严重的果园，可间隔7 d～10 d后再喷第2次。喷雾后如遇降雨影响防治效果，应进行补喷。苹果园防治桃小食心虫常用化学农药种类、每年最多使用次数及安全间隔期等参见附录C。

附　录　A

（资料性附录）

桃小食心虫分类地位与形态特征

A.1　分类地位

桃小食心虫（*Carposina sasakii* Matsumura），属鳞翅目（Lepidoptera）果蛀蛾科（Carposinidae），又叫桃蛀果蛾，简称"桃小"，是我国北方果区最重要的果实害虫之一，除苹果、梨外，还为害山楂、枣、桃、杏和李等果实。

A.2　形态特征

A.2.1　成虫

全身淡灰褐色，雌虫体长 7 mm～8 mm，翅展 16 mm～18 mm，雄虫略小。前翅中央近前缘处有一蓝黑色的近似三角形大斑，翅基部至中部有 7 簇褐色斜立的鳞片丛，后翅灰色。雌蛾触角丝状，下唇须长而直并向前伸。雄蛾触角栉齿状，下唇须短而上翘。

A.2.2　卵

红色，近孵化时呈暗红色，椭圆形，长 0.4 mm～0.41 mm，宽 0.31 mm～0.36 mm，表面密布椭圆形纹，顶端环生 2 圈～3 圈"丫"状刺。

A.2.3　幼虫

初孵幼虫淡黄白色，老熟幼虫桃红色，体长 13 mm～16 mm，头及前胸背板暗褐色，前胸 K 毛群有 2 根刚毛，腹足趾钩排成单序环，无臀栉。

A.2.4　茧

有夏茧和冬茧两种。冬茧也叫越冬茧，呈扁圆形，长 4.5 mm～6.2 mm，宽 3.2 mm～5.2 mm，质地紧密，包被老龄休眠幼虫；夏茧呈纺锤形，长 7.8 mm～9.9 mm，宽 3.2 mm～5.2 mm，质地疏松，一端有羽化孔，包被蛹体。

A.2.5　蛹

刚化蛹黄白色，近羽化时灰黑色，长 6.5 mm～8.6 mm，蛹壁光滑无刺。

附　录　B

（规范性附录）

果树上禁止使用的农药种类

根据中华人民共和国农业部公告（第 199 号），中华人民共和国农业部公告（第 322 号），国家发展和改革委员会、农业部、国家工商行政管理总局、国家质量监督检验检疫总局、国家环保总局、国家安全监督总局《关于停止甲胺磷等五种高毒农药的生产、流通和使用的公告》（2008 年第 1 号），农业部、工业和信息化部、环境保护部、国家工商行政管理总局、国家质量监督检验检疫总局《关于进一步禁用和淘汰部分高毒农药的通知》（第 1586 号）的规定，果树上禁止使用下列农药：六六六、滴滴涕、毒杀芬、二溴氯丙烷、杀虫脒、二溴乙烷、除草醚、艾氏剂、狄氏剂、汞制剂、砷、铅类、敌枯双、氟乙酰胺、甘氟、毒鼠强、氟乙酸钠、毒鼠硅、甲胺磷、甲基对硫磷、对硫磷、久效磷、磷胺、甲拌磷、甲基异柳磷、特丁硫磷、甲基硫环磷、治螟磷、内吸磷、克百威、涕灭威、灭线磷、硫环磷、蝇毒磷、地虫硫磷、氯唑磷、苯线磷、磷化钙、磷化镁、磷化锌、硫线磷、灭多威、硫丹。

附　录　C

（资料性附录）

苹果园桃小食心虫防治常用化学农药

苹果园桃小食心虫防治常用化学农药见表C.1。

表 C.1　苹果园桃小食心虫防治常用化学农药

序　号	农药名称	剂型及含量	稀释倍数,倍	每年最多使用次数,次	安全间隔期,d
1	溴氰菊酯	25 g/L悬浮剂	1 500～2 000	3	5
2	高效氯氟氰菊酯	25 g/L乳油	4 000～5 000	2	21
3	氰戊菊酯	20%乳油	2 000～4 000	3	14
4	氯虫苯甲酰胺	35%水分散粒剂	7 000～10 000	3	15
5	毒死蜱	40%乳油	1 500～2 000	1	28
6	高效氯氰菊酯	4.5%乳油	1 000～2 000	3	21
7	阿维菌素	1.8%乳油	2 000～4 000	2	14
8	联苯菊酯	100 g/L乳油	3 000～5 000	3	10
9	除虫脲	25%可湿性粉剂	1 000～2 000	3	21
10	辛硫磷	40%乳油	1 000～2 000	4	7

ICS 65.020
B 16

NY

中华人民共和国农业行业标准

NY/T 1089—2015
代替 NY/T 1089—2006

橡胶树白粉病测报技术规程

Technical procedure for forecasting the powdery mildew of rubber tree

2015-10-09 发布

2015-12-01 实施

中华人民共和国农业部 发布

前　言

本标准按照 GB/T 1.1—2009 给出的规则起草。

本标准代替 NY/T 1089—2006《橡胶树白粉病测报技术规程》，与 NY/T 1089—2006 相比，除编辑性修改外，主要技术变化如下：

——将均匀级差指标修订为不均匀级差，重点放在落叶量大于 60% 以后落叶情况的分级（见表 B.1，2006 年版表 A.1）；

——将橡胶树白粉病的病情级别和判断标准修订为 0、1、3、5、7、9 级别（见表 B.5，2006 年版表 A.5）；

——增加了云南植胶区橡胶树白粉病流行强度预测方法（见表 3）；

——增加了隔行连株法（见附录 A）。

本标准由中华人民共和国农业部提出。

本标准由农业部热带作物及制品标准化技术委员会归口。

本标准起草单位：海南大学、中国热带农业科学院环境与植物保护研究所、云南省热带作物科学研究所。

本标准主要起草人：郑服丛、张宇、贺春萍、郑肖兰、周明、梁艳琼。

本标准的历次版本发布情况为：

——NY/T 1089—2006。

橡胶树白粉病测报技术规程

1 范围

本标准规定了橡胶树白粉病测报的术语和定义、测报网点建设与管理、测报数据的收采集和统计方法、流行强度和流行区的划分、测报等技术方法。

本标准适用于我国植胶区橡胶树白粉病的测报。

2 规范性引用文件

下列文件对于本文件的应用是必不可少的。凡是注日期的引用文件，仅注日期的版本适用于本文件。凡是不注日期的引用文件，其最新版本（包括所有的修改单）适用于本文件。

NY/T 2263—2012　橡胶树栽培学　术语

3 术语和定义

下列术语和定义适用于本文件。

3.1

橡胶树白粉病　powdery mildew of rubber tree

由橡胶树粉孢（*Oidium heveae* Steinm）侵染引起的一种真菌性病害，造成橡胶树不正常落叶或叶片组织坏死。

3.2

越冬期　over-wintering period

橡胶树衰老叶片开始变黄落叶并进入暂时休眠状态时至开始萌动时的时段。

3.3

抽芽期　budding period

橡胶树开始萌动时至新芽转变为古铜颜色小叶片时的时段。

3.4

古铜期　period of brown leaves

橡胶树新长出古铜颜色小叶片时至古铜颜色小叶片开始转变为淡绿色时的时段。

3.5

淡绿期　period of green leaves

橡胶树新长出的古铜色叶片开始转为淡绿色时至淡绿色叶片开始转变为老熟稳定叶片时的时段。

3.6

老叶期　period of mature leaves

橡胶树新长出的淡绿色叶片转变为绿色、浓绿色，叶面具光泽，挺直稳定以后的时段。

3.7

物候状态　phenological status

橡胶树所处的物候阶段，包括越冬落叶、抽新芽、古铜色叶片、淡绿叶片和老化稳定叶片等5个阶段。单株橡胶树指该树树冠上大多数枝条所处的物候阶段。单个橡胶林段指该林段中大多数橡胶植株所处的物候阶段。

3.8

越冬老叶 aged leaves during over-wintering

在冬春季节萌动长新叶期间,残存在橡胶树树冠上的正常老化叶片。

3.9

冬嫩梢 new twigs during over-wintering

橡胶树在进入越冬期仍处于嫩叶阶段的枝条。

3.10

越冬菌量 inoculation quantity before over-wintering

橡胶林中进入抽芽期的植株达到5%时,残存在橡胶树和苗圃的白粉病菌数量。

3.11

林段 stands

橡胶树种植生产的基本作业土地单元。

[NY/T 2263—2012,定义 3.3.28]

3.12

病害始见期 time of disease first appearance

橡胶树在冬春季节新叶抽出期间,在叶芽或叶片上出现肉眼可观察到的白粉病病斑的日期。

4 测报网点建设和管理

4.1 测报网点由监测站和固定观察点组成

4.2 监测站建设和管理

4.2.1 在橡胶树主栽区内,每个市县设立1个监测站。每个监测站设立不少于3个监测点,并配备相应人员和设备。

4.2.2 监测站应有具体的挂靠单位。各省(自治区)的橡胶生产主管部门为监测站的业务主管部门。

4.2.3 监测站负责将所辖地区每期的观察结果规范整理和报送。

4.3 固定观察点设置和管理

4.3.1 在监测站辖区内,根据地形地貌、微气候、橡胶树品系、树龄、长势、往年白粉病发生等情况选择有代表性的橡胶林段,作为固定观察点。

4.3.2 每个监测站内的固定观察点数目根据监测站辖区内橡胶树栽培面积大小、地形地貌和微气候的复杂性等具体情况而定,不少于2个观察点。

4.3.3 固定观察点的橡胶树应不少于220株。采用隔行连株法(见图 A.1)选择100株树进行编号,用于进行物候和白粉病病情的系统观察。

4.3.4 一个监测站内设一定面积林段不进行白粉病防治的空白对照区。

4.3.5 每个固定观察点应有1名监测员负责白粉病的系统观察。

4.3.6 固定观察点的系统观察数据汇总到监测站。

5 测报数据采集和统计方法

5.1 橡胶树物候状态调查和统计

5.1.1 越冬落叶调查

在固定观察点的橡胶树约有5%的植株进入抽芽期时,进行1次越冬落叶的调查。方法:按表 B.1的分级,用目测法对固定观察点中编号的每株橡胶树进行观测,记录每株树的落叶级别。调查结果汇总并填入表 C.2 的相应栏目中。

5.1.2 落叶指数统计

橡胶树落叶程度用落叶指数计量,以株为单位,按式(1)计算。

$$N_0 = \frac{\sum (N_1 \times N_2)}{N_3 \times 4} \times 100 \quad\cdots\cdots\cdots\cdots\cdots\cdots\cdots\cdots\cdots\cdots\cdots\cdots\cdots\cdots (1)$$

式中:

N_0——落叶指数;

N_1——各落叶级别株数;

N_2——落叶级值(从表 B.1 中查取);

N_3——调查总株数。

5.1.3 橡胶树新抽叶片物候调查

在固定观察点的橡胶树约有 5% 的植株进入抽芽期时开始,直至该固定观察点橡胶树植株有 75% 进入老叶期时为止,每隔 3 d～4 d 调查 1 次。新抽叶片的物候分级按表 B.2 进行。每次观测结果填入表 C.2 的相应栏目中。

5.1.4 抽叶率统计

以橡胶树植株数为单位,用式(2)计算。

$$N_4 = \frac{N_5 + N_6 + N_7 + N_8}{N_3} \times 100 \quad\cdots\cdots\cdots\cdots\cdots\cdots\cdots\cdots\cdots\cdots\cdots\cdots (2)$$

式中:

N_4——抽叶率,单位为百分率(%);

N_5——树冠上处于抽芽期的枝条占大多数的橡胶植株数;

N_6——树冠上处于古铜期的枝条占大多数的橡胶植株数;

N_7——树冠上处于淡绿期的枝条占大多数的橡胶植株数;

N_8——树冠上处于老化稳定期的枝条占大多数的橡胶植株数。

5.1.5 落叶程度划分

在固定观察点的橡胶树约有 5% 的植株进入抽芽期时进行类型的划分。划分按表 B.3 的要求。

5.2 越冬菌量的调查和统计

5.2.1 在固定观察点的橡胶树约有 5% 的植株进入抽芽期时调查一次。

5.2.2 越冬老叶病情调查和统计

在固定观察点中编好号的植株中随机选取 20 株橡胶树,每株随机取两蓬仍然有生理功能的老叶,从每蓬叶顶端随机摘取 5 片复叶的中间一片小叶,共 200 片。

越冬老叶病情以发病率衡量,按式(3)计算。

$$N_9 = \frac{N_{10}}{N_{11}} \times 100 \quad\cdots\cdots\cdots\cdots\cdots\cdots\cdots\cdots\cdots\cdots\cdots\cdots\cdots\cdots\cdots (3)$$

式中:

N_9——越冬老叶发病率,单位为百分率(%);

N_{10}——有病叶片数;

N_{11}——调查总叶片数。

调查和统计结果填入表 C.1。

5.2.3 冬嫩梢数量调查方法及发病率计算

在固定观察点植株中随机选取 50 株橡胶树,计数和记录树冠上所有的冬嫩梢条数。根据冬嫩梢的多寡决定进一步操作:如果冬嫩梢条数少于或等于 10 条,则用高枝剪全部剪取;如果冬嫩梢多于 10 条,则从中随机剪取 10 条。剪下冬嫩梢后,将所有中间小叶摘下,检查和记录有白粉病的中间小叶,并根据式(4)计算。

$$N_{12} = \frac{N_{10}}{N_{13}} \times 100 \quad\cdots\cdots\cdots\cdots\cdots\cdots\cdots\cdots\cdots\cdots\cdots\cdots\cdots\cdots\cdots\cdots \quad (4)$$

式中：

N_{12}——冬嫩梢发病率，单位为百分率（%）；

N_{13}——中间小叶总数。

调查和统计结果填入表 C.1。

5.2.4 越冬菌量计算

橡胶树白粉病的越冬菌量按式(5)计算。

$$N_{14} = (1 - N_0) \times N_9 + 50N_{15} \times N_{12} \quad\cdots\cdots\cdots\cdots\cdots\cdots\cdots\cdots \quad (5)$$

式中：

N_{14}——越冬菌量；

N_{15}——50 株树的冬嫩梢总数。

5.3 新抽叶片病情调查和统计

5.3.1 叶片病情调查和统计

在固定观察点的橡胶树约有 5% 的植株进入古铜期时开始，直至 75% 进入老叶期时为止，每隔 3 d~4 d 调查 1 次。随机选取 20 株，每株橡胶树冠上随机剪取 20 蓬叶，每蓬叶从下往上取 5 复叶中摘取 5 片中间小叶，共 100 片中间小叶，按照表 B.4 的标准对白粉病进行分级，并按式(6)和式(7)计算病情。

$$N_{16} = \frac{\sum (N_{17} \times N_{18})}{N_{11} \times 9} \times 100 \quad\cdots\cdots\cdots\cdots\cdots\cdots\cdots\cdots\cdots \quad (6)$$

式中：

N_{16}——病情指数；

N_{17}——各级病叶数；

N_{18}——相应病级值（从表 B.4 中查取）。

发病率按式(7)计算。

$$N_{19} = 100 - N_{20} \quad\cdots\cdots\cdots\cdots\cdots\cdots\cdots\cdots\cdots\cdots\cdots\cdots\cdots\cdots\cdots\cdots \quad (7)$$

式中：

N_{19}——发病率，单位为百分率（%）；

N_{20}——病级值为 0 的叶片数。

调查和统计结果填入表 C.3。

5.3.2 整株病情调查和统计

在固定观察点编号的橡胶树植株全部进入老叶期时调查 1 次。方法：按照表 B.5 的标准，目测观察并记录所有编号的植株的白粉病病情。调查结果按式(8)计算。

$$N_{21} = \frac{\sum (N_{22} \times N_{18})}{N_3 \times 9} \times 100 \quad\cdots\cdots\cdots\cdots\cdots\cdots\cdots\cdots\cdots \quad (8)$$

式中：

N_{21}——整株病情指数；

N_{22}——各级病株数。

调查和统计结果填入表 C.4。

5.4 总发病率计算

橡胶树白粉病的总发病率按式(9)计算。

$$N_{23} = N_{19} \times N_4 \times 100 \quad\cdots\cdots\cdots\cdots\cdots\cdots\cdots\cdots\cdots\cdots\cdots\cdots \quad (9)$$

式中：

N_{23}——总发病率，单位为百分率（%）。

5.5 空中孢子捕捉方法和计算

将孢子捕捉器安装在固定观察点的橡胶树林段边缘，高度以该林段的橡胶树树冠中部为宜。从橡胶树抽芽率5%开始，至第一次橡胶树白粉病防治行动时止。每天在14:00和16:00将涂抹有凡士林的载玻片安放到孢子捕捉器中，开动孢子捕捉器，转动10 min后取出载玻片，根据橡胶树白粉病的孢子形态特征，在生物显微镜用低倍视野检查，观察、记录每个视野的孢子数，换算成每个载玻片的孢子数量。取每天2次的观察结果的平均值。

如果遇上大风和下雨等异常天气，应提前或推后1 h~2 h进行孢子收集。

5.6 气象资料收集和统计

监测站应系统收集当地橡胶树白粉病流行期间的气象资料。包括日最高温、日最低温、日均温、日均相对湿度和日降水量等。如果所在地附近有气象观测站，可利用该气象观测站的气象数据。否则，应按照气象部门的标准方法和度量进行观察记录有关气象资料。

6 流行强度划分

根据未防治橡胶树整株病情，将橡胶树白粉病流行强度按表B.6的标准划分为4个等级。

7 流行区类型划分

根据历年来橡胶树白粉病的发生、流行强度，将我国橡胶植胶区划分为表B.7所列的三个白粉病流行区。

8 橡胶树白粉病测报

8.1 中期预测

8.1.1 定量方法

利用历年积累的越冬菌量、物候和气象资料等为自变量，以最终病情为因变量，采取多元回归分析方法或拟合逻辑斯蒂增长曲线[式(10)]的方法，建立橡胶树白粉病的测报数学模式。

$$\chi_t / (1 - \chi_t) = \chi_0 \cdot e^{rt} / (1 - \chi_0) \quad\cdots\cdots\cdots\cdots\cdots\cdots\cdots\cdots\cdots\cdots\cdots (10)$$

式中：

t ——测报当天到目标日期的天数；

χ_t ——t日后的病情；

χ_0 ——测报当天的病情，可以是病情指数或发病率；

e ——自然对数底数；

r ——白粉病的病情日增长量。

海南和广东植胶区的橡胶树白粉病，可按表1中的数学模式进行预测。

表1 海南和广东植胶区橡胶树白粉病流行测报数学模式

地区	数学模式
海南东部地区	$Y = 87.6 - 0.43X_1 - 0.75X_3$
海南南部地区	$Y = 114.3 - 0.79X_1 - 0.325X_4 + 0.024X_5$
海南西部地区	$Y = 27.6 - 0.33X_4 + 1.15X_7$
海南中部地区	$Y = 65.8 - 0.5X_1 + 0.26X_2$
广东西部地区	$Y = 71.2 - 0.72X_1 + 4.72X_2 - 0.88X_3 + 2.2X_6$

表 1 （续）

式中：

Y ——当年橡胶树白粉病最终病情指数；

X_1 ——橡胶树越冬落叶量；

X_2 ——越冬菌量；

X_3 ——5%抽芽期。海南东部以1月20日为0，中部以1月15日为0，向后推算，每顺延1 d加1；

X_4 ——12月和1月的雨量；

X_5 ——12月平均温度；

X_6 ——2月中旬平均温度；

X_7 ——橡胶树越冬期存叶量。

有孢子捕捉设备的，可以根据式(11)进行测报。

$$Y = 67.5 - 0.46X \quad\cdots\cdots\cdots\cdots\cdots\cdots\cdots\cdots\cdots\cdots\cdots\cdots\cdots\cdots\cdots\cdots\cdots\cdots (11)$$

式中：

X ——平均每载玻片的孢子个数。

8.1.2 定性方法

海南和广东植胶区可以根据表2，云南植胶区可以根据表3，对当年橡胶树白粉病是否流行做出判断。

表 2　海南和广东植胶区橡胶树白粉病流行趋势预测表

序号	流行因素	预测
1	从1月中下旬开始至2月中旬，平均温度在17℃以上	可能会流行，但是否流行取决于后续的天气、橡胶的物候进程和越冬菌量
2	序号1的流行因素，且橡胶树在2月中旬以前抽芽，抽芽参差不齐，抽芽率在5%左右时越冬落指数在60%以下	重病或大流行
3	在病害易发区，抽芽率在5%左右时越冬落指数在60%以下且越冬老叶病叶率0.1%以上，病害始见期出现在未展开的小古铜叶期	重病或大流行
4	序号1的流行因素，且气象预报2月下旬至3月中旬平均温度18℃～21℃或同期有12 d以上的冷空气影响，平均温度12℃～20℃，极端低温8℃以上	重病或大流行
5	海南省西部、中部、北部及广东省粤西地区，除参考上述指标外，如果预报2月下旬至4月上旬共有18 d以上的冷空气天气（温度指标同序号4）	重病或大流行

表 3　云南植胶区橡胶树白粉病流行强度预测表

嫩叶期温度条件			抽叶整齐度	预测
抽叶至古铜叶期	变色期	淡绿叶至老化叶量90%以上		
最高温由30℃左右持续上升到32℃以上；或最低温10℃以下，最高温多为29℃以上或最高温多为30℃～32℃	最高温由32℃左右持续上升到33℃以上；或出现3d～5d最高温29℃以下天气，以后最高温又迅速回升到32℃以上	最高温由32℃左右持续上升到33℃以上	整齐或不整齐	轻度流行
		最高温30℃～36℃，多为33℃以上	整齐或不整齐	中度流行
		最高温多为32℃以下	整齐或不整齐	特大流行
	古铜叶盛期至变色期持续出现3d～5d最高温29℃以下天气，后迅速回升到32℃以上；最高温多为30℃～32℃	最高温由32℃迅速回升到34℃以上；或最高温31℃～36℃，多为33℃以上	整齐	中度流行
			不整齐	大流行
		最高温30℃～36℃，多为33℃左右	整齐或不整齐	大流行
		最高温多为33℃以下	整齐或不整齐	特大流行
		最高温回升到33℃以上后又出现2 d～3 d最高温32℃以下天气	整齐	中度流行
			不整齐	大流行

表 3 （续）

嫩叶期温度条件			抽叶整齐度	预　测
抽叶至古铜叶期	变色期	淡绿叶期至老化叶量 90％以上		
最高温多为 29℃以 下，最低温多为 10℃ 以上	最高温多为 29℃以下	最高温多持续在 34℃以上	整齐	中度流行
			不整齐	大流行
		最高温多为 34℃以下	整齐或不整齐	特大流行
	最高温多为 32℃以上	最高温多持续在 34℃以上	整齐或不整齐	中度流行
		最高温升到 33℃以上后又出现 2d～ 3d 低于 32℃天气	整齐或不整齐	大流行
		最高温多为 32℃以下	整齐或不整齐	特大流行
	最高温多为 32℃以下	最高温多为 33℃以上	整齐或不整齐	特大流行
		最高温多为 33℃以下	整齐或不整齐	特大流行
	最高温多为 29℃以下	最高温多为 33℃以上	整齐或不整齐	特大流行
		最高温多为 33℃以下	整齐或不整齐	特大流行

8.2 短期预测

8.2.1 总发病率法

从 5％橡胶树植株抽芽时开始到 75％植株新叶老化时止，每隔 3 d～4 d 调查一次白粉病病情和橡胶树物候。调查方法：对固定观察点中编号的 100 株橡胶树，按各物候期分级标准，用目测法逐株查看和记录每株物候期，如树冠中有多种物候期，则以占多数的物候为该株物候期。将调查结果填入表 C.2，按式（2）计算抽叶率。然后按各物候比例，用高枝剪在固定观察点中剪取不同物候期的新叶 40 蓬，例如，物候比例为古铜：淡绿：老化＝5：4：1，则剪取的叶片为古铜叶 20 蓬、淡绿叶 16 蓬、老化稳定叶 4 蓬。剪下叶蓬后，从每蓬叶中随机摘取顶端展开的 5 片复叶的中间一片小叶，共 200 片，逐片观察有无白粉病病斑，统计病叶率（病叶数除以 2），并根据抽叶率和病叶率，按式（9）计算总发病率。

总发病率法的判断标准见表 4。

表 4　橡胶树白粉病总发病率法短期预测表

判断 序号	判断条件			预　测
	总发病率(x)，％	抽叶率(N_4)，％	其他条件	
1	3＜x≤5	N_4≤20	没有低温阴雨或冷空气	在 4 d 内对固定观察点代表区内橡胶林全面喷药
		20＜N_4≤50	没有低温阴雨或冷空气	在 3 d 内对固定观察点代表区内橡胶林全面喷药
		50＜N_4≤85	没有低温阴雨或冷空气	在 5 d 内对固定观察点代表区内橡胶林全面喷药
2	≤3	N_4≥86	没有低温阴雨或冷空气	不用全面喷药，但 3 d 内对固定观察点代表区内物候进程较晚的橡胶树进行局部喷药
3	—		没有低温阴雨或冷空气；第一次或第二次全面喷药 8 d 后；进入老叶期植株比例≤50％	在 4 d 内对固定观察点代表区内橡胶林再次全面喷药

表 4（续）

判断序号	判断条件			预测
	总发病率(x),%	抽叶率(N_4),%	其他条件	
4	≥20	—	进入老叶期植株比例≥60%	在 4 d 内对固定观察点代表区内物候进程较晚的橡胶树局部喷药
5	—	—	中期测报结果为特大流行的年份	在判断序号1～序号3的判断结果基础上提早 1 d 喷药
6	—	—	防治药剂为粉锈宁	在判断序号1～序号4的判断结果基础上提早 1 d～2 d 喷药

注:序号1～序号5均以硫黄粉为防治药剂。

8.2.2 嫩叶病率法

调查时间及方法与总发病率法相同。但在采叶调查病情时,只采古铜叶和淡绿叶,并且仅计算古铜叶和淡绿叶的发病率(即嫩叶发病率)。根据嫩叶发病率,按照表 5 的判断标准进行预报。

表 5 橡胶树白粉病嫩叶病率法短期预测表

判断序号	判断条件		预测
	物候	嫩叶发病率,%	
1	抽叶率≤30%	≥20	不用全面喷药,但 2 d 内对固定观察点代表区内物候进程较晚的橡胶树局部喷药
2	抽叶率>30%,但≤50%	≥20	在 2 d 内对固定观察点代表区内橡胶林全面喷药
3	抽叶率>50%,老化物候期植株比例≤40%	≥25	
4	老化物候期植株比例>40%,但≤70%	≥50	
5	老化物候期植株比例>70%	—	不用全面喷药,但 2 d 内对固定观察点代表区内物候进程较晚的橡胶树局部喷药
6	前一次喷药后第 8 d 再次调查,根据调查结果,根据序号1～序号5再次判断。直至橡胶树老化物候期植株比例达到90%为止		

8.2.3 孢子捕捉法

物候数据和孢子数据的采集方法分别见 5.1.3 和 5.5。根据收集观察到的孢子数量按表 6 的判断标准进行预报。

表 6 橡胶树白粉病孢子捕捉法短期预测表

判断序号	判断条件		预测
	每玻片上孢子数量达到8个以上时橡胶林段所处的物候	其他条件	
1	古铜期的植株占大多数	—	在 3 d～5 d 后对固定观察点代表区内橡胶林第一次全面喷药
2	淡绿期的植株占大多数	—	在 5 d～7 d 后对固定观察点代表区内橡胶林第一次全面喷药

表6（续）

判断序号	判断条件		预测
	每玻片上孢子数量达到8个以上时橡胶林段所处的物候	其他条件	
3	老化物候期植株比例≥70%	第一次喷药后7 d～9 d	在2 d～3 d内对固定观察点代表区内橡胶林第二次全面喷药
4	老化物候期植株比例≥70%	第一次喷药后7 d～9 d;未来3 d的天气预报日均温≤24 ℃	不用全面喷药,但2 d内对固定观察点代表区内物候进程较晚的橡胶局部喷药
5	老化物候期植株比例≥70%	第一次喷药后7 d～9 d;未来3 d的天气预报日均温>24℃	不用采取喷药行动

8.2.4 病害始见期法

从5%橡胶树植株抽芽开始,每3 d～4 d调查一次,对观察记录固定观察点内编号的橡胶树的病情和物候。若病害始见期出现在70%抽叶率以前,病害将严重或中度流行。建议根据病害上升速度,在病害始见期出现后9 d～13 d进行第一次全面喷药防治。

8.2.5 病情指数法

固定观察点的橡胶树抽新叶率达到20%时,对固定观察点代表区内所有林段进行物候和病情调查,每3 d～4 d一次,直至第一次全面喷药行动时止。根据调查结果,按式(8)计算病情指数,按照表7的判断标准进行预测。

表7 橡胶树白粉病病情指数法短期预测

判断序号	判断条件		预测
	物候状态	病情指数	
1	古铜期的植株占大多数	≥1	在2 d～3 d内第一次全面喷药
2	淡绿期的植株占大多数	≥4	在2 d～3 d内第一次全面喷药
3	老叶期的植株占大多数,但老化物候期植株比例≤70%	—	不用全面喷药,视天气和病情对林段中物候进程较晚的植株进行局部喷药
4	第一次全面喷药后7 d调查结果仍然满足判断序号1～序号2的物候和病情条件		在2 d～3 d内第二次全面喷药
5	前一次全面喷药后7 d调查结果仍然满足判断序号1～序号2的物候和病情条件		在2 d～3 d内再次全面喷药

8.2.6 短期预测方法选择

根据当地的小环境、人力、设备条件等实际情况,从上述短期测报方法中选择适合自身的短期测报方法。

9 预报结果上报和发布

监测站对橡胶树白粉病的预测结果,整理成预测报告后报送上级业务主管部门,由上级主管部门审核后向辖区内生产部门发布。

附 录 A

（规范性附录）

隔 行 连 株 法

固定观察点的调查橡胶植株按照之字形走向，隔一行选一行进行编号；林段四周的树不选；遇断倒、根病等不正常树不选。

隔行连株法选择系统观查橡胶树植株示意图见图 A.1。

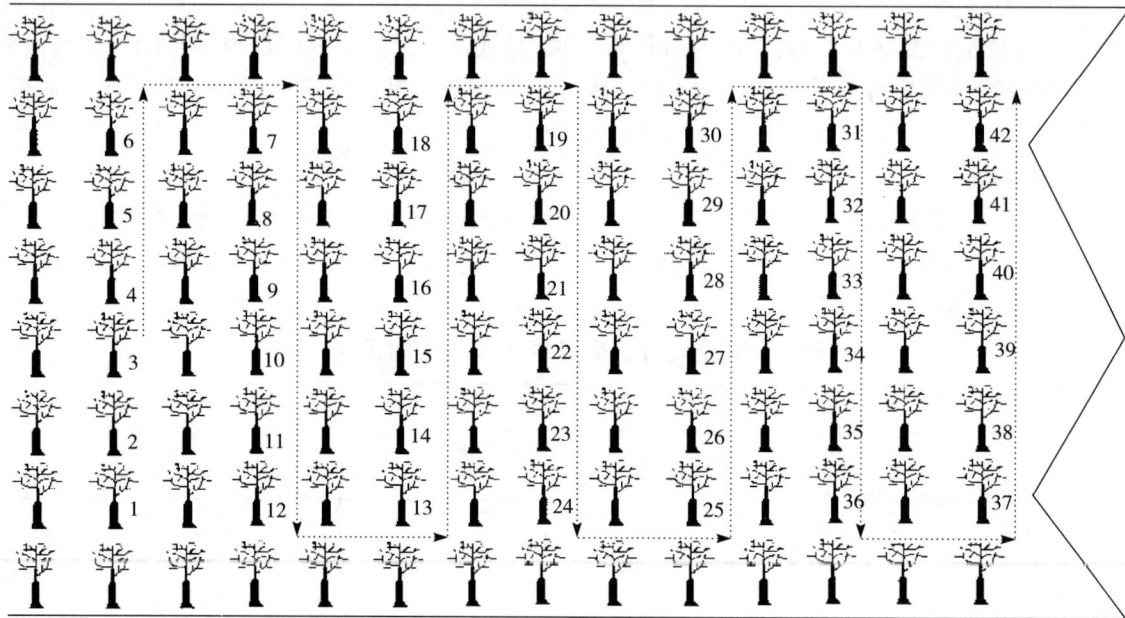

图 A.1　隔行连株法选择系统观查橡胶树植株示意图

附 录 B

（规范性附录）

橡胶树物候和白粉病病情统计表

B.1 橡胶树落叶分级

见表 B.1。

表 B.1 橡胶树落叶分级

落叶级值	已落叶的枝条数占树冠上总枝条数的比例(V)
0	$V<50\%$
1	$50\%\leqslant V<65\%$
2	$65\%\leqslant V<80\%$
3	$80\%\leqslant V<95\%$
4	$V\geqslant95\%$

B.2 橡胶树的抽叶量分级

见表 B.2。

表 B.2 橡胶树的抽叶量分级

抽叶级值	物候状态
0	树冠上抽芽的枝条占总枝条的5%以下
1	树冠上大多数枝条处于新抽芽期
2	树冠上新抽的叶片大多数处于古铜期
3	树冠上新抽的叶片大多数处于淡绿期
4	树冠上新抽的叶片大多数处于老叶期

B.3 橡胶树落叶程度划分

见表 B.3。

表 B.3 橡胶树落叶程度划分

落叶类型	落叶指数(W)
落叶极不彻底	$W<80\%$
落叶不彻底	$80\%\leqslant W<90\%$
落叶彻底	$90\%\leqslant W<99\%$
落叶极彻底	$W\geqslant99\%$

B.4 橡胶树叶片病情分级

见表 B.4。

表 B.4　橡胶树叶片病情分级

病害级值	白粉病病斑面积占叶片面积的比例（X）
0	整张叶片无白粉病病灶
1	$0<X<1/20$
3	$1/20\leqslant X<1/16$
5	$1/16\leqslant X<1/8$
7	$1/8\leqslant X<1/4$
9	$X\geqslant 1/4$
注：叶片病斑双面重叠只计一面。	

B.5　橡胶树整株病情分级

见表 B.5。

表 B.5　橡胶树整株病情分级

病害级值	白粉病病叶占树冠上叶片的比例（Y）
0	$Y<1\%$
1	$1\%\leqslant Y<5\%$
3	$5\%\leqslant Y<10\%$
5	$10\%\leqslant Y<20\%$，有零星的新抽叶片脱落
7	$20\%\leqslant Y<50\%$，可见较多叶片皱缩，有较多的新抽叶片脱落
9	$Y\geqslant 50\%$，有很多的新抽叶片脱落，可见树冠上许多因病落叶而光秃的枝条

B.6　橡胶树白粉病流行强度划分

见表 B.6。

表 B.6　橡胶树白粉病流行强度划分

整株病情指数（Z）	流行强度
$Z<20\%$	轻度流行
$20\%\leqslant Z<40\%$	中度流行
$40\%\leqslant Z<60\%$	大流行
$Z\geqslant 60\%$	特大流行

B.7　橡胶树白粉病流行区划分

见表 B.7。

表 B.7　橡胶树白粉病流行区划分

流行情况	流行区的类型	主要包括的地区
多数年份轻病，个别年份重病	病害偶发区	海南西部、东北部的文昌、海口及广东徐闻、阳江、阳春等地
多数年份病情中等，个别年份重病或者轻病	病害易发区	海南万宁、琼海、定安，广东化州、高州、电白以及广西陆川和钦州等地
病害流行频率高，多数年份重病	病害常发区	海南三亚、保亭、陵水、乐东、琼中，云南西双版纳、普洱、河口等地

附　录　C

（规范性附录）

橡胶树物候和白粉病病情登记表

C.1　橡胶树白粉病越冬菌量调查和统计表

见表C.1。

表C.1　橡胶树白粉病越冬菌量调查和统计表

监测站名称：　　　　固定观察点编号：　　　　调查人：　　　　调查日期：

调查内容		调查结果
越冬老叶病情	调查叶片总数	
	有病叶片数[a]	
	越冬老叶发病率，%	
冬嫩梢病情	50株树的嫩梢条数	
	有白粉病的中间小叶数[a]	
	调查的中间小叶总数	
	冬嫩梢发病率，%	
[a] 只将新鲜的白粉病病斑的叶片归入病叶，已经稳定的褐斑归入健康叶。		

C.2　橡胶树的物候记录表

见表C.2。

表C.2　橡胶树的物候记录表

监测站名称：　　　　固定观察点编号：　　　　调查人：　　　　调查日期：

落叶级别	株数	抽叶级别	株数
0级		1级	
1级		2级	
2级		3级	
3级		4级	
4级			
落叶程度，%		抽叶率，%	

C.3　橡胶树白粉病病情调查记录表

见表C.3。

表C.3　橡胶树白粉病病情调查记录表

监测站名称：　　　　固定观察点编号：　　　　调查人：　　　　调查日期：

病害级别	叶片数
0级	
1级	
3级	
5级	

表 C.3 （续）

病害级别	叶片数
7 级	
9 级	
总叶片	100
发病率,%	
发病指数	

C.4 橡胶树整株病情调查记录表

见表 C.4。

表 C.4 橡胶树整株病情调查记录表

监测站名称：　　　　固定观察点编号：　　　　调查人：　　　　调查日期：

病害级别	植株数
0 级	
1 级	
3 级	
5 级	
7 级	
9 级	
发病指数	

ICS 65.100
B 17

NY

中华人民共和国农业行业标准

NY/T 1151.1—2015
代替 NY/T 1151.1—2006

农药登记用卫生杀虫剂
室内药效试验及评价
第1部分：防蛀剂

Laboratory efficacy test methods and criterions of public health
insecticides for pesticide registration—
Part 1：Mothproofing agent

2015-02-09 发布

2015-05-01 实施

中华人民共和国农业部 发布

前　言

《农药登记用卫生杀虫剂室内药效试验及评价》为系列标准：

——第 1 部分:防蛀剂;

——第 2 部分:灭螨和驱螨剂;

——第 3 部分:蝇香;

——第 4 部分:驱蚊帐;

——第 5 部分:蚊幼防治剂;

……………

本部分是《农药登记用卫生杀虫剂室内药效试验及评价》的第 1 部分。

本部分按照 GB/T 1.1—2009 给出的规则起草。

本部分代替 NY/T 1151.1—2006《农药登记用卫生杀虫剂室内药效试验方法及评价　第 1 部分:防蛀剂》。与 NY/T 1151.1—2006 相比,主要技术变化如下:

——增加了术语和定义;

——对标准试虫的要求由龄期要求改为体长要求;

——增加放大镜、软毛刷等仪器设备;

——增加对照组数,取样量增加;

——修订了试虫数,由 10 条改为 20 条;

——修订了药剂处理时间,由先放药剂改为放置 24 h 后再放入药剂;

——修订了防虫蛀效果分级指标;

——修订了产品合格评价指标,按化学合成和非化学合成分类;

——删除了不合格评价指标。

本部分由农业部种植业管理司提出并归口。

本部分起草单位:农业部农药检定所、济南市疾病预防控制中心、北京市疾病预防控制中心。

本部分主要起草人:朱春雨、王晓军、王永明、佟颖、钱坤、张楠、曹艳。

本部分的历次版本发布情况为:

——NY/T 1151.1—2006。

农药登记用卫生杀虫剂室内药效试验及评价
第1部分:防蛀剂

1 范围

本部分规定了农药登记用卫生防蛀剂室内药效试验方法和评价指标。

本部分适用于挥发性防蛀剂的室内药效测定和评价。

2 术语和定义

下列术语和定义适用于本文件。

2.1

蛀斑 bored spot

指试验用纯毛坯布的表面绒毛被试虫蛀蚀而形成的绒毛片状缺失。

2.2

纤维损害 fiber damage

指试验用纯毛坯布的纤维束被试虫蛀蚀出现部分或全部断裂,但未形成孔洞。

2.3

蛀孔 bored holes

指试验用纯毛坯布的多股纤维束被试虫蛀蚀断裂而出现的孔洞。

3 试验方法

3.1 供试靶标

采用标准试虫:黑毛皮蠹(*Attagenus unicolor japonicus*)幼虫,活动正常,体长 6 mm～8 mm。

3.2 试样

纯毛坯布,40 mm×40 mm。

3.3 试验药剂

按推荐剂量设置低、中、高 3 个剂量。

3.4 测定条件

温度(26±2)℃,相对湿度(60±5)%。

3.5 仪器设备

3.5.1 玻璃缸,直径 200 mm×高 290 mm。

3.5.2 培养皿,直径 90 mm。

3.5.3 天平,感量 0.2 mg。

3.5.4 软毛刷。

3.5.5 放大镜,5 倍～10 倍。

3.6 试验步骤

3.6.1 选取 13 个玻璃缸,其中试验处理组 9 个、空白对照组 3 个、回潮对照组 1 个。在 13 个玻璃缸中各放置培养皿 1 个,每个培养皿中放试样 3 块,用玻璃板盖好,放置 24 h。

3.6.2 24 h后将13个玻璃缸内的试样逐一称重并记录后放回原处。在试验处理组的9个玻璃缸分别放入待测防蛀剂,置于试样培养皿外。各处理剂量重复3次,空白对照组和回潮对照组不做药剂处理;在试验处理组和空白对照组每个玻璃缸中的培养皿内放置20条试虫,回潮对照组不放试虫。用玻璃板盖好,避光条件下放置14 d。

3.6.3 测试结束后清除试样上的试虫排泄物和其他杂物,逐组分别称重(精确至0.2 mg),记录结果,同时目测观察各试样受损程度。

3.6.4 试验处理组、空白对照组中任何一组化蛹率≥25%、或空白对照组试虫死亡率≥20%、或空白对照组失重<40 mg,试验应重新进行。

4 结果计算

4.1 按式(1)计算试样的自然失(增)重率,计算结果保留小数点后两位。

$$R = \frac{Rt}{Ro} \quad\cdots\cdots\cdots\cdots\cdots\cdots\cdots\cdots\cdots\cdots\cdots\cdots\cdots\cdots\cdots\cdots\cdots\cdots\cdots\cdots\cdots (1)$$

式中:

R ——试样的自然失(增)重率;

Rt ——测试结束时回潮对照组3块试样总质量,单位为毫克(mg);

Ro ——测试开始时回潮对照组3块试样总质量,单位为毫克(mg)。

4.2 按式(2)计算对照组试样的平均失重值。

$$C = Co \times R - Ct \quad\cdots\cdots\cdots\cdots\cdots\cdots\cdots\cdots\cdots\cdots\cdots\cdots\cdots\cdots\cdots\cdots\cdots\cdots\cdots (2)$$

式中:

C ——对照组试样的平均失重值;

Co ——测试开始时对照组试样平均质量,单位为毫克(mg);

Ct ——测试结束时对照组试样平均质量,单位为毫克(mg)。

4.3 按式(3)计算试验组试样的平均失重值。

$$T = To \times R - Tt \quad\cdots\cdots\cdots\cdots\cdots\cdots\cdots\cdots\cdots\cdots\cdots\cdots\cdots\cdots\cdots\cdots\cdots\cdots (3)$$

式中:

T ——试验组试样的平均失重值;

To ——测试开始前试验组试样平均质量,单位为毫克(mg);

Tt ——测试结束后试验组试样平均质量,单位为毫克(mg)。

4.4 试样失重保护率P按式(4)计算。

$$P = \frac{C-T}{C} \times 100 \quad\cdots\cdots\cdots\cdots\cdots\cdots\cdots\cdots\cdots\cdots\cdots\cdots\cdots\cdots\cdots\cdots\cdots (4)$$

式中:

P——失重保护率,单位为百分率(%)。

4.5 目测防虫蛀效果分级指标见表1。

表1

分级	损害程度描述
0	未见损害
1	直接目测蛀斑不明显,放大镜下未见纤维损害
2	直接目测有蛀斑,供试坯布的蛀斑数<2个/片,且无蛀孔。放大镜下可见纤维损害,但未蛀断

5 药效评价

5.1 化学合成类

具备下列条件之一即为合格：

a) 受损程度观察,损害级别 0 级或 1 级；

b) 受损程度观察,损害级别 2 级；

c) 试样失重保护率≥90%。

5.2 非化学合成类

具备下列条件之一即为合格：

a) 受损程度观察,损害级别 0 级或 1 级；

b) 受损程度观察,损害级别 2 级；

c) 试验失重保护率≥60%。

ICS 65.020.01
B 15

NY

中华人民共和国农业行业标准

NY/T 2676—2015

棉花抗盲椿象性鉴定方法

Rules of testing the resistance of cotton to cotton mirid bug

2015-02-09 发布

2015-05-01 实施

中华人民共和国农业部 发布

前　言

本标准按照 GB/T 1.1—2009 给出的规则起草。

本标准由农业部种植业管理司提出并归口。

本标准起草单位:中国农业科学院棉花研究所。

本标准主要起草人:雒珺瑜、崔金杰、马艳、王春义、张帅、吕丽敏、李春花。

棉花抗盲椿象性鉴定方法

1 范围

本标准规定了棉花对盲椿象抗性的鉴定要求、鉴定方法和结果判定。

本标准适用于棉花对盲椿象的抗虫性鉴定。

2 规范性引用文件

下列文件对于本文件的应用是必不可少的。凡是注日期的引用文件,仅注日期的版本适用于本文件。凡是不注日期的引用文件,其最新版本(包括所有的修改单)适用于本文件。

GB 4407.1 经济作物种子 棉花种子

3 术语和定义

3.1 下列术语和定义适用于本文件。

抗盲椿象性 Resitance of cotton to cotton mirid bug

棉花对盲椿象的抗虫性。

4 鉴定要求

4.1 种子要求

棉花种子应符合 GB 4407.1 中对种子质量的要求。

4.2 设施条件

鉴定在网室内进行,网室规格长×宽×高分别为 20 m×3 m×2 m,尼龙网为 80 目。

5 鉴定方法

5.1 试验设计与管理

网室内随机排列种植供试棉花材料和感虫对照棉花材料,每材料种 1 行,株距为 0.25 m、行距为 0.80 m。每个网室为一次重复,共 3 次重复。网室内棉花栽培管理方式同大田,试验前 7 d～10 d 喷施残效期短的化学农药清洁网室,试验期间不施用任何化学农药。

5.2 播种

供试棉花材料和感虫对照棉花材料均按当地棉花常规播种时期和播种量进行播种。

5.3 试虫饲养

为室内用豇豆、嫩玉米穗等人工饲养的 1 龄～5 龄盲椿象混合种群。

5.4 试虫释放时期及释放量

网室内棉花生长至 4 叶～6 叶期时释放盲椿象,释放时选择活动力强的个体,每株棉花释放 1 头。

5.5 结果记录

试虫释放 7 d～10 d 后,每个网室每个材料随机调查 10 株,记录棉株上部 5 片嫩叶的受害情况,同时调查棉花的蕾铃受害数量和总蕾铃数。棉花叶片受害情况划分为 5 个级别,即 0 级、1 级、2 级、3 级和 4 级,分级标准见表 1。

表 1 棉花叶片受害情况分级标准

叶片受害级别	棉花叶片受害情况描述
0	叶片未受害
1	叶片受害,受害呈黑色刺点状,受害面积小于或等于5%
2	叶片受害,受害呈网状或密布黑点,受害面积大于5%,但小于或等于25%
3	叶片受害,受害呈筛状或密布黑点,受害面积大于25%,但小于或等于40%
4	叶片受害,受害呈筛状,受害面积大于40%或同感虫对照品种

5.6 结果计算

5.6.1 叶片受害指数

叶片受害指数以 I 表示,根据叶片受害级别,按式(1)计算。

$$I = \frac{\sum (D_a \times N_a)}{5 \times 10} \quad\cdots\cdots\cdots\cdots\cdots\cdots\cdots\cdots (1)$$

式中:

D_a——叶片受害级别;

N_a——相应受害级别的叶片数量;

计算结果保留小数点后1位有效数字。

5.6.2 叶片受害指数减退率

叶片受害指数减退率以 X 表示,单位为百分率(%)。根据叶片受害指数,按式(2)计算。

$$X = \frac{I_0 - I_1}{I_0} \times 100 \quad\cdots\cdots\cdots\cdots\cdots\cdots\cdots\cdots (2)$$

式中:

I_0——对照材料叶片受害指数;

I_1——鉴定材料叶片受害指数。

计算结果保留小数点后1位有效数字。

5.6.3 蕾铃受害率

蕾铃受害率以 A 表示,单位为百分率(%),按式(3)计算。

$$A = \frac{b}{B} \times 100 \quad\cdots\cdots\cdots\cdots\cdots\cdots\cdots\cdots (3)$$

式中:

b——每个材料每重复10株棉花的受害蕾铃数,单位为个;

B——每个材料每重复10株棉花的总蕾铃数,单位为个。

计算结果保留小数点后1位有效数字。

5.6.4 蕾铃受害减退率

蕾铃受害减退率以 Y 表示,单位为百分率(%),根据蕾铃受害率,按式(4)计算。

$$Y = \frac{A_0 - A_1}{A_0} \times 100 \quad\cdots\cdots\cdots\cdots\cdots\cdots\cdots\cdots (4)$$

式中:

A_0——鉴定材料蕾铃受害率,单位为百分率(%);

A_1——对照材料蕾铃受害率,单位为百分率(%)。

计算结果保留小数点后1位有效数字。

6 结果判定

6.1 有效性判定

当感虫对照材料的叶片受害指数达到 4 级或蕾铃受害率达到 60％以上时,鉴定结果有效。

6.2 抗性级别判定

依据叶片受害指数减退率和蕾铃受害减退率指数,按表 2 标准确定棉花对盲椿象的抗性级别。当叶片受害指数减退率和蕾铃受害减退率指数对应级别不一致时,按较低级别判定。

表 2　棉花抗盲椿象级别判定标准

抗性级别	叶片受害指数减退率 X,％	蕾铃受害减退率 Y,％
高抗	$X \geqslant 80$	$Y \geqslant 85$
抗	$65 \leqslant X < 80$	$70 \leqslant Y < 85$
中抗	$55 \leqslant X < 65$	$55 \leqslant Y < 70$
感	$X < 55$	$Y < 55$

ICS 65.020.01
B 15

NY

中华人民共和国农业行业标准

NY/T 2677—2015

农药沉积率测定方法

Test methods of pesticide deposition rate

2015-02-09 发布

2015-05-01 实施

中华人民共和国农业部 发布

前　言

本标准按照 GB/T 1.1—2009 给出的规则起草。

本标准由农业部农业机械化管理司提出。

本标准由全国农业机械标准化技术委员会农业机械化分技术委员会(SAC/TC 201/SC 2)归口。

本标准起草单位：国家植保机械质量监督检验中心。

本标准主要起草人：陈小兵、赵晓萍、李良波、王小丽。

农药沉积率测定方法

1 范围

本标准规定了喷雾机喷洒农药时,在靶标(作物)上农药沉积率的测定方法。

本标准适用于喷杆式、风送式等大型喷雾机在大田作物(如水稻、小麦、棉花等)作业农药沉积率的测定;其他喷雾机(器)作业时农药沉积率的测定可参照执行。

2 术语和定义

下列术语和定义适用于本文件。

2.1

农药沉积率　pesticide deposition rate

喷药后沉积在靶标(作物)上的药量占总施药量的百分比。

2.2

示踪剂　tracer

模拟农药沉积的可追踪的标记物质。

2.3

试验区域　experiment area

测试农药沉积率的试验地块。

2.4

采样小区　sample spot

在试验区域中设计的采样区域。

3 试验条件

3.1 气象条件

试验时,风速应不大于 3 m/s,风向相对稳定,环境温度:5℃~30℃,相对湿度:50%~80%。

3.2 试验地块

试验地块应尽可能选择无障碍物(如电线杆、建筑物、树木及围栏等)。

3.3 示踪剂

推荐使用荧光蛋白试剂,如 Rh-B(罗丹铭)、荧光粉等。

3.4 试验仪器及设备

试验用仪器包括荧光分光光度计、叶面积测量仪、温度计、湿度计、风速仪、风向仪、电子天平、皮卷尺、磅秤、常用玻璃仪器(如培养皿、微量移液枪等)、去离子水、振荡器等。主要测量仪器应通过校准或检定合格,并在有效期内,技术要求见表1。

表 1　主要测量仪器技术要求

序号	仪器名称	量　　程	准确度
1	荧光分光光度计	波长:330 nm~750 nm	波长精度:2 nm 波长重复性:0.5 nm

表 1（续）

序号	仪器名称	量　　程	准确度
2	叶面积测量仪	最大测量长度:1 000 mm 最大测量宽度:150 mm 最大测量厚度:3 mm	测量精度:±2% 分度值:0.1 mm
3	电子天平	0 g～500 g	分度值:0.01 g
4	磅秤	0 kg～50 kg	分度值:0.05 kg
5	微量移液枪	0 mL～100 mL	分度值:1 mL
6	皮卷尺	0 m～30 m	分度值:1 mm

3.5 试验记录

试验时应记录气象条件、试验介质、喷雾机状态、作业情况等信息,内容参见附录 A。

4 试验方法

4.1 试验机具的准备

4.1.1 检查喷雾机功能

测定前先将喷雾机药箱内装入清水,在正常工作状态下喷雾,检查各工作部件(如风机、液泵、调压阀、喷洒部件、搅拌装置等),确认喷雾机工作状态正常,各连接部位无漏液现象。

4.1.2 确定喷雾量

4.1.2.1 应根据防治对象的特性确定本次试验喷头的型式、喷孔直径、可调喷头的调节位置以及喷雾压力等,并测量规定状态下的喷雾量。

4.1.2.2 同一种工作状态下喷雾量应重复测量 3 次,且相互间最大差值与 3 次测量值的算术平均值的比值不应超过 5%,否则应重新测试。3 次测量值的算术平均值确定为喷雾机的喷雾量 q。

4.1.3 确定行走速度

根据实际施药情况按式(1)估算喷雾机行走速度。

$$v = 600 \times \frac{q}{Bq_0} \quad\text{……………………………………} (1)$$

式中:

v——喷雾机行走速度,单位为千米每小时(km/h);

q——喷雾机的喷雾量,单位为升每分钟(L/min);

B——喷雾幅宽,单位为米(m);

q_0——农艺上要求的单位面积施药量,单位为升每公顷(L/hm²)。

4.2 试验溶液的准备

4.2.1 确定示踪剂荧光值与浓度的函数关系

4.2.1.1 称取定量荧光试剂放置在容量瓶中,用去离子水定容将其溶解并搅拌均匀,配制成已知质量浓度的母液。用移液枪从已知质量浓度的母液中移取 5 个～8 个不同容量的母液(如:5 mL、10 mL、15 mL……)分别放置各容量瓶中,用去离子水定容配制成已知质量浓度(一般为 0.2 μg/mL～2.5 μg/mL)的系列荧光试剂溶液。

4.2.1.2 配制好的溶液,在荧光分光光度计不同光波下进行光谱扫描,测定最大吸收波长。

4.2.1.3 在荧光分光光度计上,用确定的最大吸收波长分别对已知质量浓度的系列荧光试剂溶液进行荧光值(即吸光度)测量,并用最小二乘法拟合得出荧光值与浓度值的对应标准函数关系,见图 1。

4.2.2 配制试验溶液

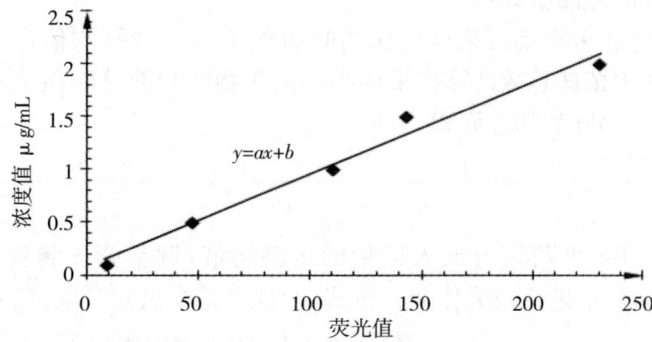

图 1　浓度值—荧光值标准函数关系

取定量的荧光试剂,用去离子水稀释成浓度为 $0.5\ \mu g/mL\sim1.0\ \mu g/mL$ 的荧光试剂溶液。

4.2.3　测定作物叶片上示踪剂回收率

用微量移液枪从配制的试验溶液中移取 5 个～8 个等量样液滴在按作物不同叶片实际占比选定的不同叶片上。待溶液晾干后,将各叶片剪碎后分别放入定量去离子水中充分振荡洗脱(各叶片洗脱去离子水容量相同),同时将等量样液放在相同容量的去离子水中充分振荡,然后用荧光分光光度计测定各洗脱液的吸光度,并按式(2)计算作物叶片上示踪剂回收率。

$$k = \frac{\sum\limits_{i=1}^{n}(X_i - X_0)}{n(X_{spray} - X_0)} \times 100 \quad\cdots\cdots\cdots\cdots\cdots\cdots\cdots\cdots\cdots\cdots\cdots (2)$$

式中:

k　——作物叶片上示踪剂回收率,单位为百分率(%);

X_i　——第 i 个叶片洗脱液吸光度;

X_0　——纯去离子水的吸光度;

n　——作物叶片取样数量;

X_{spray}　——等量样液稀释后的吸光度。

4.3　采样点布置

4.3.1　确定采样小区

在试验区域上,按对角线五点式定点法(图 2)确定采样小区中心点位置。每个采样小区的面积为 $2\ m^2\sim5\ m^2$,可取为正方形或长方形,取样面积内应尽可能覆盖较多作物。

4.3.2　确定采样点

4.3.2.1　对撒播作物,在采样小区内可按五点式定点法选取或随机选取有代表性的 5 个植株。对条播作物以按行取段方式,行数不应少于 2 行。在采样段内等分或随机选取有代表性的 5 个植株。若植株较大,也可在选定的植株上选取有代表性(分上、中、下三层取样)的叶片确定为采样叶片。

4.3.2.2　选定的作为采样用植株应不受喷雾机行走时碰压干扰,并应做好标记。

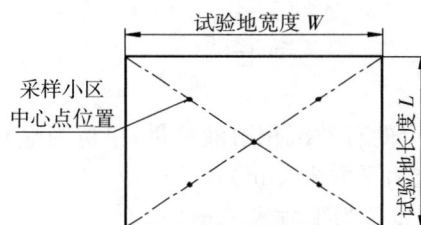

图 2　对角线五点式定点法

4.3.3 采样小区作物叶片的总面积计算

采用叶面积测量仪测定各采样小区采样植株的叶面积 f_{smpl-i}，取平均值作为采样小区内作物的叶面积系数，并根据采样小区内植株总数计算出采样小区内作物叶片的总面积 f_i。或者用植物冠层分析仪直接测算出采样小区内作物叶片的总面积。

4.4 喷洒试验及计算

4.4.1 喷洒作业

根据试验地块大小在喷雾机药箱内加入适量的试验溶液，调整调压装置至规定的喷雾压力，按 4.1.3 确定的行进速度匀速行走进行喷雾作业。按式（3）计算整个试验区域试验溶液喷洒总量 Q。

$$Q = q \times t \quad \cdots\cdots\cdots\cdots\cdots\cdots\cdots\cdots\cdots\cdots\cdots\cdots\cdots\cdots\cdots\cdots \quad (3)$$

式中：

Q——整个试验区域试验溶液喷洒总量，单位为升（L）；

t ——整个试验区域喷洒作业总时间，单位为分钟（min）。

4.4.2 试样收集和处理

4.4.2.1 喷雾结束后待植株上试验溶液无明显滴落时，采摘各采样小区标记的采样点处植株或叶片，分别保存并做好标识，且放在不透光的密闭容器中。

4.4.2.2 使用振荡器和定量的去离子水分次将荧光试剂从植株或叶片上完全洗脱，再使用荧光分光光度计测定洗脱液的吸光度，确定其浓度，并按式（4）计算出各采样小区内沉积在作物上的有效试验溶液的液量 m_i。

$$m_i = \frac{(p_{smpl-i} - p_0)KV_i}{p_{spray}f_{smpl-i}} \times f_i \quad \cdots\cdots\cdots\cdots\cdots\cdots\cdots\cdots\cdots\cdots\cdots \quad (4)$$

式中：

m_i ——第 i 个采样小区内作物上沉积的有效试验溶液的液量，单位为毫升（mL）；

p_{smpl-i} ——第 i 个采样小区采样植株或叶片洗脱液的荧光试剂浓度，单位为微克每毫升（μg/mL）；

p_0 ——无试验溶液的植株或叶片洗脱液的荧光试剂浓度，单位为微克每毫升（μg/mL）；

K ——校准系数（等于回收率的倒数，$1/k$）；

V_i ——第 i 个采样小区采样植株或叶片定量洗脱水液量，单位为毫升（mL）；

p_{spray} ——试验溶液荧光试剂浓度，单位为微克每毫升（μg/mL）；

f_{smpl-i} ——采样小区采样植株数，或采样叶片总面积，单位为平方米（m²）；

f_i ——采样小区总植株数，或总叶片面积，单位为平方米（m²）。

4.5 结果计算

4.5.1 整个试验区域沉积在作物上的有效试验溶液总量

计算沉积在 5 个采样小区作物上的有效沉积溶液总量，并按式（5）计算出整个试验区域内沉积在作物上的有效试验溶液总量 M。

$$M = \frac{\sum_{i=1}^{5} m_i}{\sum_{i=1}^{5} F_{s-i}} \times F \quad \cdots\cdots\cdots\cdots\cdots\cdots\cdots\cdots\cdots\cdots\cdots \quad (5)$$

式中：

M ——在整个试验区域作物上的有效沉积溶液总量，单位为毫升（mL）；

F ——试验区域总面积，单位为平方米（m²）；

F_{s-i} ——第 i 个采样小区面积，单位为平方米（m²）。

4.5.2 农药沉积率

按式（6）计算。

$$\eta = \frac{M}{1000Q} \times 100 \quad \cdots\cdots\cdots\cdots\cdots\cdots\cdots\cdots\cdots\cdots\cdots\cdots\cdots\cdots\cdots \quad （6）$$

式中：

η——农药沉积率，单位为百分率（%）。

附 录 A

（资料性附录）

农药沉积率试验记录表

农药沉积率试验记录表见表 A.1。

表 A.1 农药沉积率试验记录表

试验时间_____年_____月_____日　　　　环境温度_____℃　　环境相对湿度_____%

试验地点_____　　风速_____m/s　　风向_____

喷雾机	名称		作业情况	防治对象名称、生长期和株高				
	型号			作物株距和行距(适用时),m				
	喷头数目			试验区域面积(长×宽)F,m²				
	喷头分布情况			喷雾机工作压力,MPa				
	制造商名称			喷雾机的喷雾量 q,L/min				
	生产日期或编号			喷雾机行走速度 v,km/h				
试验介质	示踪剂品名及制造商			喷雾幅宽 B,m				
	主要成分			试验区域喷洒作业总时间 t,min				
	配比浓度 p_{spray},μg/mL			试验区域试验溶液喷洒总量 Q,L				
采样小区	分布情况			单位面积施药量 q_0,L/hm²				
	总面积 $\sum F_{s-i}$,m²			作业叶片上示踪剂回收率 k,%				
采样小区编号			1	2	3	4	5
采样小区作物上沉积量计算	无试验溶液的植株或叶片洗脱液的荧光试剂浓度 p_0,μg/mL						
	采样植株或叶片定量洗脱水液量 V_i,mL						
	采样植株或叶片洗脱液的荧光试剂浓度 p_{smpl-i},μg/mL						
	采样植株数,或采样叶片面积 f_{smpl-i},m²						
	总植株数,或总叶片面积 f_i,m²						
	作物上沉积的有效试验溶液液量 m_i,mL						
试验区域内作物上的有效试验溶液总量 M,mL							
农药沉积率 η,%							

试验人员_____　　　　校对人员_____

ICS 65.020.01
B 15

NY

中华人民共和国农业行业标准

NY/T 2678—2015

马铃薯6种病毒的检测 RT-PCR法

Detection of the six potato viruses—RT-PCR method

2015-02-09 发布

2015-05-01 实施

中华人民共和国农业部 发布

NY/T 2678—2015

前　言

本标准按照 GB/T 1.1—2009 给出的规则起草。

本标准由农业部种植业管理司提出并归口。

本标准起草单位：农业部脱毒马铃薯种薯质量监督检验测试中心（哈尔滨）、湖南农业大学园艺学院、华中农业大学生命科学技术学院、福建农林大学。

本标准主要起草人：张威、白艳菊、李学湛、柳俊、詹家绥、聂碧华、胡新喜、何长征、高艳玲、范国权、申宇、张抒、王晓丹、王文重、魏琪、邱彩玲、耿宏伟、董学志、万书明。

马铃薯6种病毒的检测　RT－PCR法

1　范围

本标准规定了马铃薯S病毒(*Potato virus S*，PVS)、马铃薯X病毒(*Potato virus X*，PVX)、马铃薯M病毒(*Potato virus M*，PVM)、马铃薯Y病毒(*Potato virus Y*，PVY)、马铃薯卷叶病毒(*Potato leaf-roll virus*，PLRV)和马铃薯A病毒(*Potato virus A*，PVA)的反转录聚合酶链式反应(RT－PCR)分子生物学检测方法(见附录A)。

本标准适用于马铃薯试管苗、原原种和田间马铃薯块茎、植株等组织中病毒的检测。

2　规范性引用文件

下列文件对于本文件的应用是必不可少的，凡是注日期的引用文件，仅注日期的版本适用于本文件。凡是不注日期的引用文件，其最新版本(包括所有的修改单)适用于本文件。

GB/T 6682　分析实验室用水规格和试验方法

3　原理

本标准采用反转录—聚合酶链式反应(reverse-transcription polymerase chain reaction，RT-PCR)方法检测马铃薯病毒。其原理是，将RNA的反转录(RT)和cDNA的聚合酶链式扩增(PCR)相结合的技术，RNA在反转录酶的作用下反转录成cDNA，再以cDNA为模板，在Taq DNA聚合酶的作用下进行PCR扩增，根据PCR扩增结果判断该样品中是否含有目的片段，从而达到鉴定病毒的目的。

4　试剂和材料

以下所有试剂，除非另有规定仅使用分析纯试剂，水为符合GB/T 6682中规定的一级水。

4.1　TRIzol RNA提取试剂

4.2　三氯甲烷

4.3　异丙醇

4.4　75%乙醇

量取无水乙醇75 mL，加水定容至100 mL。

4.5　M－MLV反转录酶(200 U/L)

4.6　RNA酶抑制剂(40 U/L)

4.7　Taq DNA聚合酶(5 U/L)

4.8　10×PCR buffer(Mg^{2+} free)

4.9　MgCl$_2$(25 mmol/L)

4.10　dNTP混合物(各2.5 mmol/L)

4.11　焦碳酸二乙酯(DEPC)处理水

在100 mL水中，加入焦碳酸二乙酯(DEPC)50 μL，室温过夜，121℃高温灭菌20 min，分装到1.5 mL DEPC处理过的离心管中。

4.12　10×TAE电泳缓冲液

羟基甲基氨基甲烷(Tris)242 g，冰乙酸57.1 mL，乙二胺四乙酸二钠·2H$_2$O 37.2 g，用氢氧化钠调pH至8.5，加水定容至1 000 mL。

4.13 1×TAE 电泳缓冲液

量取 10×TAE 电泳缓冲液(4.12)100 mL,加水定容至 1 000 mL。

4.14 溴化乙锭溶液(10 mg/L)

称取溴化乙锭 200 mg,加水溶解,定容至 20 mL。

4.15 1.5%琼脂糖凝胶板

称取琼脂糖 1.5 g,加入 1×TAE 电泳缓冲液(4.13)定容至 100 mL,微波炉中加热至琼脂糖融化,待溶液冷却至 50℃～60℃时,加溴化乙锭溶液(4.14)5 μL,摇匀,倒入制胶板中均匀铺板,凝固后取下梳子,备用。

4.16 引物缓冲液

用 DEPC 水将上、下游引物分别配制成浓度为 100 ng/μL 的水溶液。

4.17 100 bp DNA 分子量标准物

4.18 阳性对照

参见附录 B 中 B.1。

4.19 阴性对照

参见附录 B 中 B.2。

5 主要仪器

5.1 PCR 仪。

5.2 台式低温高速离心机。

5.3 电泳仪、水平电泳槽。

5.4 凝胶成像仪。

5.5 微量移液器(0.5 L～10 L、10 L～100 L、20 L～200 L、100 L～1 000 L)。

5.6 灭菌锅等。

6 操作步骤

6.1 对照的设立

实验分别设立阳性对照、阴性对照和空白对照(即用等体积的 DEPC 水代替模板 RNA 做空白对照),在检测过程中要同待测样品一同进行如下操作。

6.2 样品制备

取马铃薯试管苗、块茎芽眼及周围组织或茎叶组织 0.05 g～0.1 g,现用现取或 4℃条件下保存,最多存放 3 d。

6.3 RNA 提取

将样品置于研钵中,加液氮研磨成粉末,转至 1.5 mL 离心管,加入 1 mL TRIzol 混匀,使其充分裂解;4℃ 14 000 g 离心 5 min;取上清,加入 200 μL 三氯甲烷,振荡混匀,室温放置 15 min;4℃ 12 000 g 离心 15 min;吸取上层水相至新 1.5 mL 离心管中,加入 0.5 mL 异丙醇,混匀,室温放置 10 min;4℃ 12 000 g 离心 10 min;弃上清,留沉淀,加入 1 mL 75%乙醇,温和振荡离心管,悬浮沉淀;4℃ 7 500 g 离心 5 min,弃上清,将离心管倒置于滤纸上,自然干燥;加入 25 μL～100 μL DEPC 水溶解沉淀,即得到 RNA。

6.4 单重 RT-PCR

6.4.1 反转录

6.4.1.1 反转录引物

PVS(用附录 C 中 PVS 的第 1 对引物)、PVX、PVM、PVY、PLRV 或 PVA 病毒的特异性下游引物〔也可以用随机引物或 oligo-dT(但不适用于 PLRV,只能用于其他 5 种病毒)〕。

6.4.1.2 RNA 预变性

取 2.5 μL RNA,65℃ 8 min,RNA 冰上放置 2 min。

6.4.1.3 反转录反应体系

加入 0.5 μL 下游引物,反转录反应程序和反应体系中其他成分按照反转录酶说明书,混合物瞬时离心,使试剂沉降到 PCR 管底。反转录反应后取出直接进行 PCR 或置-20℃保存。

6.4.2 PCR 扩增

6.4.2.1 PCR 扩增引物

上、下游引物为 PVS(用附录 C 中 PVS 的第 1 对引物)、PVX、PVM、PVY、PLRV 或 PVA 病毒的特异性引物(见附录 C)。

6.4.2.2 PCR 反应体系

按表 1 顺序加入试剂,混匀,瞬时离心,使液体都沉降到 PCR 管底。

表 1 PCR 扩增反应体系

试剂名称	用量 μL
DEPC 水	16.5
反转录产物	2.0
上游引物	0.5
下游引物	0.5
10×PCR 缓冲液	2.5
MgCl₂	2.6
dNTP	0.25
Taq 酶	0.15
总量	25

6.4.2.3 PCR 反应程序

92℃ 预变性 5 min;92℃ 变性 30 s,55.5℃ 退火 30 s,72℃ 延伸 45 s,循环 30 次;72℃延伸 8 min。

6.5 多重 RT-PCR

采用双重和三重 RT-PCR 检测 PVS、PVX、PVM、PVY、PLRV 和 PVA 病毒。应用固定的组合,双重 RT-PCR 病毒组合:PVY+PLRV、PVM+PVS、PVX+PVA;三重 RT-PCR 病毒组合:PVY+PVS+PLRV、PVX+PVM+PVA。

6.5.1 反转录

执行双重 RT-PCR 的反转录时,每种病毒下游引物加 0.5 μL,DEPC 水减少 0.5 μL;执行三重 RT-PCR的反转录时,每种病毒下游引物加 0.5 μL,DEPC 水减少 1.0 μL,其他操作参照 6.4.1。

6.5.2 PCR 扩增

执行双重 PCR 时,每种病毒上、下游引物各加 0.5 μL,DEPC 水加入 15.5 μL;执行三重 PCR 时,每种病毒上、下游引物各加 0.5 μL,DEPC 水加入 14.5 μL,其他操作参照 6.4.2。

6.6 PCR 产物的电泳检测

在电泳槽中加入 1×TAE 电泳缓冲液,使液面刚刚超过琼脂糖凝胶板。取 5 μL PCR 产物分别和 2 μL 加样缓冲液混合后,加入到琼脂糖凝胶板的加样孔中,以 5 μL 100 bp DNA 分子量标准物为参照物在恒压(120 V~150 V)下电泳 20 min~30 min,将凝胶放到凝胶成像系统上观察结果。

7 结果

7.1 试验成立的条件

阳性对照的扩增产物检测到预期大小的特异性条带,阴性对照和空白对照的扩增产物均没有检测到预期大小的目的条带。阴性、阳性和空白对照同时成立则表明试验有效,否则试验无效。检测结果判定图参见附录 D。

7.2 阳性判定

待检样品如果在 729 bp 、711 bp、520 bp、447 bp、336 bp 或 273 bp 对应位置出现特异性条带,则判定样品为 PVS、PVX、PVM、PVY、PLRV 或 PVA 病毒阳性;如果在 729 bp 对应位置没有出现特异性条带,再用引物 PVS-F1,PVS-R1 对样品进一步扩增,如果在 602 bp 对应位置出现特异性条带则判断样品为 PVS 病毒阳性。

7.3 阴性判定

如果相应病毒电泳谱带没有扩增到预期大小的特异性条带,则判定样品为该病毒阴性。

附　录　A
（规范性附录）
缩　略　语

下列缩略语适用于本文件。

A.1 PVS：马铃薯 S 病毒（*Potato virus S*）。

A.2 PVX：马铃薯 X 病毒（*Potato virus X*）。

A.3 PVM：马铃薯 M 病毒（*Potato virus M*）。

A.4 PVY：马铃薯 Y 病毒（*Potato virus Y*）。

A.5 PLRV：马铃薯卷叶病毒（*Potato leaf-roll virus*）。

A.6 PVA：马铃薯 A 病毒（*Potato virus A*）。

A.7 DEPC：焦碳酸二乙酯（diethyl pyrocarbonate）。

A.8 dNTP：脱氧核苷三磷酸（deoxy-ribonucleoside triphosphate）。

A.9 EB：溴化乙锭（ethidium bromide）。

A.10 M-MLV：莫洛尼氏鼠白血病病毒反转录酶（moloney murine leukemia virus reverse transcriptase）。

A.11 PCR：聚合酶链式反应（polymerase chain reaction）。

A.12 RNA：核糖核酸（ribonucleic acid）。

A.13 RT-PCR：反转录—聚合酶链式反应（reverse-transcription polymerase chain reaction）。

A.14 Taq DNA 聚合酶：水生栖热菌 DNA 聚合酶（Taq DNA polymerase）。

A.15 DNA：脱氧核糖核酸（deoxyribonucleic acid）。

附 录 B
（资料性附录）
阳性和阴性对照参考制备方法

B.1 阳性对照

B.1.1 毒源的鉴定

经检测是 PVS、PVX、PVM、PVY、PLRV 或 PVA 病毒的样品，再进行测序，与 Genbank 中相应病毒的序列进行同源性比对，确定为此种病毒。

B.1.2 毒源接种指示植物扩繁

再将毒源接种到相应的指示植物上：PVX 接种到心叶烟（*Nicotiana Glutinosa*）上，PVY 接种到黄苗榆烟（*Nicotiana tabacum*）上，PVS 接种到德莫尼烟（*Nicotinana Rebneyi*）上，PLRV 接种到白花刺果曼陀罗（*Patuna stramonium*）上，PVM 接种到番茄（*Lycopersicon esculentum*）上，PVA 接种到黄花烟（*Nicotiana Rustica*）上，定期进行检测。当病毒达到高峰期时采收叶片，存放－70℃冰箱保存备用。

B.1.3 定期进行检测

6 个月后对保存的叶片定期进行检测，以保证 RT－PCR 检测中阳性对照的有效性。

B.2 阴性对照

B.2.1 样品的鉴定

经检测无 PVS、PVX、PVM、PVY、PLRV 或 PVA 病毒的样品，存放－70℃冰箱保存备用。

B.2.2 定期进行检测

1 年后对保存的样品定期进行检测，以保证 RT－PCR 检测中阴性对照的有效性。

附　录　C
（规范性附录）
病毒引物序列

病毒引物序列见表C.1。

表 C.1　病毒引物序列

病毒名称	引物名称	引物序列（5′～3′）	PCR扩增片段长度 bp
PVS[a]	PVS-F	GAGGCTATGCTGGAGCAGAG	729
	PVS-R	AATCTCAGCGCCAAGCATCC	
PVS[b]	PVS-F	TCTCCTTTGAGATAGGTAGG	602
	PVS-R	CAGCCTTTCATTTCTGTTAG	
PVX	PVX-F	ATGTCAGCACCAGCTAGCA	711
	PVX-R	TGGTGGTGGTAGAGTGACAA	
PVM	PVM-F	ACATCTGAGGACATGATGCGC	520
	PVM-R	TGAGCTCGGGACCATTCATAC	
PVY	PVY-F	GGCATACGGACATAGGAGAAACT	447
	PVY-R	CTCTTTGTGTTCTCCTCTTGTGT	
PLRV	PLRV-F	CGCGCTAACAGAGTTCAGCC	336
	PLRV-R	GCAATGGGGGTCCAACTCAT	
PVA	PVA-F	GATGTCGATTTAGGTACTGCTG	273
	PVA-R	TCCATTCTCAATGCACCATAC	
注 1：F代表每种病毒的上游引物。			
注 2：R代表每种病毒的下游引物。			
[a]　PVS^O和PVS^A株系。			
[b]　PVS^{BB-AND}株系。			

附 录 D
（资料性附录）
检测结果判定图

D.1 单重 RT‑PCR 检测体系建立

见图 D.1。

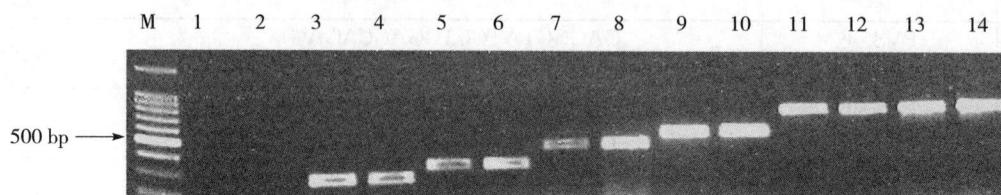

说明：
M ——100 bp Marker；
1 ——空白对照；
2 ——阴性对照；
3,4 ——PVA；
5,6 ——PLRV；

7,8 ——PVY；
9,10 ——PVM；
11,12——PVX；
13,14——PVS。

图 D.1 6 种病毒单重 RT‑PCR 电泳图

D.2 PVY 和 PLRV 双重 RT‑PCR 检测体系建立

见图 D.2。

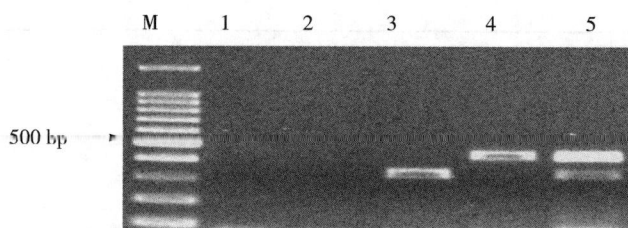

说明：
M ——100 bp Marker；
1 ——空白对照；
2 ——阴性对照；

3——PLRV；
4——PVY；
5——PVY＋PLRV。

图 D.2 PVY 和 PLRV 双重 RT‑PCR 检测体系建立

D.3 PVM 和 PVS 双重 RT‑PCR 检测体系建立

见图 D.3。

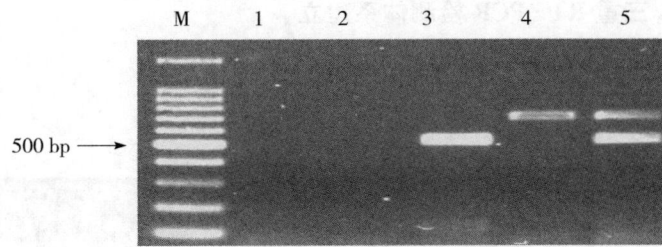

说明：

M——100 bp Marker；　　　　　　　　3——PVM；

1 ——空白对照；　　　　　　　　　　4——PVS；

2 ——阴性对照；　　　　　　　　　　5——PVM+PVS。

图 D.3　PVM 和 PVS 双重 RT‐PCR 检测体系建立

D.4　PVA 和 PVX 双重 RT‐PCR 检测体系建立

见图 D.4。

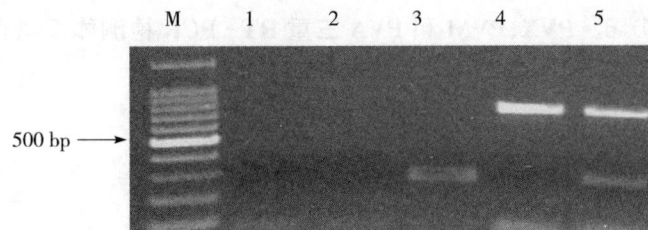

说明：

M——100 bp Marker；　　　　　　　　3——PVA；

1 ——空白对照；　　　　　　　　　　4——PVX；

2 ——阴性对照；　　　　　　　　　　5——PVA+ PVX。

图 D.4　PVA 和 PVX 双重 RT‐PCR 检测体系建立

D.5　PVY、PLRV 和 PVS 三重 RT‐PCR 检测体系建立

见图 D.5。

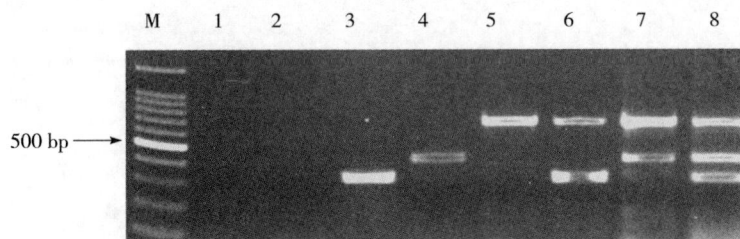

说明：

M——100 bp Marker；　　　　　　　　5——PVS；

1 ——空白对照；　　　　　　　　　　6——PVS+PLRV；

2 ——阴性对照；　　　　　　　　　　7——PVS+PVY；

3 ——PLRV；　　　　　　　　　　　　8——PVS+PVY+PLRV。

4 ——PVY；

图 D.5　PVY、PLRV 和 PVS 三重 RT‐PCR 检测体系建立

D.6 PVX、PVM 和 PVA 三重 RT‐PCR 检测体系建立

见图 D.6。

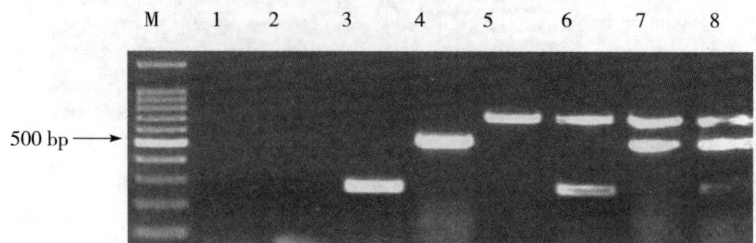

说明：
M ——100 bp Marker; 5——PVX;
1 ——空白对照; 6——PVX+PVA;
2 ——阴性对照; 7——PVX+PVM;
3 ——PVA; 8——PVX+PVM+PVA。
4 ——PVM;

图 D.6 PVX、PVM 和 PVA 三重 RT‐PCR 检测体系建立

ICS 65.020
B 16

NY

中华人民共和国农业行业标准

NY/T 2679—2015

甘蔗病原菌检测规程
宿根矮化病菌　环介导等温扩增检测法

Detection procedures of sugarcane pathogen—*Leifsonia xyli* subsp.*xyli*—
Detection method of loop–mediated isothermal amplification

2015-02-09 发布　　　　　　　　　　　　　2015-05-01 实施

中华人民共和国农业部 发布

NY/T 2679—2015

前　言

本标准按照 GB/T 1.1—2009 给出的规则起草。

本标准由农业部种植业管理司提出。

本标准由全国果品标准化技术委员会(SAC/TC 510)归口。

本标准起草单位:福建农林大学农业部福建甘蔗生物学与遗传育种重点实验室、农业部甘蔗及制品质量监督检验测试中心。

本标准主要起草人:许莉萍、阙友雄、郭晋隆、吴期滨、陈如凯、周定港、罗俊、陶玲。

甘蔗病原菌检测规程　宿根矮化病菌　环介导等温扩增检测法

1　范围

本标准规定了环介导等温扩增技术检测甘蔗宿根矮化病菌(*Leifsonia xyli* subsp. *xyli*)的原理、试剂和材料、仪器和设备、操作步骤、结果判定与表述等技术内容。

本标准适用于甘蔗组培苗、田间植株、种苗、种茎中甘蔗宿根矮化病菌的 LAMP 检测。

2　缩略语和符号

2.1　下列缩略语适用于本标准

2.1.1　LAMP：loop-mediated isothermal amplification，环介导等温扩增。

2.1.2　dNTPs Mixture：deoxyribonucleoside triphosphates mixture，脱氧核苷三磷酸混合液。

2.1.3　ddH$_2$O：double distilled H$_2$O，双蒸水。

2.1.4　CTAB：hexadecyltrimethylammonium bromide，十六烷基三甲基溴化铵。

2.1.5　Tris：tris(hydroxymethyl)methyl aminomethane，三(羟甲基)氨基甲烷。

2.1.6　EDTA：Edetate disodium，乙二胺四乙酸钠。

2.1.7　LF：forward loop primer，正向环引物。

2.1.8　LB：backward loop primer，反向环引物。

2.2　下列符号适用于本标准

2.2.1　F3c：在靶基因的 3′末端设定的一个区段。

2.2.2　F2c：在靶基因的 3′末端设定的一个区段，位于 F3c 的 5′端。

2.2.3　F1c：在靶基因的 3′末端设定的一个区段，位于 F2c 的 5′端。

2.2.4　B1：在靶基因的 5′末端设定的一个区段。

2.2.5　B2：在靶基因的 5′末端设定的一个区段，位于 B1 的 5′端。

2.2.6　B3：在靶基因的 5′末端设定的一个区段，位于 B2 的 5′端。

2.2.7　F3(forward outer primer)：正向外引物，含有与目标 DNA 上的 F3c 序列互补的区段。

2.2.8　B3(backward outer primer)：反向外引物，含有与目标 DNA 上的 B3 相同序列的区段。

2.2.9　FIP(forward inner primer)：正向内引物，在 3′末端含有与 F2c 互补的 F2 区段，在 5′末端含有与 F1c 相同序列的区段。

2.2.10　BIP(backward inner primer)：反向内引物，在 3′末端含有与 B2c 互补的 B2 区段，在 5′末端含有与 B1c 相同序列的区段。

3　原理

LAMP 是一种恒温核酸扩增方法。DNA 在 65℃左右处于动态平衡状态，任何一个引物向双链 DNA 的互补部位进行碱基配对延伸时，另一条链就会解离成为单链。在靶基因的 3′末端设定 F3c、F2c、F1c 3 个区段，在 5′末端设定 B1、B2、B3 3 个区段。针对靶基因的 6 个区域设计 4 种特异引物，利用链置换 DNA 聚合酶在等温(65℃左右)条件下保温一定的时间，即可完成核酸扩增反应。以感染了甘蔗宿根矮化病菌(*Leifsonia xyli* subsp. *xyli*，Lxx)的甘蔗为供试样品，提取的甘蔗总 DNA 里含有病原细菌的 DNA，可用于检测。

4 试剂

除另有规定外,所用试剂均为分析纯。

4.1 2×CTAB抽提缓冲液:含100 mmol/L Tris-HCl(pH 8.0),20 mmol/L EDTA,1.4 mol/L NaCl,2.0% CTAB,配方见附录A。该缓冲液在121℃下热灭活20 min~30 min,使用前加入0.1%(V/V)的β-巯基乙醇。

4.2 氯仿/异戊醇(V/V)=24:1。

4.3 检测引物序列。

4.3.1 F3:5′-ACATCGGTACGACTGGGT-3′。

4.3.2 B3:5′-TGGCCGACCAAAAAAGGT-3′。

4.3.3 FIP(F1c+F2):5′-GGCGTACTAAGTTCGAGCCGTT-GGTCAGCTCATGGGTGGA-3′。

4.3.4 BIP(B1c+B2):5′-CCTCGCACATGCACGCTGTT-CTCAGCGTCTTGAAGACACA-3′。

4.3.5 LF:5′-CTCCGCACCAATGTCAATGT-3′。

4.3.6 LB:5′-CTGAGGGACCGGACCTCATC-3′。

4.4 其他试剂:dNTP Mixture(各10 mmol/L);含有10×Reaction Buffer(反应缓冲液)的 Bst DNA 聚合酶;乙二胺四乙酸二钠(Na₂EDTA・2H₂O);6 mol/L 盐酸(HCl);2 mol/L 氢氧化钠(NaOH);嵌入型染料 SYBR Green I(1 000×);乙醇;异丙醇;β-巯基乙醇;75%乙醇;液氮;过氧化氢(H₂O₂)。

5 仪器和设备

5.1 高速台式冷冻离心机:相对离心力12 000 g以上,温度4℃~8℃。

5.2 常温离心机:相对离心力3 000 g以上。

5.3 小型离心机:可用于PCR反应管瞬间低速离心用的小型离心机。

5.4 微量加样器:0.1 μL~2.5 μL,1 μL~10 μL,2 μL~20 μL,10 μL~100 μL,20 μL~200 μL,100 μL~1 000 μL。

5.5 恒温水浴锅:要求具有显示温度的功能。

5.6 其他设备:冰箱(2℃~4℃和-20℃);高压灭菌锅;鼓风干燥箱;液氮罐;核酸蛋白分析仪或紫外分光光度计;电子天平(感量0.001 g)。

5.7 取样工具:砍刀、剪刀、镊子、带槽钻子、钳子。

5.8 耗材:离心管、PCR反应管、Tip头、滴管、100 mL和1 000 mL容量瓶、100 mL和1 000 mL细口瓶。

6 检测方法

6.1 样品的采集与前处理

6.1.1 取样

取样工具进行消毒处理,砍刀采用3%的H₂O₂溶液浸泡30 min以上,其他工具采用(121±2)℃(1.1×10⁵ Pa)高压灭菌15 min或160℃干烤2 h。取样过程中应避免样品交叉污染,每取1个样品后,取样工具用75%乙醇进行擦拭消毒。取样和样品前处理过程中应戴一次性手套,每个样品采集2份平行样。样品采集后,置于一次性保鲜袋中,编号备用。

6.1.1.1 蔗茎:采集中部蔗茎1节~2节,平行样的样品应采自同一蔗兜的不同植株。蔗茎去皮后,采用钳子直接挤压出汁,蔗汁收集在5 mL~10 mL无菌离心管中。也可采用带槽钻子直接在田间甘蔗蔗茎中部取汁。

6.1.1.2 组培苗：小苗样品采集全株，株高超过 25 cm 的也可采集叶片，2 叶为 1 份。

6.1.1.3 叶片：采集甘蔗植株中部带有中脉的叶片，1 片为 1 份，平行样的样品应采自同一蔗兜的不同植株。

6.1.2 对照材料

6.1.2.1 阳性对照：用已知含甘蔗宿根矮化病原菌的样品做阳性对照。

6.1.2.2 阴性对照：用已知不含甘蔗宿根矮化病原菌的样品做阴性对照。

6.1.2.3 空白对照：用等体积的无菌 ddH_2O 替代样品做空白对照。

6.1.3 样品存放与运送

样品采集后，应放置在 4℃ 左右的冰箱中，建议在 1 d 进行后续操作，但可以延长到 4 d。若需长途运送，可采用保温箱中加冰块密封后运送。

6.2 总 DNA 提取

6.2.1 取数支 2.0 mL 无菌离心管，并进行编号。

6.2.2 称取 0.2 g 甘蔗组培苗和叶片样品，加入液氮研磨成粉末状（研磨过程要保持液氮不挥发干净），用小药勺将组织粉末转移到 2.0 mL 无菌离心管中，待液氮挥发完，备用；取 2.0 mL 蔗汁样品于 2 mL 无菌离心管中，室温下 3 000 g 离心 5 min，将上清液转移至新的无菌离心管中，室温下 12 000 g 离心 10 min，弃上清液，留下沉淀，备用。

6.2.3 向装有样品的离心管中加入 800 μL 预热（约 65℃）的 2×CTAB 抽提缓冲液，充分摇匀。65℃ 保温 40 min，保温期间，每隔 5 min 颠倒 3 次～4 次混匀。

6.2.4 4℃ 下 12 000 g 离心 10 min，弃沉淀，取上清液移至新的无菌离心管中，加入等体积氯仿/异戊醇（$V/V=24:1$），剧烈振荡 30 s。

6.2.5 吸取上层清液至另一新的无菌离心管中，加入 2/3 体积预冷（−20℃）的异丙醇或 2 倍体积的 100% 乙醇，轻轻颠倒混匀，于 −20℃ 下放置 30 min 或 4℃～8℃ 下静置过夜，待 DNA 析出。

6.2.6 4℃ 下 12 000 g 离心 15 min，获得 DNA 沉淀。用 500 μL75% 乙醇将 DNA 洗涤 2 次。4℃ 下 4 500 g 离心 5 min，弃去上清液，晾干或用灭菌过的滤纸吸干后，加灭菌双蒸水 50 μL 溶解（大约 0.5 h），得到样品 DNA 溶液。

6.2.7 取样品 DNA 溶液 5.0 μL，加无菌水稀释至 1.0 mL，用核酸蛋白分析仪或紫外分光光度计，测定波长 260 nm 和 280 nm 处的吸光值 A_{260} 和 A_{280}，A_{260}/A_{280} 比值在 1.7～2.1 才能用于后续试验。如该比值不在此区间，说明质量不符合要求，应重新制备样品 DNA 溶液。DNA 浓度按式（1）计算。

$$c = A \times N \times 50/1000 \quad\cdots\cdots\cdots\cdots\cdots\cdots\cdots\cdots\cdots\cdots\cdots\cdots\cdots\cdots \quad (1)$$

式中：

c ——DNA 浓度，单位为微克每微升（μg/μL）；

A ——260 nm 处的吸光值；

N ——DNA 稀释倍数，本操作稀释倍数为 200。

将样品 DNA 溶液的浓度调整到 20 ng/μL 左右，置 −20℃ 保存备用。

6.3 环介导等温扩增

6.3.1 在冰上融化各反应组分，瞬间低速离心（约 2 000 g 下离心 3 s～5 s，下同），根据测试样品数量，计算好各试剂的使用量，每份样品应设置 2 个平行反应。

6.3.2 除样品外，按附录 B 配制反应混合液，全部加完并充分混合均匀后，盖上离心管的盖子，瞬间低速离心。再打开离心管的盖子，用微量加样器向每个 PCR 反应管中各分装 24.0 μL。

6.3.3 在已设定的 PCR 反应管中分别加入样品 DNA 溶液各 1.0 μL，空白对照加 1.0 μL 无菌 ddH_2O 代替样品 DNA 溶液，盖上 PCR 反应管的盖子，瞬间低速离心。

6.3.4 再打开 PCR 反应管的盖子,使用量程为 0.1 μL～2.5 μL 的微量加样器,在 PCR 反应管盖子的内表面,加 1.0 μL 嵌入型染料 SYBR Green I(1 000×),盖上 PCR 反应管。

6.3.5 将上述加样后的 PCR 反应管在 65℃下温育 30 min,之后在 80℃下保温 3 min 以终止反应。

6.3.6 瞬间低速离心,即可进行结果判定。

6.3.7 每次检测实验均应设阳性对照、阴性对照和空白对照。

7 结果判定与表述

7.1 有效实验条件判别

当阳性对照、阴性对照和空白对照均符合下述显色反应(图 1)时,视为有效实验,否则视为无效实验。其中:

阳性对照:PCR 反应管中反应液呈现绿色荧光,为绿色。

阴性对照:PCR 反应管中反应液不呈现绿色荧光,为褐色。

空白对照:PCR 反应管中反应液不呈现绿色荧光,为褐色。

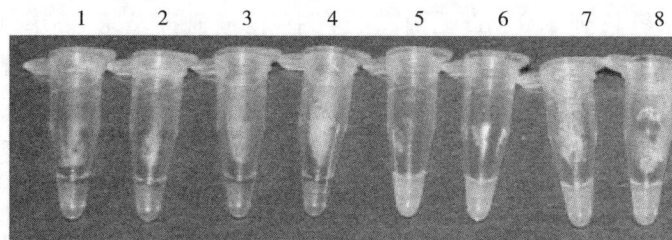

说明:

1,2——空白对照;　　　　　　　　5,6——阳性对照;

3,4——阴性对照;　　　　　　　　7,8——阳性样品。

图 1

7.2 检测结果判定和表述

观察 PCR 反应管的颜色反应结果。其中有目标扩增产物的 LAMP 反应液呈现绿色荧光,为绿色,判定为阳性,表示样本中含甘蔗宿根矮化病菌,表述为"该试样中检出甘蔗宿根矮化病菌";其中没有目标扩增产物的 LAMP 反应液不呈现绿色荧光,为褐色,判定为阴性,表示样本中不含甘蔗宿根矮化病菌,表述为"该试样中未检出甘蔗宿根矮化病菌"。

附 录 A
（规范性附录）
2×CTAB 抽提缓冲液配制方法

2×CTAB 抽提缓冲液配制方法见表 A.1。

表 A.1 2×CTAB 抽提缓冲液配制方法

组 分	配制量,L	配置方法
1.0 mol/L Tris-HCl(pH 8.0)母液	1.0	称取 121.1 g Tris,溶解于 800 mL 的 ddH₂O 中,用 6 mol/L HCl 调节 pH 至 8.0 后,用 ddH₂O 定容到 1.0 L
0.5 mol/L EDTA(pH 8.0)母液	1.0	称取 186.1 g Na₂EDTA·2H₂O,加入 800 mL ddH₂O,充分搅拌,用 2 mol/L NaOH 调节 pH 至 8.0 后,用 ddH₂O 定容到 1.0 L
2×CTAB 抽提缓冲液	1.0	依次加入 20 g 的 CTAB 粉末,100 mL 的 1.0 mol/L Tris-HCl(pH 8.0)母液,40 mL 的 0.5 mol/L EDTA(pH 8.0)母液,81.816 g 的 NaCl,用 ddH₂O 定容到 1.0 L

附　录　B
（规范性附录）
LAMP 扩增反应混合液配制方法

LAMP 扩增反应混合液配制方法见表 B.1。

表 B.1　LAMP 扩增反应混合液配制方法（以 25 μL 为例）

组　分	使用量（μL）	25 μL 反应体系中终浓度
10×ThermoPol Reaction Buffer	2.5	1×
dNTPs Mixture(各 10 mmol/L)	3.5	1.4 mmol/L
MgSO₄(50 mmol/L)	1.875	5.75 mmol/L
FIP(10 μmol/L)	2.0	0.8 μmol/L
BIP(10 μmol/L)	2.0	0.8 μmol/L
F3 Primer(10 μmol/L)	0.5	0.2 μmol/L
B3 Primer(10 μmol/L)	0.5	0.2 μmol/L
LF Primer(10 μmol/L)	1.0	0.4 μmol/L
LB Primer(10 μmol/L)	1.0	0.4 μmol/L
Bst DNA 聚合酶(8 000 U/mL)	1.0	0.32 U/μL
样品	1.0	
ddH₂O	8.125	—

注：10×Reaction Buffer 为 *Bst* DNA 聚合酶(8 000 U/mL,800 U/管)的缓冲液,其中含 20 mmol/L MgSO₄,反应体系中 Mg^{2+} 的终浓度为 5.75 mmol/L。

ICS 65.020
B 16

NY

中华人民共和国农业行业标准

NY/T 2683—2015

农田主要地下害虫防治技术规程

Code of practice of control techniques for soil insect pests

2015-02-09 发布　　　　　　　　2015-05-01 实施

中华人民共和国农业部 发布

前　　言

本标准按照 GB/T 1.1—2009 给出的规则起草。

本标准由农业部种植业管理司提出并归口。

本标准起草单位：全国农业技术推广服务中心、中国农业科学院植物保护研究所、西北农林科技大学、南京农业大学、甘肃农业大学、河南省农业科学院植物保护研究所、辽宁省农业科学院植物保护研究所。

本标准主要起草人：赵中华、曹雅忠、仵均祥、王备新、刘长仲、朱晓明、武予清、许国庆。

农田主要地下害虫防治技术规程

1 范围

本标准规定了农田主要地下害虫蛴螬、金针虫、蝼蛄的主要防治技术和方法。

本标准适用于全国小麦、玉米和花生为主的农作物生产中蛴螬、金针虫、蝼蛄的防治,其他作物地下害虫的防治可参考应用。

2 规范性引用文件

下列文件对于本文件的应用是必不可少的。凡是注日期的引用文件,仅注日期的版本适用于本文件。凡是不注日期的引用文件,其最新版本(包括所有的修改单)适用于本文件。

GB 4285 农药安全使用标准

GB/T 8321.1～8321.9 农药合理使用准则(一)～(九)

NY/T 1276 农药安全使用规范总则

3 术语和定义

下列术语和定义适用于本文件。

3.1

地下害虫 soil pest insects

指在活动为害期间生活在土壤中,并以为害作物地下部分(包括播下的种子)为主或为害作物近地面部分的害虫。主要包括蛴螬(其成虫为金龟甲)、金针虫(其成虫为叩头甲)和蝼蛄3大类。

3.2

绿色防控 environment-friendly control measures

是指以保护农作物安全生产、减少化学农药使用为目标,采取生态控制、生物防治、物理防治、科学用药等环境友好型措施控制农作物病虫为害的行为。

3.3

种子药剂处理 pestcide treatment of seeds

播种前利用化学药剂对作物种子进行拌种、包衣等处理。

3.4

土壤处理 treatment of soil

将杀虫剂洒施于地面,或者与细土、细沙按比例配制成毒土,播种时顺沟撒施或者出苗后撒施于地面,浅锄拌入土中。

4 调查方法

4.1 虫口基数调查

选择有代表性的地块,按不同土质、地势、茬口分别进行。播种前选择有代表性、面积 0.67 hm² 以上的农田,对角线 5 点取样,每点长 200 cm、宽 50 cm、深 20 cm～30 cm。采用挖土调查法,翻土进行详细调查,分类记载不同地下害虫数量,推算单位面积虫口密度。

调查田块面积每增加 0.67 hm²,可增加调查样点 1 个,样点排列根据调查样方数和地形灵活变化,以能代表全田情况为宜。

4.2 幼苗期危害程度调查

作物出苗后,选择有代表性、面积 0.67 hm² 以上的农田,对角线 5 点取样,每点顺行连续调查 100 株,计数被害苗数。

调查田块面积每增加 0.67 hm²,可增加调查样点 1 个,样点排列可根据调查样点数和地形灵活变化,以能代表全田作物幼苗被害情况为宜。

4.3 作物中后期虫情调查

选择有代表性、面积 0.67 hm² 以上的田块,对角线 5 点取样,每点顺行连续调查 50 株~100 株作物(作物株数根据作物的大小而定)的根部周围土壤,调查作物生长期的害虫数量。

5 防治原则

贯彻"预防为主、综合防治"的植保方针,做到农业防治与化学防治相结合,播种期防治与生长期防治相结合,防治幼虫与防治成虫相结合,协调应用各项措施,将地下害虫的为害控制在经济允许水平以下。在化学药剂使用过程中,严格执行 GB 4285 、GB/T 8321.1~8321.9 和 NY/T 1276 的规定。

6 防治指标

6.1 按虫口基数确定

蛴螬、金针虫、蝼蛄三者混合种群虫口基数≥30 000 头/hm²;混合种群的组成以中型蛴螬(如大黑鳃、铜绿丽,参见附录 A)占绝对优势种群时,这一指标可以适当缩小。

6.2 按作物被害率确定

作物幼苗期调查,被害率≥5%。

7 防治技术措施

7.1 农业防治

7.1.1 土壤翻耕

春季土壤解冻后、春播前及时深翻土壤,杀死上升到土表的地下害虫。秋末冬初,将已下潜至土壤深层的地下害虫翻到地表,机械伤害及低温冷冻致其死亡。

7.1.2 覆膜种植

在北方地区,作物播种后覆膜,促进种子提早萌发,培育壮苗。

7.1.3 植物诱集

在作物种植区域的周边种植蓖麻、榆树、黄杨等诱集植物,待金龟甲发生盛期时,集中消灭。

7.2 物理防治

7.2.1 糖醋液诱杀

用糖 6 份、醋 3 份、白酒 1 份、水 10 份、90%敌百虫 1 份配制成糖醋液,将 5 cm 长的玉米秸秆用之浸泡后,均匀按小堆放置于田间或步道上,放置一夜后取回,消灭诱到的金龟甲。

7.2.2 灯光诱杀

在金龟甲发生期或蝼蛄活动期,田间安装 360 nm~400 nm 波长的杀虫灯,单灯控制面积 2 hm²~3 hm²,连片规模设置效果更好。灯悬挂高度,前期 1.5 m~2 m,中后期应略高于作物顶部。一般 6 月中旬开始开灯,8 月底撤灯,每日开灯时间为晚 8 时~9 时至次日凌晨 4 时。

如果采用水盆式诱虫灯,高度距诱虫盆中水面高度约 10 cm,每日定时捞出所诱成虫,并补加蒸发掉的水。

7.3 生物防治

作物播种时,将白僵菌、绿僵菌或 Bt 制剂,随肥施用。或将昆虫病原线虫兑水喷施于地面或灌根防治。

7.4 化学防治

7.4.1 种子处理

播种前，以8％氟虫腈悬浮种衣剂药种比1∶250或48％吡虫啉悬浮种衣剂药种比1∶200（玉米）、1∶800（小麦）包衣，或作物播种期用50％辛硫磷乳油、40％甲基异柳磷乳油等，按药∶水∶种子比1∶25∶500拌匀后，堆闷6 h～12 h后播种。

花生在种子处理时选用缓释剂。如用18％氟虫腈・毒死蜱微囊悬浮剂，按药剂与花生种子1∶50的比例拌种；或用30％毒死蜱微囊悬浮剂，按药剂与花生种子1∶200的比例拌种。

7.4.2 土壤处理

结合播前整地，将药剂兑水喷雾喷施于地面，然后浅锄或犁入土中。常用药剂有50％辛硫磷乳油、40％甲基异柳磷乳油、48％毒死蜱乳油等3 750 mL/hm²～4 500 mL/hm²；4.5％甲基对硫磷—敌百虫粉剂、3％甲基异柳磷颗粒剂22.5 kg/hm²～37.5 kg/hm²。

或将杀虫剂与细土或细沙按比例配制成毒土（沙），播种时顺沟撒施（覆盖于种子上）。常用药剂有：3％克百威颗粒剂与细土（沙）按1∶10的比例配制；50％辛硫磷乳油500倍液，喷拌细土（沙），用毒土（沙）225 kg/hm²～300 kg/hm²。或者35％辛硫磷微胶囊悬浮剂4.5 kg/hm²药剂，按1∶10的比例拌成毒土（沙）。或者用3％甲基异柳磷颗粒剂、5％辛硫磷颗粒剂等37.5 kg/hm²，拌和300 kg～375 kg细沙或煤渣撒施。

7.4.3 灌根处理

作物苗期地下害虫发生程度达到防治指标时，可选用50％辛硫磷乳油2 000倍液、90％晶体敌百虫3 000倍液、50％二嗪农2 000倍液等进行灌根防治，用药液量6 000 kg/hm²～7 500 kg/hm²。

7.4.4 毒饵诱杀

用炒香的麦麸或碾碎的豆粕、花生饼或棉籽饼作为诱饵，每公顷用50％的辛硫磷或48％毒死蜱乳油等0.75 kg～1.5 kg加水4 kg～8 kg与炒好的诱饵20 kg～30 kg混拌均匀在蝼蛄活动期于田间撒施。作物幼苗期傍晚撒施效果最好。

7.4.5 喷药防治

金龟甲发生严重为害作物叶片时，喷施10％氯氰菊酯乳油、5％高效氯氟氰菊酯乳油等进行防治，用量参见标签说明。

附　录　A

（资料性附录）

农田常见地下害虫（蛴螬、金针虫、蝼蛄）检索表

A.1　常见金龟甲检索表

金龟甲是鞘翅目金龟甲总科昆虫的统称，其幼虫称之为蛴螬，为地下害虫中种类最多、分布最广、危害最重的一大类群。农田常见金龟甲的识别特征见农田常见金龟甲检索表。

农田常见金龟甲检索表

1　上颚背面不可见 ……………………………………………………………………………………………… 2
　　上颚十分长大，峰齿外露，背面可见；中、后足胫节膨大，在中段以前有 2 条不完整的具刺横脊，后足胫节顶端截面上轮生 24 根～25 根锥状刺；前胸、鞘翅基部宽阔；体长 17 mm～25 mm ………………………… 阔胸犀金龟 *Pentodon patruelis*

2　腹部 6 对气门，前 3 对位于侧膜上，后 3 对位于腹板上 ……………………………………………………… 3
　　腹部 6 对气门位于腹板侧上方，各足的 2 爪通常等大 ………………………………………………………… 4

3　各足的 2 爪不等大，至少前、中足如此；由背面看不到中胸后侧片；体背通常隆起，鞘翅侧缘不凹入 ……… 14
　　前、中足的 2 爪等大；由背面可看到中胸后侧片；体背通常平坦，鞘翅侧缘有凹 …………………………… 20

4　触角由 9 节组成，或偶有少数个体触角由 10 节组成，且鳃叶部均为 3 节 ………………………………… 5
　　触角均由 10 节组成 ……………………………………………………………………………………………… 7

5　触角 9 节；在两复眼间具横脊；鞘翅上无纵肋；前足胫节外侧具 3 齿，体黄褐色或栗褐色 ………………… 6
　　多数个体触角为 9 节，少数个体为 10 节；鞘翅上纵肋明显；前足胫节外方具齿 2 个；体卵圆形，被黑或黑褐色绒状毛，长 6 mm～9 mm ………………………………………………………………………… 黑绒鳃金龟 *Maladera orientalis*

6　小盾片无毛，体表被长毛；唇基较长；头顶横脊高锐横直；前胸背板侧缘前段完整，后段锯齿形；爪较细长 ………………
　　………………………………………………………………………………………… 毛黄鳃金龟 *Holotrichia trichophora*
　　小盾片有毛，体表不被长毛；唇基甚短；头顶横脊低微波形弯曲，前胸背板侧缘锯齿形；爪较粗壮 …………………
　　………………………………………………………………………………………… 拟毛黄鳃金龟 *Holotrichia formosana*

7　触角鳃片部 3 节 ………………………………………………………………………………………………… 8
　　触角鳃片部 6 节～7 节；前胸背板前半部中间有 2 个窄而对称的黄色纵带斑，其两侧各有 2 个～3 个毛斑构成的纵列，鞘翅上有由鳞状毛片构成的各种形状的斑纹；前足胫节外侧齿雄 2 雌 3；体大型，长 28 mm～41 mm ………
　　………………………………………………………………………………………… 云斑鳃金龟 *Polyphylla laticollis*

8　前足胫节具齿 2 个 ……………………………………………………………………………………………… 9
　　前足胫节具齿 3 个 ……………………………………………………………………………………………… 10

9　前胸背板后半段两侧缘彼此平行；体表刻点浅、匀；鞘翅上纵肋明显，后缘横切状；后足胫节扁宽，两端距分开着生，爪下有齿；臀板三角形；体赤色或赤褐色，长 7 mm～9 mm …………………………… 阔胫绒金龟 *Maladera verticalis*
　　前胸背板侧缘后段内弯；体表刻点较深乱；鞘翅及后足特征同阔胫绒金龟，但臀板雄虫三角形，顶端圆钝，雌虫顶端尖锐；体虽赤色，但头顶为黑褐色；体长 6.5 mm～8.0 mm ……………………… 小阔胫绒金龟 *Maladera ovatula*

10　后翅无退化，能飞翔 …………………………………………………………………………………………… 11
　　后翅退化呈痕迹状，不能飞翔；鞘翅基部明显狭于前胸背板，鞘翅上密布大而圆的不规则排列的刻点，且常愈合形成皱纹，两鞘翅合缝的末端成 1 钝角；全体黑色，长 13 mm～16 mm ……………… 黑皱鳃金龟 *Trematodes tenebrioides*

11　前足胫节外侧 3 齿均不退化，体长 15 mm～22 mm ………………………………………………………… 12
　　前足胫节外倒第 3 齿退化呈痕迹状；每鞘翅上有纵肋 4 条，靠缝肋的纵肋后方收狭变尖；全体棕色，体长 17.5 mm～24.5 mm ………………………………………………………………………………… 棕色鳃金龟 *Holotrichia titanis*

12　体黑色或黑褐色；有光泽；每鞘翅上有 4 条明显的纵肋；腹部臀节背板向腹下包卷，与肛腹板相会于腹面 ……… 13
　　体暗黑或黑褐色无光泽；腹面有淡烟蓝色闪光层；鞘翅上 4 条纵肋不明显；臀节背板不向腹面包卷，与肛腹板相会于腹末 ……………………………………………………………………………………… 暗黑鳃金龟 *Holotrichia parallela*

13　臀板隆凸顶端宽钝，右侧观臀板为一弧形球面；末前腹板后方中部有三角形较宽的凹坑 ………………………
　　……………………………………………………………………………………… 东北大黑鳃金龟 *Holotrichia diomphalia*

臀板隆凸顶端圆尖,右侧观臀板为凹凸不平的直角形;末前腹板后方中部的三角形凹坑较狭 ……………
…………………………………………………………………… 华北大黑鳃金龟 *Holotrichia oblita*

14 触角 10 节,鳃片部 3 节 ……………………………………………………………………………………… 15
触角 9 节,鳃片部 3 节 ……………………………………………………………………………………… 16

15 体背深绿色或暗蓝色,腹面紫铜色或蓝黑色;前胸背板呈梯形;前足胫节只具一明显的外齿;体长 16 mm~22 mm …………
…………………………………………………………………… 蒙古丽金龟 *Anomala mongolica*
上唇下部延长呈"T"形喙;前胸背板甚短阔,前、后缘中央向外突出;前足胫节外侧具 3 齿;体黄褐色,长 7.4 mm~
11.9 mm …………………………………………………………… 毛喙丽金龟 *Adoretus hirsutus*

16 鞘翅背面具 5 条~6 条刻点沟线 ……………………………………………………………………………… 17
鞘翅不具上述特征 ……………………………………………………………………………………………… 18

17 体深蓝色带紫,有绿色闪光;唇基梯形;鞘翅上有 6 条刻点沟,第 2 条短;前足胫节外侧具 2 齿;臀板无毛斑;体长
9 mm~14 mm …………………………………………………… 无斑弧丽金龟 *Popillia mutans*
体棕褐色带紫绿色闪光;鞘翅茄紫有黑绿或紫黑色边缘,上有 5 条刻点沟按;唇基前缘弧形;前足胫节外侧具 2 齿;腹
部各节两侧具白色毛斑;臀板基部具 1 对白色毛斑;体长 11 mm~14 mm ………… 琉璃弧丽金龟 *Popillia atrocoerulea*

18 体黄褐色,具光泽;唇基长方形;前胸背板全具边棉;前足胫节外侧具 2 齿;每鞘翅上有 3 条不明显的纵肋;体长
13.2 mm~16.7 mm …………………………………………………… 黄褐丽金龟 *Anomala exoleta*
体非黄褐色 ……………………………………………………………………………………………………… 19

19 体铜绿色,有光泽;前胸背板两侧及鞘翅侧缘褐色或黄褐色;前足胫节外侧具 2 齿;雄性臀板基部中央具一三角形黑
斑;体长 19 mm~21 mm …………………………………………… 铜绿丽金龟 *Anomala corpulenta*
体除鞘翅外黑或黑褐色,具青铜色光泽,鞘翅茶色或黄褐色,半透明;除鞘翅外,体被淡灰黄色绒毛,尤以腹面绒毛长
而厚密;前足胫节外侧具 2 齿;具中胸腹突,呈尖指状;体长 8.9 mm~12.2 mm … 苹毛丽金龟 *Proagopertha lucidula*

20 体背多为暗绿或绿色;鞘翅侧缘及翅合缝处各具较大的白色或黄白色绒斑 3 个;前足胫节外使具齿 3 个;体长
11 mm~16 mm …………………………………………………… 小青花金龟 *Oxycetonia jucunda*
体黑紫铜或青铜色;鞘翅及前胸背板上散布较多不规则白色绒斑;前足胫节外侧具齿 3 个;体长 17 mm~24 mm
…………………………………………………………………………… 白星花金龟 *Potosia brevitarsis*

A.2 常见蛴螬检索表

蛴螬俗称壮地虫、白土蚕、地漏子等,是金龟甲总科幼虫的统称。农田常见蛴螬的识别特征见农田
常见蛴螬检索表。

农田常见蛴螬检索表

1 肛门孔通常三裂状,如纵裂不明显或缺,则横裂中部多少向腹面弯成钝角;下颚的发音齿较多,一般超过 11 个 ……… 4
肛门孔横裂横弧状;下颚的发音齿较少;一般不超过 11 个 ……………………………………………………… 2

2 触角第 1 节最长,显著长于第 2 节;上唇前缘呈三叶状;内唇端感区缺感区刺,内唇基感区突斑 1 个;覆毛区缺钩状刚毛
…… 13
触角第 1 节不长于第 2 节,通常第 2 节最长;上唇前缘不呈三叶状;内唇端感区具感区刺,内唇基感区突斑 2 个;覆毛区
具钩状刚毛 …… 3

3 内唇具缘脊,端感区感区刺 3 根~9 根;臀节腹面多具刺毛列或缺;下颚背面发音齿尖锐,尖端前弯;头壳表面不具刻点
…… 14
内唇缺缘脊,端感区特化成一骨化突,上有基部相连的感区刺 3 个~4 个;覆毛函缺刺毛列,扁钩状刚毛较密,约达覆毛
区的 1/2 处;下颚背面发音齿顶端平截,不向前弯;3 龄幼虫头宽 7.0 mm~7.5 mm,头壳表面多刻点 …………………
…………………………………………………………………………… 阔胸犀金龟 *Pentodon patruelis*

4 肛门孔三裂状 ……… 5
肛门孔横裂状,但横裂中央向腹面前方弯成钝角状;头部前顶毛每侧 5 根~7 根,其中冠缝中部旁 1 根极短小;内唇端
感区刺 17 根~20 根;覆毛区刺毛列前端远不达钩毛区的前缘;幼虫巨型,3 龄幼虫头宽 9.8 mm~10.5 mm …………
…………………………………………………………………………… 云斑鳃金龟 *Polyphylla laticollis*

5 肛门孔纵裂等于或长于一侧横裂的 1 倍;覆毛区具刺毛列,排列呈单列横弧形 ……………………………………… 6
肛门孔纵裂短于一侧横裂 1/2 覆毛区无刺毛列,或具刺毛列但不呈单列横弧形 ………………………………………… 8

6 刺毛列刺毛排列较松,近中部刺毛列也不显著较两侧紧密;下颚发音齿通常 24 根~30 根,排列较密;头部前顶毛每侧 1
根,后顶毛缺 …………………………………………………………… 黑绒鳃金龟 *Maladera orientalis*
刺毛列刺毛排列紧密,尤以近中部刺毛排列较两侧紧密,相邻刺毛基部几乎相连 ………………………………………… 7

7　下颚发音齿排列较稀,每列 16 根左右;刺毛列刺毛较多,通常每列 24 根～27 根;头宽约 3 mm ……………
　　…………………………………………………………………… 阔胫绒鳃金龟 *Maladera verticalis*
　　下颚发音齿排列较密,每列 22 根～26 根;刺毛列刺毛每列 21 根～24 根;3 龄幼头宽约 2.5 mm …………
　　……………………………………………………………………… 小阔胫绒金龟 *Maladera ovatula*

8　覆毛区无刺毛列 ……………………………………………………………………………………………… 9
　　覆毛区具刺毛列,由短锥状刺毛组成,前端明显超出钩毛区的前缘,每列 16 根～24 根;头部前顶毛每侧 3 根～5 根,其
　　中冠缝边 2 根～4 根,额缝旁 1 根,后顶毛每侧常仅 1 根较长;内唇端感区刺 15 根～18 根 ………………
　　………………………………………………………………………… 棕色鳃金龟 *Holotrichia titanis*

9　覆毛区缺钩状刚毛,代以直扁刺毛,尖端指向中央裸区;肛门孔纵裂很短,短于一侧横裂的 1/4 …………… 10
　　覆毛区有明显钩状刚毛;肛门孔纵裂较短,但长于一侧横裂的 1/4,而一般不超过一侧横裂的 1/2 ………… 11

10　覆毛区的中央近椭圆形裸区近边缘处,有较少短小锥状刺毛,通常 10 根～20 根,其间裸露区域仍较明显;触角第 1 节
　　长于第 2 节;头部前顶毛每侧 5 根～7 根,呈 1 纵列;头宽 4.7 mm～5.0 mm …… 毛黄鳃金龟 *Holotrichia trichophora*
　　覆毛区的中央裸区内,较均匀着生较多微小锥状刺毛,通常 25 根～40 根,无明显的裸露区域;触角第 1 节约等于或微
　　短于第 2 节;头部前顶毛每侧 6 根～9 根,呈 1 纵列;头宽 5.2 mm～5.5 mm …… 拟毛黄鳃金龟 *Holotrichia formosana*

11　头部前顶毛每侧 3 根～4 根,其中冠缝旁 2 根～3 根,额缝旁 1 根,后顶毛每侧 1 根 …………………… 12
　　头部前顶毛每侧仅 1 根,位于冠缝旁,后顶毛每侧 1 根;钩毛区前缘近中央部分钩状刚毛较少或缺,前缘略呈双峰状
　　………………………………………………………………………… 暗黑鳃金龟 *Holotrichia parallela*

12　额中侧毛左右各仅 1 根,额前缘毛一般 4 根～6 根;钩毛区的前缘略超过覆毛区的 1/2 处 ……………………
　　………………………………………………………………………… 大黑鳃金龟 *Holotrichia diomphalia*
　　额中侧毛左右各 3 根～4 根,额前缘毛 8 根～10 根;钩毛区后缘与肛下叶摺间有 1 横带状裸区,前缘约超过覆毛区的
　　1/3 处,但不达 1/2 处 ………………………………………………… 黑皱鳃金龟 *Trematodes tenebrioides*

13　体型较大,头宽 4.4 mm～4.7 mm,头部额前缘毛 2 根～4 根,极短小;组成刺毛列的刺毛尖端较圆钝;内唇基感区后
　　方具较大的彼此远离的三角形骨片;内唇端感区前沿有 1 呈横弧状排列的骨化强的短扁刺毛 16 根～19 根 …………
　　………………………………………………………………………… 白星花金龟 *Potosia brevitarsis*
　　体型较小,头宽 2.9 mm～3.2 mm,头部额前缘毛缺;组成刺毛列的刺毛尖端较尖锐;内唇基感区后方无明显的三角形
　　骨片;内唇端感区前沿有 1 呈横弧状排列的骨化强的短锥状刺毛 15 根～17 根 ……… 小青花金龟 *Oxycetonia jucunda*

14　覆毛区具刺毛列;单眼缺或呈痕迹状;头部前顶毛每侧 4 根～8 根,额前侧毛左右各 2 根或以上;触角第 2、第 3 节具
　　毛;下颚发音齿通常 6 个～8 个 ………………………………………………………………………… 15
　　覆毛区缺刺毛列;具单眼;头部前顶毛每侧 2 根,额前侧毛左右各 1 根;触角各节均无毛;下颚发音齿通常 9 个～11
　　个;内唇端感区刺 4 个～6 个,缘脊较少,10 条～12 条;头宽 2.7 mm～2.9 mm ………… 毛喙丽金龟 *Adoretus hirsutus*

15　臀节背板上具后方开口的骨化环 ……………………………………………………………………… 16
　　臀节背板上缺骨化环 ……………………………………………………………………………………… 18

16　刺毛列仅由长针状刺毛组成,一般每列刺毛 4 根～8 根 ………………………………………………… 17
　　刺毛列由前段的短锥状刺毛和后段的长针状刺毛组成,前者一般每列 10 根～15 根,后者 7 根～13 根,刺毛列前端远
　　超出钩毛区的前缘 ……………………………………………………………… 黄褐丽金龟 *Anomala exoleta*

17　腹部第 7 节～第 9 节背面除两横列细长针状毛外,基本上裸露,仅第 7 节前沿偶有数根小刺毛;臀节背板上的骨化环
　　内毛较少,一般 42 根～55 根,环的前沿中部与第 9、第 10 腹节节间缝间毛少,常仅 1 横列 ……………………
　　………………………………………………………………………… 琉璃弧丽金龟 *Popillia atrocoerulea*
　　腹部第 7 节～第 9 节背面除两横列细长针状毛外,有较多短小针状毛;臀节背板兵汀骨化环内的毛较密,一般 68 根～
　　80 根,环的前沿中部与第 9、第 10 腹节节间缝间毛较多,2～3 横列 ………… 无斑弧丽金龟 *Popillia mutans*

18　刺毛列由前段短锥状刺毛和后段长针状刺毛共同组成。刺毛列前端超出钩毛区的前缘,达覆毛区的 2/3 以上 …… 19
　　刺毛列前端远末达钩毛区的前沿,仅由长针状刺毛组成,每列 13 根～19 根,常有副列;头部前顶毛每侧 6 根～8 根,呈
　　1 纵列 ………………………………………………………………………… 铜绿丽金龟 *Anomala corpulenta*

19　腹部第 7 节～第 9 节背面,除两横列长针状毛外,尚有较多短针状毛;刺毛列刺毛较多,短锥状刺毛每列 14 根～24
　　根,长针状毛每列 16 根～22 根,有副列;头部前顶毛每侧 4 根～5 根,呈二纵列,额前侧毛每侧 3～4 ………………
　　………………………………………………………………………… 蒙古丽金龟 *Anomala mongolica*
　　腹部第 7 节～第 9 节背面,除两横列长针状毛外,偶有极少短小刺毛;刺毛列的刺毛较少,短锥状刺毛每列 6 根～12
　　根,长针状刺毛每列 6 根～10 根,无副列;头部前顶毛每侧 6 根～7 根,呈 1 纵列,额前侧毛每侧仅 2 根 …………
　　………………………………………………………………………… 苹毛丽金龟 *Proagopertha lucidula*

A.3　常见叩头甲检索表

　　叩头甲俗称叩头虫、磕头虫,属鞘翅目叩甲科,其幼虫称之为金针虫。农田常见有 4 种,其识别特征

见农田常见叩头甲检索表。

<h3 style="text-align:center">农田常见叩头甲检索表</h3>

1 前胸背板侧缘无翻卷的边饰 ·· 2
　前胸背板横宽,其宽度几乎大于其长的1/4,侧缘具翻卷的边饰;鞘翅宽,端部有宽的卷边;全体黑色,粗短宽厚;体长
　9.2 mm～13.1 mm ··· 宽背金针虫 *Selatosomus latus*

2 鞘翅长不大于前胸背板长的3倍,上有9条纵列刻点;体长8 mm～9mm ··································· 3
　鞘翅长为前胸背板长的4倍～5倍,鞘翅上纵列不明显;前胸背板中部有微细纵沟;雌虫无后翅;体深褐色,长 14 mm～
　18 mm ··· 沟金针虫 *Pleonomus canaliculatu*

3 前胸背板略呈圆形,长大于宽;鞘翅长约头胸部的2倍;触角红褐色,第2节球形;体暗褐色,足红褐色 ············
　·· 细胸金针虫 *Agriotes fuscicollis*
　头部凸出,黑色,唇基分裂;前胸黑色,腹部暗红色,足暗褐色;鞘翅黑褐色,长约头胸部的2.5倍;触角暗褐色,第2、第3
　节略呈球形 ······································ 褐纹金针虫 *Melanotus caudex*

A.4　常见金针虫检索表

　　金针虫俗称节节虫、铁丝虫、铜丝虫等,是叩头甲幼虫的通称。常见4种金针虫的识别特征见农田
常见金针虫检索表。

<h3 style="text-align:center">农田常见金针虫检索表</h3>

1 体宽而扁平;臀节不呈圆锥形,背面两侧各有3个齿状突起或结节,末端具分叉 ························· 2
　体细长呈圆筒形,臀节呈圆锥形或近似圆锥形,末端无分叉 ·· 3

2 臀节末端分为尖锐而向上弯曲的二叉,各叉内侧均有1小齿;背中线处有1条细纵沟 ·······················
　··· 沟金针虫 *Pleonomus canaliculatus*
　臀节末端分叉形成两个大叉突,每一叉突的内支向内上方弯曲,外支如钩状向上,在分支的下方有2个大的结节,一个
　在外支和内支的基部,一个在内支的中部;背中线隐约可见 ················ 宽背金针虫 *Selatosomus latus*

3 臀节呈圆锥形,无小齿状突起,近基部的背面两侧各有1个褐色圆斑 ········· 细胸金针虫 *Agriotes fuscicollis*
　臀节近似圆锥形,末端有3个小齿状突起,中齿较尖呈红褐色,近基部的背面两侧各有1个半月形褐色斑;第2胸节到
　第8腹节的各节前缘两侧均有新月形斑纹 ···················· 褐纹金针虫 *Melanotus caudex*

A.5　常见蝼蛄识别特征

　　蝼蛄俗称拉拉蛄、土狗子、蜊蛄,属直翅目蝼蛄科。农田分布广泛、为害严重的主要有2种,即华北
蝼蛄(*Gryllotalpa unispina* Saussure)和东方蝼蛄(*G. orientalis* Burmesiter),其识别特征如下。

A.5.1　华北蝼蛄的识别特征

A.5.1.1　成虫:体长 39 mm～50 mm,黑褐色,密被细毛,腹部近圆筒形。前足腿节下缘呈"S"形弯曲;
后足胫节内上方有刺1个～2个(或无刺)。

A.5.1.2　若虫:若虫共13龄。初孵若虫体长 3.6 mm～4.0 mm,头胸细,腹部大,乳白色,复眼淡红色,
以后体色逐渐变深,5龄～6龄若虫体色与成虫相似。末龄体长 36 mm～40 mm。

A.5.2　东方蝼蛄的识别特征

A.5.2.1　成虫:体长 30 mm～35 mm,黄褐色,密被细毛,腹部近纺锤形。前足腿节下缘平直;后足胫节
内上方有等距离排列的刺3个～4个(或4个以上)。

A.5.2.2　若虫:若虫共8龄～9龄。初孵若虫体长约4 mm,头胸细,腹部大,乳白色。2龄、3龄以后若
虫体色接近成虫,末龄若虫体长约25 mm。

ICS 65.020
B 16

NY

中华人民共和国农业行业标准

NY/T 2684—2015

苹果树腐烂病防治技术规程

Code of practice for apple valsa canker control

2015-02-09 发布

2015-05-01 实施

中华人民共和国农业部 发布

前　言

本标准按照 GB/T 1.1—2009 给出的规则起草。

本标准由农业部种植业管理司提出并归口。

本标准起草单位：全国农业技术推广服务中心、陕西省植物保护工作总站。

本标准主要起草人：李萍、王亚红、赵中华、张东霞、张万民。

苹果树腐烂病防治技术规程

1 范围

本标准规定了苹果树腐烂病(病原菌 *Valsa mali* Miyabe et Yamada)的主要防治技术。

本标准适用于苹果树腐烂病的防治。

2 规范性引用文件

下列文件对于本文件的应用是必不可少的。凡是注日期的引用文件,仅注日期的版本适用于本文件。凡是不注日期的引用文件,其最新版本(包括所有的修改单)适用于本文件。

GB/T 8321　农药合理使用准则

NY/T 1276　农药安全使用规范　总则

3 防治策略

采取以提高树体抗病能力和压低病原菌基数为基础,剪锯口和枝干施药预防发病,及时刮治病斑进行病树治疗等综合防治策略。

4 防治技术

4.1 农业防治

4.1.1 科学施肥灌水

均衡施肥,秋季增施有机肥,春夏季追施速效化肥。秋季条沟施或穴施充分腐熟的有机肥 2 000 kg/667 m²～3 000 kg/667 m²;果树萌芽期,根施氮肥为主,磷肥为辅;果实膨大期和花芽分化前叶面喷施钾肥为主、磷肥为辅。

根据降水情况和墒情,适时排灌,春灌秋控。

4.1.2 合理负载

根据树龄、树势、土壤营养等条件,合理修剪和疏花疏果,调整树体负载量。

因树定产。中等水平果园一般按照叶果比 40:1 留果;丰产园可适当提高挂果量;树势弱的果园降低挂果量,避免因负载过量,形成大小年现象。

4.1.3 减少伤口

合理整形和修剪,尽量避免大拉大砍和环割环剥。减少各种伤口,如冻伤、日灼伤、虫伤等。

4.1.4 树干涂白

初冬落叶后,在彻底刮除腐烂病斑后进行树干涂白,用生石灰、20 波美度石硫合剂、食盐、清水按 6:1:1:10 比例制成涂白剂,涂抹树干和主枝基部,预防冻害。

4.2 药剂防治

药剂使用应符合 GB/T 8321 和 NY/T 1276 的相关规定。防治药剂和使用方法参见附录 A。

4.2.1 树体喷药

果树落叶后(11 月上旬)和早春萌芽前(3 月中旬),全树各喷施一次具有治疗作用的广谱性杀菌剂如戊唑醇、甲基硫菌灵等。树干、大枝、枝杈处等重点部位一定要喷施周到。

生长期做好褐斑病、斑点落叶病、锈病、叶螨、金纹细蛾等病虫的防治,防止提早落叶削弱树势。

4.2.2 剪锯口和树干涂药

修剪后应对剪锯口及时进行药剂保护,可使用甲基硫菌灵糊剂和甲硫·萘乙酸膏剂涂抹剪锯口。

夏季果树春梢停长、树皮落皮层形成期(6月~8月),树干涂刷药剂1次~2次。涂药前宜先刮除树体粗老翘皮,再涂抹配制好的药液。刮除的粗老翘皮应带出园外集中烧毁。

4.3 病树治疗

4.3.1 病斑刮治

萌芽前后(2月~4月)和果实采收后(10月下旬~11月上旬),进行全园检查,发现病斑及时刮治。生长季节发现病斑随见随治。

进行全园检查,将当年发生的病斑刮除。刮治后涂刷药剂。刮治方法参见附录B。

4.3.2 桥接复壮

对超过主干及大枝枝围1/4的病疤,在刮治病斑后,选用健康枝条作为接穗,对病斑上下两端健皮处实行枝接。

主干、主枝基部离地面较近的病疤,可利用萌蘖枝进行脚接。桥接方法参见附录B。

4.4 清除侵染源

剪除的病枯枝和干桩、刮除的老翘皮等病残组织,应集中销毁或深埋,防止病菌滋生传播。

附 录 A

（资料性附录）

防治苹果树腐烂病的药剂和使用方法

防治苹果树腐烂病的药剂和使用方法见表 A.1。

表 A.1 防治苹果树腐烂病的药剂和使用方法

药剂名称	剂 型	使用方法
戊唑醇	43%悬浮剂	喷雾
甲基硫菌灵	70%可湿性粉剂	喷雾
	4%膏剂,3%糊剂	病斑涂抹
代森铵	45%水剂	喷雾
	45%水剂	涂抹
甲硫·萘乙酸	3.315%涂抹剂	涂抹
辛菌胺醋酸盐	1.8%水剂	喷雾
	1.8%水剂	涂刷主干、大枝
	1.8%水剂	病斑涂抹
噻霉酮	1.6%涂抹剂	涂刷主干、大枝
	1.6%涂抹剂	病斑涂抹
丁香菌酯	20%悬浮剂	涂抹

附 录 B
（资料性附录）
苹果树腐烂病的病原、发生特点及有关防治方法

B.1 苹果树腐烂病的病原

由子囊菌门的苹果黑腐皮壳菌(*Valsa mali* Miyabe et Yamada)［无性世代为半知菌门的苹果干腐烂壳囊孢菌(*Cytospora mandshurica* Miura)］引致的真菌病害。

B.2 苹果树腐烂病的症状

有溃疡型和枝枯型两种类型。溃疡型症状多出现于主干、大枝及杈桠部。发病部位树皮微肿胀，水渍状，轮廓呈椭圆形，质地松软，易撕裂，手指稍压即下陷，流出黄褐色汁液。剖开病皮，可看到皮层组织糟烂，红褐色，有酒糟气味。树皮烂透的，病树皮下面的木质部浅层也变为红褐色。溃疡停止活动后，周围树皮形成愈合组织，四周隆起。

枝枯型症状多出现于冻伤或细弱小枝、果台枝和极度衰弱的树枝。发病部位暗褐色至黑褐色，边界不清晰，不肿胀，也不呈水渍状，扩展迅速，很快蔓延到整个树枝。病皮松软，易剥离，后失水干枯。发病后期，溃疡及病枝表面出现小米粒大小的隆起黑点，内含分生孢子器，雨后或天气潮湿时涌出黄色卷曲细丝，即孢子角。

B.3 苹果树腐烂病的发生规律

苹果树腐烂病病菌是一种弱寄生菌，以菌丝体、分生孢子器和子囊壳在田间病株和病残体上越冬。条件适宜时病菌产生大量孢子，萌发后从各种伤口、皮孔、果柄痕、芽鳞痕等处进行侵染。腐烂病周年均可发生，但早春（3月～4月）和秋末冬初（10月～12月）为发病高峰期。病斑在树体内全年均可扩展，以3月～5月扩展最快。

影响腐烂病发生轻重的主要因素有病原菌数量、树势、气候等。树势是影响病菌侵染形成病斑和病斑扩展的关键因素。田间菌源量大，树势弱、树龄大、栽植密度大、树体营养不平衡、缺乏有机肥、结果量过大、冻害严重、树体伤口过多，其他病虫害发生重，均有利于腐烂病的发生。病斑下木质部带菌及病斑周围树皮的落皮层受侵染，是导致病疤"重犯"的主要原因。

B.4 刮治病斑方法

将病斑的变色组织及其两侧0.5 cm、上下两端1 cm～2 cm的健康树皮一并仔细切净，深达木质部，一般切成梭形，边缘要整齐光滑，不留毛茬，上端和两侧切成立茬，下端切成斜茬，达到"光、平、斜、滑"的标准，以利病部愈合和雨水流出。

刮除病部后，晾晒3 h～5 h后即可直接涂抹配制好的药剂。对超过主干1/4的较大病斑，先进行单枝或多枝桥接，再将配制好的药液涂抹到刮治部位。涂抹药液时，树干裸露木质部一定要涂上药液，涂抹范围要大出刮治范围2 cm～3 cm，防止病疤周围健康组织再次被侵染。

B.5 桥接复壮方法

选择健康的1年生休眠枝做接穗，两端用刀削成光滑平整的"楔形"。主干基部离地面近的病斑，可利用根部萌蘖枝脚接，将枝条上端削成"楔形"。在病疤上下方选好位置，用刀划开树皮约1 cm，将接穗

枝条两端锲入韧皮部和木质部之间。注意接穗枝上下端不能颠倒,并用小钉将两端钉紧,嫁接好的接穗略成弓形。最后用塑料薄膜包扎两端桥接口保湿。桥接后不能摇动接穗,半月后用刀片划破和去除接穗上的塑料薄膜条。

ICS 65.020
B 16

NY

中华人民共和国农业行业标准

NY/T 2685—2015

梨小食心虫综合防治技术规程

Code of practice for integrated control of the pear fruit moth
(*Grapholitha molesta* Busck)

2015-02-09 发布   2015-05-01 实施

中华人民共和国农业部 发布

前　言

本标准按照 GB/T 1.1—2009 给出的规则起草。

本标准由农业部种植业管理司提出并归口。

本标准起草单位：山西省农业科学院植物保护研究所、全国农业技术推广服务中心。

本标准主要起草人：范仁俊、赵中华、李唐、封云涛、王强、张润祥、李萍、庾琴、仵均祥、盛承发、李建成、马瑞燕、石宝才、张鹏九。

梨小食心虫综合防治技术规程

1 范围

本标准规定了梨小食心虫的防治适期、防治指标及防治技术。

本标准适用于梨园、桃园梨小食心虫的防治，其他梨小食心虫发生危害的果园参照执行。

2 规范性引用文件

下列文件对于本文件的应用是必不可少的。凡是注日期的引用文件，仅注日期的版本适用于本文件。凡是不注日期的引用文件，其最新版本（包括所有的修改单）适用于本文件。

GB 4285　农药安全使用标准

GB/T 8321　农药合理使用准则

NY/T 2039　梨小食心虫测报技术规范

NY/T 2157　梨主要病虫害防治技术规程

NY/T 5102　无公害食品　梨生产技术规程

NY/T 5114　无公害食品　桃生产技术规程

3 术语和定义

下列术语和定义适用于本文件。

3.1

性信息素　sex pheromone

昆虫成虫分泌和释放的、对同种异性个体有引诱作用的信息化学物质。

3.2

性诱剂　sex attractant

昆虫成虫分泌的引诱异性的信息素，或人工合成的有类似效应的化合物。

3.3

诱芯　lure

含有昆虫性诱剂的载体。

3.4

迷向防治　mating disruption

利用昆虫性信息素或其人工合成物迷惑、干扰昆虫雌雄成虫间的正常性信息联系，使雄性成虫失去对雌性成虫的定向能力而不能进行交尾，从而达到降低虫口密度的方法。

3.5

诱捕防治　mass trapping

利用昆虫性诱剂诱捕器大量诱杀雄性成虫，改变田间雌雄成虫的性比，减少雌雄成虫的交尾概率，从而达到降低虫口密度的方法。

4 防治策略

坚持"预防为主、综合防治"的植保方针，遵循"绿色植保、公共植保"的现代植保理念，在保障果品质量安全和果园生态安全的前提下，梨小食心虫的防治要坚持"以农业防治为基础、优先采用理化诱杀和生防技术、大发生时加强药剂适期防治"的策略。梨小食心虫分类地位及形态特征参见附录A。

5 防治技术

5.1 农业防治

5.1.1 合理安排果园布局

建立新果园时,要避免梨树与梨小食心虫其他寄主果树混栽或梨园与梨小食心虫其他寄主果园相邻。

5.1.2 杀灭越冬幼虫

果实采收前,在距离树干基部20 cm处绑缚由瓦楞纸制成的诱虫带或草束、布条、麻袋片等,诱集脱果幼虫在其中越冬,翌年2月取下集中烧毁;或者是11月至翌年2月桃树、梨树休眠期,彻底刮除树干和主枝上的老粗翘皮,并清扫果园中的枯枝落叶,集中深埋或烧毁。冬季深翻树冠下的土壤20 cm以上,使在表土层中越冬的老熟幼虫深埋,不能羽化出土。

5.1.3 清除虫梢虫果

5月~7月上旬,在桃园中经常检查并及时剪除开始萎蔫的桃树新梢,并集中深埋;7月中旬~9月中旬,及时摘除梨园、桃园中的虫果,捡拾落果,并集中深埋。

5.2 果实套袋

梨树果实套袋在落花后15 d~45 d内完成,选用防虫果实袋,套袋前喷施1次防治果实病虫害的药剂,套袋时注意扎紧袋口。

5.3 性信息素应用

5.3.1 迷向防治

桃树和梨树开花初期,在桃树和梨树中上部枝条上悬挂梨小食心虫迷向丝,全园均匀悬挂,用量按产品说明规定使用,同时根据迷向丝产品的持效期按时进行更换。大面积连片、连续多年使用效果更好。

5.3.2 诱捕防治

春季桃树和梨树开花初期,在桃园和梨园树冠的背阴处悬挂性诱剂水盆诱捕器或性诱剂粘胶诱捕器诱杀梨小食心虫成虫。性诱剂水盆诱捕器选用硬质塑料盆,直径20 cm~25 cm,诱芯用细铁丝固定在水盆中央,诱芯距水面0.5 cm~1.0 cm,盆中加清水及少量洗衣粉,注意及时清除水盆中的虫尸及杂物。性诱剂粘胶诱捕器中的诱芯固定在粘胶板的中央,注意适时更换粘胶板。诱捕器悬挂高度1.5 m左右,每666.7 m² 等距离悬挂诱捕器5个~10个,诱芯30 d~45 d更换1次。

5.4 糖醋液防治

春季桃树和梨树开花初期,在桃园和梨园树冠的背阴处悬挂糖醋液诱捕器诱杀梨小食心虫成虫。糖醋液配比为糖:乙酸:乙醇:水=3:1:3:120。注意在糖醋液中加少许敌百虫杀虫剂。诱捕器用水盆选用直径20 cm~25 cm的硬质塑料盆,诱捕器悬挂高度1.5 m左右,每666.7 m² 等距离悬挂诱捕器5个~10个,糖醋液每10 d~15 d更换1次。雨后注意及时更换糖醋液。如天气炎热,蒸发量大时,应及时补充糖醋液。

5.5 赤眼蜂防治

选择当地梨小食心虫卵中的优势种赤眼蜂,用柞蚕卵或米蛾卵等中间寄主繁育,在桃园和梨园中释放防治梨小食心虫。自每代梨小食心虫卵始盛期开始释放赤眼蜂,每隔3 d~5 d释放1次,每代卵期放蜂3次,每次每666.7 m² 放蜂30 000头。

5.6 药剂防治

5.6.1 防治适期与防治指标

春季桃树开花初期,选用性信息素含量200 μg的标准诱芯,在桃园进行梨小食心虫成虫发生动态监测,当每次成虫连续出现且数量显著增加时,表明进入成虫羽化盛期,越冬世代 6 d~8 d 后、其他世代 4 d~6 d 后即为卵孵化盛期,此时即为桃园梨小食心虫的药剂防治适期;或者是春夏季定期进行折梢率 调查,夏秋季定期进行卵果率调查,当折梢率达到 5% 时或卵果率达到 1% 时,进行药剂防治。

夏季梨果开始膨大前,选用性信息素含量 200 μg 的标准诱芯,在梨园进行梨小食心虫成虫发生动 态监测,当每次成虫连续出现且数量显著增加时,表明进入成虫羽化盛期,4 d~6 d 后即为卵孵化盛期, 此时即为梨园梨小食心虫的药剂防治适期;或者是夏秋季定期进行卵果率调查,当卵果率达到 1% 时, 进行药剂防治。

性诱剂诱捕器的设置和折梢率、卵果率的调查按照 NY/T 2039 的要求进行。

5.6.2 药剂施用原则

根据预测预报,适期用药;合理选择农药种类、施用时间和方法,保护天敌;严格按照农药登记的标 签或说明书中规定的浓度、年使用次数和安全间隔期施用农药,施药须均匀周到。其他按照 GB 4285、 GB/T 8321、NY/T 2157、NY/T 5102、NY/T 5114 的规定执行。果树上禁止使用的农药种类见附录 B。

5.6.3 药剂选择

选用 2.5% 高效氯氟氰菊酯乳油 2 000 倍~3 000 倍(安全间隔期 21 d,每年最多使用 2 次)或 20% 氰戊菊酯乳油 1 500 倍~2 500 倍(安全间隔期 14 d,每年最多使用 3 次)或 35% 氯虫苯甲酰胺水分散粒 剂 7 000 倍~10 000 倍(安全间隔期 15 d,每年最多使用 3 次)或 40% 毒死蜱乳油 1 500 倍~2 000 倍(安 全间隔期 28 d,每年最多使用 1 次)或 1.8% 阿维菌素乳油 2 000 倍~4 000 倍(安全间隔期 14 d,每年最 多使用 2 次)进行喷雾防治。每代梨小食心虫一般需喷药防治 1 次~2 次。喷药后如遇降雨应进行补 喷。积极倡导选用高效、低毒、低残留新农药。

附　录　A
（资料性附录）
梨小食心虫分类地位及形态特征

A.1　分类地位

梨小食心虫（*Grapholitha molesta* Busck）属鳞翅目（Lepidoptera）小卷蛾科（Tortricidae），又名梨小蛀果蛾、东方蛀果蛾，简称"梨小"。该虫在桃树、李树、杏树上，主要为害新梢，在梨树、苹果树上，主要为害膨大后的果实，尤以梨、桃混栽果园发生危害严重。

A.2　形态特征

A.2.1　成虫

体长 6 mm～7 mm，翅展 13 mm～14 mm，暗褐至灰黑色。下唇须灰褐色上翘。触角丝状，前翅灰黑色，前翅前缘有白色斜短纹 8 条～10 条，翅面散生灰白色鳞片，形成许多小白点，近外缘有 10 个小黑点，中室端部有 1 个明显的小白点，后缘有些条纹。后翅茶褐色，各跗节末端灰白色。腹部灰褐色。

A.2.2　卵

扁椭圆形。周缘扁平，中央鼓起，呈草帽状，长径 0.8 mm，初产时近白色半透明，近孵化时变淡黄色；幼虫胚胎成形后，头部褐色，卵中央具一小黑点，边缘近褐色。

A.2.3　幼虫

老熟幼虫体长 10 mm～13 mm，淡红色至桃红色，头褐色，前胸盾片黄褐色，前胸侧毛组 3 毛，臀栉 4 齿～7 齿，腹足趾钩单序环 25 个～40 个，臀足趾钩 15 个～30 个。低龄幼虫体白色，头和前胸盾片黑色。

A.2.4　蛹

体长 6 mm～7 mm，纺锤形，黄褐色，复眼黑色。第 3～第 7 腹节背面有 2 行刺突，第 8～第 10 腹节各有 1 行较大的刺突，腹部末端有 8 根钩刺。

附　录　B
（规范性附录）
果树上禁止使用的农药种类

根据中华人民共和国农业部公告（第 199 号），中华人民共和国农业部公告（第 322 号），国家发展和改革委员会、农业部、国家工商行政管理总局、国家质量监督检验检疫总局、国家环保总局、国家安全监督总局《关于停止甲胺磷等五种高毒农药的生产、流通和使用的公告》（2008 年第 1 号），农业部、工业和信息化部、环境保护部、国家工商行政管理总局、国家质量监督检验检疫总局《关于进一步禁用和淘汰部分高毒农药的通知》（第 1586 号）的规定，果树上禁止使用下列农药：六六六、滴滴涕、毒杀芬、二溴氯丙烷、杀虫脒、二溴乙烷、除草醚、艾氏剂、狄氏剂、汞制剂、砷、铅类、敌枯双、氟乙酰胺、甘氟、毒鼠强、氟乙酸钠、毒鼠硅、甲胺磷、甲基对硫磷、对硫磷、久效磷、磷胺、甲拌磷、甲基异柳磷、特丁硫磷、甲基硫环磷、治螟磷、内吸磷、克百威、涕灭威、灭线磷、硫环磷、蝇毒磷、地虫硫磷、氯唑磷、苯线磷、磷化钙、磷化镁、磷化锌、硫线磷、灭多威、硫丹。

ICS 65.020
B 16

NY

中华人民共和国农业行业标准

NY/T 2687—2015

刺萼龙葵综合防治技术规程

Codes of practice for integrated management of *Solanum rostratum* Dunal

2015-02-09 发布
2015-05-01 实施

中华人民共和国农业部 发布

目　次

前　言

本标准按照 GB/T 1.1—2009 给出的规则起草。

请注意本文件的某些内容可能涉及专利。本文件的发布机构不承担识别这些专利的责任。

本标准由中华人民共和国农业部科技教育司提出并归口。

本标准起草单位：中国农业科学院农业环境与可持续发展研究所、农业部农业生态与资源保护总站、中国农业科学院植物保护研究所。

本标准主要起草人：张国良、付卫东、李香菊、孙玉芳、张瑞海、宋振、张宏斌、韩颖。

刺萼龙葵综合防治技术规程

1 范围

本标准规定了刺萼龙葵的综合防治原则、策略和防治技术措施。

本标准适用于刺萼龙葵发生区域或潜在发生区域内农业、林业、环保等部门对刺萼龙葵进行的综合防治。

2 规范性引用文件

下列文件对于本文件的应用是必不可少的。凡是注日期的引用文件,仅注日期的版本适用于本文件。凡是不注日期的引用文件,其最新版本(包括所有的修改单)适用于本文件。

GB 4285　农药安全使用标准

GB/T 8321　农药合理使用准则

GB 12475　农药贮运、销售和使用的防毒规程

GB/T 28088—2011　刺萼龙葵检疫鉴定方法

HJ/T 80　有机食品技术规范

NY/T 393　绿色食品　农药使用准则

NY/T 1276　农药安全使用规范　总则

NY/T 2155—2012　外来入侵杂草根除指南

NY/T 2530—2013　外来入侵植物监测技术规程　刺萼龙葵

3 术语和定义

下列术语和定义适用于本文件。

3.1

替代控制　replacement control

替代控制是一种生态控制方法,其核心是选择一种或多种适应强、生长速度快、对环境友好,在短时间内可达到较高郁闭度的植物,达到控制或取代入侵植物的目标。

4 防治的原则和策略

4.1 防治原则

采取"预防为主,综合防治"的原则。加强检疫和监测,防止刺萼龙葵向未发生区传播扩散;综合运用各种防治技术方法,减少刺萼龙葵对经济和环境的危害,以取得最大的经济效益和生态效益。

4.2 防治策略

根据刺萼龙葵发生的危害程度及生境类型,按照分区施策、分类治理的策略,利用检疫、农艺、物理、化学和生态措施控制刺萼龙葵的发生危害。

5 监测方法

参照 NY/T 2530—2013,对刺萼龙葵发生生境、发生面积、危害方式、危害程度、潜在扩散范围、潜在危害方式、潜在危害程度等监测。刺萼龙葵的形态鉴别参见附录 A、附录 B。

6 主要防治措施

6.1 植物检疫

对进出口和国内疫区调运的粮食作物的种子、种苗、牧草、种畜及运载工具要加强刺萼龙葵检疫；发现疫情后，立即报告给当地农业检疫部门，采取隔离检疫、应急扑灭措施，控制疫情扩散。

6.2 农艺措施

减少农田抛荒，清洁田园，增加复耕指数；耕作时覆盖地膜或秸秆。

6.3 物理防治

在刺萼龙葵4片真叶前的幼苗期可进行人工锄草或机械铲除；零星发生或点片发生区在刺萼龙葵种子成熟前采用人工器械拔除为主，植株残体可附着在动物体、农机具及包装物上传播，拔除的刺萼龙葵集中处置。

注：刺萼龙葵全株密被长刺，人的皮肤接触它的毛刺后导致皮肤红肿、瘙痒，做好防护。

6.4 化学防治

刺萼龙葵在苗期，根据发生的生境不同采取不同的化学药剂（参见附录C），土壤处理药剂施用量参照附录C中用量，茎叶处理药剂的用量根据刺萼龙葵种危害等级计算。危害等级为2时，施药量为推荐量的70%；危害等级为3时，施药量以推荐量为宜。危害等级参考NY/T 2530—2013。

6.5 替代控制

在刺萼龙葵的发生区种植紫穗槐、鸭茅、紫花苜蓿、小冠花、菊芋、向日葵、沙打旺、籽粒苋、高丹草、黑麦草等，达到防除刺萼龙葵目的。替代植物的种植方法参见附录D。

7 潜在发生区防控措施

采取植物检疫措施，加强农畜产品、农机具及交通运输工具检疫；对交通主干道、河流两侧，种植、养殖基地、荒滩荒地加强监测排查，发现疫情后，立即报告给当地农业检疫部门，采取物理、化学等措施进行处置，并进行持续监测，直至不再发现新的植株为止。

8 发生区综合防治措施

8.1 农田

8.1.1 农田内

刺萼龙葵发生密度较小时，可采取人工拔除或机械铲除；刺萼龙葵发生密度较大，可根据农田作物种类选择适合除草剂喷施防除，农田内刺萼龙葵化学防除药剂的选择及施用方法参见附录C。

根据实际情况，也可选择适宜种植的替代植物。

8.1.2 农田周边

刺萼龙葵发生密度较小时，可采取人工拔除或机械铲除。

如刺萼龙葵发生密度较大，可在苗期采用草甘膦对靶喷雾。或根据土壤和环境条件，选择适宜植物或组合进行替代控制。

8.2 荒地

在刺萼龙葵出苗后，可施用选择性除草剂进行防除。施用药剂参见附录C。

根据种植条件选择替代植物组合，在刺萼龙葵苗期，采用草甘膦对靶喷雾。喷药2 d后，适当松土，替代植物选择参见附录D。

8.3 林地、果园

刺萼龙葵发生密度较小时，可采取人工拔除或机械铲除。

如刺萼龙葵发生密度较大，可采用化学防治，施用药剂参见附录C。

适合种植替代植物的地区可在苗期采用草甘膦对靶喷雾。替代植物选择参见附录 D。

8.4 路边

刺萼龙葵发生密度较小时，可采取人工拔除或机械铲除。

如刺萼龙葵发生密度较大，可采用化学防治，施用药剂参见附录 C。

适合种植替代植物的地区可在苗期采用草甘膦对靶喷雾。替代植物选择参见附录 D。

8.5 有机农产品和绿色食品产地

有机农产品和绿色食品产地实施刺萼龙葵防治，应遵照 GB 4285、GB 12475、GB/T 8321、NY/T 1276、NY/T 393、HJ/T 80 的规定。

参照标准 GB 4285、GB 12475、GB/T 8321、NY/T 1276、NY/T 393、HJ/T 80、GB/T 28088—2011，NY/T 2155—2012 和 NY/T 2530—2013 的规定，根据允许使用的农药种类、剂量、时间、使用方式等规定进行控制。不得使用农药的应采用物理防治的方法进行控制。

8.6 资源化利用

刺萼龙葵全株含有甲基薯预皂苷（methl protodioscin），具有药用价值，可深入研究开发。

9 防治效果评价

防治措施实施后，应对控制效果进行评价；新发区域采取控制措施后，经过两个生长季节的连续监测，未再发生，宣布根除成功，并做好后预防措施。发生区域采取防治措施两周后，进行防效评估，未达到预期控制效果的，应对综合防治方案进行评议修订，并决定是否再次启动防控程序。

附　录　A
（资料性附录）
刺萼龙葵形态特征

一年生草本植物。茎直立，多分枝，分枝多在茎中部以上，茎基部稍木质化，株高可达 80 cm 以上。全株生有密集粗而硬的黄色锥形刺，刺长 0.3 cm～1.0 cm。叶互生，叶片羽状分裂，裂片很不规则，着生 5 条～8 条放射形的星状毛；叶脉和叶柄上均生有黄色刺。花两性，排列成疏散形的总状花序，花序轴从叶腋之外的茎上生出，每个花序产花 10 朵～20 余朵，花由花序的基部渐次成熟开放；花冠 5，黄色，5 裂，辐射对称，下部合生，直径 2 cm～3 cm；雄蕊 5，花药靠合；雌蕊 1，子房球形，2 室，内含多数胚珠。浆果，球形，绿色，直径约 1 cm 左右，外面为多刺的花萼所包裹，刺长 0.5 cm～20 cm，果实内含种子多数。种子黑褐色，卵圆形或卵状肾形，两侧扁平，长约 3 mm，宽约 2 mm，厚约 0.8 mm，表面有隆起的粗网纹和密集的小穴形成的细网纹，细网纹呈颗粒状突起。种子的背侧缘和顶端有明显的棱脊，较厚，近种子的基部变薄。种脐近圆形，凹入，位于种子基部。胚呈环状卷曲，有丰富的胚乳。

说明：
1——幼苗；　　　　　　　　　　　　　　4——具花的地上部分；
2——种子；　　　　　　　　　　　　　　5——花放大图。
3——种子放大图；

图 A.1　刺萼龙葵形态图（Shutova，1970）

附　录　B

（资料性附录）

刺萼龙葵及其近缘种检索表

1. 全株生有密集、粗而硬的黄色锥形刺 ………………………………………………………… 刺萼龙葵 *S. rostratum* Dunal
　　全株无刺或部分有刺 ……………………………………………………………………………………………………… 2
2. 花白色（稀青紫色）；成熟浆果黑色；花萼的两萼齿间连接成角度 ……………………………………………………… 3
　　花紫色，成熟浆果红色；花萼的两萼齿间连接成弧形 …………………………………… 红果龙葵 *S. alatum* Moench
3. 一年生草本。花序伞状或为短的蝎尾状 …………………………………………………………………………………… 4
　　亚灌木；花序短蝎尾状或为聚伞式圆锥花序 ………………………………… 木龙葵 *S. suffruticosum* Schousb.
4. 植株粗壮；短的蝎尾状花序通常着生 4 朵～10 朵花；果及种子均较大 ……………………… 龙葵 *S. nigrum* L.
　　植株纤细；花序近伞状，通常着生 1 朵～6 朵花，果及种子均较小 ……………………………………………………
　　……………………………………………………… 少花龙葵 *S. photeinocarpum* Nakamura et Odashima

附　录　C
（资料性附录）
刺萼龙葵的化学防治方法及注意事项

刺萼龙葵的化学防治方法及注意事项见表 C.1。

表 C.1　刺萼龙葵的化学防治方法及注意事项

生　境	药　剂	用量有效成分,g/hm²	加水,L/hm²	处理时间,叶期	喷施方式
玉米田	烟嘧磺隆	50	450	3～5	茎叶喷雾
	硝磺草酮	90	450	3～5	茎叶喷雾
	莠去津	1 000	450	3～5	茎叶喷雾
大豆	乳氟禾草灵	90	450	3～5	茎叶喷雾
	乙羧氟草醚	90	450	3～5	茎叶喷雾
	氟磺胺草醚	250	450	3～5	茎叶喷雾
	灭草松	1 080	450	3～5	茎叶喷雾
荒地	氨氯吡啶酸	90	450	3～5	茎叶喷雾
	氯氟吡氧乙酸	120	450	3～5	茎叶喷雾
	三氯吡氧乙酸	250	450	3～5	茎叶喷雾
草地（禾本科）	氨氯吡啶酸	90	450	3～5	茎叶喷雾
林地、果园	氨氯吡啶酸	90	450	3～5	定向茎叶喷雾
	草甘膦	920	450	3～9	定向茎叶喷雾
路边	氨氯吡啶酸	90	450	3～5	茎叶喷雾
	草甘膦	920	450	3～9	定向茎叶喷雾

注 1:喷施药剂应选择在刺萼龙葵苗期,开花前进行。
注 2:根据天气情况,选择 6 h 内无降雨的天气进行喷药。
注 3:草甘膦和百草枯均为灭生性除草剂,注意不要喷施到作物的绿色部位,以免造成药害。
注 4:在施药区应插上明细的警示牌,避免造成人、畜中毒或其他意外。

附　录　D
（资料性附录）
刺萼龙葵替代植物的种植方法

刺萼龙葵替代植物的种植方法见表 D.1。

表 D.1　刺萼龙葵替代植物的种植方法

替代植物	拉丁名	种植方法	适用生境
紫穗槐	*Amorpha fruticosa* L.	行株距 50 cm×50 cm，幼苗移栽	路边、农田周边
鸭茅	*Dactylis glomerata* L.	行距 30 cm～40 cm，条播，播深为 1 cm～2 cm，播种量为 22.5 kg/hm²～30 kg/hm²	果园、农田内、路边
紫花苜蓿	*Medicago sativa* L.	行距为 30 cm～40 cm，条播，播种量为 22.5 kg/hm²～30 kg/hm²	农田内、农田周边、林地、果园
小冠花	*Coronilla varial* L.	行距为 20 cm，条播（种皮磨破），播种量 25 kg/hm²～50 kg/hm²，覆土 1 cm	路边、农田内
向日葵	*Helianthus annuus* L.	按照行株距为 50 cm×50 cm，点播，每穴 2 粒～3 粒饱满种子，播深 8 cm～10 cm	农田周边、荒地
菊芋	*Helianthus tuberosus* L.	行株距为 50 cm×30 cm，穴播块茎，播深 7 cm～12 cm	农田周边、荒地
沙打旺	*Astragalus adsurgens* Pall	行距 40 cm～60 cm，条播，播种量为 22.5 kg/hm²～30 kg/hm²	农田内、农田周边、林地、果园
籽粒苋	*Amararanthus paniculatus*	行距 30 cm～40 cm，条播，播种量 6 kg/hm²～8 kg/hm²，播深 1 cm～2 cm，播后镇压	农田周边、林地
高丹草	*Sorghum hybrid*×*S. sudanense*	行距为 40 cm～50 cm，条播，播种量为 22.5 kg/hm²～45 kg/hm²，播深 1.5 cm～5 cm	农田内、农田周边
黑麦草	*Lolium perenne* L.	行距为 20 cm，条播，播种量 22.5 kg/hm²～30 kg/hm²，覆土 1 cm～2 cm	林地、果园
荆条	*Vitex negundo* var. *heterophylla*	行株距 50 cm×50 cm，幼苗移栽	路边、农田周边

ICS 65.020
B 16

NY

中华人民共和国农业行业标准

NY/T 2688—2015

外来入侵植物监测技术规程　长芒苋

Codes of practice for monitoring invasive alien species—
Amaranthus palmeri Watson

2015-02-09 发布　　　　　　　　　　　2015-05-01 实施

中华人民共和国农业部 发布

目　次

前　言

本标准按照 GB/T 1.1—2009 给出的规则起草。

请注意本文件的某些内容可能涉及专利。本文件的发布机构不承担识别这些专利的责任。

本标准由农业部科技教育司提出并归口。

本标准起草单位:中国农业科学院农业环境与可持续发展研究所、农业部农业生态与资源保护总站。

本标准主要起草人:付卫东、张国良、孙玉芳、宋振、张宏斌、韩颖。

外来入侵植物监测技术规程 长芒苋

1 范围

本标准规定了长芒苋监测的程序和方法。

本标准适用于对长芒苋发生区和潜在发生区的监测。

2 规范性引用文件

下列文件对于本文件的应用是必不可少的。凡是注日期的引用文件,仅注日期的版本适用于本文件。凡是不注日期的引用文件,其最新版本(包括所有的修改单)适用于本文件。

NY/T 1861—2010 外来草本植物普查技术规程

3 术语和定义

下列术语和定义适用于本文件。

3.1

监测 monitoring

在一定的区域范围内,通过走访调查、实地调查或其他程序持续收集和记录某种生物发生或不存在的数据的官方活动。

3.2

适生区 suitable geographic distribution area

在自然条件下,能够满足一个物种生长、繁殖并可维持一定种群规模的生态区域,包括物种的发生区及潜在发生区(潜在扩散区域)。

4 监测区的划分

开展监测的行政区域内的长芒苋适生区即为监测区。长芒苋的识别特征参见附录 A、附录 B。

以县级行政区域作为发生区与潜在发生区划分的基本单位。县级行政区域内有长芒苋发生,无论发生面积大或小,该区域即为长芒苋发生区。潜在发生区的划分应以农业部主管部门指定的专家团队做出的详细风险分析报告为准。

5 发生区的监测

5.1 监测点的确定

在开展监测的行政区域内,依次选取20%的下一级行政区域直至乡镇(居民委员会),每个乡镇(居民委员会)选取 3 个行政村,设立监测点。长芒苋发生的省、市、县、乡镇、居委会或村的实际数量低于设置标准的,只选实际发生的区域。

5.2 监测内容

监测内容包括长芒苋的发生面积、发生动态、分布扩散趋势、生态影响、经济危害等。

5.3 监测时间

每年对设立的监测点开展调查,监测开展的时间为长芒苋的苗期至种子成熟期。

5.4 群落调查方法

5.4.1 样方法

在监测点选取 1 个~3 个长芒苋发生的典型生境旱田、荒地、沟渠边、道路旁、粮库周边等设置样地,在每个样地内选取 20 个以上的样方,样方面积 1 m²。取样可采用随机取样、规则取样、限定随机取样或代表性样方取样等方法。

对样方内的所有植物种类、数量及盖度进行调查,调查的结果按附录 C 的要求记录和整理。

5.4.2 样线法

在监测点选取 1 个~3 个长芒苋发生的典型生境样地,选取 2 条样线,每条样线选 50 个等距的样点。按照附录 D 给出的长芒苋常见的一些生境中样线的选取方案使用。

样地确定后,将取样签以垂直于样点所处地面的角度插入地表,插入点半径 5cm 内的植物即为该样点的样本植物,调查样点内的所有植物并按附录 E 的要求记录和整理。

样方法或样线法确定后,在此后的监测中不可更改调查方法。

5.5 发生面积调查方法

采用踏查结合走访调查的方法,调查各监测点中长芒苋的发生面积与经济损失,根据所有监测点面积之和占整个监测区面积的比例,推算长芒苋在监测区的发生面积与经济损失。

对发生在农田、果园、荒地、绿地、生活区等具有明显边界的生境内的长芒苋,其发生面积以相应地块的面积累计计算,或划定包含所有发生点的区域,以整个区域的面积进行计算;对发生在草场、森林、铁路公路沿线等没有明显边界的长芒苋,持 GPS 仪沿其分布边缘走完一个闭合轨迹后,将 GPS 仪计算出的面积作为其发生面积,其中,铁路路基、公路路面的面积也计入其发生面积。对发生地地理环境复杂(如山高坡陡、沟壑纵横),人力不便或无法实地踏查或使用 GPS 仪计算面积的,可使用目测法、通过咨询当地国土资源部门(测绘部门)或者熟悉当地基本情况的基层人员,获取其发生面积。

调查的结果按附录 F 的要求记录。

5.6 经济损失调查方法

在进行发生面积调查的同时,调查长芒苋危害造成的经济损失情况。

长芒苋对耕作区、林地、草原(场)、人畜健康及社会活动等造成危害的,应估算其经济损失。可通过当地受害的作物、果树、林木、牧草等的产量或载畜量与未受害时的差值,人类受伤害后的误工费和医疗费,社会活动成本增加量等估算经济损失。

参照附录 G 给出的几种经济损失的估算方法使用。

5.7 生态影响评价方法

长芒苋的生态影响评价按照 NY/T 1861—2010 中 7.1 规定的方法进行。

在生态影响评价中,通过比较相同样地中长芒苋及主要伴生植物在不同监测年份的重要值的变化,反映长芒苋的竞争性和侵占性;通过比较相同样地在不同监测年份的生物多样性指数的变化,反映长芒苋入侵对生物多样性的影响。

监测中采用样线法时,不计算群落中植物的重要值,通过生物多样性指数的变化反映长芒苋的影响。

6 潜在发生区的监测

6.1 监测内容

监测长芒苋是否发生。在潜在发生区监测到长芒苋发生后,应立即全面调查其发生情况并按照第 5 章规定发生区监测的方法开展调查。

6.2 监测时间

根据监测区当地气候特点结合长芒苋的生物学、生态学特性,或者参考现有的文献资料进行估计确定,苗期至开花期。

6.3 调查方法

6.3.1 踏查结合走访调查

在开展监测的行政区域内，依次选取 20% 的下一级行政区域至地市级，在选取的地市级行政区域中依次选择 20% 的县（均为潜在分布区）和乡镇，每个乡镇选取 3 个行政村进行走访调查和踏查，县级潜在分布区不足选取标准的，全部选取。调查结果按附录 E 中表 E.1 的格式记录。

6.3.2 定点调查

对港口、码头、机场、车站、进口粮食储运、加工企业场所周边、铁路、公路主要运输线路等有对外贸易或国内调运活动频繁的高风险场所及周边，尤其是与长芒苋发生区之间存在牧草、粮食、种子、花卉等植物和植物产品以及牲畜皮毛等可能夹带长芒苋种子的货物调运活动的地区及周边，进行定点或跟踪调查。调查结果按附录 H 中表 H.2 的格式记录。

7 标本采集、制作、鉴定、保存和处理

在监测过程中发现的疑似长芒苋而无法当场鉴定的植物，应采集制作成标本，并拍摄其生境、全株、茎、叶、花、果、地下部分等的清晰照片。标本采集和制作的方法参见 NY/T 1861—2010 的附录 G。

标本采集、运输、制作等过程中，植物活体部分均不可遗撒或随意丢弃，在运输中应特别注意密封。标本制作中掉落后不用的植物部分，一律烧毁或灭活处理。

疑似长芒苋的植物带回后，应首先根据相关资料自行鉴定。自行鉴定结果不确定或仍不能做出鉴定的，选择制作效果较好的标本并附上照片，寄送给有关专家进行鉴定。

长芒苋标本应妥善保存于县级以上的监测负责部门，以备复核。重复的或无须保存的标本应集中销毁，不得随意丢弃。

8 监测结果上报与数据保存

发生区的监测结果应于监测结束后或送交鉴定的标本鉴定结果返回后 7 日内汇总上报。

潜在发生区发现长芒苋后，应于 3 日内将初步结果上报，包括监测人、监测时间、监测地点或范围、初步发现长芒苋的生境、发生面积和造成的危害等信息，并在详细情况调查完成后 7 日内上报完整的监测报告。

监测中所有原始数据、记录表、照片等均应进行整理后妥善保存于县级以上的监测负责部门，以备复核。

附 录 A
（资料性附录）
长芒苋形态特征

A.1 苋科植物的鉴定特征

一年或多年生草本，少数攀援藤本或灌木。叶互生或对生，全缘，少数有微齿，无托叶。花小，两性或单性同株或异株，或杂性，有时退化成不育花，花簇生在叶腋内，成疏散或密集的穗状花序、头状花序、总状花序或圆锥花序；苞片1及小苞片2，干膜质，绿色或着色；花被片3～5，干膜质，覆瓦状排列，常和果实同脱落，少有宿存；雄蕊常和花被片等数且对生，偶较少，花丝分离，或基部合生成杯状或管状，花药2室或1室；有或无退化雄蕊；子房上位，1室，具基生胎座，胚珠1个或多数，珠柄短或伸长，花柱1～3，宿存，柱头头状或2裂～3裂。果实为胞果或小坚果，少数为浆果，果皮薄膜质，不裂、不规则开裂或顶端盖裂。种子1个或多数，凸镜状或近肾形，光滑或有小疣点，胚环状，胚乳粉质。

A.2 苋属植物的鉴定特征

一年生草本，茎直立或伏卧。叶互生，全缘，有叶柄。花单性，雌雄同株或异株，或杂性，成无梗花簇，腋生，或腋生及顶生，再集合成单一或圆锥状穗状花序；每花有1苞片及2小苞片，干膜质；花被片5，少数1～4，大小相等或近此，绿色，薄膜质，直立或倾斜开展，在果期直立，间或在花期后变硬或基部加厚；雄蕊5，少数1～4，花丝钻状或丝状，基部离生，花药2室；无退化雄蕊；子房具1直生胚珠，花柱极短或缺，柱头2～3，钻状或条形，宿存，内面有细齿或微硬毛。胞果球形或卵形，侧扁，膜质，盖裂或不规则开裂，常为花被片包裹，或不裂，则和花被片同落。种子球形，凸镜状，侧扁，黑色或褐色，光亮，平滑，边缘锐或钝。

A.3 长芒苋的鉴定特征

株高可达近3 m，浅绿色，雌雄异株。茎直立，粗壮，绿黄色或浅红褐色，无毛或上部散生短柔毛。分枝斜展至近平展。叶片无毛，卵形至菱状卵形，先端钝、急尖或微凹，常具小突尖，叶基部楔形，略下延，叶全缘，侧脉每边3条～8条。叶柄长，纤细。穗状花序生于茎顶和侧枝顶端，直立或略弯曲，花序长者可达60 cm。花序生于叶腋者较短，呈短圆柱状至头状。苞片钻状披针形，长4 mm～6 mm，先端芒刺状，雄花苞片下部约1/3具宽膜质边缘，雌花苞片下半部具狭膜质边缘。雄花花被片5，极不等长，长圆形，先端急尖，最外面的花被片长约5 mm，中肋粗，先端延伸成芒尖。其余花被片长3.5 mm～4 mm，中肋较弱且少外伸。雄蕊5，短于内轮花被片。雌花花被片5，稍反曲，极不等长，最外面一片倒披针形，长3 mm～4 mm，先端急尖，中肋粗壮，先端具芒尖。其余花被片匙形，长2 mm～2.5 mm，先端截形至微凹，上部边缘啮蚀状，芒尖较短。花柱2(3)。果近球形，长1.5 mm～2 mm，果皮膜质，上部微皱，周裂，包藏于宿存花被片内。

在放大10倍～15倍体视解剖镜下检验。根据种的特征和近缘种的比较(参见附录B)，鉴定是否为长芒苋。

附　录　B
（资料性附录）
长芒苋近缘种检索表

1. 花成顶生及腋生穗状花序，或再合成圆锥花序；花被片 5；雄蕊 5；果实环状横裂 ·················· 2 五被组
   花成腋生及顶生穗状花序，或全部成腋生穗状花序；花被片 3(2～4)；雄蕊 3；果实不裂或横裂 ············
   ·· 7 三被组
2. 叶腋有 2 刺；苞片常变形成 2 锐刺，少数具 1 刺或无刺 ·············· 刺苋 Amaranthus spinosus L.
   叶柄旁无刺；苞片不变形成刺 ··· 3
3. 植物体无毛或近无毛 ··· 4
   植物体有毛 ·· 6
4. 圆锥花序下垂，中央花穗尾状，花穗顶端钝；苞片及花被片顶端芒刺不显明；花被片比胞果短（栽培）············
   ·· 尾穗苋 A. caudatus L.
   圆锥花序直立，花穗顶端尖；苞片及花被片顶端芒刺显明；花被片和胞果等长 ························ 5
5. 雌花苞片为花被片长的 2 倍；花被片顶端急尖或渐尖 ·············· 千穗谷 A. hypochondriacus L.
   雌花苞片为花被片长的 1 倍半；花被片顶端圆钝（栽培或野生）·············· 繁穗苋 A. paniculatus L.
6. 圆锥花序较粗；苞片较长，长 4 mm～6 mm；胞果包裹在宿存花被片内 ·············· 反枝苋 A. retroflexus L.
   圆锥花序较细长；苞片较短，长 3 mm～4.5 mm；胞果超出花被片 ·············· 绿穗苋 A. hybridus L.
7. 果实环状横裂 ··· 8
   果实不裂 ··· 12
8. 花被片通常 4，有时 5；叶片小，倒卵形、匙形至矩圆状倒披针形，长 0.5 mm～2.5 mm，宽 0.3 mm～1 mm ·········
   ·· 北美苋 A. blitoides
   花被片 3，有时 2 ·· 9
9. 叶片较大，卵形、菱状卵形或披针形，长 4 cm～10 cm，宽 2 cm～7 cm；花穗直径 5 mm～15 mm，有多数密生花（栽培）
   ·· 苋 A. tricolor L.
   叶片较小；花穗较细，有少数花 ·· 10
10. 茎淡绿色；苞片和花被片等长或较短；叶片菱状卵形、倒卵形或矩圆形，长 2 cm～5 cm，宽 1 cm～2.5 cm ·········
    ·· 腋花苋 A. roxburghianus Kung
    茎带白色；苞片长为花被片的 2 倍～2.5 倍 ·· 11
11. 叶片倒卵形、矩圆状倒卵形或匙形，长 5 mm～20 mm，宽 3 mm～5 mm；顶生穗状花序较短 ················
    ·· 白苋 A. albus L.
    叶片匙形或椭圆状倒卵形，长 1 cm～4 cm，宽 5 mm～18 mm；顶生穗状花序较长 ······················
    ·· 细枝苋 A. gracilentus
12. 茎通常直立，稍分枝；胞果皱缩 ·············· 皱果苋 A. viridis L.
    茎通常伏卧上升，从基部分枝；胞果近平滑 ·············· 凹头苋 A. lividus L.

附 录 C
（规范性附录）
长芒苋监测样地调查结果记录格式

C.1 长芒苋发生区种群监测的样地调查结果按表 C.1 的格式记录。

表 C.1 采用样地法调查长芒苋及其伴生植物群落调查记录表

调查日期：_____ 监测点位置：_____ 经纬度：_____ 表格编号[a]：_____

调查小区位置：_____ 调查小区生境类型：_____ 样地大小：_____（m²）

调查人：_____ 工作单位：_____ 职务/职称：_____

联系方式：（固定电话_____ 移动电话_____ 电子邮件_____）

样地序号	调查结果
1	植物名称Ⅰ［株数］，株高（m）[b]；植物名称Ⅱ［株数］，株高（m）；……
2	
⋮	

[a] 表格编号以监测点编号＋调查小区编号＋监测年份后两位＋3 组成。划定调查小区时自行确定调查小区编号。

[b] 株高为成熟植株的株高。样地内有多个成熟植株的，其株高分别列出。

C.2 根据表 C.1 的调查结果，按表 C.2 的格式进行汇总整理。

表 C.2 样地法长芒苋种群调查结果汇总表

样地数量：_____ 样地大小：_____（m²） 表格编号[a]：_____

序号	植物名称	株数	出现的样地数	种群高度，m
1	示例：长芒苋（*Amaranthus palmeri*）			
2				
⋮				

[a] 表格编号以监测点编号＋调查小区编号＋监测年份后两位＋4 组成。

附 录 D

（规范性附录）

样点法中不同生境中的样线选取方案

样点法中不同生境中的样线选取方案见表 D.1。

表 D.1 样点法中不同生境中的样线选取方案

单位为米

生境类型	样线选取方法	样线长度	点距
菜地	对角线	20～50	0.4～1
果园	对角线	50～100	1～2
玉米田	对角线	50～100	1～2
棉花田	对角线	50～100	1～2
小麦田	对角线	50～100	1～2
大豆田	对角线	20～50	0.4～1
花生田	对角线	20～50	0.4～1
其他作物田	对角线	20～50	0.4～1
撂荒地	对角线	20～50	0.4～1
天然/人工草场	对角线	20～50	1～2
江河沟渠沿岸	沿两岸各取一条（可为曲线）	50～100	1～2
干涸沟渠内	沿内部取一条（可为曲线）	50～100	1～2
铁路、公路两侧	沿两侧各取一条（可为曲线）	50～100	1～2
天然/人工林地、城镇绿地、生活区、山坡以及其他生境	对角线，取对角线不便或无法实现时可使用 S 形、V 形、N 形、W 形曲线	20～100	0.4～2

附 录 E

（规范性附录）

长芒苋监测样点法调查结果记录格式

E.1 样点法长芒苋种群调查记录表

见表 E.1。

表 E.1 样点法长芒苋种群调查记录表

调查日期：_____ 监测点位置：_____ 调查的生境类型：_____ 表格编号ª：_____

调查人：_____ 工作单位：_____ 职务/职称：_____

联系方式：（固定电话_____ 移动电话_____ 电子邮件_____ ）

样点序号ᵇ	植物名称	株高ᶜ,m
1		
2		
3		
⋮		

ª 表格编号以监测点编号＋生境类型序号＋监测年份后两位＋5组成。生境类型序号按调查的顺序编排,此后的调查中,生境类型序号与第一次调查时保持一致。

ᵇ 选取2条样线的,所有样点依次排序,记录于本表。

ᶜ 株高为成熟植株的株高。

E.2 根据表 E.1 的调查结果,按表 E.2 的格式进行汇总整理。

表 E.2 样点法长芒苋所在植物群落调查结果汇总表

表格编号ª：_____

序号	植物名称ᵇ	株数	
1	示例：长芒苋（*Amaranthus palmeri*）		
2			
3			
⋮			

ª 表格编号以监测点编号＋生境类型序号＋监测年份后两位＋6组成。

ᵇ 除列出植物的中文名或当地俗名外,还应列出植物的学名。

附　录　F

（规范性附录）

长芒苋监测样点发生面积调查结果记录格式

长芒苋监测样点发生面积调查结果按表 F.1 的格式记录。

表 F.1　长芒苋监测样点发生面积记录表

调查日期：_____ 监测点位置：___ 省___ 市___ 县_____ 乡镇/街道___ 村；经纬度：_____ 表格编号[a]：____

调查人：_____ 工作单位：_____ 职务/职称：_____

联系方式：（固定电话_____ 移动电话_____ 电子邮件_____）

发生生境 类型	发生面积 hm²	危害对象	危害方式	危害程度	防治面积 hm²	防治成本 元	经济损失 元
合计							
[a]　表格编号以监测点编号＋监测年份后两位＋年内调查的次序号（第 n 次调查）＋5 组成。								

附　录　G
（资料性附录）
长芒苋经济损失估算方法

G.1　种植业经济损失估算方法

种植业经济损失＝农产品产量经济损失＋农产品质量经济损失＋防治成本

农产品产量经济损失＝长芒苋发生面积×单位面积产量损失量×农产品单价

农产品质量经济损失＝长芒苋发生面积×受害后单位面积产量×农产品质量损失导致的价格下跌量

防治成本包括药剂成本、人工成本、生物防治成本、防除机械燃油或耗电成本等。

示例1：

长芒苋某年在某地麦田发生并造成危害，发生面积1 000 hm²，当年当地对其中500 hm²开展了化学防治，喷施除草剂2次，每次每公顷药剂成本100元，每次喷药每公顷人工费用150元；对其中200 hm²开展了生物防治，释放天敌2 000 000头，每头天敌引进/繁育成本0.01元；对另外300 hm²进行了人工拔草，每公顷人工费用600元。当地未受危害的麦田当年平均产量为6 000 kg/hm²，小麦平均收购价格为1.6元/kg，经过防治，受害的麦田当年平均产量为5 600 kg/hm²，由于混杂长芒苋的种子，小麦收购价格降为1.4元/kg。长芒苋当年在该地区造成的种植业经济损失为：

1 000 hm²×（6 000kg/hm²－5 600 kg/hm²）×1.6元/kg＋1 000hm²×5 600kg/hm²×（1.6元/kg－1.4元/kg）＋2×500 hm²（100元/hm²＋150元/hm²）＋0.01元/头×2 000 000头＋600元/hm²×300 hm²＝221万元

G.2　畜牧业经济损失估算方法

畜牧业经济损失＝发生面积×单位面积草场牧草产量损失量×单位牧草载畜量×单位牲畜价值＋牧产品损失量×畜牧产品单价＋养殖成本增加量＋防治成本

示例2：

某地牧场发生长芒苋，发生面积1 000 hm²，未进行防治，每公顷受害草场每年因此减产800 kg牧草（鲜重），4 000 kg牧草（鲜重）载畜量为1头奶牛，每头奶牛价值3 000元。牧场饲养有1 000头奶牛，奶牛取食外来草本植物后产奶量下降，平均每头每年少产奶10 kg，当年原奶收购价格为2元/kg；牧场饲养有1 000只绵羊，外来草本植物果实黏附于羊毛中，剪毛时需拣出，因此剪毛工作全年增加人工100个，人工单价50元。长芒苋当年在该地区造成的畜牧业经济损失为：

1 000 hm²×800 kg/hm²×1/4 000（头/kg）×3 000元/头＋2元/kg×10 kg/头×1 000头＋50元/（人·日）×100人·日＝62.5万元

G.3　林业经济损失估算方法

林业经济损失＝长芒苋发生面积×单位面积林地林木蓄积损失量×单位林木价格＋防治成本

示例3：

某林区发生长芒苋，发生面积1 000 hm²，未进行防治，每公顷林地林木蓄积量每年因此减少0.2 m³，每立方米林木市场价格平均为3 000元。长芒苋每年在该林区造成的林业经济损失为：

1 000 hm²×0.2 m³/hm²×3 000元/m³＝60万元

附　录　H

（规范性附录）

长芒苋监测样点法调查结果记录格式

H.1　长芒苋潜在发生区的踏查结果按表 H.1 的格式记录。

表 H.1　长芒苋潜在发生区踏查记录表

踏查日期：_____ 监测点位置：____ 省____市_____县_____乡镇/街道____村；经纬度：_____表格编号[a]：_____

踏查人：_____ 工作单位：_____ 职务/职称：_____

联系方式：（固定电话_____ 移动电话_____ 电子邮件_____ ）

踏查生境类型	踏查面积，hm^2	踏查结果	备注
合计			

[a]　表格编号以监测点编号＋监测年份后两位＋年内踏查的次序号（第 n 次踏查）＋6 组成。

H.2　长芒苋潜在发生区的定点调查结果按表 H.2 的格式记录。

表 H.2　长芒苋潜在发生区定点调查记录表

定点调查的单位：_____ 位置：_____ 表格编号[a]：_____

调查人：_____ 工作单位：_____ 职务/职称：_____

联系方式：（固定电话_____ 移动电话_____ 电子邮件_____ ）

调查日期	调查的周围区域面积或沿线长度	调查结果	备注

[a]　表格编号以监测点编号＋监测年份后两位＋99＋7 组成。

ICS 65.020
B 16

NY

中华人民共和国农业行业标准

NY/T 2689—2015

外来入侵植物监测技术规程　少花蒺藜草

Codes of practice for monitoring alien species—
Cenchrus pauciflorus Benth.

2015-02-09 发布　　　　　　　　　　　　　　　　2015-05-01 实施

中华人民共和国农业部 发布

目　次

前　言

本标准按照 GB/T 1.1—2009 给出的规则起草。

请注意本文件的某些内容可能涉及专利。本文件的发布机构不承担识别这些专利的责任。

本标准由农业部科技教育司提出并归口。

本标准起草单位:中国农业科学院农业环境与可持续发展研究所、中国农业大学、农业部农业生态与资源保护总站。

本标准主要起草人:张国良、付卫东、张衍雷、孙玉芳、张瑞海、宋振、张宏斌、倪汉文、韩颖。

外来入侵植物监测技术规程 少花蒺藜草

1 范围

本标准规定了少花蒺藜草监测的程序和方法。

本标准适用于少花蒺藜草适生区域农业、环保、植保、畜牧、草原部门开展对少花蒺藜草监测。

2 规范性引用文件

下列文件对于本文件的应用是必不可少的。凡是注日期的引用文件,仅注日期的版本适用于本文件。凡是不注日期的引用文件,其最新版本(包括所有的修改单)适用于本文件。

NY/T 1861—2010 外来草本植物普查技术规程

NY/T 1866—2010 外来入侵植物监测技术规程 黄顶菊

NY/T 2530—2013 外来入侵植物监测技术规程 刺萼龙葵

SN/T 2760—2011 蒺藜草属检疫鉴定方法

3 术语和定义

下列术语和定义适用于本文件。

3.1

监测 monitoring

在一定的区域范围内,通过走访调查、实地调查或其他程序持续收集和记录某种生物发生或不存在数据的官方活动。

3.2

适生区 suitable geographic distribution area

在自然条件下,能够满足一个物种生长、繁殖并可维持一定种群规模的生态区域,包括物种的发生区及潜在发生区(潜在扩散区域)。

3.3

种子库 seed bank

种子库是指存在于土壤中和土壤表面所有具有活力种子的总和。

4 监测区的划分

开展监测的行政区域内的少花蒺藜草适生区即为监测区。

以县级行政区域作为发生区与潜在发生区划分的基本单位。县级行政区域内有少花蒺藜草发生,无论发生面积大或小,该区域即为少花蒺藜草发生区。潜在发生区的划分应以农业部外来物种主管部门指定的专家团队做出的详细风险分析报告为准。

少花蒺藜草的识别特征参见附录 A、附录 B 及 SN/T 2760—2011。

5 发生区的监测

5.1 监测点的确定

在开展监测的行政区域内,依次选取 20% 的下一级行政区域直至乡镇(有少花蒺藜草发生),每个乡镇选取 3 个行政村,设立监测点。少花蒺藜草发生的省、市、县、乡镇或村的实际数量低于设置标准的,只选实际发生的区域。

5.2 监测内容

监测内容包括少花蒺藜草的发生面积、分布扩散趋势、生态影响、经济危害等。

5.3 监测时间

每年对设立的监测点开展调查,监测开展的时间为每年的 5 月～9 月。可在苗期、花期进行监测。

5.4 监测用具

采集箱或塑料袋、放大镜、照相机和摄像机、全球定位系统(GPS)或全位仪、钢卷尺、标签(号牌)、原始记录卡片,纱网袋和布袋、枝剪、小铁铲、尖镊子、铅笔(橡皮)、小刀等。

5.5 种子库调查

筛掉土样中的杂物,将土样均匀平铺于萌发器皿中,浇水,定期观测土壤中少花蒺藜草种子萌发情况,对已萌发出的幼苗计数后清除。如连续两周没有种子萌发,再将土样搅拌混合,继续观察,直到连续 2 周不再有种子萌发后结束,检测的结果按附录 C 的要求记录和整理。

5.6 群落特征调查

群落调查可采取样方法或样线法。调查方法确定后,在此后的监测中不可更改。

5.6.1 样方法

在监测点选取 1 个～3 个少花蒺藜草发生的典型生境设置样地,在每个样地内选取 20 个以上的样方,样方面积 2 m^2～4 m^2。

对样方内的所有植物种类、数量及盖度进行调查,调查的结果按附录 C 的要求记录和整理。

5.6.2 样线法

在监测点选取 1 个～3 个少花蒺藜草发生的典型生境设置样地,随机选取 1 条或 2 条样线,每条样线选 50 个等距的样点。常见生境中样线的选取方案见附录 E。样点确定后,将取样签垂直于样点所处地面插入地表,插入点半径 5 cm 内的植物即为该样点的样本植物,按附录 F 的要求记录和整理。

5.7 危害等级划分

根据少花蒺藜草的盖度(样方法)或频度(样线法),参考 NY/T 1866—2010 及 NY/T 2530—2013,将少花蒺藜草危害分为 3 个等级:

——1 级:轻度发生,盖度或频度<5%。

——2 级:中度发生,盖度或频度 5%～20%。

——3 级:重度发生,盖度或频度>20%。

5.8 发生面积调查方法

采用踏查结合走访调查的方法,调查各监测点(行政村)中少花蒺藜草的发生面积与经济损失,根据所有监测点面积之和占整个监测区面积的比例,推算少花蒺藜草在监测区的发生面积与经济损失。

对发生在农田、果园、荒地、绿地、生活区等具有明显边界的生境内的少花蒺藜草,其发生面积以相应地块的面积累计计算,或划定包含所有发生点的区域,以整个区域的面积进行计算;对发生在草场、森林、铁路公路沿线等没有明显边界的少花蒺藜草,持 GPS 仪沿其分布边缘走完一个闭合轨迹后,将 GPS 仪计算出的面积作为其发生面积,其中,铁路路基、公路路面的面积也计入其发生面积。对发生地地理环境复杂(如山高坡陡、沟壑纵横),人力不便或无法实地踏查或使用 GPS 仪计算面积的,可使用目测法、通过咨询当地国土资源部门(测绘部门)或者熟悉当地基本情况的基层人员,获取其发生面积。

调查的结果按附录 G 的要求记录。

5.9 经济损失调查方法

在对监测点进行发生面积调查的同时,调查少花蒺藜草危害造成的经济损失情况。

少花蒺藜草对耕作区、林地、草原(场)、人畜健康及社会活动等造成危害的,应估算其经济损失。可通过当地受害的作物、果树、林木、牧草等的产量或载畜量与未受害时的差值,人类受伤害后的误工费和医疗费,社会活动成本增加量等估算经济损失。经济损失估算方法参见附录 H。

5.10 生态影响评价方法

少花蒺藜草的生态影响评价按照 NY/T 1861—2010。

在生态影响评价中,通过比较相同样地中少花蒺藜草及主要伴生植物在不同监测年份的重要值的变化,反映少花蒺藜草的竞争性和侵占性;通过比较相同样地在不同监测年份的生物多样性指数的变化,反映少花蒺藜草入侵对生物多样性的影响。

监测中采用样线法时,通过生物多样性指数的变化反映少花蒺藜草的影响。

6 潜在发生区的监测

6.1 监测点的确定

在开展监测的行政区域内,依次选取 20% 的下一级行政区域至地市级,在选取的地市级行政区域中依次选择 20% 的县(均为潜在分布区)和乡镇,每个乡镇选取 3 个行政村进行调查。县级潜在分布区不足选取标准的,全部选取。

6.2 监测内容

少花蒺藜草是否发生。在潜在发生区监测到少花蒺藜草发生后,应立即全面调查其发生情况并按照第 5 章规定的方法开展监测。

6.3 监测时间

根据离监测点较近的发生区或气候特点与监测区相似的发生区中少花蒺藜草的生长特性,或者根据现有的文献资料进行估计确定,选择少花蒺藜草可能开花的时期进行。

6.4 调查方法

6.4.1 踏查结合走访调查

对监测点(行政村)进行走访和踏查,调查结果按附录 I 中表 I.1 的格式记录。

6.4.2 定点调查

对监测点(行政村)内少花蒺藜草的常发生境,如养殖场、草场、河流、沟渠、交通主干道等进行重点监测。对园艺/花卉公司、种苗生产基地、良种场、原种苗圃、农产品加工等有对外贸易或国内调运活动频繁的高风险场所及周边,尤其是与少花蒺藜草发生区之间存在牧草、粮食、种子、花卉等植物和植物产品以及牲畜皮毛等可能夹带少花蒺藜草种子的货物调运活动的地区及周边,进行定点或跟踪调查。调查结果按附录 I 中表 I.2 的格式记录。

7 标本采集、制作、鉴定、保存和处理

在监测过程中发现的疑似少花蒺藜草而无法当场鉴定的植物,应采集制作成标本,并拍摄其生境、全株、茎、叶、花、果、地下部分等的清晰照片。标本采集和制作的方法参见 NY/T 1861—2010 的附录 G。

标本采集、运输、制作等过程中,植物活体部分均不可遗撒或随意丢弃,在运输中应特别注意密封。标本制作中掉落后不用的植物部分,一律烧毁或灭活处理。

疑似少花蒺藜草的植物带回后,应首先根据相关资料自行鉴定。自行鉴定结果不确定或仍不能做出鉴定的,选择制作效果较好的标本并附上照片,寄送给有关专家进行鉴定。

少花蒺藜草标本应妥善保存于县级以上的监测负责部门,以备复核。重复的或无须保存的标本应集中销毁,不得随意丢弃。

8 监测结果上报与数据保存

发生区的监测结果应于监测结束后或送交鉴定的标本鉴定结果返回后 7 日内汇总上报。

潜在发生区发现少花蒺藜草后,应于3日内将初步结果上报,包括监测人、监测时间、监测地点或范围、初步发现少花蒺藜草的生境、发生面积和造成的危害等信息,并在详细情况调查完成后7 d内上报完整的监测报告。

监测中所有原始数据、记录表、照片等均应进行整理后妥善保存于县级以上的监测负责部门,以备复核。

附 录 A

（资料性附录）

少花蒺藜草形态特征

A.1 禾本科植物的鉴定特征

多年生、一年生或越年生草本，被子植物，在竹类中，其茎为木质，呈乔木或灌木状。根系为须根系。茎有节与节间，节间中空，称为秆（竿），圆筒形。节部居间分生组织生长分化，使节间伸长。单叶互生成2列，由叶鞘、叶片和叶舌构成，有时具叶耳；叶片狭长线形或披针形，具平行叶脉，中脉显著，不具叶柄，通常不从叶鞘上脱落。在竹类中，叶具短柄，与叶鞘相连处具关节，易自叶鞘上脱落，秆箨与叶鞘有别，箨叶小而无中脉。花序顶生或侧生。多为圆锥花序，或为总状花序、穗状花序。小穗是禾本科的典型特征，由颖片、小花和小穗轴组成。通常两性，或单性与中性，由外稃和内稃包被着；小花多有2枚微小的鳞被，雄蕊1枚～6枚，子房1室，含1胚珠；花柱通常2，稀1或3；柱头多呈羽毛状。果为颖果，少数为囊果、浆果或坚果。

A.2 蒺藜草属植物的鉴定特征

穗形总状花序顶生；由多数不育小枝形成的刚毛常部分愈合而成球形刺苞，具短而粗的总梗，总梗在基部连同刺苞一起脱落，刺苞上刚毛直立或弯曲，内含簇生小穗1至数个，成熟时，小穗与刺苞一起脱落；小穗无柄；第一颖常短小或缺；第二颖通常短于小穗；第一小花雄性或中性，具3雄蕊，外稃薄纸质至膜质，内稃发育良好；第二小花两性，外稃成熟时质地变硬，通常肿胀，顶端渐尖，边缘薄而扁平，包卷同质的内稃；鳞被退化；雄蕊3，花药线形，顶端无毛或具毫毛；花柱2，基部联合。颖果椭圆状扁球形；种脐点状；胚长约为果实的2/3。

A.3 少花蒺藜草的鉴定特征

茎秆膝状弯曲；叶鞘压扁、无毛，或偶尔有绒毛；叶舌边缘毛状，长0.5 mm～1.4 mm；叶片长3 cm～28 cm，宽3 mm～7.2 mm，先端细长。总状花序，小穗被包在苞叶内；可育小穗无柄，常2枚簇生成束；刺状总苞下部愈合成杯状，卵形或球形，长5.5 mm～10.2 mm，下部倒圆锥形。苞刺长2 mm～5.8 mm、扁平、刚硬、后翻、粗皱、下部具绒毛、和可育小穗一起脱落。小穗长3.5 mm～5.9 mm，由一个不育小花和一个可育小花组成，卵形，背面扁平，先端尖、无毛。颖片短于小穗，下颖长1 mm～3.5 mm、披针状、顶端急尖，膜质，有1脉；上颖3.5 mm～5 mm卵形，顶端急尖，膜质，有5脉～7脉；下外稃3 mm～5 mm，有5脉～7脉，质硬，背面平坦，先端尖。下部小花为不育雄花，或退化，内稃无或不明显；外稃卵行膜质长3 mm～5 mm，有5脉～7脉，先端尖；可育花的外稃卵形，长3.5 mm～5 mm，皮质、边缘较薄凸起，内稃皮质。花药3个，长0.5 mm～1.2 mm。颖果几呈球形，长2.5 mm～3.0 mm，宽2.4 mm～2.7 mm，绿黄褐色或黑褐色；顶端具残存的花柱；背面平坦，腹面凸起；脐明显，深灰色。

在放大10倍～15倍体视解剖镜下检验。根据种的特征和近缘种的比较（参见附录B），鉴定是否为少花蒺藜草。

附　录　B
（资料性附录）
少花蒺藜草及其近缘种检索表

1. 刺苞排列不规则，所有苞刺刚硬 …………………………………………… 少花蒺藜草 *Cenchrus pauciflorus* Benth.
   刺苞呈轮状排列，上部苞刺刚硬 …………………………………………………………………………… 2
2. 刺苞上刚毛具较明显的倒向糙毛，其背部具较密的细毛和长绵毛，刺苞裂片于1/3或中部稍下处连合，刺苞总梗具密的短毛 …………………………………………………………………… 蒺藜草 *C. echinatus* L.
   刺苞上刚毛具不明显的倒向糙毛，几平滑，其背部具较疏白色短毛和长绵毛，刺苞裂片于中部或2/3以下连合，刺苞总梗光滑无毛 ……………………………………………… 光梗蒺藜草 *C. calyculatus* Cav.

附　录　C
（规范性附录）
少花蒺藜草种子库检测结果汇总格式

少花蒺藜草种子库检测结果汇总表见表C.1。

表C.1　少花蒺藜草种子库检测结果汇总表

检测日期：_____ 取样点位置：_____ 经纬度：_____ 表格编号ª：_____
取样小区位置：_____ 取样小区生境类型：_____
调查人：_____ 工作单位：_____ 职务/职称：_____
联系方式：（固定电话_____ 移动电话_____ 电子邮件_____ ）

样方	取样深度，cm			合计	种子库，粒/m²
	0～2	2～5	5～10		
1					
2					
3					
⋮					
ª 表格编号以生境编号＋取样样方编号＋取样年份后两位＋3组成。划定取样样方时自行确定样方编号。					

附 录 D

（规范性附录）

少花蒺藜草监测样地调查结果记录格式

D.1 少花蒺藜草发生区种群监测的样地调查结果按表 D.1 的格式记录。

表 D.1 采用样地法调查少花蒺藜草及其伴生植物群落调查记录表

调查日期：＿＿＿＿＿＿＿＿监测点位置：＿＿＿＿＿＿＿＿＿经纬度：＿＿＿＿＿＿＿＿＿表格编号[a]：＿＿＿＿＿＿＿＿

调查小区位置：＿＿＿＿＿＿＿＿＿＿调查小区生境类型：＿＿＿＿＿＿＿＿样地大小：＿＿＿＿＿＿＿＿（m²）

调查人：＿＿＿＿＿＿＿＿＿工作单位：＿＿＿＿＿＿＿＿＿职务/职称：＿＿＿＿＿＿＿＿＿

联系方式：（固定电话＿＿＿＿＿＿＿＿＿＿移动电话＿＿＿＿＿＿＿＿电子邮件＿＿＿＿＿＿＿＿）

样地序号	调查结果
1	植物名称Ⅰ［株数］,株高(m)[b];植物名称Ⅱ［株数］,株高(m);……
2	
⋮	

[a] 表格编号以监测点编号＋调查小区编号＋监测年份后两位＋3 组成。划定调查小区时自行确定调查小区编号。

[b] 株高为成熟植株的株高。样地内有多个成熟植株的,其株高分别列出。

D.2 根据表 D.1 的调查结果,按表 D.2 的格式进行汇总整理。

表 D.2 样地法少花蒺藜草种群调查结果汇总表

样地数量：＿＿＿＿＿＿＿＿＿样地大小：＿＿＿＿＿＿＿＿＿＿（m²）表格编号[a]：＿＿＿＿＿＿＿＿

序号	植物名称[b]	株数	出现的样地数	种群高度,m
1	**示例：**少花蒺藜草(*Cenchrus pauciflorus*)			
2				
⋮				

[a] 表格编号以监测点编号＋调查小区编号＋监测年份后两位＋4 组成。

[b] 除列出植物的中文名或当地俗名外,还应列出植物的学名。

附　录　E

（规范性附录）

样点法中不同生境中的样线选取方案

样点法中不同生境中的样线选取方案见表E.1。

表 E.1　样点法中不同生境中的样线选取方案

单位为米

生境类型	样线选取方法	样线长度	点距
菜地	对角线	20～50	0.4～1
果园	对角线	50～100	1～2
玉米田	对角线	50～100	1～2
棉花田	对角线	50～100	1～2
小麦田	对角线	50～100	1～2
大豆田	对角线	20～50	0.4～1
花生田	对角线	20～50	0.4～1
其他作物田	对角线	20～50	0.4～1
撂荒地	对角线	20～50	0.4～1
天然/人工草场	对角线	20～50	1～2
江河沟渠沿岸	沿两岸各取一条(可为曲线)	50～100	1～2
干涸沟渠内	沿内部取一条(可为曲线)	50～100	1～2
铁路、公路两侧	沿两侧各取一条(可为曲线)	50～100	1～2
天然/人工林地、城镇绿地、生活区、山坡以及其他生境	对角线,取对角线不便或无法实现时可使用S形、V形、N形、W形曲线	20～100	0.4～2

附　录　F

（规范性附录）

少花蒺藜草监测样点法调查结果记录格式

F.1　样点法少花蒺藜草种群调查记录表见表 F.1。

表 F.1　样点法少花蒺藜草种群调查记录表

调查日期：＿＿＿＿＿＿＿　监测点位置：＿＿＿＿＿＿＿　调查的生境类型：＿＿＿＿＿＿＿　表格编号[a]：＿＿＿＿＿＿＿

调查人：＿＿＿＿＿＿＿＿＿＿＿＿　工作单位：＿＿＿＿＿＿＿＿＿＿　职务/职称：＿＿＿＿＿＿＿＿＿

联系方式：（固定电话＿＿＿＿＿＿＿＿＿＿　移动电话＿＿＿＿＿＿＿＿＿＿＿＿　电子邮件＿＿＿＿＿＿＿＿＿＿＿）

样点序号[b]	植物名称	株高[c],m
1		
2		
3		
⋮		

> [a]　表格编号以监测点编号＋生境类型序号＋监测年份后两位＋5 组成。生境类型序号按调查的顺序编排，此后的调查中，生境类型序号与第一次调查时保持一致。
> [b]　选取 2 条样线的，所有样点依次排序，记录于本表。
> [c]　株高为成熟植株的株高。

F.2　根据表 F.1 的调查结果，按表 F.2 的格式进行汇总整理。

表 F.2　样点法少花蒺藜草所在植物群落调查结果汇总表

表格编号[a]：＿＿＿＿＿＿＿

序号	植物名称[b]	株数
1	示例：少花蒺藜草（*Cenchrus pauciflorus*）	
2		
3		
⋮		

> [a]　表格编号以监测点编号＋生境类型序号＋监测年份后两位＋6 组成。
> [b]　除列出植物的中文名或当地俗名外，还应列出植物的学名。

附　录　G

（规范性附录）

少花蒺藜草监测样点发生面积调查结果记录格式

少花蒺藜草监测样点发生面积调查结果按表 G.1 的格式记录。

表 G.1　少花蒺藜草监测样点发生面积调查结果记录表

调查日期：_____监测点位置：_____省_____市_____县_____乡镇/街道_____村;经纬度：_____表格编号[a]：_____

调查人：_____工作单位：_____职务/职称：_____

联系方式：(固定电话_____移动电话_____电子邮件_____)

发生生境 类型	发生面积 hm²	危害对象	危害方式	危害程度	防治面积 hm²	防治成本 元	经济损失 元
合计							

[a]　表格编号以监测点编号＋监测年份后两位＋年内调查的次序号(第 n 次调查)＋5组成。

附 录 H
（资料性附录）
少花蒺藜草经济损失估算方法

H.1 种植业经济损失估算方法

种植业经济损失＝农产品产量经济损失＋农产品质量经济损失＋防治成本

农产品产量经济损失＝少花蒺藜草发生面积×单位面积产量损失量×农产品单价

农产品质量经济损失＝少花蒺藜草发生面积×受害后单位面积产量×农产品质量损失导致的价格下跌量

防治成本包括药剂成本、人工成本、生物防治成本、防除机械燃油或耗电成本等。

示例1：

少花蒺藜草某年在某地麦田发生并造成危害，发生面积1 000 hm²，当年当地对其中500 hm²开展了化学防治，喷施除草剂2次，每次每公顷药剂成本100元，每次喷药每公顷人工费用150元；对其中200 hm²开展了生物防治，释放天敌2 000 000头，每头天敌引进/繁育成本0.01元；对另外300 hm²进行了人工拔草，每公顷人工费用600元。当地未受危害的麦田当年平均产量为6 000 kg/hm²，小麦平均收购价格为1.6元/kg，经过防治，受害的麦田当年平均产量为5 600 kg/hm²，由于混杂少花蒺藜草的种子，小麦收购价格降为1.4元/kg。少花蒺藜草当年在该地区造成的种植业经济损失为：

1 000 hm²×(6 000 kg/hm²−5 600 kg/hm²)×1.6元/kg＋1 000 hm²×5 600 kg/hm²×(1.6元/kg−1.4元/kg)＋2×500 hm²(100元/hm²＋150元/hm²)＋0.01元/头×2 000 000头＋600元/hm²×300 hm²＝221万元

H.2 畜牧业经济损失估算方法

畜牧业经济损失＝发生面积×单位面积草场牧草产量损失量×单位牧草载畜量×单位牲畜价值＋牧产品损失量×畜牧产品单价＋养殖成本增加量＋防治成本

示例2：

某地牧场发生少花蒺藜草，发生面积1 000 hm²，未进行防治，每公顷受害草场每年因此减产800 kg牧草（鲜重），4 000 kg牧草（鲜重）载畜量为1头奶牛，每头奶牛价值3 000元。牧场饲养有1 000头奶牛，奶牛取食外来草本植物后产奶量下降，平均每头每年少产奶10 kg，当年原奶收购价格为2元/kg；牧场饲养有1 000只绵羊，外来草本植物果实黏附于羊毛中，剪毛时需拣出，因此剪毛工作全年增加人工100个，人工单价50元。少花蒺藜草当年在该地区造成的畜牧业经济损失为：

1 000 hm²×800 kg/hm²×1/4 000（头/kg）×3 000元/头＋2元/kg×10 kg/头×1 000头＋50元/(人·日)×100人·日＝62.5万元

H.3 林业经济损失估算方法

林业经济损失＝少花蒺藜草发生面积×单位面积林地林木蓄积损失量×单位林木价格＋防治成本

示例3：

某林区发生少花蒺藜草，发生面积1 000 hm²，未进行防治，每公顷林地林木蓄积量每年因此减少0.2 m³，每立方米林木市场价格平均为3 000元。少花蒺藜草每年在该林区造成的林业经济损失为：

1 000 hm²×0.2 m³/hm²×3 000元/m³＝60万元

附 录 I
（规范性附录）
少花蒺藜草监测样点法调查结果记录格式

I.1 少花蒺藜草潜在发生区踏查结果按表 I.1 的格式记录。

表 I.1 少花蒺藜草潜在发生区踏查记录表

踏查日期：_____监测点位置：_____省____市___县___乡镇/街道_____村；经纬度：_____表格编号ᵃ：_____
踏查人：_____工作单位：_____职务/职称：_____
联系方式：（固定电话_____移动电话_____电子邮件_____）

踏查生境类型	踏查面积，hm²	踏查结果	备注
合计			

ᵃ 表格编号以监测点编号＋监测年份后两位＋年内踏查的次序号（第 n 次踏查）＋6 组成。

I.2 少花蒺藜草潜在发生区定点调查结果按表 I.2 的格式记录。

表 I.2 少花蒺藜草潜在发生区定点调查记录表

定点调查的单位：_____位置：_____表格编号ᵃ：_____
调查人：_____工作单位：_____职务/职称：_____
联系方式：（固定电话_____移动电话_____电子邮件_____）

调查日期	调查的周围区域面积或沿线长度	调查结果	备注

ᵃ 表格编号以监测点编号＋监测年份后两位＋99＋7 组成。

ICS 65.020
B 16

NY

中华人民共和国农业行业标准

NY/T 2719—2015

苹果苗木脱毒技术规范

Technical regulation for eliminating viruses from apple nursery plant

2015-05-21 发布

2015-08-01 实施

中华人民共和国农业部 发布

前　言

本标准按照 GB/T 1.1—2009 给出的规则起草。

本标准由中华人民共和国农业部提出。

本标准由全国果品标准化技术委员会(SAC/TC 510)归口。

本标准起草单位:中国农业科学院果树研究所、农业部果品及苗木质量监督检验测试中心(兴城)、辽宁省果蚕管理总站。

本标准主要起草人:董雅凤、张尊平、胡国君、范旭东、任芳、宣景宏、周俊。

苹果苗木脱毒技术规范

1 范围

本标准规定了苹果苗木脱毒的术语和定义、脱除病毒种类和脱毒方法。

本标准适用于苹果栽培品种和砧木品种的脱毒。

2 规范性引用文件

下列文件对于本文件的应用是必不可少的。凡是注日期的引用文件,仅注日期的版本适用于本文件。凡是不注日期的引用文件,其最新版本(包括所有的修改单)适用于本文件。

NY/T 2281 苹果病毒检测技术规范

3 术语和定义

下列术语和定义适用于本文件。

3.1

苹果试管苗 apple plantlet *in vitro*

通过组织培养方法获得的无菌瓶装苹果离体植株。

3.2

热处理 thermotherapy

将盆栽苗或试管苗置于光照培养箱或人工气候室内,在较高恒温或变温条件下生长,以抑制病毒在植株体内增殖和扩散,从而获得无病毒新梢或茎尖组织的过程。

4 脱除病毒种类

包括苹果茎沟病毒(*Apple stem grooving virus*,ASGV)、苹果茎痘病毒(*Apple stem pitting virus*,ASPV)、苹果褪绿叶斑病毒(*Apple chlorotic leaf spot virus*,ACLSV)、苹果花叶病毒(*Apple mosaic virus*,ApMV)和苹果锈果类病毒(*Apple scar skin viroid*,ASSVd)。

5 脱毒方法

5.1 器材

5.1.1 超净工作台:洁净度为 100 级@≥0.5 μm;

5.1.2 高压灭菌锅:最高工作压力为 0.142 MPa;

5.1.3 光照培养箱:温度可调范围为 0℃～50℃;

5.1.4 体视显微镜:放大倍数为 6.5×～45×;

5.1.5 pH 计:测量精度为 ±0.05 pH;

5.1.6 电子天平:感量为 0.000 1 g。

5.2 盆栽苗热处理

2 月～3 月,将前一年移栽或嫁接成活的苹果盆栽苗移入温室,待萌芽后,放入光照培养箱或人工气候室内,进行恒温热处理,(37±2)℃处理 30 d,或变温热处理,(32±2)℃和(38±2)℃每隔 8 h 变换一次,处理 60 d。每天光照 12 h 以上,光照强度为 5 000 lx～10 000 lx。热处理结束后,立即剪取新梢顶端进行嫩梢嫁接(5.4)或茎尖培养(5.5)。

5.3 试管苗热处理

试管苗于25℃～28℃继代培养10 d～15 d,置光照培养箱中(32±2)℃恒温培养5 d后,进行恒温热处理或变温热处理(5.2),每天光照12 h以上,光照强度1 500 lx～2 000 lx。为防止培养基干燥,热处理前在无菌条件下加入少量灭菌的1/2 MS液体培养基。热处理结束后,立即从试管苗上剥取茎尖进行培养(5.5)。

5.4 嫩梢嫁接

5.4.1 嫩梢嫁接

从热处理结束的盆栽苗上,剪取长约1.0 cm～2.0 cm的新梢顶端,采用皮下嫁接或劈接方法嫁接到长势良好的无病毒实生砧木或营养系砧木上。

皮下嫁接:将砧木苗顶部剪平,用刀片在干皮自上而下划一切口,将热处理顶梢削成楔形,插在砧木韧皮部与木质部之间。

劈接:在砧木主茎或分枝顶端半木质化时,用刀片削平顶端,在截面中间向下纵切0.5 cm～1.0 cm,将顶梢削成楔形,插入切口之中。

5.4.2 嫁接植株管理

嫁接后用封口膜或塑料薄膜包扎,套上塑料袋保温保湿,置于18℃～25℃环境中,注意遮阳,加强肥水管理,促进嫁接苗成活。7 d～10 d后,如果嫁接顶梢未萎蔫,除去保湿的塑料袋,生长6个月以后,进行病毒检测。

5.5 茎尖培养

5.5.1 培养基制备

MS基本培养基、分化增殖培养基和生根培养基制备方法参见附录A。

5.5.2 茎尖分离培养

5.5.2.1 盆栽苗热处理

从热处理的盆栽苗上,采集生长旺盛、长约1 cm～2 cm的顶梢,去掉叶片,在超净工作台上进行消毒处理。先用75％乙醇溶液浸泡30 s,无菌水冲洗后放入0.1％氯化汞溶液中消毒5 min～7 min,无菌水浸洗3次～5次,取出置于无菌培养皿上,在解剖镜下剥取小于0.3 cm的茎尖,接种在分化增殖培养基上。

5.5.2.2 试管苗热处理

从热处理的试管苗上取顶梢,置于无菌培养皿上,在解剖镜下剥取小于0.3 cm的茎尖,接种在分化增殖培养基上。

5.5.3 试管苗增殖培养

将接种的培养瓶置于25℃～28℃、光照强度1 000 lx～2 000 lx、每天光照12 h的组培室中培养。根据生长状况,每1个～2个月转接1次,转接时,先将试管苗基部愈伤组织切除,再切成带1个～2个腋芽的茎段,接种在增殖培养基上。由同一个茎尖增殖得到的组培苗为一个芽系,统一编号。继代培养5次～6次,同一芽系的试管苗数量达到5瓶以上时,进行病毒检测。

5.6 病毒检测

嫩梢嫁接和茎尖培养获得的所有植株和试管苗均需进行病毒检测,确认是否脱除了本标准规定的所检病毒。检测方法按NY/T 2281的规定执行。

5.7 脱毒结果判定

未检测到本标准规定的脱除病毒种类,且未表现任何病毒病症状,生长和结果性状符合该品种特性,则作为无病毒原种材料保存。

附　录　A

（资料性附录）

苹果组培培养基制备

A.1　常用溶液配制

除特别说明外,溶液均用蒸馏水溶解和定容,各种母液配制完成后,分别用玻璃瓶贮存,并贴上标签,注明母液号、配制倍数和日期等,置于4℃冰箱保存。制备培养基用的母液和植物生长调节剂溶液应尽快使用,保存期不超过4个月。

A.1.1　MS培养基母液配制

Ⅰ号母液（1 000 mL）

取蒸馏水200 mL～300 mL,依次加入82.5 g硝酸铵（NH_4NO_3）、95.0 g硝酸钾（KNO_3）、8.5 g磷酸二氢钾（KH_2PO_4）,每加一种试剂,即搅拌溶解,最后定容至1 L。

Ⅱ号母液（500 mL）

取蒸馏水200 mL～300 mL,依次加入310.0 mg硼酸（H_3BO_3）、845.0 mg硫酸锰（$MnSO_4 \cdot H_2O$）、430.0 mg硫酸锌（$ZnSO_4 \cdot 7H_2O$）、41.5 mg碘化钾（KI）、12.5 mg钼酸钠（$Na_2MoO_4 \cdot 2H_2O$）、1.25 mg硫酸铜（$CuSO_4 \cdot 5H_2O$）、1.25 mg氯化钴（$CoCl_2 \cdot 6H_2O$）,每加一种试剂,即搅拌溶解,最后定容至500 mL。

Ⅲ号母液（500 mL）

称取22.0 g氯化钙（$CaCl_2 \cdot 2H_2O$）,用蒸馏水溶解,定容至500 mL。

Ⅳ号母液（500 mL）

称取18.5 g硫酸镁（$MgSO_4 \cdot 7H_2O$）,用蒸馏水溶解,定容至500 mL。

Ⅴ号母液（500 mL）

称取1.865 g乙二胺四乙酸二钠（Na_2-EDTA）和1.39 g硫酸亚铁（$FeSO_4 \cdot 7H_2O$）,分别溶解后混合,定容至500 mL,放入棕色系口瓶中,室温放置10 h以上,然后放入4℃冰箱保存。

Ⅵ号母液（500 mL）

取蒸馏水200 mL～300 mL,依次加入5.0 g肌醇（Myo-inositol）、25.0 mg维生素B_6、25.0 mg烟酸（Nicotinic acid）、5.0 mg维生素B_1、100.0 mg甘氨酸,每加一种药品,即搅拌溶解,最后定容至500 mL。

A.1.2　生长调节剂

称取吲哚乙酸（IAA）20 mg,用1 mL～2 mL 95%乙醇溶液溶解,然后加蒸馏水定容至200 mL,配成1 mg/10 mL的贮存溶液。赤霉素（GA_3）、吲哚丁酸（IBA）和萘乙酸（NAA）配制方法同上。称取6-苄基腺嘌呤（6-BA）20 mg,用1.0 mol/L盐酸溶液溶解,然后加蒸馏水定容至200 mL,配成1 mg/10 mL的贮存溶液。

A.1.3　1.0 mol/L盐酸溶液和1.0 mol/L氢氧化钠溶液（调整pH用）

1.0 mol/L盐酸溶液:量取8.4 mL盐酸,定容至100 mL。

1.0 mol/L氢氧化钠溶液:称取4.0 g氢氧化钠,溶解后定容至100 mL。

A.2　制备培养基

A.2.1　培养基种类

分化增殖培养基:MS（每1 L培养基量取Ⅰ号母液20 mL,量取Ⅱ、Ⅲ、Ⅳ、Ⅴ、Ⅵ号母液各10 mL）附加赤霉素（GA₃）0.1 mg/L～0.5 mg/L、吲哚丁酸（IBA）0.1 mg/L～0.5 mg/L、6-苄基腺嘌呤（BA）0.5 mg/L～1.0 mg/L、蔗糖 30 g/L、琼脂 5 g/L。

生根培养基：1/2 MS（每 1 L 培养基量取Ⅰ号母液 10 mL，量取Ⅱ、Ⅲ、Ⅳ、Ⅴ、Ⅵ号母液各 5 mL）附加吲哚丁酸（IBA）0.1 mg/L～0.3 mg/L 或吲哚乙酸（IAA）0.2 mg/L～1.0 mg/L、蔗糖 15 g/L、琼脂 5 g/L。

A.2.2 培养基制备

Ⅰ. 根据所需培养基种类和数量依次吸取Ⅰ号～Ⅵ号母液，例如配 1/2 MS 培养基 2 L，则加入Ⅰ号母液 20 mL，Ⅱ号～Ⅵ号母液各 10 mL。

Ⅱ. 加入生长调节剂。例如，6-苄基腺嘌呤（BA）的使用浓度为 1.0 mg/L，则配 2 L 培养基加入 20.0 mL 浓度为 1.0 mg/10 mL 的 BA 溶液。

Ⅲ. 加蒸馏水定容，充分混匀，用 1.0 mol/L 盐酸溶液或 1.0 mol/L 氢氧化钠溶液调 pH 至 5.6～5.8。

Ⅳ. 稍加热，即放入琼脂，待其溶化后，加入蔗糖，充分搅拌溶解。

Ⅴ. 培养基分装于培养瓶中，培养基的厚度为 1.0 cm～1.5 cm，以确保试管苗有足够的生长空间，且 1 个～2 个月内培养基不干裂。

Ⅵ. 将锥形瓶封口包扎后，放入高压灭菌锅内，121℃、1.1 kg/cm² 消毒 15 min～20 min。消毒完毕，放尽消毒锅内的热空气，立即取出平放，冷却后即可接种试管苗。

培养基制备好后，应尽快用完，若有剩余，可置于冰箱冷藏室中黑暗保存（保存期不超过 2 周）。苹果组培快繁时，培养基中激素的浓度和种类应根据品种及试管苗生长情况进行适度调整。

_____

ICS 65.020
B 16

NY

中华人民共和国农业行业标准

NY/T 2720—2015

水稻抗纹枯病鉴定技术规范

Rules for evaluation of rice for resistance to sheath blight
(***Rhizoctonia solani* Kühn**)

2015-05-21 发布   2015-08-01 实施

中华人民共和国农业部 发布

前　言

本标准按照 GB/T 1.1—2009 给出的规则起草。

本标准由农业部种植业管理司提出并归口。

本标准起草单位：中国水稻研究所、中国农业大学、扬州大学、华南农业大学、福建农林大学、浙江大学。

本标准主要起草人：黄世文、王玲、刘连盟、郭泽建、潘学彪、周而勋、鲁国东、王政逸、陈旭君、左示敏。

水稻抗纹枯病鉴定技术规范

1 范围

本标准规定了水稻品种、材料苗期和成株期对纹枯病的抗性鉴定方法和评价方法。

本标准适用于水稻品种、材料抗纹枯病鉴定。

2 规范性引用文件

下列文件对于本文件的应用是必不可少的。凡是注日期的引用文件,仅注日期的版本适用于本文件。凡是不注日期的引用文件,其最新版本(包括所有的修改单)适用于本文件。

GB 4285 农药安全使用标准

GB 4404.1 粮食作物种子 第1部分:禾谷类

GB 5084 农田灌溉水质标准

GB/T 6682 分析实验室用水规格和试验方法

GB/T 8321(所有部分) 农药合理使用准则

GB 15618 土壤环境质量标准

NY/T 496 肥料合理使用准则 通则

NY 5117 无公害食品 水稻生产技术规程

3 术语和定义

下列术语和定义适用于本文件。

3.1

水稻纹枯病 rice sheath blight

由立枯丝核菌 *Rhizoctonia solani* Kühn 所引起的为害地上部分以叶鞘、叶片为主产生云纹状病斑症状的水稻病害。

3.2

融合群 anastomosis group

引起水稻纹枯病的立枯丝核菌(*Rhizoctonia solani* Kühn)是以菌丝融合型为基础所构成的群体,凡是两个菌株的菌丝能发生融合的则归于相同的融合群。

3.3

苗挺高 straighted seedling height

从土表至水稻秧苗拉直后最高叶尖的高度。

4 试剂与材料

本标准所用试剂在未加说明时均采用分析纯试剂。实验室用水应符合 GB/T 6682 中规定的三级水要求。

4.1 PDA 培养基

称取 200 g 马铃薯,洗净去皮切碎,加入 1 000 mL 水,煮沸 20 min~30 min,纱布过滤,补水至 1 000 mL,再加入 18 g 琼脂和 18 g 葡萄糖,搅拌均匀,高压灭菌(121℃,20 min)。

4.2 PDB 培养基

称取 200 g 马铃薯,洗净去皮切碎,加入 1 000 mL 水,煮沸 20 min~30 min,纱布过滤,补水至 1 000 mL,加入 18 g 葡萄糖,搅拌均匀,高压灭菌(121℃,20 min)。

4.3 培养基 A

稻谷用清水浸泡 24 h 后,冲洗干净,装入 250 mL 锥形瓶中,每瓶中装入稻谷占瓶体积的 1/3,高压灭菌(121℃,20 min)。

4.4 培养基 B

将木质牙签剪成 0.8 cm~1.0 cm 长,纵劈为二,单层平排于直径 9 cm 培养皿中,每皿加入适量的 PDB 培养基(液面高度刚好淹没短牙签),高压灭菌(121℃,20 min)。

5 仪器设备

5.1 恒温培养箱:(28+2)℃。

5.2 显微镜:物镜头 10 倍~100 倍。

5.3 电子天平:感量 0.01 g。

5.4 高压灭菌器。

5.5 超净工作台。

6 苗期抗病性鉴定

6.1 接种体

接种体为立枯丝核菌 AG1-IA 菌丝融合群,应符合附录 A 的规定。

6.2 试验材料

6.2.1 种子质量

种子质量应符合 GB 4404.1 常规稻或杂交稻一级种标准,不应带检疫性病虫。

6.2.2 播种

选择饱满度一致的试验材料种子,经 3%过氧化氢溶液浸种 1 d 后,用清水冲洗后再浸种 2 d,放入垫有两层滤纸的培养皿中,置于恒温培养箱中 30℃催芽。待胚根长至 0.5 cm 时,选择芽长一致的种子播于装有灭菌土的塑料育苗箱中(长 45 cm×宽 35 cm×高 10 cm)。按宽窄行点播,同一品种窄行 3 cm,不同品种宽行 5 cm,种子表层覆 1 cm 左右的灭菌土。每重复每份试验材料播 10 株苗。采用随机区组设计,重复 3 次。每 50 份试验材料设附录 B 中已知抗性的对照品种。

6.2.3 育苗

在 18℃~28℃的室外自然光照下育苗,幼苗应生长健壮、一致。苗床土保持湿润,不能有水层。

6.3 接种体

6.3.1 接种体准备

根据试验需要选取附录 C 的鉴别菌株作为接种体,将菌株移植到 PDA 培养基的正中央,菌丝面朝上,盖上皿,置于人工培养箱 28℃培养 48 h。

6.3.2 接种体繁殖

将培养好的病原菌,在无菌条件下用直径 5 mm 的灭菌打孔器,自菌落边缘切取菌饼,接种于培养基 A,在培养箱中 28℃培养 7 d~10 d,1 d~2 d 摇动一次,待谷粒表面布满菌丝后作为接种物备用。

6.4 接种

6.4.1 接种方法

在水稻秧苗 4 叶期,将带有菌丝的稻谷紧贴每株水稻小苗基部的两侧各放置 1 粒(参见图 D.1)。

6.4.2 接种后管理

接种后将塑料箱置于温度为 25℃～30℃，相对湿度 80%～85% 的鉴定室内。每天光照 12 h～14 h，光照强度为 35 000 lx。常规秧苗管理，保持秧床湿润。

6.5 病情调查

6.5.1 调查时间

当感病对照品种 Lemont 刚出现死亡时（一般接种后 5 d～7 d），迅速完成病情调查。

6.5.2 调查与记载

以水稻基部向上扩展的叶片或叶鞘最高病斑为准，测量病斑高度、苗挺高，计算发病度。

发病度＝(病斑高度/苗挺高)×9。

每份试验材料调查 30 株秧苗的发病度，取其平均值，保留两位有效数值。原始数据记载参见表 E.1。

6.5.3 病情级别划分标准

苗期水稻纹枯病病情级别分级标准见表 1。

表 1　苗期水稻纹枯病病级分级标准

病情级别	严重度划分标准
0 级	全株无病
1 级	0＜发病度≤1.0
3 级	1.0＜发病度≤3.0
5 级	3.0＜发病度≤5.0
7 级	5.0＜发病度≤7.0
9 级	发病度＞7.0

6.6 病情记载

根据病害症状描述，记载单株病情级别，计算每份试验材料的病情指数(DI)。病情指数计算见式(1)。

$$DI = \frac{\sum (Bi \times Bd)}{M \times Md} \times 100 \quad\cdots\cdots\cdots\cdots\cdots\cdots\cdots\cdots\cdots\cdots\cdots\cdots\cdots\cdots\cdots\cdots (1)$$

式中：

DI——病情指数；

Bi——各级严重度病株数；

Bd——各级严重度代表值；

M——调查总株数；

Md——严重度最高级代表值(此处为 9)。

6.7 抗病性评价

6.7.1 抗病性评价标准

依据试验材料 3 次重复的病情指数(DI)平均值确定其对纹枯病抗性水平，划分标准见表 2。

表 2　苗期水稻纹枯病抗性评价标准

病情指数，DI	抗性评价
$DI=0$	免疫(I)
$0＜DI≤10$	高抗(HR)
$10＜DI≤35$	抗病(R)
$35＜DI≤55$	中抗(MR)
$55＜DI≤75$	感病(S)
$DI＞75$	高感(HS)

6.7.2 抗病鉴定有效性判别

感病对照品种达到其相应感病程度（$DI>75$）时，该批次鉴定视为有效。

6.8 抗性评价结果

抗性评价结果记载参见表 E.2，并对试验结果加以分析，原始资料应保存以备考察验证。

7 成株期抗病性鉴定

7.1 田间鉴定病圃

7.1.1 鉴定圃选择

田间鉴定圃应设置在水稻纹枯病适发区。土壤肥力水平中等偏上、排灌方便、肥力均匀。土壤环境质量应符合 GB 15618 中的二级标准。田间灌溉用水水质应符合 GB 5084 的规定。

7.1.2 田间管理

肥料施用应符合 NY/T 496 的规定。移栽后 20 d 和接种前 1 周各施尿素 1 次，纯氮用量为 75 kg/hm²。农药使用应符合 GB 4285、GB/T 8321（所有部分）的规定。按当地大田生产习惯对虫、草害进行防治，应及时采取有效的防护措施防治鼠、鸟、畜、禽等对试验的为害。试验材料在全生育期内不使用杀菌剂，接种前后避免施用任何药剂。

7.2 接种体

接种体为立枯丝核菌 AG1-IA 菌丝融合群，应符合附录 A 的规定。

7.3 试验材料的种植

7.3.1 种子质量

试验种子质量应符合 GB 4404.1 常规稻或杂交稻一级种标准，不应带检疫性病虫。

7.3.2 播种及田间排布

试验材料经浸种催芽后，播于田间秧板上，湿润育苗。待秧龄 25 d～30 d，按照 NY 5117 的规定进行移栽。同一组试验同期移栽，移栽后应及早进行查苗补缺。每重复每份材料栽植 3 行，每行 10 株。采用随机区组设计，重复 3 次。每 50 份试验材料设附录 B 中已知抗性的对照材料。

7.3.3 保护行设置

在试验材料四周均应设置保护行，栽插 2 行，株行距与试验材料相同。保护行品种选择株高相仿、且相对抗病的对照品种。

7.4 接种体

7.4.1 接种体准备

根据试验需要选取附录 C 的鉴别菌株作为接种体，将菌株移植到 PDA 培养基的正中央，菌丝面朝上，盖上皿，置于人工培养箱 28℃培养 48 h。

7.4.2 接种体繁殖

将培养好的病原菌，在无菌条件下用直径 5 mm 的灭菌打孔器，自菌落边缘切取菌饼，接种于培养基 B，在培养箱中 28℃培养 5 d，待牙签表面布满菌丝后作为接种物以备用。

7.5 接种

7.5.1 接种方法

在水稻分蘖末期，将带有菌丝的牙签插入稻株茎秆自上而下第 3 叶鞘内侧（图 D.2）。每个稻株接种 1 个茎秆，并确保接种后叶鞘抱茎状态不变，每个重复接种 10 株。

7.5.2 接种后灌溉水管理

接种后使田间保持 1 cm～2 cm 厚的薄水层，3 d～4 d 后观察稻株，待大部分稻株出现初期侵染症状后，灌水保持 5 cm 左右水层。

7.6 病情调查

7.6.1 调查时间

水稻抽穗后 30 d。

7.6.2 调查与记载

对试验材料每个接种分蘖的叶片及叶鞘进行调查,原始数据记载参见表 E.3。

7.6.3 成株期纹枯病病情级别划分

成株期水稻纹枯病病情分级标准描述见表 3。

表 3　成株期水稻纹枯病病级分级标准

病级	症　状
0	植株叶鞘和叶片未见症状
1	稻株基部有少数零星病斑
2	病斑延伸到倒 5 叶鞘或相应叶片(剑叶为倒 1 叶)
3	病斑延伸到倒 4 叶鞘或相应叶片
4	病斑延伸到倒 3 叶鞘或相应叶片
5	病斑延伸到倒 2 叶鞘或相应叶片
6	病斑延伸到剑叶鞘一半以下
7	病斑延伸到剑叶鞘一半以上
8	剑叶出现病斑或失水枯黄
9	发病茎秆稻穗局部或全部非正常枯死

7.7 病情记载

根据病情症状描述,记载单株病情级别,计算病情指数(DI)。病情指数计算见式(1)。

7.8 抗病性评价

7.8.1 抗病性评价标准

依据试验材料 3 次重复的病情指数(DI)的平均值确定其抗病性水平,划分标准见表 4。

表 4　成株期水稻纹枯病抗性评价标准

病情指数,DI	抗性评价
$DI=0$	免疫(I)
$0<DI\leqslant 10$	高抗(HR)
$10<DI\leqslant 35$	抗病(R)
$35<DI\leqslant 55$	中抗(MR)
$55<DI\leqslant 75$	感病(S)
$DI>75$	高感(HS)

7.8.2 抗病鉴定有效性判别

感病对照品种病情指数(DI)大于 75 以上时,该批次鉴定视为有效。

7.9 抗性评价结果

抗性评价结果记载参见表 E.4,并对试验结果加以分析,原始资料应保存以备考察验证。

8 鉴定后材料的处理

剩余接种体带回实验室灭菌处理。

将鉴定后的田间病株无害化处理。

作为抗病鉴定圃的田间土壤予以深耕,以压低病圃内土壤的带菌量。

附　录　A
（规范性附录）
水稻纹枯病病原菌

A.1　学名和形态描述

A.1.1　学名

水稻纹枯病病原菌的无性阶段属半知菌亚门,无孢目,立枯丝核菌 AG1-IA 融合群(*Rhizoctonia solani* Kühn AG1-IA)。其有性阶段为担子菌亚门,胶膜菌目,瓜亡革菌[*Thanatephorus cucumeris* (Trank)Donk]。

A.1.2　形态描述

病原菌菌丝细胞多核,每个细胞具 3 个或 3 个以上的细胞核。菌丝直径大于 5 μm,大多数为 5 μm～14 μm。菌丝幼嫩时无色,老熟时浅褐色。幼期营养菌丝中远基的细胞隔膜附近分枝、老熟分枝与再分枝一般呈直角,分枝发生点附近缢缩并形成一隔膜。菌核由菌丝体交织而成,初为白色后变成暗褐色,球形、或不规则形,面粗糙。

A.2　水稻纹枯病田间典型症状

纹枯病主要危害水稻叶鞘、叶片,严重时可侵入茎秆并蔓延至穗部。叶鞘发病先在近水面处出现水渍状暗绿色小点,逐渐扩大后呈椭圆形或云形病斑。病斑中央为灰绿色或淡绿色,后变成灰白色;病斑外围有晕圈,颜色为暗褐色。叶片病斑与叶鞘病斑相似。发病严重时,病斑可相互连接成不规则的云纹状大斑,可导致叶鞘干枯,叶片枯死。孕穗期前至抽穗后 10 d 左右为害,常稻株不能正常抽穗,即使抽穗,病斑蔓延至穗部,可造成整株枯死。

附 录 B
（规范性附录）
水稻抗纹枯病鉴定对照品种

B.1 对照品种

5个水稻对照品种分别为：YSBR1（抗病）、C418（中抗）、Jasmine85（JAS85，中抗）、武育粳 3 号（WYJ3，感病）和 Lemont（LEMT，高感）。其中，Lemont 是国内外公认的感病品种；武育粳 3 号是长江三角洲地区主栽的迟熟中粳稻品种，较感纹枯病；Jasmine85 则是公认的相对抗病品种；C418 为我国杂交粳稻中最重要的恢复系父本；YSBR1 则是多年鉴定较抗病的新种质。

B.2 纹枯病菌对水稻的致病力

纹枯病菌接种对照品种后，根据对照品种的病情级别计算其病害严重等级从而确定病原菌的致病力。

附　录　C

（规范性附录）

水稻抗纹枯病鉴定鉴别菌株

C.1　鉴别菌株

　　5 个纹枯病菌鉴别菌株分别为：GD118（强致病力）、C30（强致病力）、E67（中等致病力）、TN7（中等致病力）和 YN3（弱致病力）。

C.2　水稻对纹枯病的抗病性

　　鉴别菌株接种水稻材料后，根据寄主病情级别计算其病害严重等级从而确定水稻材料的抗性。

附　录　D
（资料性附录）
水稻抗纹枯病鉴定图像示例

D.1 水稻苗期纹枯病接种示例

见图 D.1。

图 D.1　布满水稻纹枯病菌的稻谷接种于 4 叶期小苗基部两侧

D.2 水稻成株期纹枯病接种示例

见图 D.2。

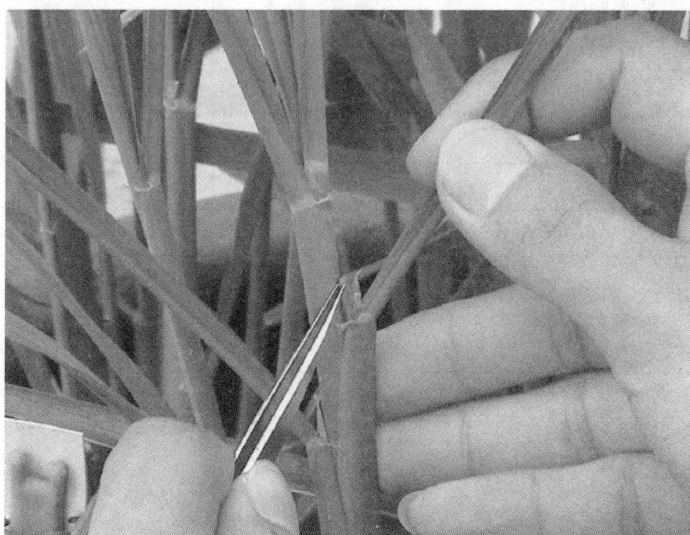

图 D.2　布满水稻纹枯病菌的牙签接种于稻株第 3 叶鞘内侧

附　录　E

（资料性附录）

水稻抗纹枯病鉴定数据记载表

E.1　水稻抗纹枯病苗期鉴定原始数据记载表

见表 E.1。

表 E.1　水稻抗纹枯病苗期鉴定原始数据记载表

编号	品种名称	重复区号	长度cm		病斑长度（/株）									
					1	2	3	4	5	6	7	8	9	10
		I	病斑高度											
			苗挺高											
			发病度											
		II	病斑高度											
			苗挺高											
			发病度											
		III	病斑高度											
			苗挺高											
			发病度											
		I	病斑高度											
			苗挺高											
			发病度											
		II	病斑高度											
			苗挺高											
			发病度											
		III	病斑高度											
			苗挺高											
			发病度											

1. 播种日期：　　　　　　　　　　　　　2. 接种日期：
3. 接种生育期：　　　　　　　　　　　　4. 接种病原菌分离物编号：
5. 菌株致病力类型：　　　　　　　　　　6. 调查日期：

鉴定人：　　　　　　　　　　　　　　　　　　复核人：
　年　　月　　日　　　　　　　　　　　　　　　年　　月　　日

E.2 水稻抗纹枯病苗期鉴定抗性评价记载表

见表E.2。

表 E.2 水稻抗纹枯病苗期鉴定抗性评价记载表

编号	品种名称	重复区号	病情级别						病情指数	平均病指	抗性评价
			0	1	3	5	7	9			
		Ⅰ									
		Ⅱ									
		Ⅲ									
		Ⅰ									
		Ⅱ									
		Ⅲ									
		Ⅰ									
		Ⅱ									
		Ⅲ									
		Ⅰ									
		Ⅱ									
		Ⅲ									
		Ⅰ									
		Ⅱ									
		Ⅲ									
		Ⅰ									
		Ⅱ									
		Ⅲ									

1. 播种日期：　　　　　　　　　　　2. 接种日期：
3. 接种生育期：　　　　　　　　　　4. 接种病原菌分离物编号：
5. 菌株致病力类型：　　　　　　　　6. 调查日期：

鉴定人：　　　　　　　　　　　　　　　　　　　复核人：
　年　　月　　日　　　　　　　　　　　　　　　　年　　月　　日

E.3 水稻抗纹枯病成株期鉴定原始数据记载表

见表 E.3。

表 E.3 水稻抗纹枯病成株期鉴定原始数据记载表

编号	品种名称	重复区号	病情级别（/株）									
			1	2	3	4	5	6	7	8	9	10
		I										
		II										
		III										
		I										
		II										
		III										
		I										
		II										
		III										
		I										
		II										
		III										
		I										
		II										
		III										
		I										
		II										
		III										

1. 播种日期：　　　　　　　　　　　　2. 接种日期：

3. 接种生育期：　　　　　　　　　　　4. 接种病原菌分离物编号：

5. 菌株致病力类型：　　　　　　　　　6. 调查日期：

鉴定人：　　　　　　　　　　　　　　复核人：

　年　　月　　日　　　　　　　　　　　年　　月　　日

E.4 水稻抗纹枯病成株期鉴定抗性评价记载表

见表E.4。

表 E.4 水稻抗纹枯病成株期鉴定抗性评价记载表

编号	品种名称	重复区号	病情指数	平均病指	抗性评价
		Ⅰ			
		Ⅱ			
		Ⅲ			
		Ⅰ			
		Ⅱ			
		Ⅲ			
		Ⅰ			
		Ⅱ			
		Ⅲ			
		Ⅰ			
		Ⅱ			
		Ⅲ			
		Ⅰ			
		Ⅱ			
		Ⅲ			
		Ⅰ			
		Ⅱ			
		Ⅲ			

1. 播种日期：　　　　　　　　2. 接种日期：

3. 接种生育期：　　　　　　　4. 接种病原菌分离物编号：

5. 菌株致病力类型：　　　　　6. 调查日期：

鉴定人：　　　　　　　　　　　　　　复核人：

　　年　　月　　日　　　　　　　　　　年　　月　　日

ICS 65.020
B 16

NY

中华人民共和国农业行业标准

NY/T 2724—2015

甘蔗脱毒种苗生产技术规程

Technique regulation for virus–free plantlet production of sugarcane

2015-05-21 发布

2015-08-01 实施

中华人民共和国农业部 发布

前　言

本标准按照 GB/T 1.1—2009 给出的规则起草。

本标准由中华人民共和国农业部提出并归口。

本标准起草单位：浙江省农业科学院。

本标准主要起草人：陈剑平、陈志、汪一婷、牟豪杰、吕永平。

甘蔗脱毒种苗生产技术规程

1 范围

本标准规定了甘蔗脱毒种苗的术语和定义、脱毒种苗生产、甘蔗种苗病毒检测种类及方法、种苗包装、运输等要求。

本标准适用于甘蔗脱毒种苗生产。

2 规范性引用文件

下列文件对于本文件的应用是必不可少的。凡是注日期的引用文件，仅注日期的版本适用于本文件。凡是不注日期的引用文件，其最新版本（包括所有的修改单）适用于本文件。

NY/T 1796　甘蔗种苗

NY/T 2306　花卉种苗组培快繁技术规程

3 术语和定义

下列术语和定义适用于本文件。

3.1

甘蔗脱毒种苗　sugarcane virus-free plantlet

经检测确定不携带指定病毒的甘蔗种苗。

3.2

组培瓶苗　in-agar plantlet

生长在固体培养基（凝固剂一般为琼脂）中的组培生根苗。

3.3

无琼脂苗　ex-agar plantlet

从培养容器中取出并洗去表面培养基的组培生根苗。

3.4

穴盘苗　plug plantlet

穴盘中移栽成活的甘蔗组培苗。

4 脱毒种苗生产流程

4.1 无菌材料的获得

4.1.1 外植体材料的选择

选择具有待生产品种典型性状、无明显病虫害、品种纯正的健壮植株，切取顶芽及饱满带节间腋芽。

4.1.2 外植体处理、消毒及接种

4.1.2.1 外植体处理

顶芽及带节间腋芽切成约 1 cm×1 cm×1 cm 大小的块状，剥去外面 2 层～3 层包被鳞（叶）片。

4.1.2.2 清洗

预处理好的外植体，用洗洁精溶液浸泡并振荡 10 min～20 min，然后在自来水下流水冲洗 15 min～20 min。

4.1.2.3 乙醇溶液处理

在准备好的超净台上,将清洗后的外植体转移到无菌锥形瓶中,倒入 70%～75%乙醇溶液没过外植体表面 1 cm,轻摇锥形瓶以除去植物材料表面气泡,30 s～60 s 后将酒精倒去,用无菌水冲洗外植体3 次。

4.1.2.4 次氯酸钠处理

用有效氯浓度 0.5%～1.0%的次氯酸钠溶液浸泡经乙醇溶液处理的植物材料,浸泡过程中不断轻摇锥形瓶以除去外植体表面气泡,10 min～15 min 后,倒出次氯酸钠溶液,植物材料用无菌水清洗3 次～5 次后备用。

4.1.2.5 氯化汞处理

经 70%～75%乙醇溶液处理的植物材料也可用 0.1%氯化汞溶液代替次氯酸钠溶液进行表面消毒,浸泡时间为 8 min～10 min,后续清洗同次氯酸钠处理。

4.1.2.6 外植体接种

在超净工作台上取出灭过菌的接种盘,在接种盘内放置 1 张～2 张无菌滤纸,用冷却、无菌的接种器械将经过表面消毒的植物材料取出(每次取 3 个～5 个),放在无菌滤纸上吸干材料表面水分,然后将外植体接入外植体萌发培养基(参见附录 A),1 瓶接种 1 个外植体,封口。

4.1.3 外植体培养

接种完成后统一贴上标签,注明品种、接种日期、接种培养基等信息,放在组培用托盘内,送入培养室进行培养,培养温度控制在(25±3)℃,光照强度 25 $\mu mol \cdot m^{-2} \cdot s^{-1}$～40 $\mu mol \cdot m^{-2} \cdot s^{-1}$,光照时间每天不低于 12 h,培养期间及时去除被污染材料。

4.2 不定芽诱导和增殖

4.2.1 不定芽诱导

由 4.1 得到的高约 1.5 cm～2.5 cm 的无菌、成活芽萌发材料,在无菌工作台上从芽基部与母体分离,然后接种在不定芽诱导培养基中,培养环境同 4.1.3。

4.2.2 不定芽增殖

由 4.2.1 获得增殖良好的簇生甘蔗培养材料,在无菌工作台上以 3 个～4 个不定芽为接种单位从基部进行分离(芽高度控制在 2.0 cm～3.0 cm),然后接种在不定芽增殖培养基中,培养环境同 4.1.3。每 25 d～30 d 继代 1 次。

4.3 茎尖培养

4.3.1 材料选择

选择经由 4.2.2 连续培养获得的健壮、无菌不定芽。

4.3.2 茎尖剥离

在无菌条件下,将簇生不定芽从基部单个分离,并自芽基部以上 0.5 cm 左右处切断,选取芽基部分进行茎尖剥离。在体视镜下用无菌解剖刀小心逐层剥离外层叶鞘,直至露出长约 0.3 mm～0.5 mm 的茎尖,然后更换为无菌且未使用过的解剖刀将茎尖从母体材料切下,立即接种于茎尖伸长培养基中。

4.3.3 茎尖伸长培养

将 4.3.2 接种好的甘蔗茎尖置于(23±3)℃,光照强度 10 $\mu mol \cdot m^{-2} \cdot s^{-1}$～20 $\mu mol \cdot m^{-2} \cdot s^{-1}$,光照时间每天不低于 12 h。

4.3.4 不定芽诱导

茎尖伸长生长至 1.5 cm～2.0 cm 后即可接种到不定芽诱导培养基中,培养环境同 4.1.3。对每一个成活茎尖材料进行编号。

4.3.5 再生材料增殖

将 4.3.4 获得的不定芽接种到不定芽增殖培养基中,培养环境同 4.1.3。每 25 d～30 d 继代 1 次。

4.4 茎尖培养再生植株病毒检测

4.4.1 检测病毒种类

本标准检测病毒包括甘蔗花叶病毒（*Sugarcane mosaic virus*，SCMV）、高粱花叶病毒（*Sorghum mosaic virus*，SrMV）、甘蔗黄叶病毒（*Sugarcane yellow leaf virus*，SCYLV）和甘蔗杆状病毒（*Sugarcane bacilliform virus*，SCBV）。

4.4.2 材料选择

茎尖培养再生材料增殖到 10 株～15 株后，按照 4.3.4 的要求对应编号，选取叶片为检测材料，对每个编号株系的茎尖再生材料进行病毒检测。

4.4.3 检测方法

检测方法参见附录 B。检测所需仪器设备及试剂参见附录 C。

4.4.4 脱毒材料确认

连续 3 代检测均同时不携带 4 种检测病毒的甘蔗组培材料即被确认为脱毒材料（不定芽）。

4.4.5 不合格材料处理

不合格材料在未打开培养瓶情况下经 121℃、101 kPa 灭菌 30 min 后再废弃。

5 脱毒不定芽扩繁

5.1 脱毒不定芽扩繁

经 4.4.4 确认的脱毒不定芽按照 4.2.2 的方法进行增殖。

5.2 脱毒不定芽保存

脱毒不定芽扩繁材料可移至(18±2)℃，光照强度 20 μmol·m^{-2}·s^{-1}～30 μmol·m^{-2}·s^{-1}，光照时间 10 h～12 h 环境中进行长期保存。每 90 d 继代 1 次，可继代保存 12 代～15 代。

6 生根诱导

将株高≥3 cm 的簇生脱毒不定芽在无菌工作台上从基部进行单个分离，以单个不定芽为单位接种到生根诱导培养基中，培养环境同 4.1.3。

7 炼苗、移栽及管理

7.1 炼苗时期

室外温度为 10℃～30℃之间均适合甘蔗组培苗移栽。

7.2 基质准备及消毒

将不同基质按一定比例混配均匀，装入穴盘中并稍压紧，用 0.5 g/L 的多菌灵（80%可湿性粉剂）溶液浸透后捞出或喷透备用。

7.3 组培苗炼苗

7.3.1 炼苗标准

培养瓶内甘蔗组培苗高≥5 cm，基部长出 6 条～10 条 1 cm～1.5 cm 长的白色不定根，即可进行炼苗。

7.3.2 炼苗

温室中，培养瓶在自然环境条件下培养 3 d～7 d。

7.4 移栽

轻轻取出组培苗，放入清水中（水温 18℃～20℃），组培苗洗干净表面培养基后稍晾干，然后栽于装好基质的穴盘中，覆盖物或基质以刚盖过组培苗基部为宜，稍压实，以幼苗不倒即可，移栽好的穴盘分品种、移栽日期，在苗床上整齐摆放。

7.5 管理

7.5.1 水肥管理

移栽2周～4周内,相对湿度控制在75%～90%,当第一片新叶完全张开后,逐渐降低湿度。4周～6周后,相对湿度保持在60%～85%,光照强度控制在60 μmol·m^{-2}·s^{-1}～100 μmol·m^{-2}·s^{-1}。移栽第4周～8周内,每隔7 d喷施液肥一次,移栽8周后,视植株生长情况酌情施肥。

7.5.2 病虫害防治

移栽4周后,每周喷施75%百菌清可湿性粉剂或80%多菌灵可湿性粉剂1 000倍～1 250倍液1次;移栽8周后,追施2.8%阿维菌素乳剂2 000倍液防治线虫。温室内宜均匀悬挂黄色诱虫板,悬挂高度应高于穴盘苗15 cm,密度以每20 m² 悬挂1张25 cm×40 cm大小的诱虫板为宜。

8 种苗质量要求和检查判断规则

8.1 种苗类型

种苗类型包括组培瓶苗、无琼脂苗和穴盘苗。

8.2 抽样方法及数量

据NY/T 1796,不同种苗类型脱毒种苗检测采取随机抽样,不同样品抽样数量见表1,其中组培瓶苗以瓶为单位,无琼脂苗和穴盘苗以株为单位。

表 1 抽样数量

种苗数量	抽样数量
不超过1 000	20
不超过5 000	40
不超过10 000	60
超过10 000	80

8.3 判定规则

8.3.1 整体要求

据NY/T 2306,种苗株形丰满、完整、粗壮、挺直有活力,叶色正常,根系发达、健壮,整齐度95%以上,无污染及典型病虫害症状。

8.3.2 质量标准

据NY/T 1796,脱毒种苗按质量要求分一级和二级,低于二级的脱毒种苗不应作为商品苗,不同类型脱毒种苗等级规格划分见附录D。

8.4 不合格苗处理

病毒检测不合格的,组培瓶苗处理方法同4.4.5,无琼脂苗和穴盘苗一律采用焚烧方式处理。

9 包装、标签及运输

9.1 包装

9.1.1 一般情况下,种苗包装过程中需保湿,防挤压、倒置,包装盒内温度保持10℃～25℃。

9.1.2 如客户或订单有明确要求,应按照客户或者订单要求进行包装。

9.2 标签

包装箱上应贴上标签,注明品种名称、等级、规格、数量、产地、出苗日期、目的地、联系人、联系方式、注意事项等。

9.3 运输

装车时包装箱切勿倒置,运输途中温度保持10℃～25℃,应在5 d内到达目的地。

附 录 A

（资料性附录）

甘蔗不同组培阶段参考培养基及配制方法

A.1 甘蔗不同组培阶段参考培养基

外植体萌发培养基：MS+0.1 mg/L 6-BA+0.1 mg/L NAA+200 mg/L AC；

不定芽诱导培养基：MS+0.2 mg/L 6-BA+0.05 mg/L NAA+100 mg/L AC；

不定芽增殖培养基：MS+0.5 mg/L 6-BA+0.1 mg/L NAA；

茎尖伸长培养基：MS+0.05 mg/L 6-BA+0.05 mg/L NAA+50 mg/L AC；

生根诱导培养基：MS+0.2 mg/L IBA+200 mg/L AC；

不同阶段培养基蔗糖含量均为 30 g/L，分装前培养基 pH 调整为 5.7～5.8。AC 为活性炭。

注：不同甘蔗品种植物生长调节剂及 AC 用量略有不同。

A.2 MS 母液成分

见表 A.1。

表 A.1 MS 母液成分

母液种类	试剂名称	分子式	称取质量 mg	每升培养基用量 mL	保存方式
大量元素	硝酸钾	KNO_3	38 000	50	冷藏（4℃），避光保存
	硝酸铵	NH_4NO_3	33 000		
	磷酸二氢钾	KH_2PO_4	3 400		
	七水硫酸镁	$MgSO_4 \cdot 7H_2O$	7 400		
	二水氯化钙	$CaCl_2 \cdot 2H_2O$	8 800		
微量元素	碘化钾	KI	166	5	冷藏（4℃），避光保存
	七水硫酸锌	$ZnSO_4 \cdot 7H_2O$	1 720		
	四水硫酸锰	$MnSO_4 \cdot 4H_2O$	4 460		
	硼酸	H_3BO_3	1 240		
	二水钼酸钠	$Na_2MoO_2 \cdot 2H_2O$	50		
	六水氯化钴	$CoCl_2 \cdot 6H_2O$	5		
	五水硫酸铜	$CuSO_4 \cdot 5H_2O$	5		
有机成分	盐酸硫氨素（维生素 B_1）	$C_{12}H_{17}ClN_4OS\text{-}HCl$	10	10	冷藏（4℃），避光保存
	烟酸（维生素 B_5）	$C_6H_5NO_2$	50		
	盐酸吡哆醇（维生素 B_6）	$C_8H_{11}NO_3\text{-}HCl$	50		
	甘氨酸	$C_2H_5NO_2$	200		
	肌醇	$C_6H_{12}O_6$	10 000		
铁盐	七水硫酸亚铁	$FeSO_4 \cdot 7H_2O$	2 780	10	冷藏（4℃），避光保存
	二水乙二胺四乙酸二钠	$Na_2 \cdot EDTA \cdot 2H_2O$	3 730		

注1：本表中所用药品纯度均为分析纯。

注2：本表中试剂称取质量均为配制 1 L 母液种类所需的质量。

A.3 植物生长调节剂配制

见表 A.2。

表 A.2　植物生长调节剂配制

名　称	配制方法	存储方式
6-苄基嘌呤(6-BA)	称取 50 mg 6-BA 于烧杯中,先用适量 0.1 mol/L 的盐酸溶液充分溶解后加入适量去离子水,搅拌待溶液澄清后转入 500 mL 容量瓶中,用去离子水清洗烧杯 2 次~3 次,最后用去离子水定容至 500 mL	冷藏(4℃),密封,避光保存
吲哚丁酸(IBA) 萘乙酸(NAA)	称取 50 mg IBA 或 NAA 于烧杯中,用适量 95%乙醇溶液或无水乙醇充分溶解后加入适量去离子水,搅拌待溶液澄清后转入 500 mL 容量瓶中,用去离子水清洗烧杯 2 次~3 次,最后用去离子水定容至 500 mL	

注 1:本表中所用药品纯度均为 BR 级。

注 2:本表中所用容器均需在使用前用去离子水清洗 2 次~3 次。

A.4　培养基配制

A.4.1　根据培养基成分准备好各类容器、蒸馏水、琼脂、蔗糖和各种母液等。

A.4.2　按需要准确量取各种母液并充分搅拌均匀。母液加入顺序为大量元素、微量元素、有机成分、铁盐、植物生长调节剂。

A.4.3　在 A.4.2 配制溶液中加入蔗糖,加蒸馏水至溶液体积约为 400 mL,搅拌,使糖充分溶解。

A.4.4　另取容器,加入蒸馏水约 500 mL,再加入琼脂 7 g~9 g,加热搅拌使琼脂溶化。

A.4.5　将 A.4.3 和 A.4.4 配制溶液混合,搅拌均匀后加蒸馏水定容至 1 L。如有需要再加入活性炭。

A.4.6　培养基定容、充分搅拌后,用 1 mol/L 的盐酸溶液或 1 mol/L 的氢氧化钠溶液调节培养基 pH 至 5.7~5.8。

A.4.7　根据不同需要定量分装,然后封口。

A.4.8　培养基封口后放入灭菌锅,121℃,101 kPa 环境中灭菌 20 min,培养基配制当天进行灭菌。

A.4.9　灭菌后的培养基应及时从灭菌锅中取出,置于培养基储存室中自然冷却凝固及保存,并注明编号及配制日期。灭过菌的培养基放置 5 d 左右再用,但存储时间不应超过 10 d。

附　录　B

（资料性附录）

甘蔗脱毒苗病毒检测方法

B.1　Trizol 法提取样品总 RNA

称取 50 mg 样品叶片投入液氮预冷的 1.5 mL 离心管,加液氮在离心管中将植物材料研磨成粉末,加入 600 μL 水饱和酚与 600 μL 2×RNA 抽提缓冲液,混匀,4℃,12 000 r/min 离心 20 min,上清转移至新的离心管,加入等体积 4 mol/L 氯化锂溶液,混合均匀后 4℃沉淀过夜,4℃,12 000 r/min 离心 20 min,沉淀用 70%乙醇溶液漂洗数次,风干,用 30 μL DEPC 处理过的水溶解,－70℃保存备用。若用试剂盒提取总 RNA,操作步骤参考产品说明书。

阳性样品为已知携带检测病毒材料或检测病毒提纯液,阴性对照为不携带检测病毒材料,按同样方法提取总 RNA。

B.2　cDNA 合成

以样品、阴性对照和阳性对照样品总 RNA 为模板,以检测病毒下游引物为反转录引物,参照反转录产品说明书合成 cDNA,合成 cDNA 可于－30℃长期保存。也可一步法 RT-PCR 试剂盒进行反转录和 PCR 扩增,具体步骤按照产品说明书进行。

B.3　CTAB 法提取样品总 DNA

称取 50 mg 样品叶片投入液氮预冷的 1.5 mL 离心管,加液氮在离心管中将植物材料研磨成粉末,加入 65℃预热的 CTAB 溶液 600 μL(用前加入体积比为 0.2%的巯基乙醇)并于 65℃保温 1 h,然后加入 600 μL 酚—氯仿—异戊醇溶液(25+24+1),混匀,12 000 r/min 离心 20 min,上清转移至新的离心管,加入 600 μL 酚—氯仿溶液(24+1),12 000 r/min 离心 15 min,上清转移至新的离心管,加入 1/3 体积的 3 mol/L 乙酸钠溶液,再加入－20℃预冷的无水乙醇 1 mL,混匀后于－20℃放置 3 h～4 h,12 000 r/min 离心 10 min,弃上清,向离心管中加入 75%乙醇溶液洗涤 2 次～3 次,将离心管倒置于吸水纸上晾干,最后加入 10 μL～20 μL 重蒸水溶解,－70℃保存备用。若用试剂盒提取总 DNA,操作步骤参考产品说明书。

用同样方法提取阳性样品和阴性对照总 DNA。

B.4　引物序列

B.4.1　甘蔗花叶病毒(SCMV)引物序列

上游引物:F5:5′- GAAGAWGTYTTCCAYCAAKCWGGAAC - 3′(W＝T/A,Y＝C/T,K＝G/T);

下游引物:R3:5′- AGCTGTGTGTCTCTCTGTATTCTC - 3′。

预期扩增片段 906 bp。

B.4.2　高粱花叶病毒(SrMV)引物序列

上游引物:F5:5′- AAGCCACAGCACAAGCAC - 3′;

下游引物:R3:5′- TGACTCTCACCGACATTCC - 3′。

预期扩增片段 828 bp。

B.4.3 甘蔗黄叶病毒(SCYLV)引物序列

上游引物:F5:5′- AGCGATAGTGAATGAATACGGG - 3′;

下游引物:R3:5′- GCCTACCTATTTGGGATTCTGG - 3′。

预期扩增片段 608 bp。

B.4.4 甘蔗杆状病毒(SCBV)引物序列

上游引物:F5:5′- ACCAGATCCGAGATTACAGAAG - 3′;

下游引物:R3:5′- TCACCTTGCCAACCTTCATA - 3′。

预期扩增片段 589 bp。

B.5 PCR 反应

B.5.1 模板选择

甘蔗杆状病毒(SCBV)检测以样品总 DNA 为模板,其余三种病毒检测以样品 cDNA 为模板。

B.5.2 PCR 反应

在 PCR 管中依次加入 10×PCR 缓冲液 2 μL,10 mmol/L 的四种脱氧核糖核苷酸(dATP,dCTP,dGTP 和 dTTP)混合液 0.4 μL,上、下游引物各 0.4 μL,样品模板 10 ng～20 ng,TaqDNA 聚合酶 0.25 μL,最后根据 cDNA 模板的用量加入无菌蒸馏水,使 PCR 反应体系达到 20 μL,每个试样 3 次重复。

以 4 000 r/min 离心 10 s 后,将 PCR 管放入 PCR 仪中,94℃预热 4 min,进行 30 次～35 次扩增循环(94℃变性 30 s,50℃退火 30 s,72℃延伸 1 min),再 72℃延伸 5 min,取出 PCR 反应管,对应产物进行电泳检测或 4℃下保存。

反应设置阳性对照、阴性对照和空白对照,空白对照为用无菌水替代样品模板进行 PCR 扩增反应。

B.6 PCR 产物凝胶电泳

将适量的琼脂糖加入 1×TAE 缓冲液中,加热使其溶解,配制成琼脂糖溶度为 1%的溶液,然后按每 100 mL 琼脂糖溶液加入 5 μL 溴化乙锭溶液的比例加入溴化乙锭溶液(溴化乙锭最终浓度为 0.5 μg/mL),混匀、稍冷却后,将其倒入水平放置的电泳板上,室温下凝固成凝胶,放入 1×TAE 缓冲液中。取 5 μL PCR 产物加 1 μL 6×上样缓冲液混合均匀后加到点样孔中,其中一个点样孔为 DNA 分子量标记,接通电源在 5 V/cm 条件下电泳。

B.7 凝胶成像

电泳结束后,将琼脂糖凝胶置于凝胶成像系统成像仪上或紫外投射仪上成像,并将电泳结果形成文件存档或用照相系统拍照、保存。

B.8 结果判定

根据 DNA 分子量标记判断扩增目的条带的大小。

若阳性对照和检测样品中同时出现目的扩增条带,而阴性对照和空白对照均不出现该条带,该样品判断为携带病毒。

若阳性对照中出现目的扩增条带,而检测样品、阴性对照和空白对照均不出现该条带,该样品判断为不携带病毒。

若阴性对照和空白对照出现目的条带,或阳性对照未出现目的条带,应重新进行 RT-PCR 检测。

附　录　C

（资料性附录）

病毒检测仪器设备及试剂

C.1　仪器设备

C.1.1　高速台式冷冻离心机：转速 15 000 r/min 以上。

C.1.2　PCR 仪。

C.1.3　水平电泳装置。

C.1.4　凝胶成像系统。

C.1.5　紫外分光光度计。

C.1.6　微量加样器。

C.1.7　电子天平：感量 0.1 mg，0.01 g。

C.2　试剂

除另有说明，所用试剂均为分析纯。

C.2.1　RNA 提取相关试剂

C.2.1.1　RNA 抽提缓冲液

20 mmol/L Tris-HCl(pH 8.0)，1‰十二烷基硫酸钠溶液，200 mmol/L 氯化钠溶液，5 mmol/L EDTA 和 1‰亚硫酸钠溶液。

C.2.1.2　70%乙醇溶液

无水乙醇和 DEPC 处理的水按照 7+3 的体积比混合均匀。

C.2.2　DNA 提取相关试剂及配制

C.2.2.1　2×CTAB 提取液(pH 8.0)

称取 CTAB 2 g 加蒸馏水 40 mL，加 1 mol/L Tris-HCL(pH8.0)10 mL，0.5 mol/L EDTA(pH 8.0) 4 mL 和 5 mol/L 氯化钠溶液 28 mL，待 CTAB 溶解后用蒸馏水定容到 100 mL(提取前加入 0.2 mL 巯基乙醇溶液)。

C.2.2.2　酚—氯仿—异戊醇溶液(25+24+1)

将酚、氯仿和异戊醇按照 25+24+1 的体积比混合均匀。

C.2.2.3　酚—氯仿溶液(24+1)

将酚和氯仿按照 24+1 的体积比混合均匀。

C.2.2.4　3 mol/L 氯化钠溶液

称取 2.46 g 氯化钠溶液，用重蒸水定容到 10 mL。

C.2.2.5　75%乙醇溶液

无水乙醇和重蒸水按照 3+1 的体积比混合均匀。

C.2.3　电泳相关试剂及配制

C.2.3.1　50×TAE 缓冲液

称取 Tris 242.2 g 加入到 800 mL 重蒸水中，充分溶解后加入 37.2 g 乙二胺四乙酸二钠，充分溶解后加入 57.1 mL 冰乙酸,再用重蒸水定容至 100 mL。使用时稀释到 1×。

C. 2. 3. 2   6×TAE 缓冲液

称取溴酚蓝 250 mg 加到 10 mL 重蒸水中,在室温下过夜溶解;再称取二甲苯腈蓝 250 mg 加到 10 mL 重蒸水中溶解;称取蔗糖 50 g 加入到 30 mL 重蒸水中溶解,充分混合 3 种溶液,用重蒸水定容至 100 mL,在 4℃中保存。

附　录　D

（规范性附录）

不同类型甘蔗脱毒种苗等级划分

D.1　组培瓶苗和无琼脂苗等级划分

甘蔗脱毒组培瓶苗和无琼脂苗等级划分见表 D.1。

表 D.1　甘蔗脱毒组培瓶苗和无琼脂苗等级划分

项　　目	指　　标	
	一级	二级
品种纯度,%	100	100
假茎	有（＋）	有（＋）
株高,cm	≥5.0	≥3.5,＜5.0
1.0 cm 以上白色根,条	≥4	≥2
完全展开叶,片	＞4	＞3
带毒检出率,%	未检出	≤0.5
变异率,%	未检出	未检出

D.2　穴盘苗等级划分

甘蔗脱毒穴盘苗等级划分见表 D.2。

表 D.2　甘蔗脱毒穴盘苗等级划分

项　　目	指　　标	
	一级	二级
品种纯度,%	100	100
新出叶片,片	＞6	≥4
假茎高,cm	≥12.0	≥8.0
假茎粗,cm	＞0.3	≥0.2
1.0 cm 以上白色根,条	≥4	≥2
带毒检出率,%	未检出	≤1.0

ICS 65.100.01
G 23

NY

中华人民共和国农业行业标准

NY/T 2725—2015

氯化苦土壤消毒技术规程

Guideline for chloropicrin soil disinfestation

2015-05-21 发布

2015-08-01 实施

中华人民共和国农业部 发布

前　言

本标准按照 GB/T 1.1—2009 给出的规则起草。

本标准由中华人民共和国农业部提出并归口。

本标准起草单位：中国农业科学院植物保护研究所。

本标准主要起草人：曹坳程、王秋霞、李园、欧阳灿彬、颜冬冬、郭美霞、毛连纲。

氯化苦土壤消毒技术规程

1 范围

本标准规定了氯化苦土壤消毒相关术语和定义、基本原则和技术方法。

本标准适用于为控制草莓、番茄、黄瓜、茄子、辣椒、姜、东方百合、烟草等作物连作障碍而进行的土壤消毒处理。

2 规范性引用文件

下列文件对于本文件的应用是必不可少的。凡是注日期的引用文件，仅注日期的版本适用于本文件。凡是不注日期的引用文件，其最新版本（包括所有的修改单）适用于本文件。

GB 12475　农药贮运、销售和使用的防毒规程

GB 2890　呼吸防护　自吸过滤式防毒面具

国务院令 2011 年第 591 号　危险化学品安全管理条例

中华人民共和国交通运输部令 2013 年第 2 号　道路危险货物运输管理规定

3 术语和定义

下列术语和定义适用于本文件。

3.1

土传病害　soil borne diseases

土传病害是指由土传病原物侵染引起的植物病害，侵染病原包括真菌、细菌、线虫、病毒等。

3.2

连作障碍　continuous cropping obstacles

同一作物或近缘作物连茬种植后，即使在正常管理情况下，也会产生土传有害生物加重、生长势变弱、发育异常、产量降低、品质下降的现象。

3.3

土壤消毒　soil disinfestation

为控制土传有害生物，采用物理、化学、生物或几种技术联合处理，杀灭耕作层土壤有害生物的措施。

4 基本原则

4.1 安全性原则

氯化苦土壤消毒应确保在运输、贮存、使用、废弃物处理等过程中对交通、周围环境、施药人员无不利影响。氯化苦运输应符合中华人民共和国交通运输部令 2013 年第 2 号的要求；氯化苦贮存应符合国务院令 2011 年第 591 号的要求；废弃物应按 GB 12475 的要求进行处理；氯化苦经营应取得危险品经营许可证；施用氯化苦人员应经过安全培训，取得县级以上主管部门颁发的资格证书。

4.2 适用性原则

土壤消毒前应优先考虑轮作、抗性品种、嫁接、有机质补充、无土栽培、生物防治、物理消毒等措施，当这些措施在技术或经济上不可行时，方可考虑采用氯化苦等化学土壤消毒的方法。

4.3 有效性原则

按推荐的剂量和方法,使用氯化苦进行土壤消毒,应能有效地控制土传有害生物,恢复土壤原有的生产能力。

5 技术措施

5.1 浇水

如土壤干燥,在土壤消毒前应进行浇水处理。黏性土壤提前 4 d~6 d 浇水,沙性土壤提前 2 d~4 d 浇水。如已下雨,土壤耕层基本湿透,可省去此步骤。

5.2 旋耕与整地

当 10 cm 土层土壤相对湿度为 60%~70% 时,进行旋耕。浅根系作物旋耕深度 15 cm~20 cm,深根系作物旋耕深度 30 cm~40 cm。旋耕时充分碎土,清除田间土壤中的植物残根、秸秆、废弃农膜、大的土块、石块等杂物,确保旋耕后的土地平整、松软。

5.3 安全防护措施

施药人员在称量药剂和施药过程中,应佩戴对氯化苦具有阻隔效果的防毒面具并穿戴防护服。防毒面具性能应符合 GB 2890 的要求。施药过程中如有刺激流泪现象或闻到刺激性气味,应立即离开施药区域,并检查或更换防毒面具。

5.4 施药器械

将氯化苦施于土壤中,必须使用专用的手动或机械注射施药机械。

5.5 施药量

草莓、番茄、黄瓜、茄子、辣椒的推荐用量均为:24 g/m²~36 g/m²;

姜推荐用量为:50 g/m²~80 g/m²;

东方百合推荐用量为:37.5 g/m²~52.5 g/m²;

烟草推荐用量为:35 g/m²~52 g/m²。

根据作物连作时间的长短和土传病害发生的轻重程度选择施药剂量,连作种植时间短,轻度发病的地块推荐采用低剂量;连作时间长,重度发病的地块推荐采用高剂量。

通过调节施药器械的剂量调节装置,准确确定施药剂量。

5.6 施药条件

5.6.1 土壤温度

适宜氯化苦土壤消毒的温度为 10 cm 土层温度 12℃ 以上。避免在极端气温(低于 10℃ 或高于 30℃)下操作,夏季尽量避开中午天气暴热时段施药。

5.6.2 土壤湿度

适宜氯化苦土壤消毒的土壤相对湿度为 60%~70%,旋耕后应及时施药。

5.7 施药方法

5.7.1 手动施药

向手动注射器内加药时,应将注射器出药口插入地下。

将药剂均匀施入地表下 15 cm~30 cm 深度的土壤中,注入点间距为 30 cm,边注入边将药孔用脚踩实,操作人员应迎风操作。

5.7.2 机械施药

专用施药机械需配置具有相应马力的动力装置,如拖拉机等,将施药机械与动力设备连接后,将药剂均匀地施于土壤中。

5.8 覆盖塑料薄膜

为防止药剂向大气中挥发,施药后须迅速覆盖塑料薄膜,在塑料薄膜上面适当加压袋装、封好口的土壤或沙子(2 kg~5 kg),以防刮风时将塑料薄膜刮起、刮破,发现塑料薄膜破损后需及时修补。采用厚度 0.03 mm 以上的聚乙烯原生膜，推荐使用不渗透膜，不得使用再生膜。

覆膜期间，要定期进行巡查，发现问题及时处理。

5.9 设置警示标识

氯化苦处理区域应设置明显警示标识，禁止人、畜进入。

5.10 揭膜敞气

温度高时，覆膜时间短；温度较低时，覆膜时间需要适当延长。

具体覆膜密封及通气时间见表 1。

表 1 覆膜密封及通气时间

10 cm 土层温度，℃	密封时间，d	通气时间，d
>25	>7	5～7
15～25	>10	7～10
12～15	>15	10～15

揭膜时，先揭开膜两侧，清除膜周围的覆土及覆盖物，次日再将膜全部揭开，使残存气体缓慢释放，以免人、畜中毒。

5.11 安全性测试

消毒过的土壤需进行种子萌发试验测试其安全性。取表土下 10 cm 处消毒过和未消毒过的土壤，分别装入两个罐头瓶或透明的玻璃容器一半的位置。用镊子将一块湿的棉花平铺在瓶中的土壤上部，在其上放置 20 粒莴苣等易萌发的种子，然后盖上罐头瓶盖，置于无直接光照 25℃培养 2 d～3 d，记录种子发芽数，并观察发芽状态。当未消毒的土壤种子萌发正常时，如消毒土壤种子发芽率在 75％以上，且种苗根尖无烧根现象，即可以安全种植作物。

5.12 消毒后管理

5.12.1 选用无病种苗

种子、种苗消毒：播种前应确保种子、种苗无病，否则应采用温汤浸种、高温干热消毒、药剂拌种、药液浸种等方法对种子、种苗进行消毒，杀灭种子、种苗携带的病原菌。

无病种苗的培育：采用商品化的育苗基质或育苗块育苗，或自配蛭石（或珍珠岩）加草炭作为育苗基质。

育苗过程中，要确保在浇水等农事操作中不携带病原菌。

5.12.2 水肥管理

使用商品化的有机肥，避免使用未腐熟的农家肥。

使用洁净水源进行农田灌溉，灌溉水输送过程避免病原菌污染。宜使用滴灌或微灌，避免大水漫灌。

5.12.3 农事操作

在农事操作过程中，避免将未处理的土壤、前茬作物的病残体带入消毒过的土壤中。使用机械和工具前须进行清洗。避免通过鞋、衣物或农具将未处理的土壤带入已消毒处理的田块中。

5.13 注意事项

5.13.1 氯化苦土壤消毒操作过程中应避开人群，杜绝人群围观，严禁儿童在施药区附近玩耍。

5.13.2 将相邻的作物用塑料膜覆盖或隔离，防止氯化苦扩散而造成药害。

5.13.3 无明显风力的小面积低洼地且旁边有其他作物时，不宜施药。

5.13.4 施药过程中，若氯化苦不慎洒落到地面，须覆土处理。

5.13.5 施药完成后，应在处理区就地用煤油或柴油及时清洗施药器械，清洗器械应远离河流、养殖池塘、水源上游。

5.13.6 氯化苦废弃包装物及清洗废液应妥善回收,集中处理。

5.13.7 当皮肤不慎接触氯化苦,应及时用大量清水冲洗,若有不适,及时就医。

5.13.8 施药后应将防护服及时单独清洗。

———————————

ICS 65.020
B 16

NY

中华人民共和国农业行业标准

NY/T 2726—2015

小麦蚜虫抗药性监测技术规程

Guideline for insecticide resistance monitoring of
wheat aphids

2015-05-21 发布
2015-08-01 实施

中华人民共和国农业部 发布

前　言

本标准按照 GB/T 1.1—2009 给出的规则起草。

本标准由农业部种植业管理司提出并归口。

本标准起草单位：全国农业技术推广服务中心、中国农业大学、河南省植保站、江苏省植保站。

本标准主要起草人：邵振润、高希武、张帅、楚桂芬、于文鑫、闵红、鞠国钢、辛娟娟。

小麦蚜虫抗药性监测技术规程

1 范围

本标准规定了小麦蚜虫抗药性监测的基本方法。

本标准适用于麦长管蚜 *Sitobion avenae*（Fabricius）、禾谷缢管蚜 *Rhopalosiphum padi*（Linnaeus）等小麦蚜虫对常用杀虫药剂的抗性监测。

2 术语和定义

下列术语和定义适用于本文件。

2.1

玻璃管药膜法 **the method of the residual film in glass tube**

将丙酮等溶解的药剂均匀涂布到玻璃管内壁，通过昆虫与玻璃管内壁药剂的接触进行的生物测定方法。

3 仪器设备

电子天平（感量 0.1 mg）；

容量瓶（5 mL）；

塑料培养皿（直径 9 cm）；

小型滚瓶机；

玻璃管（长 7.5 cm，内径 1.7 cm）；

移液器；

恒温培养箱；

养虫室或人工气候箱。

4 试剂与材料

4.1 生物试材

试虫：麦长管蚜、禾谷缢管蚜。

4.2 试验药剂

杀虫剂原药。

5 试验步骤

5.1 试虫采集与饲养

按抽样原则，在田间采集麦长管蚜、禾谷缢管蚜，在室内不接触任何药剂的情况下连续饲养 1 代～2 代用于测定。试虫饲养方法采用水培麦苗饲养麦蚜的技术。

5.2 药液配置

将杀虫剂原药溶于丙酮（对不易溶解的药剂，可添加其他助溶剂），按要求配成一定浓度的母液。

5.3 处理方法

玻璃管药膜法：将母液用丙酮按等比或等差稀释成 5 个～7 个浓度。从稀释好的药液中吸取 200 μL 加入到玻璃管中（浓度换算为 μg/cm² 内表面积），立即用小型滚瓶机滚匀，待丙酮挥发后用于毒力测定。对照单独用丙酮处理。挑取健康一致的无翅成蚜进行试验,每个制备好的药膜管放置20头蚜虫,每个浓度3次重复,光照周期16 h∶8 h(L∶D)。

5.4 结果检查

在室内条件下温度(25±1)℃,相对湿度为50%～70%,光照周期16 h∶8 h(L∶D),饲养3 h后检查死亡率。根据每一浓度对应的死亡率计算毒力回归方程,依据毒力回归方程计算致死中浓度LC$_{50}$值。

用毛笔轻触虫体,试虫仅有一只足动或者完全不动者视为死亡。

6 数据统计与分析

6.1 死亡率计算方法

根据检查数据,计算各处理的校正死亡率。按式(1)和式(2)计算,计算结果均保留到小数点后两位。

$$P_1 = \frac{K}{N} \times 100 \quad\text{……………………………………}(1)$$

式中:

P_1 ——死亡率,单位为百分率(%);

K ——表示每处理浓度总死亡虫数,单位为头;

N ——表示每处理浓度总虫数,单位为头。

$$P_2 = \frac{P_t - P_0}{100 - P_0} \times 100 \quad\text{……………………………}(2)$$

式中:

P_2 ——校正死亡率,单位为百分率(%);

P_t ——处理死亡率,单位为百分率(%);

P_0 ——对照死亡率,单位为百分率(%)。

对照死亡率在20%以下。

6.2 回归方程和致死中浓度计算方法

采用PoloPlus等统计软件进行概率值分析,求出每个药剂的LC$_{50}$值及其95%置信限、斜率(b值)及其标准误。

7 抗药性水平的计算与评估

7.1 小麦蚜虫对部分杀虫剂的敏感性基线

参见附录A。

7.2 抗性倍数的计算

根据敏感品系的LC$_{50}$值和测试种群的LC$_{50}$值,按式(3)计算测试种群的抗性倍数。

$$RR = \frac{T}{S} \quad\text{………………………………………………}(3)$$

式中:

RR ——测试种群的抗性倍数;

T ——测试种群的LC$_{50}$值;

S ——敏感品系的LC$_{50}$值。

7.3 抗药性水平的评估

根据抗性倍数的计算结果,按照表1中抗药性水平的分级标准,对测试种群的抗药性水平做出评估。

表 1 抗药性水平的分级标准

抗药性水平分级	抗性倍数，倍
低水平抗性	$5.0 < RR \leqslant 10.0$
中等水平抗性	$10.0 < RR \leqslant 100.0$
高水平抗性	$RR > 100.0$

附 录 A
（资料性附录）
小麦蚜虫对部分杀虫剂敏感性基线

A.1 麦长管蚜对部分杀虫剂的敏感性基线

见表 A.1。

表 A.1 麦长管蚜对部分杀虫剂的敏感性基线

药剂名称	斜率±标准误	LC_{50} $\mu g/cm^2$（95%置信限）
吡虫啉	1.60±0.20	0.15(0.12～0.19)
啶虫脒	1.82±0.20	0.12(0.10～0.15)
氟啶虫胺腈	2.06±0.15	0.013(0.012～0.015)
吡蚜酮	1.60±0.20	0.41(0.33～0.52)
丁硫克百威	2.51±0.75	0.10(0.03～0.39)
硫双灭多威	1.30±0.19	0.76(0.58～1.07)
灭多威	1.41±0.20	0.005(0.004～0.007)
抗蚜威	1.89±0.17	0.006(0.005～0.008)
甲萘威	4.61±0.70	0.36(0.33～0.41)
三唑磷	1.92±0.21	0.36(0.30～0.45)
丙溴磷	1.40±0.20	0.018(0.013～0.023)
氧乐果	4.45±0.44	0.067(0.061～0.073)
乐果	4.03±0.42	0.057(0.051～0.062)
马拉硫磷	1.25±0.44	0.040(0.030-0.056)
辛硫磷	2.17±0.24	0.036(0.030～0.044)
敌敌畏	2.46±0.24	0.21(0.18～0.25)
毒死蜱	1.97±0.22	0.039(0.033～0.049)
三氟氯氰菊酯	1.98±0.22	0.57(0.46～0.69)
高效氯氰菊酯	1.70±0.23	0.20(0.15～0.26)
溴氰菊酯	2.01±0.23	0.30(0.25～0.37)
联苯菊酯	1.76±0.20	2.94(2.36～3.61)
氰戊菊酯	1.66±0.20	0.89(0.72～1.11)
氯氰菊酯	1.63±0.20	0.65(0.51～0.81)

注：数据参考文献：鲁艳辉，杨婷，高希武等．禾谷缢管蚜和麦长管蚜玻璃管药膜法敏感毒力基线的建立[J]．昆虫学报，2009，52(1)：52-58。

A.2 禾谷缢管蚜对部分杀虫剂的敏感性基线

见表 A.2。

表 A.2 禾谷缢管蚜对部分杀虫剂的敏感性基线

药剂名称	斜率±标准误	LC$_{50}$ μg/cm²（95%置信限）
吡虫啉	1.41±0.20	0.020(0.010～0.030)
啶虫脒	1.65±0.24	0.007(0.005～0.010)
氟啶虫胺腈	1.72±0.22	0.002 6(0.001 9～0.003 3)
吡蚜酮	2.91±0.60	0.12(0.07～0.26)
丁硫克百威	2.10±0.26	0.040(0.030～0.050)
硫双灭多威	1.60±0.20	0.70(0.56～0.91)
灭多威	2.68±0.46	0.007(0.004～0.010)
抗蚜威	2.76±0.23	0.002 6(0.002 0～0.002 9)
甲萘威	2.24±0.33	0.087(0.067～0.103)
三唑磷	2.66±0.25	0.050(0.047～0.063)
丙溴磷	2.02±0.22	0.009(0.007～0.010)
氧乐果	2.74±0.69	0.024(0.008～0.039)
乐果	2.13±0.23	0.065(0.053～0.078)
马拉硫磷	1.70±0.52	0.026(0.011～0.120)
辛硫磷	2.74±0.56	0.006(0.004～0.011)
敌敌畏	2.80±0.29	0.058(0.049～0.068)
毒死蜱	3.20±0.30	0.005(0.004～0.006)
三氟氯氰菊酯	1.55±0.20	0.15(0.12～0.19)
高效氯氰菊酯	1.47±0.21	0.080(0.059～0.103)
溴氰菊酯	1.52±0.20	0.033(0.024～0.042)
联苯菊酯	1.70±0.21	0.053(0.040～0.067)
氰戊菊酯	1.51±0.20	0.14(0.10～0.18)
氯氰菊酯	1.55±0.20	0.24(0.18～0.31)

注:数据参考文献:鲁艳辉,杨婷,高希武等.禾谷缢管蚜和麦长管蚜玻璃管药膜法敏感毒力基线的建立[J].昆虫学报,2009,52(1):52-58.

ICS 65.020
B 16

NY

中华人民共和国农业行业标准

NY/T 2727—2015

蔬菜烟粉虱抗药性监测技术规程

Guideline for insecticide resistance monitoring of
Bemisia tabaci (Gennadius) on vegetables

2015-05-21 发布

2015-08-01 实施

中华人民共和国农业部 发布

前　言

本标准按照 GB/T 1.1—2009 给出的规则起草。

本标准由农业部种植业管理司提出并归口。

本标准起草单位：全国农业技术推广服务中心、中国农业科学院蔬菜花卉研究所、天津市植保植检站。

本标准主要起草人：张帅、张友军、邵振润、王少丽、杨爱宾、谢文。

蔬菜烟粉虱抗药性监测技术规程

1 范围

本标准规定了琼脂保湿浸叶法对烟粉虱[*Bemisia tabaci*（Gennadius）]成虫、浸茎系统测定法和叶片浸渍法对烟粉虱若虫和卵抗药性的监测方法。

本标准适用于烟粉虱成虫、若虫和卵对常用杀虫剂的抗药性监测。

2 术语和定义

下列术语和定义适用于本文件。

2.1

琼脂保湿浸叶法　leaf dipping method

将浸过药液的叶碟放在玻璃管底部平铺的固体琼脂上，昆虫通过接触和取食带毒叶片而进行生物测定的方法。

2.2

浸茎系统测定法　stem dipping method

将带有供试昆虫的植物茎部插入装有药液的玻璃瓶中饲养，昆虫通过取食进入植物体内并传导扩散的药剂而进行生物测定的方法。

2.3

叶片浸渍法　leaf-pest dipping method

将带有供试昆虫的植物叶片浸渍在药液中，昆虫通过接触药液和取食叶片而进行生物测定的方法。

3 试剂与材料

3.1 生物试材

试虫：烟粉虱成虫、若虫和卵。

供试植物：甘蓝苗和棉花苗。成虫采用甘蓝叶片，若虫和卵采用棉花苗。

3.2 试验药剂

杀虫剂原药。

3.3 试验试剂

Triton X-100（或吐温-80）；丙酮（对不易溶解的药剂，可添加其他助溶剂）；所用试剂为分析纯，水为蒸馏水。

4 仪器设备

电子天平（感量 0.1 mg）；

打孔器（直径 2.2 cm）；

平底玻璃管（长 7.8 cm，直径 2.2 cm）；

微波炉；

移液器（5 mL）；

容量瓶（10 mL、50 mL、100 mL、500 mL）；

量筒（500 mL）；

烧杯(10 mL、25 mL、100 mL、500 mL);

塑料培养皿(直径 5 cm);

吸虫器;

棕色玻璃瓶(10 mL);

显微镜;

人工气候箱:温度(25±1)℃、相对湿度 60%～80%、光照周期 16 h∶8 h(L∶D)。

5 试验步骤

5.1 试材准备

5.1.1 无虫苗培育

5.1.1.1 甘蓝苗的培育

将甘蓝籽播种到装好土的托盘里,盖上塑料布,无虫温室内培育,4 d～5 d 后出苗,待甘蓝苗生长 20 d～30 d 后,即 4 片～5 片真叶后进行分苗,在营养钵内单独培育,供测试用。

5.1.1.2 棉花苗的培育

将催芽后的棉籽播种到装好土的苗盆里,无虫温室内培育,待棉苗长出第 1 片真叶,叶片直径 2 cm 时,从根部切断棉苗,使棉茎长度为 10 cm,插入水中培养待用。

5.1.2 试虫准备

选当地具有代表性的农田 2 块～3 块,每块田随机 10 点采集,每地采集烟粉虱成虫至少 1 000 头放置于玻璃试管内,或采集带有伪蛹的植物叶片 200 片以上,带回室内饲养,鉴定烟粉虱的生物型。

接虫产卵:将棉苗放于改造过的培养皿中。培养皿改造方法如下:培养皿盖中央开一个直径 3 cm 的圆孔,用直径约 4 cm 的 60 目～100 目纱网将培养皿的孔封上。在培养皿底盖侧边对应位置各开一个直径约为 1 cm 的半圆,内侧贴上海绵封口,在半圆的中间位置将海绵切开一条缝隙,一侧用于放置棉茎,另一侧用于接虫。每皿接入 15 对雌雄成虫产卵,24 h 后移去成虫,显微镜下记录每个叶片背面卵的数目,至少 20 粒。

5.2 药剂配制

5.2.1 琼脂玻璃管的制作

用三角瓶配制 15 g/L～17 g/L 的琼脂,用微波炉充分溶解。取出后晾 5 min～10 min,至瓶口无热气涌出。用微量移液器吸取 2 mL 液体琼脂,加入到平底玻璃管底部,冷却凝固后待用。

5.2.2 药剂溶解和配制

准确称取一定量的原药,用有机溶剂溶解,加入终浓度 0.1% Triton X-100(或 0.1%吐温-80)定容,配制成母液。用移液管吸取母液,用 Triton 水溶液按照等比梯度配制成 5 个～7 个系列浓度。每个浓度药液量不少于 250 mL。

5.3 处理方法

5.3.1 叶碟制作及浸药

用打孔器将新鲜、平展的甘蓝叶片打成直径 2.2 cm 叶碟,避开叶脉部位。将叶碟浸于待测药液中,10 s 后取出晾干,叶背向上平铺于琼脂玻璃管中。按浓度从低到高的顺序重复上述操作,每处理不少于 4 次重复,并设不含药剂的 Triton 水溶液作空白对照。

5.3.2 接虫与计数

5.3.2.1 烟粉虱成虫

琼脂保湿浸叶法:将铺好叶碟的玻璃管,管口朝下倾斜放在有烟粉虱成虫的寄主植物上,轻拍植株或用吸虫器等使烟粉虱进入管内,每管 20 头～25 头,将棉塞塞至距离管底 1.5 cm 处。接虫 30 min 后,记录每管内的活虫数(即总虫数)。

5.3.2.2 烟粉虱卵

将带卵棉苗置于显微镜下检查记录每叶卵数,进行药剂处理。内吸性杀虫剂采用浸茎系统测定法,非内吸性杀虫剂采用叶片浸渍法。

浸茎系统测定法:将带卵棉苗的棉茎插入装有 10 mL 药液的棕色玻璃瓶中,并设空白对照。

叶片浸渍法:将带卵棉苗的叶片浸入药液中,20 s 后取出晾干,将棉茎插入装有清水的棕色玻璃瓶中,并设空白对照。

5.3.2.3 烟粉虱若虫

将带有发育至 2 龄若虫的棉叶置于显微镜下,检查记录若虫基数,采用浸茎系统测定法或叶片浸渍法进行测定。

5.4 结果检查

处理后放置于温度为(26±1)℃、相对湿度 60%～80%、光照周期 16 h∶8 h(L∶D)条件下饲养和观察,处理成虫的玻璃管管口朝下放置。

5.4.1 烟粉虱成虫

处理后 48 h,检查记录死亡情况,记录总虫数和死虫数。试虫不能正常活动视为死亡。

5.4.2 烟粉虱卵

处理 8 d 以后,检查记录死亡情况,卵不能孵化视为死亡。

5.4.3 烟粉虱若虫

处理 12 d 以后,检查记录死亡情况,若虫不能正常发育为伪蛹视为死亡。

6 数据统计与分析

6.1 死亡率计算方法

根据检查数据,计算各处理的校正死亡率。按式(1)和式(2)计算,计算结果均保留两位有效数字。

$$P = \frac{K}{N} \times 100 \quad \cdots\cdots\cdots\cdots\cdots\cdots\cdots\cdots\cdots\cdots\cdots\cdots\cdots \quad (1)$$

式中:

P——死亡率,单位为百分率(%);

K——表示死亡虫数,单位为头;

N——表示处理总虫数,单位为头。

$$P_1 = \frac{P_t - P_0}{100 - P_0} \times 100 \quad \cdots\cdots\cdots\cdots\cdots\cdots\cdots\cdots\cdots\cdots \quad (2)$$

式中:

P_1——校正死亡率,单位为百分率(%);

P_t——处理死亡率,单位为百分率(%);

P_0——空白对照死亡率,单位为百分率(%)。

对照死亡率在 10% 以下。

6.2 回归方程和致死中浓度(LC$_{50}$)计算方法

采用 PoloPlus 等统计软件进行概率值分析,求出每个药剂的 LC$_{50}$ 值及其 95% 置信限、斜率(b 值)及其标准误。

7 抗药性水平的计算与评估

7.1 烟粉虱对部分杀虫剂的敏感性基线

参见附录 A。

7.2 抗性倍数的计算

根据敏感品系的 LC_{50} 值和测试种群的 LC_{50} 值，按式（3）计算测试种群的抗性倍数。

$$RR = \frac{T}{S} \quad\cdots\cdots\cdots\cdots\cdots\cdots\cdots\cdots\cdots\cdots\cdots\cdots\cdots\cdots\cdots\cdots\cdots\cdots\cdots\cdots\cdots\cdots\cdots\cdots \quad（3）$$

式中：

RR——测试种群的抗性倍数；

T ——测试种群的 LC_{50} 值；

S ——敏感品系的 LC_{50} 值。

7.3 抗药性水平的评估

根据抗性倍数的计算结果，按照表1中抗药性水平的分级标准，结合烟粉虱所属生物型，对测试种群的抗药性水平做出评估。

表 1　抗药性水平的分级标准

抗药性水平分级	抗性倍数，倍
低水平抗性	$5.0 < RR \leqslant 10.0$
中等水平抗性	$10.0 < RR \leqslant 100.0$
高水平抗性	$RR > 100.0$

附　录　A

（资料性附录）

烟粉虱对部分杀虫剂的敏感性基线

A.1　B 型烟粉虱成虫对部分杀虫剂的敏感性基线

见表 A.1。

表 A.1　B 型烟粉虱成虫对部分杀虫剂的敏感性基线

药剂名称	斜率±标准误	LC$_{50}$ mg/L(95％置信限)
阿维菌素	1.85±0.20	0.087(0.063～0.120)
烯啶虫胺	1.15±0.12	2.22(1.57～3.12)
噻虫嗪	1.06±0.11	17.80(9.78～32.50)
啶虫脒	3.47±0.36	3.22(2.44～4.24)
吡虫啉	1.12±0.08	8.72(6.40～11.9)
溴氰虫酰胺	1.58±0.11	6.23(4.89～7.94)
丁硫克百威	1.12±0.10	441(332～586)
毒死蜱	2.73±0.23	174(142～213)
氯氰菊酯	1.27±0.05	137(110～171)
联苯菊酯	1.54±0.13	118(88～159)

注 1：B 型烟粉虱种群于 2000 年 8 月采自北京市郊甘蓝田，在室内不接触任何药剂的情况下用京丰 1 号甘蓝苗在室内饲养至今所建立的相对敏感品系。

注 2：烟粉虱成虫对氯氰菊酯敏感性基线数据引自袁林泽等（应用昆虫学报，2011）的结果。

A.2　B 型和 Q 型烟粉虱卵对部分杀虫剂的敏感性基线

见表 A.2。

表 A.2　B 型和 Q 型烟粉虱卵对部分杀虫剂的敏感性基线

药剂名称	生物型	斜率±标准误	LC$_{50}$ mg/L(95％置信限)
溴氰虫酰胺	B	0.95±0.06	0.000 64(0.000 52～0.000 78)
	Q	0.85±0.06	0.13(0.09～0.18)
吡丙醚	B	2.43±0.12	0.003 4(0.002 9～0.003 8)
	Q	0.47±0.03	0.22(0.16～0.30)
螺虫乙酯	B	1.63±0.10	0.18(0.15～0.22)
	Q	0.47±0.04	4.34(2.26～8.33)
啶虫脒	B	1.47±0.11	1.85(1.46～2.34)
	Q	1.85±0.12	8.97(7.41～10.80)
氯虫苯甲酰胺	B	0.97±0.11	18.60(9.04～38.30)
	Q	0.86±0.10	221(88～558)
阿维菌素	B	1.11±0.06	32.4(24.9～42.1)
	Q	0.77±0.10	325(100～1051)
噻虫嗪	B	0.54±0.07	130(73～230)
	Q	1.58±0.13	860(669～1105)

注 1：B 型烟粉虱种群于 2000 年 8 月采自北京市郊甘蓝田，在室内不接触任何药剂的情况下用京丰 1 号甘蓝苗在室内饲养至今所建立的相对敏感品系。

注 2：Q 型烟粉虱种群于 2009 年采自北京一品红寄主植物上，经生物型鉴定后，在室内不接触任何药剂的情况下用一品红在室内饲养至今所建立的相对敏感品系。

A.3 B型和Q型烟粉虱若虫对部分杀虫剂的敏感性基线

见表A.3。

表 A.3 B型和Q型烟粉虱若虫对部分杀虫剂的敏感性基线

药剂名称	生物型	斜率±标准误	LC$_{50}$ mg/L(95%置信限)
溴氰虫酰胺	B	2.26±0.08	0.001 5(0.001 3～0.001 9)
	Q	2.06±0.10	0.013(0.011～0.015)
螺虫乙酯	B	0.73±0.05	0.001 1(0.000 6～0.001 9)
	Q	1.88±0.10	0.007 5(0.006 2～0.009 1)
氯虫苯甲酰胺	B	1.75±0.15	0.12(0.08～0.19)
	Q	0.89±0.05	0.89(0.71～1.11)
吡丙醚	B	0.67±0.09	0.34(0.16～0.74)
	Q	0.96±0.08	1.65(1.27～2.14)
噻虫嗪	B	1.19±0.11	1.05(0.80～1.36)
	Q	1.89±0.20	5.16(3.12～8.30)
噻嗪酮	B	1.04±0.09	0.72(0.55～0.94)
	Q	0.83±0.05	5.23(4.25～6.43)
啶虫脒	B	0.69±0.04	3.63(2.95～4.46)
	Q	1.10±0.06	23.9(19.9～28.7)
阿维菌素	B	0.82±0.05	23.2(17.9～30.0)
	Q	0.92±0.12	61.4(32.2～117.1)
注1:B型烟粉虱种群于2000年8月采自北京市郊甘蓝田,在室内不接触任何药剂的情况下用京丰1号甘蓝苗在室内饲养至今所建立的相对敏感品系。			
注2:Q型烟粉虱种群于2009年采自北京一品红寄主植物上,经生物型鉴定后,在室内不接触任何药剂的情况下用一品红在室内饲养至今所建立的相对敏感品系。			

ICS 65.020
B 16

NY

中华人民共和国农业行业标准

NY/T 2728—2015

稻田稗属杂草抗药性监测技术规程

Guideline for herbicide resistance monitoring of
Echinochloa spp. in the rice field

2015-05-21 发布   2015-08-01 实施

中华人民共和国农业部 发布

前　言

本标准按照 GB/T 1.1—2009 给出的规则起草。

本标准由农业部种植业管理司提出并归口。

本标准起草单位：全国农业技术推广服务中心、湖南省植物保护研究所。

本标准主要起草人：梁帝允、刘都才、马国兰、邵振润、郭永旺、张帅。

稻田稗属杂草抗药性监测技术规程

1 范围

本标准规定了稻田稗属杂草（*Echinochloa* spp.）抗药性监测的基本方法。

本标准适用于稻田稗属杂草对除草剂抗药性监测。

2 规范性引用文件

下列文件对于本文件的应用是必不可少的。凡是注日期的引用文件，仅注日期的版本适用于本文件。凡是不注日期的引用文件，其最新版本（包括所有的修改单）适用于本文件。

NY/T 1155.1 农药室内生物测定试验准则 除草剂 第1部分:活性试验 平皿法

3 术语和定义

下列术语和定义适用于本文件。

3.1

抗药性 herbicide resistance

由于除草剂使用在杂草种群中发展的可以遗传给后代的对杀死正常种群药剂剂量的忍受能力。

3.2

土壤处理法 pre-emergence application

将除草活性化合物喷洒于土壤防除杂草的施药方法。

3.3

茎叶处理法 post-emergence application

将除草活性化合物喷洒于杂草植株上的施药方法。

3.4

敏感基线 sensitivity baseline

通过生物测定方法得到的杂草敏感种群对除草剂的剂量反应曲线。

4 仪器设备

电子天平(感量 0.001 mg)；

移液管或移液器(100 μL,200 μL,1 000 μL,5 000 μL)；

容量瓶(10 mL,25 mL,50 mL ,100 mL,200 mL)；

可控定量喷雾设备；

人工气候室、温室。

5 试剂与材料

5.1 生物试材

稻田稗属杂草:*Echinochloa* spp. 。

5.2 试验药剂

选择用于监测用的除草药剂原药。

6 试验步骤

6.1 试材准备

6.1.1 稗草种子采集

选当地具有代表性的田块,采取倒置"W"九点取样法,每点 0.25 m²,采集成熟的稗草种子,记录采集信息(参见附录 A)。将采集的种子晒干,置于牛皮纸袋内,于−20℃冰箱内储存约一个月后备用。

6.1.2 试材培养

试验土壤定量装至盆钵的 4/5 处。将供试稗草种子催芽后定量均匀撒播于土壤表面,然后将其置于人工气候室或温室内培养,光周期为 12 h/12 h(光照/黑暗),培养温度为 28℃/25℃(昼/夜),相对湿度为 60%。

6.2 药剂配置

参照 NY/T 1155.1,将水溶性药剂直接用水溶解、稀释。其他药剂选用合适的溶剂(丙酮、二甲基甲酰胺或二甲基亚砜等)溶解,再用 0.1% 吐温-80 水溶液稀释。采用梯度稀释法配制 7 个系列质量浓度。

6.3 药剂处理

6.3.1 土壤处理法

标定喷雾设备参数(喷雾压力和喷头类型),校正喷液量,按试验设计从低剂量到高剂量顺序进行土壤喷雾处理播种后培养 24 h 的试材,每处理至少重复 4 次,并设不含药剂的处理作空白对照。处理后移入人工气候室或温室内培养,保持土壤湿润。

6.3.2 茎叶处理法

标定喷雾设备参数(喷雾压力和喷头类型),校正喷液量,按试验设计从低剂量到高剂量顺序,对定苗后所需叶龄的稗草进行茎叶喷雾处理(参见附录 B)。其他同 6.3.1 土壤处理法。

6.4 结果检查

于处理后 2 周~3 周,剪取植株地上部分,立即称重,统计稗草鲜重抑制率,计算毒力回归方程及 ED₅₀ 值。

7 数据统计与分析

7.1 鲜重抑制率计算方法

根据调查数据,计算各处理的生长抑制率。按式(1)计算,计算结果均保留到小数点后两位。

$$E = \frac{T_0 - T_1}{T_0} \times 100 \quad\cdots\cdots\cdots\cdots\cdots\cdots\cdots\cdots\cdots\cdots\cdots\cdots (1)$$

式中:

E ——鲜重抑制率,单位为百分率(%);

T_0 ——表示空白处理稗草鲜重,单位为克(g);

T_1 ——表示处理浓度处理稗草鲜重,单位为克(g)。

7.2 回归方程和半抑制剂量计算方法

采用数据处理统计软件进行统计分析,计算毒力回归方程式、ED₅₀ 值及其 95% 置信限、b 值及其标准误。

8 抗药性水平的计算与评估

8.1 抗药性水平的计算

根据敏感种群的 ED₅₀ 和测试种群的 ED₅₀ 值,按式(2)计算测试种群的抗性指数,计算结果均保留到小数点后一位。

$$RI = \frac{测试种群的 ED_{50}}{敏感种群的 ED_{50}} \cdots\cdots\cdots\cdots\cdots\cdots\cdots\cdots\cdots\cdots\cdots\cdots\cdots\cdots\cdots\cdots (2)$$

式中：

RI ——抗性指数；

ED_{50}——抑制杂草 50%生长的剂量,单位为克(有效成分)每公顷$[g(ai)/hm^2]$。

按照抗性水平的分级标准,对测试种群的抗药性水平做出评估。

8.2 敏感毒力基线

稗草[*Echinochloa crusgalli* (L.) Beauv.]对部分除草剂的敏感毒力基线(参见附录 C)。

8.3 抗药性水平的分级参考

见表 1。

表 1 抗药性水平的分级参考

抗药性水平参考分级	抗性指数
低水平抗性	$3.0 < RI \leqslant 10.0$
中等水平抗性	$10.0 < RI \leqslant 100.0$
高水平抗性	$RI > 100.0$

附 录 A

（资料性附录）

稗草样品种子采集相关信息登记表

稗草样品种子采集相关信息登记表见表 A.1。

表 A.1 稗草样品种子采集相关信息登记表

样品编号				采集人		
采集时间		年　月　日		经纬度		E　N
具体地点		省　　市(县)　　乡　　村　　组				
耕作方式		1.移栽　2.机插　3.直播　4.抛秧　5.其他				
近5年除草剂使用情况	年　份					
	使用除草剂					

附　录　B

（资料性附录）

几种常用除稗剂的用药时期

几种常用除稗剂的用药时期见表 B.1。

表 B.1　几种常用除稗剂的用药时期

药　剂	稗草处理时期
二氯喹啉酸	3 叶 1 心
五氟磺草胺	3 叶
氰氟草酯	2 叶 1 心
噁唑酰草胺	3 叶
嘧啶噁草醚	2 叶 1 心
双草醚	3 叶 1 心

附 录 C
（资料性附录）
稗草[*Echinochloa crusgalli*(L.) Beauv.]对部分除草剂敏感基线参考值

从湖南省农业科学院春华镇龙王庙基地一块从未施用过除草剂的稻田采集，在网室内不接触任何药剂的情况下让其繁殖，连续传代繁殖至今，得到敏感品系，已建立的敏感基线见表 C.1。

表 C.1 稗草对部分除草剂敏感基线参考值

药 剂	茎叶处理法		土壤处理法	
	Slope ± SE	ED_{50}(95%FL), g(ai)/hm²	Slope ± SE	ED_{50}(95%FL), g(ai)/hm²
二氯喹啉酸	2.025±0.1204	68.57(59.69～78.78)		
五氟磺草胺	1.8259±0.2707	1.50 (0.77～2.92)		
氰氟草酯	2.8496±0.313	29.91(25.01～35.76)		
噁唑酰草胺	1.312±0.1657	7.59 (5.0～11.52)		
嘧啶噁草醚	1.5838±0.1019	5.99 (5.24～6.85)		
双草醚	1.6007±0.2539	2.97(1.42～6.19)		
丁草胺			1.0094±0.0211	30.30 (29.35～31.28)
乙草胺			2.5625±0.7664	17.54 (10.07～30.55)
异丙甲草胺			2.5058±0.8795	25.15 (11.37～55.62)
苯噻酰草胺			2.7301±0.6722	43.59 (19.52～97.35)
噁草酮			1.2012±0.1912	5.70(2.14～15.19)

ICS 65.020
B 16

NY

中华人民共和国农业行业标准

NY/T 2729—2015

李属坏死环斑病毒检测规程

Criterion for prunus necrotic ringspot virus detection

2015-05-21 发布

2015-08-01 实施

中华人民共和国农业部 发布

前　言

本标准按照 GB/T 1.1—2009 给出的规则起草。

本标准由农业部种植业管理司提出并归口。

本标准起草单位：农业部花卉产品质量监督检验测试中心（昆明）、云南省农业科学院花卉研究所、国家观赏园艺工程技术研究中心、云南省花卉育种重点实验室、云南省花卉工程技术研究中心。

本标准主要起草人：王丽花、瞿素萍、王继华、杨秀梅、吴学尉、王其刚、张艺萍、张丽芳、苏艳、彭绿春。

李属坏死环斑病毒检测规程

1 范围

本标准规定了李属坏死环斑病毒（*Prunus necrotic ringspot virus*，PNRSV）的双抗体夹心酶联免疫吸附检测法（DAS-ELISA）和指示植物检测法。

本标准适用于植物组织中李属坏死环斑病毒的检测。

2 取样

根据样品属性，取发芽幼苗、腋芽、枝条韧皮部、果实表皮、叶片、鳞片外表皮等器官或组织，洁净水洗净后备用。

3 检测方法

3.1 双抗体夹心酶联免疫吸附测定法（DAS-ELISA）

3.1.1 原理

利用抗原（病毒）与其特异性抗体在离体条件下产生专一性反应的原理。即存在于样品中的病毒颗粒首先被吸附在酶联板孔中的单克隆抗体捕捉后，再与碱性磷酸酯酶标二抗结合反应，后加入碱性磷酸酶底物，酶将底物水解并产生有色产物。颜色的深浅与样品中病毒的含量成正比，若样品不携带病毒则无颜色反应。

3.1.2 仪器、用具及耗材

酶标仪（配 405 nm 滤光片），恒温培养箱（温度可调范围 0℃～40℃），生物培养箱（具光照、温度可调范围 0℃～50℃），电子天平（感量为 0.01 g、0.000 1 g），酸度计。微量移液器（200 μL～1 000 μL，10 μL～100 μL，0.5 μL～10 μL），酶联板，研钵或自封袋，微量移液器吸头，离心管等。

3.1.3 试剂

3.1.3.1 所用试剂均为分析纯，水为蒸馏水。

3.1.3.2 抗体和对照

PNRSV 抗体、阳性对照、阴性对照或 DAS-ELISA 检测试剂盒均来自市售。

3.1.3.3 包被缓冲液（pH 9.6，贮藏于 4℃）

碳酸钠（Na_2CO_3）	1.59 g
碳酸氢钠（$NaHCO_3$）	2.93 g
叠氮化钠（NaN_3）	0.2 g

加蒸馏水溶解定容至 1 000 mL。

3.1.3.4 洗涤缓冲液（PBST，pH 7.4）

氯化钠（NaCl）	8.0 g
无水磷酸二氢钾（KH_2PO_4）	0.2 g
无水磷酸氢二钠（Na_2HPO_4）	1.15 g
氯化钾（KCl）	0.2 g
吐温-20（Tween-20）	0.5 g

加蒸馏水溶解定容至 1 000 mL。

3.1.3.5 样品提取缓冲液（GEB，pH 7.4，贮藏于 4℃）

脱脂奶粉	2.0 g
聚乙烯吡咯烷酮（PVP，MW $_{24\,000\sim40\,000}$）	20.0 g
无水亚硫酸钠（Na_2SO_3）	1.3 g
叠氮化钠（NaN_3）	0.2 g
吐温-20（Tween-20）	20.0 g

溶于 PBST 中,定容至 1 000 mL。

3.1.3.6 酶标抗体稀释缓冲液（EC1,pH 7.4,贮藏于4℃）

牛血清白蛋白（BSA）	2.0 g
聚乙烯吡咯烷酮（PVP，MW $_{24\,000\sim40\,000}$）	20.0 g
叠氮化钠（NaN_3）	0.2 g

溶于 PBST 中,定容至 1 000 mL。

3.1.3.7 底物缓冲液（PNP,pH 9.8,贮藏于4℃）

二乙醇胺	97.0 mL
六水氯化镁（$MgCl_2 \cdot 6H_2O$）	0.1 g
NaN_3	0.2 g

溶于 800 mL 蒸馏水中,用 2 mol/L 盐酸调 pH 至 9.8,定容至 1 000 mL。

3.1.3.8 底物溶液（现用现配）

根据需要称取对硝基苯磷酸二钠（PNPP）溶于底物缓冲液中配制成 1 mg/mL 的底物溶液。

3.1.3.9 终止液（3 mol/L 氢氧化钠溶液）

称取 120 g NaOH,溶于 1 000 mL 蒸馏水中。

3.1.4 操作步骤

3.1.4.1 包被抗体

在酶标板孔中加入 100 μL 用包被缓冲液按工作浓度稀释好的抗体,将酶标板用保鲜膜包好放入湿盒中,置于 4℃冰箱内孵育过夜或室温（20℃~25℃）下孵育 4 h。

3.1.4.2 试样制备

将待测试样和 GEB 按 1∶10（g/mL）的比例放入研钵或≥0.2 mm 的加厚自封小塑料袋中磨碎至匀浆,后转入离心管 800 r/min~1 000 r/min 离心 2 min,获得上清液。阳性对照、阴性对照的上清液制备同上,阳性样品为已知的携带 PNRSV 的材料或试剂盒提供的阳性对照;阴性样品为已知的不携带 PNRSV 的材料或试剂盒提供的阴性对照。

3.1.4.3 洗板

孵育结束后,将孔内液快速倒出,每孔加满 PBST 清洗酶标板,清洗 4 次~6 次,每次停留 1 min~2 min。清洗完成后在洁净吸水纸上拍出孔内残液。

3.1.4.4 包被试样

吸取 3.1.4.2 的上清液加入清洗完成后的酶标板,每孔加 100 μL,每个待测样品设置重复,同时设阳性对照、空白对照和阴性对照。将酶标板用保鲜膜包好放入湿盒中,4℃冰箱内孵育过夜或 21℃~24℃下孵育 2.0 h~2.5 h。

3.1.4.5 洗板

同 3.1.4.3。

3.1.4.6 包被酶标抗体

包被前按酶标抗体稀释比例在干净玻璃管或聚乙烯管中加入一定体积的 EC1 和酶标抗体充分混匀,酶标板每孔加 100 μL,完成后将酶标板用保鲜膜包好放入湿盒,21℃~24℃下孵育 2.0 h~2.5 h。

3.1.4.7 洗板

同 3.1.4.3。

3.1.4.8 加底物溶液

每孔加入 100 μL 配制好的底物溶液。酶标板用保鲜膜包好放入湿盒中 21℃～24℃ 下蔽光显色 30 min～60 min。显色达到要求后,每孔加入 50 μL 终止液终止反应。

3.1.4.9 酶标仪读数

终止反应 20 min 内,将酶标板置于酶标仪中,在 405 nm 波长下测量吸光度值(OD_{405}),并记录结果。

3.1.5 结果判断

3.1.5.1 检测结果有效性判断

当肉眼看阳性对照显色、空白对照和阴性对照无色,重复测定值的精密度 β＜20% 时,判为有效检测结果;否则视之为无效检测结果,需重新检测。

$$\beta = |OD_{405-1} - OD_{405-2}| / (OD_{405-1} + OD_{405-2}) \times 2 \times 100 (OD_{405-1} 和 OD_{405-2} 为同一试样重复的吸光度值)。$$

3.1.5.2 检测结果判断

试样平均 OD_{405} 值/阴性对照平均 OD_{405} 值≥2 时,判为阳性。

试样平均 OD_{405} 值/阴性对照平均 OD_{405} 值≤1.5 时,判为阴性。

试样平均 OD_{405} 值/阴性对照平均 OD_{405} 值在 1.5～2 之间,判为可疑试样,需重新检测一次,或用其他方法进一步确认。

3.1.5.3 若为商品试剂盒,根据试剂盒说明进行判断。

3.2 指示植物法

3.2.1 原理

在专用隔离温室条件下,利用对病毒敏感的寄主植物(指示植物)上产生明显特征症状来诊断病毒种类的方法。即用感病的植物叶片与少许金刚砂混合,研磨成粗汁液,然后蘸取汁液摩擦供试植物叶片,经蒸馏水清洗后,置于隔离温室内观察症状表现。

3.2.2 接种缓冲液

称取 0.252 g Na_2SO_3 溶于预先配制好的 0.01 mol/L PBS 缓冲液(称取 0.8 g 氯化钠,0.02 g 氯化钾,0.115 g 七水磷酸氢二钠,0.019 g 无水磷酸二氢钾溶于蒸馏水中,定容至 100 mL),定容至 100 mL。

3.2.3 栽植指示植物

每检测样品的指示植物栽植数量≥5 株。于专用隔离温室,将健康种子播种于经过消毒的富含有机质土壤的花盆中,盆间距 50 cm×50 cm,待有 4 真叶～6 真叶后准备接种。栽植环境条件为温度为 20℃～25℃,光照时数为 12 h。

3.2.4 摩擦接种

将待测样品按 1:3(g/mL)的比例与接种缓冲液混合研磨,用细纱布过滤匀浆液,在 1 000 g～10 000 g 下离心 10 min～15 min 后取上清液。接种时,在 3.2.3 准备的指示植物叶面撒少量 600 目金刚砂,用研磨棒蘸取上清液轻轻摩擦接种叶片。接种后,用蒸馏水冲洗被接种叶片上的残留汁液。每株指示植物接种 2 个～3 个叶片且只接种一个样品,并设阳性对照(带毒植株)、阴性对照(健康植株)和空白对照(接种缓冲液)。

3.2.5 记录

接种后 20 d 内,每日观察、记录指示植物症状。

3.2.6 结果判断

接种 5 d～18 d 后发病,根据表 1 指示植物症状,确定病毒携带情况。在所有接种的指示植物中只要有一株表现典型症状,该样品即为阳性。

表 1　鉴别寄主症状

指示植物		症　状
中文名	拉丁学名	
黄瓜	*Cucumis sativus*	接种后 4 d～5 d 子叶产生扩散性褪绿斑，第 6 d～第 18 d 出现顶枯现象
毛樱桃	*Prunus tomentosa*	接种后 5 d～18 d 幼苗叶片上产生环斑或弧形斑，后生长萎陷和死亡
山樱花	*Prunus serrulata*	接种后 5 d～10 d 芽局部性坏死、流胶
昆诺藜	*Chenopodium quinoa*	接种后 5 d～6 d 产生局部或系统褪绿环斑，或灰色坏死斑，心叶畸形

4　判定

检测结果为阳性即可判断为待测试样携带李属坏死环斑病毒。

————————

ICS 65.020
B 16

NY

中华人民共和国农业行业标准

NY/T 2730—2015

水稻黑条矮缩病测报技术规范

Rules for investigation and forecast of disease caused
by rice black-streaked dwarf virus

2015-05-21 发布

2015-08-01 实施

中华人民共和国农业部 发布

前　言

本标准按照 GB/T 1.1—2009 给出的规则起草。

本标准由农业部种植业管理司提出并归口。

本标准起草单位：全国农业技术推广服务中心。

本标准主要起草人：陆明红、刘万才、朱凤、周彤、许渭根、邱坤、彭红。

水稻黑条矮缩病测报技术规范

1 范围

本标准规定了水稻黑条矮缩病传毒介体灰飞虱虫量、黑条矮缩病病情的调查方法、预测方法和调查数据记载归档等内容。

本标准适用于水稻黑条矮缩病测报调查。

2 术语和定义

下列术语和定义适用于本文件。

2.1

水稻黑条矮缩病　rice black-streaked dwarf disease（RBSDD）

水稻的一种病毒病,由灰飞虱(*Laodelphax striatelles* Fallén,small brown planthopper,SBPH)传播,病原为水稻黑条矮缩病毒(rice black-streaked dwarf virus,RBSDV)。该病毒属呼肠孤病毒科斐济病毒属(*Fijivirus*),病毒粒子呈二十面体,大小 75 nm～80 nm,病毒粒子有衣壳内外 2 层,双层外壳均含有突起,基因组由 10 条双链 RNA 组成;病毒可在介体灰飞虱体内增殖,其循回期长短与温度有关,最短为 8 d,最长为 35 d。

2.2

灰飞虱　SBPH

灰飞虱属昆虫纲、半翅目、飞虱科。成虫与若虫皆能传毒,灰飞虱一经染毒,终身带毒,但不经卵传毒。

2.3

灰飞虱带毒率　rate of viruliferous SBPH

灰飞虱带毒虫量占检测总虫量的百分率。

2.4

显症　symptomatic appearance

水稻感染 RBSDV 一段时间后表现出植株矮缩,叶片短阔、僵直,叶色深绿,叶背、叶鞘和茎秆有早期为蜡白色、后期为黑褐色的短条状不规则突起等症状,一般感染 20 d～25 d 达显症高峰。

2.5

发生期　emergence period

灰飞虱某代某虫态发生数量达该代各虫态累计总虫量的 16%、50%、84% 的日期分别称其始盛期、高峰期、盛末期。

3 系统调查

3.1 灰飞虱成若虫虫量调查

3.1.1 麦田调查

3.1.1.1 调查时间

小麦孕穗期起,每 5 d 定点调查 1 次,直至小麦收割结束。

3.1.1.2 调查地点

在灰飞虱常年发生量较大的地区,选择当地小麦耕作方式有代表性的不同类型田三块,固定为系统调查田。

3.1.1.3 调查方法

调查用长方形(33 cm×45 cm)白搪瓷盘拍查,每块田对角线5点取样,每点拍查0.11 m²(33 cm×33 cm)。在小麦齐穗期前拍击中下部,齐穗期后拍上部,连拍三下后统计成、若虫数量,并折算为667 m²虫量,结果记入表A.1。

3.1.2 水稻秧田调查

3.1.2.1 调查时间

露天育秧于秧苗3叶期,薄膜育秧于揭膜后开始调查,每3 d~5 d定点调查1次,调查至移栽结束。

3.1.2.2 调查地点

选择当地水稻育秧方式有代表性的类型田且播期偏早、距离麦田较近、长势偏好的秧田各一块,固定为系统调查田。

3.1.2.3 调查方法

采用盘扫法平行跳跃法取样调查,每块田10个点,每点盘扫0.225 m²(45 cm×50 cm),将盘扫虫量折算为667 m²虫量,结果记入表A.1。

3.1.3 水稻本田调查

3.1.3.1 调查时间

移栽水稻大面积返青后、直播水稻(出苗)3叶期后开始调查,每5 d定点调查1次,调查至拔节初期结束。

3.1.3.2 调查地点

在灰飞虱常年发生量较大的地区,选择当地水稻有代表性的主栽期、偏早栽期、偏迟栽期类型田各一块,作为固定系统调查田。

3.1.3.3 调查方法

采用盘拍法平行跳跃法取样,每块田10个点,每点拍2丛,查虫时将盘下缘紧贴水面稻丛基部,快速拍击植株中下部,连拍三下计数灰飞虱不同翅型的成虫、低龄和高龄若虫数量,并折算为百丛虫量,结果记入表A.1。

3.2 水稻黑条矮缩病病情系统调查

3.2.1 调查时间

木田分蘖末期开始每5 d调查1次,至孕穗期病情稳定结束。

3.2.2 调查地点

参照3.1.3.2。

3.2.3 调查方法

采用平行跳跃法取样,每块田10个点,每点查2丛,记载发病丛(株)数,通过式(1)计算病丛(株)率,结果记入表A.2。

$$I = \frac{P_i}{P_m} \times 100 \cdots\cdots\cdots\cdots\cdots\cdots\cdots\cdots\cdots\cdots\cdots\cdots\cdots (1)$$

式中:

I ——病丛(株)率,单位为百分率(%);

P_i ——病丛(株)数;

P_m ——调查总丛(株)数。

4 大田普查

4.1 灰飞虱虫量普查

4.1.1 普查时间

麦田于冬后越冬代灰飞虱高龄若虫至成虫期以及一代灰飞虱若虫高峰期共普查 2 次;水稻秧田于一代灰飞虱成虫迁入盛期普查 2 次。

4.1.2 普查地点

根据水稻不同播期与长势,分别选择播期早、中、晚及长势好、中、差的不同类型田共 20 块以上。

4.1.3 普查方法

采取平行跳跃法取样,每块田 10 个点,麦田每点拍查 0.11 m²,水稻秧田每点盘扫 0.225 m²,水稻本田每点查 2 丛,记载灰飞虱成虫、高低龄若虫数量,折算 667 m² 虫量或百丛虫量。结果记入表 A.1。

4.2 水稻黑条矮缩病病情普查

4.2.1 普查时间

水稻孕穗期病情稳定时普查 1 次。

4.2.2 普查地点

根据水稻不同播期,分别选择早、中、晚类型田共 20 块以上。

4.2.3 普查方法

同 3.2.3 中取样方法进行调查,记载发病丛(株)数,统计结果记入表 A.2。

5 灰飞虱带毒率测定

5.1 灰飞虱采集及带毒率测定

在上年不同发生程度的麦田,采集一代灰飞虱高龄若虫或成虫,每个类型田采集虫量不少于 50 头,测定一代灰飞虱带毒率。

带毒率测定用灰飞虱携带水稻黑条矮缩病毒免疫斑点检测法。

5.2 带毒率计算

通过式(2)计算带毒率。

$$H = \frac{S}{Z} \times 100 \quad \cdots\cdots\cdots\cdots\cdots\cdots\cdots\cdots\cdots\cdots\cdots\cdots\cdots\cdots\cdots\cdots\cdots \quad (2)$$

式中:

H——带毒率,单位为百分率(%);

S——带毒虫量;

Z——调查总虫量。

6 预测方法

6.1 发生期预测

6.1.1 一代成虫迁入秧田高峰期

一般年份,当地主播期小麦收割高峰期前后就是灰飞虱迁入水稻秧田及早栽本田的高峰期。

6.1.2 水稻黑条矮缩病发生期

通常一代灰飞虱成虫由麦田迁入秧田及早栽本田高峰期,即为其传毒侵染高峰期,一般水稻感染 20 d~25 d 出现显症高峰,因此可由一代灰飞虱迁入稻田时期预测黑条矮缩病发病显症时期。迁入早、带毒虫量高,则发病显症早;反之则迟。

6.2 发生量预测

6.2.1 秧田灰飞虱发生量

同一地区年度之间麦田一代灰飞虱虫量与秧田灰飞虱高峰期虫量关系相对稳定。根据麦田一代灰飞虱田间调查虫量,结合小麦生育后期当地气温、降雨等天气预报,水稻不同播期的秧苗比例等预测秧田一代灰飞虱成虫发生数量。

6.2.2 水稻黑条矮缩病发生程度

根据一代灰飞虱带毒率测定结果、田间发育进度与发生量调查结果,结合水稻品种抗感性和天气情况,以及一代成虫发生期与水稻感病生育期的吻合程度,做出水稻黑条矮缩病发生程度趋势预报。一般灰飞虱带毒率大于3%,虫量高,一代灰飞虱成虫高峰期与秧苗期较吻合,品种较感病,水稻黑条矮缩病中等以上发生程度可能性较大;若灰飞虱带毒率达到10%以上,则大发生程度可能性大。

7 数据报送和传输

7.1 模式报表

按统一汇报格式、时间和内容汇总上报模式报表(见附录B)。其中,发生程度分别用1、2、3、4、5表示。同历年比较的早、增、多、高用"+"表示,晚(迟)、减、少、低用"-"表示;与历年相同和相近,用"0"表示;缺测项目用"××"表示。

7.2 信息共享平台

全国农作物重大病虫害数字化监测预警系统水稻黑条矮缩病发生与监测信息共享平台,登陆地址:http://202.127.42.217。

8 调查资料表册

全国制定统一的"调查资料表册"(见附录A),其中的内容不能随意更改,各项调查内容须在调查结束时,认真统计和填写。5.1中检测灰飞虱带毒率用的灰飞虱携带水稻黑条矮缩病毒免疫斑点检测方法见附录C。附录B.3中水稻黑条矮缩病发生程度分级指标见附录D。

附　录　A

（规范性附录）

农作物病虫调查资料表册

水稻黑条矮缩病

（　　　年）

调查单位＿＿＿＿＿＿＿＿＿＿＿＿＿盖章

地址＿＿＿＿＿＿＿＿＿＿＿＿

（北纬：＿＿＿＿东经：＿＿＿＿海拔：＿＿＿＿）

测报员＿＿＿＿＿＿＿＿＿＿＿

负责人＿＿＿＿＿＿＿＿＿＿＿

中华人民共和国农业部

表 1 灰飞虱麦田、秧田及本田成若虫调查记载表

单位	调查日期 月-日	类型田	品种	生育期	调查面积(m²) 或丛数(丛)	成虫量,头			若虫量,头			667 m²虫 量或百丛 虫量,头	备注
						长翅	短翅	小计	低龄	高龄	小计		

注:灰飞虱麦田、水稻秧田成若虫调查记录"调查面积(m²)"和"667 m²虫量(头)";本田成若虫调查记录"丛数(丛)"和"百丛虫量(头)"。

表 2 水稻黑条矮缩病田间调查表

调查日期 月-日	类型田	品种	生育期	调查丛数	病丛数	病丛率 %	调查总株数	病株数	病株率 %	备注

表 3 水稻黑条矮缩病发生情况统计表

水稻类型	水稻播种面积 hm²	发生面积 hm²	防治面积 hm²	受害减产面积 hm²	挽回损失 t	实际损失 t
双季早稻						
双季晚稻						
单季中晚稻						
其 他						
合 计						
简述发生概况和特点:						
注:发生面积是指病株率大于1%的发病田块面积。						

附　录　B

（规范性附录）

水稻黑条矮缩病发生模式报表

B.1　麦田一代灰飞虱若虫发生量普查模式报表

见表B.1。

表 B.1　麦田一代灰飞虱若虫发生量普查模式报表

序号	报表内容	报表程序
1	调查日期	
2	普查面积，m²	
3	田间灰飞虱主虫态	
4	发育进度比上年早晚天数，±d	
5	发育进度比历年平均早晚天数，±d	
6	田间平均亩虫量，头/667 m²	
7	亩虫量比上年同期增减比率，±%	
8	亩虫量比历年同期平均增减比率，±%	
9	普查田发生面积比率，%	
10	发生面积比率比上年同期增减比率，±%	
11	发生面积比率比历年同期平均增减比率，±%	
12	填报单位	
注:灰飞虱一代若虫发生高峰期调查1次,5月20日上报。		

B.2　秧田一代灰飞虱成虫发生量普查模式报表

见表B.2。

表 B.2　秧田一代灰飞虱成虫发生量普查模式报表

序号	报表内容	报表程序
1	调查日期	
2	普查面积，m²	
3	灰飞虱迁入峰期	
4	迁入峰期比上年早晚天数，±d	
5	迁入峰期比历年平均早晚天数，±d	
6	单灯累计诱集虫量，头	
7	诱集虫量比上年同期增减比率，±%	
8	诱集虫量比历年同期平均增减比率，±%	
9	田间平均亩虫量，头/667 m²	
10	亩虫量比上年同期增减比率，±%	
11	亩虫量比历年同期平均增减比率，±%	
12	普查田发生面积比率，%	
13	发生面积比率比上年同期增减比率，±%	
14	发生面积比率比历年同期平均增减比率，±%	
15	填报单位	
注:秧田一代灰飞虱成虫迁入期共调查2次,5月30日、6月10日前分别上报1次。		

B.3 水稻黑条矮缩病发生预测模式报表

见表 B.3。

表 B.3 水稻黑条矮缩病发生预测模式报表

序号	报表内容	报表程序
1	感病品种种植面积比率,%	
2	感病品种种植面积比率比上年增减比率,±%	
3	感病品种种植面积比率比历年平均增减比率,±%	
4	一代灰飞虱高龄若虫带毒率,%	
5	带毒率比上年增减比率,±%	
6	带毒率比历年平均增减比率,±%	
7	一代灰飞虱成虫迁入秧田和早栽本田高峰期	
8	迁入峰期比上年早晚天数,±d	
9	迁入峰期比历年平均早晚天数,±d	
10	单灯累计诱集虫量,头	
11	诱集虫量比上年同期增减比率,±%	
12	诱集虫量比历年同期平均增减比率,±%	
13	田间普查平均亩虫量,头/667 m²	
14	亩虫量比上年同期增减比率,±%	
15	亩虫量比历年同期平均增减比率,±%	
16	一代成虫峰期当地早播秧田面积比率,%	
17	面积比率比上年同期增减比率,±%	
18	面积比率比历年同期平均增减比率,±%	
19	预计水稻黑条矮缩病发生程度,级	
20	预计水稻黑条矮缩病发生面积比例,%	
21	填报单位	

注:在一代灰飞虱迁入水稻秧田高峰期后预测,6月10日前上报。

B.4 水稻黑条矮缩病大田发生情况普查模式报表

见表 B.4。

表 B.4 水稻黑条矮缩病大田发生情况普查模式报表

序号	报表内容	报表程序
1	调查日期	
2	稻作类型	
3	普查面积,m²	
4	水稻生育期	
5	普查田病田率,%	
6	病田率比上年同期增减比率,±%	
7	病田率比历年同期平均增减比率,±%	
8	普查田病丛(株)率,%	
9	病丛(株)率比上年同期增减比率,±%	
10	病丛(株)率比历年同期平均增减比率,±%	
11	普查田发生面积比率,%	
12	发生面积比率比上年同期增减比率,±%	
13	发生面积比率比历年同期平均增减比率,±%	
14	全县(市、区)发生面积,667 m²	
15	发生面积比上年同期增减比率,±%	
16	发生面积历年同期平均增减比率,±%	
17	全县(市、区)防治面积,667 m²	
18	防治面积比上年同期增减比率,±%	
19	防治面积比历年同期平均增减比率,±%	
20	填报单位	

注1:水稻孕穗期病情稳定时调查1次,7月30日上报。

注2:发生面积是指病株率大于1%的发病田块面积。

附 录 C

（资料性附录）

灰飞虱携带水稻黑条矮缩病毒免疫斑点检测方法

C.1 仪器设备与试剂材料

C.1.1 试剂和材料

试验用水均为去离子水，使用的化学试剂未作说明均为分析纯的国产试剂。

C.1.1.1 包被缓冲液

0.05 mol/L，pII 9.6。称取 1.59 g Na_2CO_3 和 2.93 g $NaHCO_3$，加水定容至 1 000 mL，用 HCl 调 pH 至 9.6，4℃保存。

C.1.1.2 含 0.5% Tween-20 的磷酸盐缓冲液（PBST）

0.01 mol/L，pH 7.5。称取 40 g NaCl，1 g KCl，1 g KH_2PO_4 和 15 g Na_2HPO_4，加水定容至 5 000 mL，用 HCl 调节 pH 至 7.5，再加入 2.5 mL Tween-20，4℃保存。

C.1.1.3 磷酸盐缓冲液

0.02 mol/L，pH 7.5。称取 40 g NaCl，1 g KCl，1 g KH_2PO_4，15 g Na_2HPO_4，加水定容至 2 500 mL，4℃保存。

C.1.1.4 3%脱脂奶粉封闭液

3 g 脱脂奶粉加入 100 mL 磷酸盐 Tween-20 缓冲液中，4℃保存。

C.1.1.5 2%小牛血清蛋白（BSA）封闭液

小牛血清蛋白（BSA）2 g 加入 100 mL 磷酸盐 Tween-20 缓冲液中，4℃保存。

C.1.1.6 辣根过氧化物酶固体显色底物溶液

TMB 底物溶液。

C.1.1.7 单克隆抗体

水稻黑条矮缩病毒单克隆抗体，工作浓度为 1∶2 000，−18℃保存。

C.1.1.8 酶标二抗

Anti-Mouse IgG-HRP，工作浓度为 1∶1 000，−18℃保存。

C.1.1.9 水稻黑条矮缩病毒（RBSDV）外壳蛋白（CP）浓缩液，1 mg/μL，作为阳性对照，−18℃保存。

C.1.1.10 非带毒的灰飞虱匀浆液，作为阴性对照，−18℃保存。

C.1.2 仪器与设备

台式离心机（5 000 r/min）；具盖塑料离心管（200 μL）；培养皿（直径为 90 mm）；塑料盒（规格为 100 mm×50 mm）。

C.2 操作步骤

C.2.1 检测样品的准备

选择灰飞虱高龄若虫或成虫用于携带水稻黑条矮缩病毒的检测，将灰飞虱 1 头置于已加 50 μL 包被缓冲液离心管中，用牙签捣烂虫子，取匀浆液（灰飞虱提取液）备用。

C.2.2 封闭

C.2.2.1 预先用铅笔将硝酸纤维素膜(NC)划成 5 mm×5 mm 的正方格,取 3 μL D.2.1 获得的匀浆液点于 NC 膜上正方格内(以不超出正方格一半为准);

C.2.2.2 同时各取 3 μL 左右水稻黑条矮缩病毒(RBSDV)外壳蛋白(CP)浓缩液(也可用已采用本方法测定为阳性的带毒灰飞虱匀浆液)和非带毒的灰飞虱匀浆液点于膜上预先标记好正方格内,分别作为阳性对照和阴性对照,室温晾干膜,时间约 5 min;

C.2.2.3 将干燥的膜置于塑料盒或玻璃培养皿,加入 3% 脱脂奶粉或 2% 小牛血清蛋白(BSA)封闭液,要求将膜完全浸没,37℃轻轻摇晃,封闭 30 min。

C.2.3　孵育

用镊子压住膜倒弃封闭液,以水稻黑条矮缩病毒单克隆抗体和封闭液按(1∶2 000～1∶40 000)的比例稀释配制孵育液,将膜完全浸入孵育液,37℃轻轻摇晃,孵育 1 h～1.5 h;

用镊子压住膜倒弃孵育液,加入 PBST,将膜完全浸没,轻轻摇晃,洗膜 3 min～5 min,用镊子压住膜倒弃洗液,重复洗膜 3 次。

C.2.4　二抗孵育

用镊子压住膜倒弃洗液,以辣根过氧化物酶标记的二抗和封闭液按 1∶1 000 比例稀释配制孵育液,将膜完全浸入二抗孵育液,37℃轻轻摇晃,孵育 1 h～1.5 h,再用镊子压住膜倒弃二抗孵育液;

加入 PBST,将膜完全浸没,轻轻摇晃,洗膜 3 min～5 min,用镊子压住膜倒弃洗液,重复洗膜 5 次。

C.2.5　显色

用镊子压住膜倒弃洗液,加入辣根过氧化物酶 TMB 显色底物溶液,37℃静置显色 10 min～30 min。

C.2.6　结果

显色后首先观察对照的颜色反应,阳性对照应显蓝绿色,阴性对照不显色,再观察样品的颜色反应,如果显蓝绿色,则认定该头灰飞虱携带水稻黑条矮缩病毒,如果不显色,则认定该头灰飞虱不携带水稻黑条矮缩病毒;若出现阳性对照不显色或阴性对照显蓝紫色中任一种情况,则应分析原因,并重新进行试验。

附 录 D

（资料性附录）

水稻黑条矮缩病发生程度分级指标

水稻黑条矮缩病发生程度分级指标见表 D.1。

表 D.1 水稻黑条矮缩病发生程度分级指标

类型田	发生程度				
	轻发生 （1 级）	偏轻发生 （2 级）	中等发生 （3 级）	偏重发生 （4 级）	大发生 （5 级）
发生面积占 种植面积比率,%	＜10	10～20	20～30	≥30	≥30
病株率,%	＜5.0	5.1～10.0	10.1～15	15.1～20	＞20

ICS 65.020
B 16

NY

中华人民共和国农业行业标准

NY/T 2731—2015

小地老虎测报技术规范

Rules for investigation and forecast of
Agrotis ipsilon (Rottemberg)

2015-05-21 发布   2015-08-01 实施

中华人民共和国农业部 发布

前　言

本标准按照 GB/T 1.1—2009 给出的规范起草。

本标准由农业部种植业司提出并归口。

本标准起草单位：全国农业技术推广服务中心。

本标准主要起草人：曾娟、姜玉英、关秀敏、邱坤、许渭根、郑卫峰、刘媛、李辉、刘杰、徐永伟、张剑、刘莉、朱先敏、马利。

小地老虎测报技术规范

1 范围

本标准规定了小地老虎成虫诱测、卵和幼虫调查、为害情况调查方法和预测预报技术。

本标准适用于全国范围内的小地老虎调查测报。

2 规范性引用文件

下列文件对于本文件的应用是必不可少的。凡是注日期的引用文件仅注日期的版本适用于本文件。凡是不注日期的引用文件，其最新版本（包括所有的修改单）适用于本文件。

GB/T 15798　黏虫测报调查规范

3 术语和定义

下列术语和定义适用于本文件。

3.1

小地老虎的发生世代　generation of *Agrotis ipsilon*(Rottemberg)

以卵的出现作为一个世代的开始，对全年各发生世代和虫态的表述方法依次为：越冬代成虫，一代卵、幼虫、蛹、成虫，二代卵、幼虫、蛹、成虫……

3.2

小地老虎的发生区划　geographical division of *Agrotis ipsilon*(Rottemberg)

主要越冬区：指1月10℃等温线以南地区，即我国南岭以南地区，主要包括广西、广东和云南南部、福建南部和海南。

次要越冬区：指1月4℃～10℃等温线之间地区，即我国南岭以北、长江以南地区，主要包括湖南、江西、贵州、四川南部、云南北部、福建北部、浙江南部。

零星越冬区：指1月0℃～4℃等温线之间地区，即我国江淮地区，主要包括江苏、安徽、浙江北部、河南南部、湖北、重庆、陕西南部、四川东部。

非越冬区：指1月0℃等温线以北的广大地区。按有效积温计算，又可分为：

黄淮和华北春季主发区：包括河南中北部、山东、山西、陕西中北部、河北、北京、天津、内蒙古中部和南部、宁夏、甘肃东部；

北方春季发生区：包括辽宁、吉林、黑龙江、内蒙古北部、甘肃西部和青海；

新疆夏秋季发生区：包括新疆和田地区。

3.3

孵化率　hatching rate

卵和幼虫的系统调查和大田普查中，查到的幼虫数（未查到幼虫时，为卵壳数）占查到的卵和幼虫总数的比率，按式(1)计算。

$$H = \frac{L}{EL} \times 100 \quad\cdots\cdots (1)$$

式中：

H ——孵化率，单位为百分率(%)；

L ——调查所得幼虫数（未查到幼虫时，为卵壳数），单位为头；

EL ——调查所得卵和幼虫总数，单位为头。

3.4

受害株率 damaged rate

受害株数(幼苗或幼芽有受害痕迹者)占调查作物总株数的比率,按式(2)计算。

$$Da = \frac{Da_i}{S} \times 100 \quad \cdots\cdots\cdots\cdots\cdots\cdots\cdots\cdots\cdots\cdots\cdots\cdots\cdots\cdots\cdots\cdots\cdots (2)$$

式中:

Da ——受害株率,单位为百分率(%);

Da_i ——受小地老虎危害的作物株数,单位为株;

S ——调查作物总株数,单位为株。

3.5

致死株率 death rate

致死株数(受害后幼苗折断,幼芽不能发育,枯心或顶心被毁不能生长者)占调查作物总株数的比率,按式(3)计算。

$$De = \frac{De_i}{S} \times 100 \quad \cdots\cdots\cdots\cdots\cdots\cdots\cdots\cdots\cdots\cdots\cdots\cdots\cdots\cdots\cdots\cdots\cdots (3)$$

式中:

De ——致死株率,单位为百分率(%);

De_i ——受小地老虎危害后死亡的作物株数,单位为株;

S ——调查作物总株数,单位为株。

4 发生程度分级指标

小地老虎发生程度分为5级,即轻发生(1级)、偏轻发生(2级)、中等发生(3级)、偏重发生(4级)、大发生(5级)。各地均以第一代为主害代,以大田普查2龄幼虫盛期平均幼虫密度为主要指标,以致死株率为参考指标,确定其发生程度。各级具体数值见表1。

表 1 小地老虎发生程度分级指标

发生程度级别	1	2	3	4	5
幼虫密度(d),头/m²	$0.2 \leqslant d \leqslant 1.3$	$1.3 < d \leqslant 2.6$	$2.6 < d \leqslant 3.8$	$3.8 < d \leqslant 5.0$	$d > 5.0$
致死株率(De),%	$0 < De \leqslant 1.0$	$1.0 < De \leqslant 2.0$	$2.0 < De \leqslant 5.0$	$5.0 < De \leqslant 10.0$	$De > 10.0$

5 成虫诱测

5.1 诱测时间

按小地老虎发生区划,确定各发生区诱测期,见表2。

表 2 各发生区小地老虎成虫诱测期

发生区域	春 季	夏 季	秋 季
主要越冬区	1月1日~3月31日	—	9月1日~12月31日
次要越冬区	3月1日~4月30日	—	9月1日~12月31日
零星越冬区	3月1日~5月31日	6月1日~8月31日	9月1日~9月30日
黄淮和华北春季主发区	3月1日~5月31日	6月1日~8月31日	9月1日~9月30日
北方春季发生区	5月1日~5月31日	6月1日~8月31日	9月1日~9月30日
新疆夏秋季发生区	—	6月1日~8月31日	9月1日~10月30日

5.2 诱测工具

在常年适于成虫发生的场所,设置成虫观测工具。各地可从以下几种诱测工具中选择一种效果最好的进行监测。

5.2.1 虫情测报灯

装设1台多功能自动虫情测报灯或20 W黑光灯,要求设在视野开阔处,其四周500 m没有高大建筑物或树木遮挡,灯管下端与地表面垂直距离为1.5 m。一般每年更换一次灯管。

5.2.2 糖醋液诱蛾器

设置2台糖醋液诱蛾器,诱蛾器的构造、设置、诱剂配制和诱测方法参照GB/T 15798的规定执行。

5.2.3 性诱捕器

每块田设置3台性诱捕器。

5.2.3.1 设置方式与放置高度

a) 低矮作物田(棉花、蔬菜、苗期玉米、烟草等):在观测作物田中,3个诱捕器相距50 m呈正三角形放置,每个诱捕器与田边距离不少于5 m;

b) 高秆作物田(成株期玉米):3个诱捕器应放置在田边方便管理的同一条田埂上,相距50 m呈直线排列,田埂走向须与当地季风风向垂直。

c) 诱捕器与地面相距1 m(或比植物冠层高出20 cm~30 cm)。

5.2.3.2 诱芯成分与类型

小地老虎性诱剂主要有效成分为:顺-7-十二碳烯乙酸酯30、顺-9-十四碳烯乙酸酯10、顺-11-十六碳烯乙酸酯,三种主要成分的配比为3:1:6。

诱芯载体为丁基合成橡胶,每个诱芯含有效成分100 μg。

5.2.3.3 诱捕器类型与结构

小地老虎性诱捕器为夜蛾类通用型性诱捕器。由支架、夜蛾类通用诱捕器组成。其中支架分为固定器和支杆两部分,支杆可伸缩范围(40~150) cm。夜蛾类通用诱捕器为圆桶型,总长度(22~27) cm;诱虫部分外径(10~12.7) cm,内径10.4 cm;连接接收口外径(3.8~4.2) cm,内径3.1 cm;进虫口数量8孔,为边长1.5 cm的菱形孔;诱芯杆长:(11.5±0.1) cm。

5.3 调查方法

5.3.1 成虫诱测数量调查

各地在相应的成虫诱测期间,每天早晨检查诱到的小地老虎蛾量、性比,并注意与其他几种常见地老虎的区别,结果记入附录A表1。

5.3.2 雌蛾发育进度调查

各地在成虫诱测时间内,每3 d检查一次。每次从虫情测报灯或糖醋液诱蛾器中随机剖查雌蛾20头,不足20头时全部检查,判断雌蛾卵巢发育级别及产卵状态,结果记入附录A表2。

6 卵和幼虫调查

6.1 发育进度系统调查

6.1.1 调查时间

卵和幼虫调查每3 d一次。卵调查从越冬代成虫始见期开始,到越冬代成虫产卵末期(或连续两次查不到越冬代成虫)止。幼虫调查从卵始见后3 d开始,到一代幼虫全部化蛹(或连续两次查不到幼虫)止。

6.1.2 调查地点

选常年发生较重且在当地有代表性的春播作物田1块~2块以及杂草较多的休闲地1块。

6.1.3 调查方法

每块地按双对角线取样法,定5个样点,每点面积1 m²,调查枯根、杂草及作物的茎、叶背、心叶,以及根际土表里的卵和幼虫。统计卵孵化率、各级卵和各龄幼虫数量及所占比率,调查结果记入附录A

表3。

6.2 大田普查

6.2.1 调查时间

在卵盛期(多数卵达3级～4级)至1龄、2龄幼虫盛期进行,调查1次～2次。

6.2.2 调查地点

选择当地不同地势、土壤湿度、寄主作物、杂草密度的代表性地块10块以上。

6.2.3 调查方法

取样方法同5.1.3,只调查卵、卵壳和幼虫数量,不区分卵的级别和幼虫的龄期,调查结果记入附录A表4。

7 为害情况普查

7.1 调查时间

第一代幼虫开始化蛹、为害基本结束时调查1次。

7.2 调查地点

在当地春作物主要种植区域,选择有代表性的寄主作物、栽培管理方式、生态类型的田块10块以上。

7.3 调查方法

每块田随机取5个点,玉米、薯类、谷子、高粱、烟草、蔬菜等作物每点调查1 m、4行(需测算每点株数)。调查受害株数和致死株数,计算受害株率和致死株率,调查结果记入附录A表5。

8 预测预报方法

8.1 发生期预报

可利用历期预测法、期距预测法、积温预测法等,从已观测到的成虫、卵发生期推测出2龄幼虫发生盛期,即防治适期。

8.1.1 历期预测法

田间查到卵高峰期(第一个卵峰日),加上相应的卵期,即为卵孵化高峰日期,再加上1龄幼虫历期,即为防治适期。

8.1.2 期距预测法

8.1.2.1 根据越冬代成虫第1次迁入蛾峰期预测

根据当地历年测报资料,通过分析得到越冬代成虫迁入第1次蛾峰期与防治适期的平均间距,然后依据当年成虫诱测的蛾峰期预测防治适期。

8.1.2.2 根据雌蛾卵巢发育进度预测

根据当地历年测报资料,通过分析得到越冬代雌蛾卵巢发育级别多数达到3级～4级时(即产卵盛期)与防治适期的平均间距,然后依据当年产卵盛期预测防治适期。

根据各地小地老虎春季世代各虫态出现日期,估算出已出现虫态与防治适期之间的期距。

8.1.3 积温预测法

当田间查到卵高峰期时,利用气象预报的下一旬平均温度,根据有效积温计算卵期,预测卵孵化高峰期,然后加上1龄幼虫历期,即为防治适期,按式(4)计算。

$$N = \frac{K}{T-C} + E \quad\cdots\cdots\cdots\cdots\cdots\cdots\cdots\cdots\cdots\cdots\cdots\cdots (4)$$

式中:

N——田间卵高峰期至防治适期的天数,单位为天(d);

K ——卵发育的有效积温,单位为日度;

T ——卵高峰期之后一旬的平均气温,单位为摄氏度(℃);

C ——卵发育起点温度,单位为摄氏度(℃);

E ——1龄幼虫历期,单位为天(d)。

8.2 发生量预测

根据虫口基数、气候、天敌及寄主条件等因素,比照历史资料,进行综合分析,对小地老虎发生量做出趋势预报。虫口基数主要依据迁入蛾量、卵量和卵孵化率。气候条件主要依据3月中、下旬至4月下旬的均温和早春气温回升的迟早。若迁入蛾量大、高峰期出现早,成虫盛发期没有寒流天气,蜜源作物生长良好,卵孵化和低龄幼虫阶段气温偏高,降水量正常偏少或没有中雨以上的降水过程,小地老虎为大发生的趋势;反之则轻。

9 测报资料收集、汇总和汇报

9.1 资料收集

当地各类春播作物播种面积和其主要栽培品种,当地气象台(站)主要气象要素的预测值和实测值。

9.2 测报资料汇总

对春播作物种植情况,小地老虎发生及防治情况进行汇总,总结发生特点,进行原因分析,记入小地老虎发生与防治情况记载表(见附录A表6)。

9.3 测报资料汇报

全国区域性测报站每年定时填写小地老虎测报模式报表(见附录B)报上级测报部门。

9.4 参考资料

5.3.1和5.3.2中小地老虎成虫形态和雌蛾卵巢发育级别识别参见表C.1、表C.2。

6.1.3中小地老虎卵和幼虫分级参见表C.3。

8.1.1中小地老虎各虫态历期参见附录D。

8.1.2.2中各地小地老虎各虫态出现日期及发生世代参见表E.1、表E.2。

附 录 A

（规范性附录）
农作物病虫调查资料表册

小 地 老 虎

（　　　　年）

站　名_____盖章

站　址_____

（北纬：_____东经：_____海拔：_____）

测报员_____

负责人_____

全国农业技术推广服务中心编制

表 1　小地老虎成虫诱测记载表

诱测日期 月/日	测报灯,头			糖醋液诱蛾器,头						性诱捕器,头					备注 （天气条件）
				1号			2号								
	雌	雄	合计	雌	雄	合计	雌	雄	合计	1号	2号	3号	平均	合计	

表 2　小地老虎雌蛾卵巢发育进度调查记载表

调查日期 月/日	雌虫来源	检查头数	各级数量及比率										备　注
			1级		2级		3级		4级		5级		
			头	%	头	%	头	%	头	%	头	%	

表 3　小地老虎卵和幼虫发育进度系统调查记载表

调查日期 月/日	作物或杂草种类	取样面积, m²	卵量(粒)						卵密度 粒/m²	卵壳数	卵孵化率 %	幼虫量(头)							总虫数	幼虫密度 头/m²
			1级	2级	3级	4级	5级	总卵量				1龄	2龄	3龄	4龄	5龄	6龄		

表 4　小地老虎卵和幼虫大田普查记载表

调查日期 月/日	作物或杂草种类	取样面积 m²	总卵量 粒	卵密度 粒/m²	卵壳数 粒	卵孵化率 %	幼虫量 头	幼虫密度 头/m²

表 5　小地老虎为害程度调查记载表

调查日期	作物种类	调查总株数 株	受害株数 株	受害株率 %	致死株数 株	致死株率 %	不同发生程度（按致死株率）对应的发生面积 667 m²						备　注
							0级	1级	2级	3级	4级	5级	

表6　小地老虎发生与防治情况记载表

| 耕地面积＿＿＿＿＿＿＿＿＿＿＿＿＿＿＿＿＿＿＿＿＿ hm² |
| 主要春播作物及面积： |
| 玉米＿＿＿＿＿＿＿＿＿＿＿ hm²；棉花＿＿＿＿＿＿＿＿＿＿＿ hm²；麦类＿＿＿＿＿＿＿＿＿＿＿ hm²； |
| 蔬菜＿＿＿＿＿＿＿＿＿＿＿ hm²；薯类＿＿＿＿＿＿＿＿＿＿＿ hm²； |

| 发生面积累计＿＿＿＿＿＿＿＿＿＿＿ hm²　　发生程度＿＿＿＿＿＿级 |
| 偏重以上程度发生面积＿＿＿＿＿＿＿ hm²　　占发生面积＿＿＿＿＿＿％ |
| 防治面积累计＿＿＿＿＿＿＿＿＿＿＿ hm²，占发生面积＿＿＿＿＿＿％ |
| 挽回损失＿＿＿＿＿＿＿＿＿＿＿＿＿＿＿＿＿ t；实际损失＿＿＿＿＿＿ t |

| 简述发生概况和特点：

 |

附　录　B
（规范性附录）
小地老虎测报模式报表

B.1　春季迁出区小地老虎模式报表

见表B.1。

表 B.1　春季迁出区小地老虎模式报表（MOXDLHA）

汇报单位：主要越冬区、次要越冬区内各县站

汇报时间：3月30日

顺序标号	报表项目	报表内容
1	填报日期，月/日	
2	上年9月~12月单灯（单台诱蛾器/性诱捕器）总诱蛾量，头	
3	本年春季单灯（单台诱蛾器/性诱捕器）总诱蛾量，头	
4	春季越冬代成虫盛期，月/日~月/日	
5	春季越冬代成虫高峰日，月/日	
6	春季越冬代成虫高峰日比常年早晚天数，±d	
7	春季越冬代成虫高峰日单灯（单台诱蛾器/性诱捕器）单日最高蛾量，头	
8	春季越冬代成虫高峰日单灯（单台诱蛾器/性诱捕器）单日最高蛾量比常年增减比率，±%	
9	填报单位	

B.2　春季迁入区小地老虎模式报表

见表B.2。

表 B.2　春季迁入区小地老虎模式报表（MOXDLHA）

汇报单位：零星越冬区、非越冬区内各县站

汇报时间：4月15日

顺序标号	报表项目	报表内容
1	填报日期，月/日	
2	春季越冬代成虫盛期，月/日~月/日	
3	春季越冬代成虫高峰日，月/日	
4	春季越冬代成虫高峰日比常年早晚天数，±d	
5	春季越冬代成虫高峰日单灯（单台诱蛾器/性诱捕器）单日最高蛾量，头	
6	春季越冬代成虫高峰日单灯（单台诱蛾器/性诱捕器）单日最高蛾量比常年增减比率，±%	
7	一代卵盛期，月/日~月/日	
8	一代卵高峰日，月/日	
9	一代卵高峰日比常年早晚天数，±d	
10	大田普查平均每平方米卵量，粒/m²	
11	大田普查卵孵化率，%	
12	3月中旬至4月上旬日平均气温，℃	

表 B.2（续）

顺序标号	报表项目	报表内容
13	3 月中旬至 4 月上旬降水量，mm	
14	4 月中、下旬预报日平均气温，℃	
15	4 月中、下旬预报降水量，mm	
16	预计一代 2 龄幼虫发生盛期，月／日～月／日	
17	预计一代幼虫发生程度，级	
18	预计一代幼虫发生面积，万 hm²	
19	填报单位	

附　录　C
（资料性附录）
小地老虎各虫态形态特征

C.1　3种地老虎的形态区别

见表C.1。

表C.1　3种地老虎的形态区别

项　　目		小地老虎	大地老虎	黄地老虎
成虫	体长	16 mm～24 mm	20 mm～23 mm	14 mm～19 mm
	展翅	52 mm～54 mm	42 mm～52 mm	32 mm～43 mm
	体色	暗褐色	暗褐色	黄褐色
	前翅	暗褐色,肾状纹外有一明显的长三角形黑斑,尖端向外,亚外缘线上有两个尖端向内的三角形黑斑,雌蛾触角丝状,雄蛾双栉齿状	暗褐色,肾状纹外有一不规则黑斑	黄褐色,有两个明显的褐色斑纹(肾状纹与环状纹),肾状纹没有三角形黑斑
幼虫	体长	37 mm～44 mm	40 mm～60 mm	33 mm～43 mm
	表皮	密生明显的大小颗粒	多皱纹、颗粒不明显	多皱纹、颗粒不明显
	体色	黑褐色	黄褐色	灰褐色
	臀板	黄褐色,有深褐色纵带2条	几乎全部为深褐色,满布龟裂状纹	为两大块黄褐色斑,中央断开,小黑点较多
	第4腹节背面	前排中间2个毛疣比后排的两个小	前后毛疣基本相等	前后毛疣基本相等
蛹	体长	18 mm～24 mm	23 mm～29 mm	16 mm～19 mm
	第1～第3腹节	无明显的横沟	侧面有明显的横沟	无明显的横沟
	第4腹节	背侧面有刻点	背侧面有刻点	仅背面微有少数刻点
	第5～第7腹节	刻点背面明显,较侧面大	刻点背面与侧面相同	刻点相同
卵	形态及颜色	半圆形,表面有方格纹顶端有突出的尖嘴,初产乳白色,渐变黄色,孵化前顶部变黑	半球形,初产乳白色,渐变黄褐色	扁圆形,初产乳白色,渐变淡红色斑纹

C.2　小地老虎雌蛾卵巢发育分级指标

见表C.2。

表C.2　小地老虎雌蛾卵巢发育分级指标

级别	产卵进度	发育期	卵巢管特征	脂肪体特征	备　　注
1	产卵前期	乳白透明期	卵巢小管基部卵粒乳白色,先端卵粒透明难分辨	淡黄色,椭圆形,葡萄串状,充满腹腔	
2	产卵前期	卵黄沉淀期	卵巢小管基部1/4逐渐向先端变黄,卵粒易辨	淡黄色,变细长圆柱形	个别成虫交配
3	产卵期	卵粒成熟期	卵壳形成,卵粒黄色,卵巢小管及中输管内卵粒排列紧密	乳白色,变细长	交配盛期产卵初期
4	产卵期	产卵盛期	卵巢小管及中输管内卵粒排列疏松,不相连接	乳白色,透明,细长管状	
5	产卵后期	产卵后期	卵巢小管收缩变形,中输管内卵粒排列疏松或重叠	乳白色,透明,呈丝状	

C.3 小地老虎卵发育级别和幼虫龄期分级指标

见表 C.3。

表 C.3 小地老虎卵发育级别和幼虫龄期分级指标

卵		幼虫	
发育级别	卵色	龄期	体长,mm
1 级	乳白	1 龄	2.1～3.6
2 级	米黄	2 龄	4.6～5.7
3 级	浅红斑	3 龄	7.8～11.9
4 级	红紫	4 龄	16.4～20.0
5 级	灰黑	5 龄	26.5～33.0
—	—	6 龄	39.5～48.7

附 录 D
（资料性附录）
小地老虎各虫态发育温度及历期

D.1 不同温度下小地老虎各级卵距孵化天数

见表 D.1。

表 D.1 不同温度下小地老虎各级卵距孵化天数

卵发育级别	距孵化天数,d	
	15℃	18℃
1	11.0	7.8
2	8.5	7.0
3	6.0	5.5
4	3.0	2.3
5	0.5	0.5

D.2 不同温度下小地老虎卵历期

见表 D.2。

表 D.2 不同温度下小地老虎卵历期

田间卵期（江苏南京）			室内卵期（山东济宁）	
产卵日期,月/日	卵发育期内平均气温,℃	卵期,d	日平均温度,℃	卵期,d
3/5	11.5	23	12～14	16.5
3/21	11.7	13	15～15.9	11.8
4/5	14.9	11	16～16.9	10.6
4/15	16.7	9	17～17.9	9.6
4/22	17.1	8	—	—
4/30	17.0	7	—	—

D.3 各地小地老虎卵发育起点温度和有效积温

见表 D.3。

表 D.3 各地小地老虎卵发育起点温度和有效积温

地点	发育起点温度,℃	有效积温,日度
上海（地表温）	5.65±0.93	124.1
江苏南京（自然变温）	7.98	68.85
江苏东台	8.47	69.39
河北沧州	7.20	67.64
甘肃兰州	7.88	68.62

D.4 不同温度下小地老虎各龄幼虫历期

见表 D.4。

表 D.4 不同温度下小地老虎各龄幼虫历期

温度,℃	各龄幼虫历期,d						幼虫全期,d
	1 龄	2 龄	3 龄	4 龄	5 龄	6 龄	
15	8.5	7.1	8.7	8.6	9.0	24.0	65.9
16	7.6	4.9	4.6	5.3	6.9	16.2	44.9
18	7.2	5.7	5.2	5.7	6.7	19.0	51.1
20	3.8	3.1	3.5	3.9	4.8	12.7	31.6

注:该资料取自南京恒温条件下的观察结果。

D.5 不同温度下小地老虎各虫态发育历期

见表 D.5。

表 D.5 不同温度下小地老虎各虫态发育历期

(向玉勇等,2009)

虫态	不同温度下历期,d						
	16℃	19℃	22℃	25℃	28℃	31℃	34℃
卵期	8.24±0.37	6.95±0.21	5.73±0.58	4.65±0.12	3.78±0.08	2.89±0.12	3.12±0.07
幼虫期	42.37±0.24	36.97±0.17	28.34±0.39	20.46±0.09	18.13±0.14	13.16±0.21	15.21±0.12
蛹期	27.15±0.26	24.36±0.28	17.78±0.26	15.69±0.24	12.82±0.26	7.98±0.24	10.45±0.36
产卵前期	10.43±0.29	7.96±0.15	5.12±0.32	3.95±0.19	2.97±0.41	2.25±0.13	2.63±0.27
世代历期	88.19±1.02	76.24±0.16	56.97±0.31	44.75±0.36	37.70±0.37	26.28±0.32	31.41±0.51

附 录 E

（资料性附录）

各地小地老虎发生期及发生世代

E.1 各地小地老虎春季世代各虫态出现日期

见表 E.1。

表 E.1 各地小地老虎春季世代各虫态出现日期

地 区	越冬代成虫（月/日）		一代卵（月/日）		一代幼虫（月/日）		
	始见期	高峰期	始见期	高峰期	初孵期	盛孵期	危害盛期
河北安新	4/2～4/10	4/20～4/28	4/8～4/15	4/24～5/1	4/15～4/22	5/1～5/8	5/8～5/16
河北大城	4/3～4/9	5/1～5/4	4/13～4/18	5/8～5/15	4/20～4/24	5/14～5/25	5/25～6/4
河北丰宁	5/1～5/7	5/15～5/20	5/22～5/25	5/28～6/1	6/1～6/4	6/4～6/11	6/10～6/20
山西大同	4/4～4/10	4/15～4/25	4/14～4/19	5/1～5/5	5/5～5/10	5/13～5/22	6/3～6/12
山西汾阳	3/30～4/7	4/24～5/6	4/10～4/17	4/25～5/1	4/20～4/25	5/2～5/8	5/15～5/20
山西太原	3/24～4/5	4/12～4/15	5/10～5/20	5/15～5/20	5/15～5/25	5/20～5/25	5/25～5/30
山西盐湖	3/9	4/11～4/23	4/8	4/15～4/26	4/18	4/23～5/3	4/30～5/9
甘肃兰州	3/8～3/15	3/29～4/2	4/2～4/8	4/11～4/19	4/11～4/15	4/13～4/25	5/5～5/15
甘肃甘谷	3/2～3/4	3/18～3/28	3/19～3/23	4/4～4/7	3/30～4/7	4/13～4/15	4/25～5/10
宁夏惠农	3/22～4/4	4/15～5/9	4/5	4/30～5/15	4/28～5/9	5/6～5/20	5/20～6/15
宁夏原州区	3/27	4/10	4/10	4/25	4/25	5/15	5/20～6/15
宁夏永宁	4/1	4/15	4/6	4/15	4/13	5/15	5/25
宁夏同心	3/20	4/12	4/15	4/22	4/22	5/8	5/12～6/20
宁夏西吉	3/15	4/15	4/5	4/20	4/20	5/10	5/15～6/15
山东济宁	3/11～3/15	3/23～4/10	4/3	4/23	4/12	4/28	5/7～5/20
山东汶上	3/13～3/20	3/29～4/18	4/3～4/8	4/13～4/20	4/13～4/17	4/16～4/26	4/30～5/14
山东聊城	3/24～3/31	4/8～4/18	4/8～4/10	4/17～4/25	4/13～4/15	4/22～4/30	5/10～5/18
河南济源	3/23～3/28	4/4～4/16	3/27～4/2	4/8～4/20	4/9～4/14	4/18～4/30	5/10～5/28
河南安阳	3/29	3/31～4/17	4/5～4/12	4/10～4/19	4/12～4/20	4/15～4/27	5/5～5/20
安徽蒙城	3/16～3/27	4/5～4/15	—	—	—	—	—
安徽颍上	3月初	3/21～4/10	4/初	4/11～4/20	4/11～4/20	4/21～4/30	5/1～5/20
江苏东台	3/5	3/28	3/15	4/6	4/2	4/14	5月上中旬
四川犍为	3/9	4/2	3/19	4/7	4/1	4/10	4/18
四川宜宾县	4/4	4/19	4/14	4/26	4/24	4/30	5月中下旬
四川青神	2/25	3/13	3/4	3/17	3/15	3/26	4/11
四川旌阳区	3/20	3/30	3/25	4/3～4/5	3/29	4/8～4/10	4月中下旬
新疆墨玉（迁入代成虫及下代卵、幼虫）	7/25～8/5	8/10～8/30	8/5～8/15	8/20～9/10	8/15～8/25	9/1～9/30	9/10～10/10

E.2 小地老虎各发生区域内主要发生世代

E.2.1 主要越冬区

指 1 月 10℃ 等温线以南地区，即我国南岭以南地区，主要包括广西、广东和云南南部、福建南部和海南。在此区域内，小地老虎冬季能正常生长发育、形成较大种群，翌年 3 月越冬代成虫大量北迁，夏季高温期间绝迹,秋季虫源由北方迁回越冬。按有效积温计算全年可发生 6 代～7 代,实际发生为害两代,一是春季发生的第一代,为害蔬菜、玉米,二是秋季回迁代,在冬季为害蔬菜、油菜、绿肥植物。

E.2.2 次要越冬区

指 1 月 4℃～10℃等温线之间地区,即我国南岭以北、长江以南地区,主要包括湖南、江西、贵州、四川南部、云南北部、福建北部、浙江南部。在此区域内,小地老虎冬季发育缓慢,翌年 4 月越冬代成虫少量北迁,夏季虫量少,秋季迁入虫量亦少;按有效积温计算全年可发生 4 代～5 代,主要为害世代为春季发生的第一代。

E.2.3 零星越冬区

指 1 月 0℃～4℃等温线之间地区,即我国江淮地区,主要包括江苏、安徽、浙江北部、河南南部、湖北、重庆、陕西南部、四川东部。在此区域内,小地老虎冬季存活量极少,夏季和秋季种群密度低,秋季迁入量很少;按有效积温计算全年可发生 4 代,主要为害世代为春季发生的第一代。

E.2.4 非越冬区

指 1 月 0℃等温线以北的广大地区。在此区域内,小地老虎冬前虫量极少,冬季全部死亡,虫源全部为南方迁入。按有效积温计算,又可分为:

    a) 黄淮和华北春季主发区:包括河南中北部、山东、山西、陕西中北部、河北、北京、天津、内蒙古中部和南部、宁夏、甘肃东部,全年可发生 3 代～4 代,主要为害世代为春季发生的第一代;

    b) 北方春季发生区:包括辽宁、吉林、黑龙江、内蒙古北部、甘肃西部、青海,全年可发生 1 代～2 代,主要为害世代为春季发生的第一代;

    c) 新疆夏秋季发生区:包括新疆和田地区,全年可发生 1 代～2 代,主要为害世代为 7 月、8 月迁入代。

ICS 65.020
B 16

NY

中华人民共和国农业行业标准

NY/T 2732—2015

农作物害虫性诱监测技术规范
（螟蛾类）

Rules for population monitoring of crop insect pests by
sex pheromone traps
(for Pyraloidea and flying—behavior liked moths)

2015-05-21 发布   2015-08-01 实施

中华人民共和国农业部 发布

前　言

本标准按照 GB/T 1.1—2009 给出的规则起草。

本标准由农业部种植业管理司提出并归口。

本标准起草单位：全国农业技术推广服务中心、温州医科大学。

本标准主要起草人：曾娟、杜永均、姜玉英、朱军生、秦引雪、赵文新、刘莉、刘杰、朱先敏、许渭根、谢茂昌、邱坤。

农作物害虫性诱监测技术规范(螟蛾类)

1 范围

本标准规定了性诱监测中螟蛾类害虫的定义和常见种类,螟蛾类害虫性信息素的主要成分和含量、诱芯的型号规格和持效性,适用于螟蛾类害虫性诱监测的钟罩倒置漏斗式诱捕器的结构和性能,螟蛾类害虫性诱捕器的设置方式、监测调查方法、数据利用和分析方法等应用技术规范。

本标准适用于监测螟蛾类害虫的种群数量和发生动态。

2 术语和定义

下列术语和定义适用于本文件。

2.1

性信息素 sex pheromone

指有机合成的、仿生自然界昆虫释放的调控同种异性求偶和交配行为的气味化合物。用于害虫种群数量监测的性信息素,由特定的化合物按一定的比例配制,含量恒定、纯度高,对目标种类的害虫具有高效的、专一的引诱能力。

2.2

载体 dispenser

指承载一定剂量的性信息素,并加入了避免被环境分解的稳定剂和抗氧化剂,具有特定缓释功能的结构。用于害虫种群数量监测的载体,应规格均一、容量一致,使诱芯的有效成分均匀释放,保证单个诱芯有效成分匀速挥发、持效期达 30 d 以上。

2.3

诱芯 lure core

指由性信息素、载体两部分组成,并可以应用于害虫种群数量监测的产品。

2.4

螟蛾类害虫 pyraloidea and flying-behavior liked moths

本标准所指螟蛾类害虫包括鳞翅目螟蛾总科中绝大部分农作物害虫,如稻纵卷叶螟、二化螟、三化螟、草地螟、亚洲玉米螟、甘蔗二点螟(二点螟、粟灰螟)、甘蔗条螟(高粱条螟)、桃蛀螟;还包括一部分体型中等、飞行轨迹类似螟蛾总科的夜蛾科、毒蛾科害虫,如稻蛀茎夜蛾(大螟)、黏虫、二点委夜蛾、棉铃虫、棉红铃虫、烟青虫、豆荚斑螟、豆荚野螟、瓜绢螟、茶毛虫(茶黄毒蛾)等。

2.5

钟罩倒置漏斗式诱捕器 bell-shaped and funnel-inverted trap

指根据螟蛾类害虫飞行轨迹和陷落原理制作的、结构固定、规格统一的标准性信息素诱捕器,可以通过与各种性信息素诱芯结合使用,高效地捕获并收集特定目标的螟蛾类害虫。

3 螟蛾类害虫诱芯

3.1 性信息素成分、配比和含量

螟蛾类害虫诱芯中性信息素的主要成分、配比和有效成分含量见表1。

3.2 载体种类和规格

载体可分为毛细管和橡皮头两类,螟蛾类害虫诱芯载体的类型见表1。

3.2.1 毛细管载体

毛细管为灌液结构，材质为聚氯乙烯（Polyvinyl chloride polymer，PVC），长度（80±5）mm，外径（1.8±0.2）mm，内径（0.8±0.1）mm。

3.2.2 橡皮头载体

橡皮头材质为合成丁基橡胶，长度（20±1）mm；实心部分长（5±1）mm；空心部分大口断面直径（10±1）mm，小口断面直径（3.5±0.2）mm，大口深度（10±1）mm。

表 1　螟蛾类害虫诱芯主要参数

害虫名称	拉丁学名	主要有效成分	有效成分配比	诱芯有效成分含量 μg/个	载体类型
稻纵卷叶螟	Cnaphalocrocis medinalis	顺-13-十八碳烯醛 顺-11-十八碳烯醛 顺-13-十八碳烯醇 顺-11-十八碳烯醇	500 60 120 60	740	毛细管
二化螟	Chilo suppressalis	顺-11-十六碳烯醛 顺-9-十六碳烯醛 顺-13-十八碳烯醛 顺-11-十六碳烯醇 正十六醛	500 50 60 50 100	760	毛细管
三化螟	Scirpophaga incertulas	顺-11-十六碳烯醛 顺-9-十八碳烯醛 正十六醛 顺-9-十八碳烯醛	400 100 100 100	700	毛细管
稻蛀茎夜蛾	Sesamia inferens	顺-11-十六碳烯乙酸酯 顺-11-十八碳烯醇	750 250	1 000	毛细管
黏虫	Mythimna separata	顺-11-十六碳烯醛 顺-11-十六碳烯乙酸酯	1 800 200	2 000	橡皮头
草地螟	Loxostege sticticalis	反-11-十四碳烯乙酸酯 反-12-十四碳烯乙酸酯 顺-12-十四碳烯乙酸酯	100 150 150	400	毛细管
二点委夜蛾	Proxenus lepigone	顺-9-十四碳烯乙酸酯 顺-7-十二碳烯乙酸酯	500 500	1 000	橡皮头
亚洲玉米螟	Ostrinia furnacalis	顺-12-十四碳烯乙酸酯 反-12-十四碳烯乙酸酯	47 53	100	毛细管
甘蔗二点螟	Chilo infuscatellus	顺-11-十六碳烯醇	1 000	1 000	橡皮头
甘蔗条螟	Chilo sacchariphagus stramineellus	顺-11-十六碳烯乙酸酯 顺-13-十八碳烯醇 顺-13-十八碳烯乙酸酯	400 60 200	660	橡皮头
桃蛀螟	Conogethes punctiferalis	反-10-十六碳烯醛 顺-10-十六碳烯醛 十六碳烯醛	300 25 25	350	橡皮头
棉铃虫	Helicoverpa armigera	顺-11-十六碳烯醛 顺-9-十六碳烯醛	1 920 80	2 000	橡皮头
棉红铃虫	Pectinophora gossypiella	顺-7,顺11-十六碳二烯乙酸酯 顺-7,反11-十六碳二烯乙酸酯	500 500	1 000	橡皮头
烟青虫	Helicoverpa assulta	顺-9-十六碳烯醛 顺-11-十六碳烯醛	475 25	500	橡皮头
豆荚斑螟	Etiella zinckenella	顺-11-十四碳烯乙酸酯 顺-9-十四碳烯乙酸酯	720 240	960	毛细管

238

表 1（续）

害虫名称	拉丁学名	主要有效成分	有效成分配比	诱芯有效成分含量 μg/个	载体类型
豆荚野螟	*Maruca vitrata*	反-10-反-12-十六碳二烯醛 反-10-反-12-十六碳二烯醇 反-10-十六碳烯醛	100 5 5	110	毛细管
瓜绢螟	*Diaphania indica*	反-11-十六碳烯醛 反-10-反-12-十六碳二烯醛 反-11-十六碳烯醇	300 150 10	460	毛细管
茶毛虫	*Euproctis pseudoconspersa*	10,14-二甲基十五碳异丁酸酯	1 000	1 000	橡皮头

4 钟罩倒置漏斗式诱捕器

4.1 诱捕器主体

诱捕器外形为钟罩状，内部构造为倒置漏斗开放型，具有光学透明性。各部分尺寸参数：外壳高（37.0±0.2）cm，外径（20.5±0.2）cm，内径（18.2±0.2）cm；集虫漏斗高（29.0±0.2）cm，上口内径（2.2±0.2）cm，下口内径（17.0±0.2）cm；诱芯杆长（14.5±0.2）cm；圆形扣锁 9 个，内径（2.4±0.1）cm。具有旋转清虫口，可灵活开启关闭，便于倒虫取虫、装袋计数。结构图见图 1。

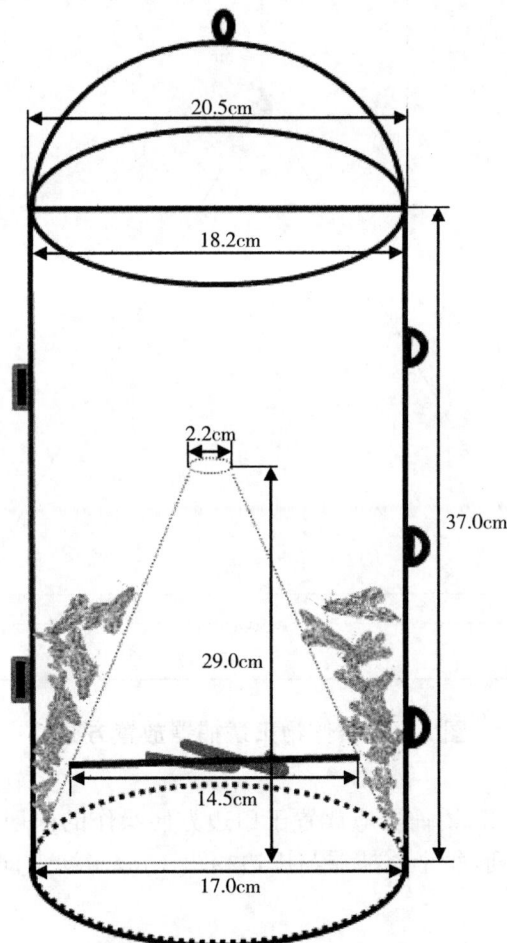

图 1 钟罩倒置漏斗式诱捕器

4.2 支架和高度调节扣

支架分为固定器和支杆两部分。固定器为三叉状,易插入土内;支杆可伸缩范围 40 cm～180 cm。

诱捕器通过高度调节扣固定在支架上,调节扣能灵活地与支架结合、分离,利于取下诱捕器清点虫体,并方便地调节高度。

5 田间应用技术

5.1 田间设置方式

5.1.1 诱捕器设置田块

选择种植主要寄主作物、地势平坦的田块设置诱捕器,田块面积不小于 5×667 m²;或者选择杂草多、适于成虫栖息的杂草等其他环境设置诱捕器。

对多食性害虫应依据代次、区域的不同及时更换诱捕器设置田块。如棉铃虫在黄淮、华北地区,二代主要为害棉花,三、四代主要为害棉花、玉米、蔬菜等。

5.1.2 诱捕器放置方式

5.1.2.1 低矮作物田放置方式

对水稻、棉花、蔬菜以及苗期玉米等低矮作物田,诱捕器应放置在观察田中,每块田放置 3 个重复,相距至少 50 m 呈正三角形放置,每个诱捕器与田边距离不少于 5 m。见图 2。

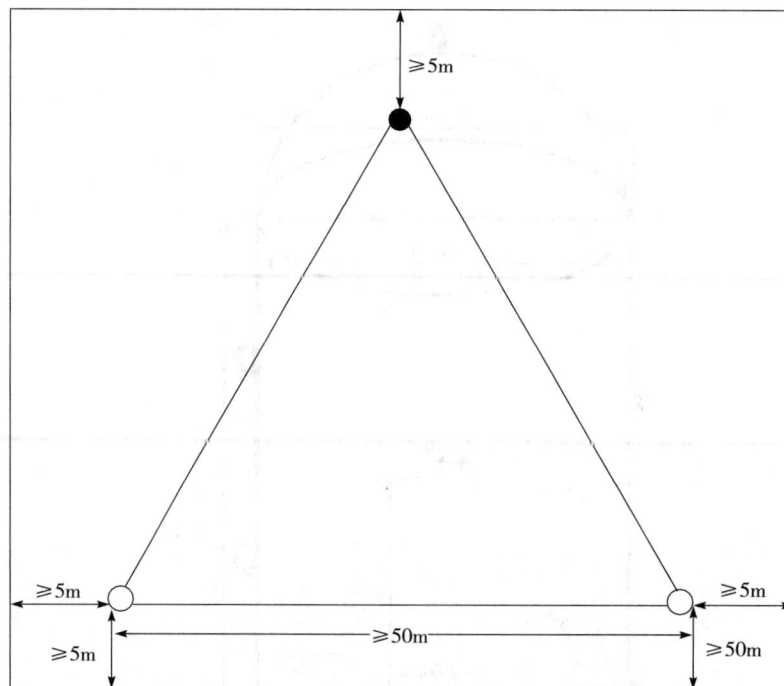

图 2 低矮作物田诱捕器放置方式

5.1.2.2 高秆作物田放置方式

对成株期玉米等高秆作物田,诱捕器应放置于田边方便操作的田埂上,3 个重复可放于同一条田埂上相距至少 50 m,呈直线排列,每个诱捕器与田边相距 1 m;田埂走向须与当地季风风向垂直。见图 3。

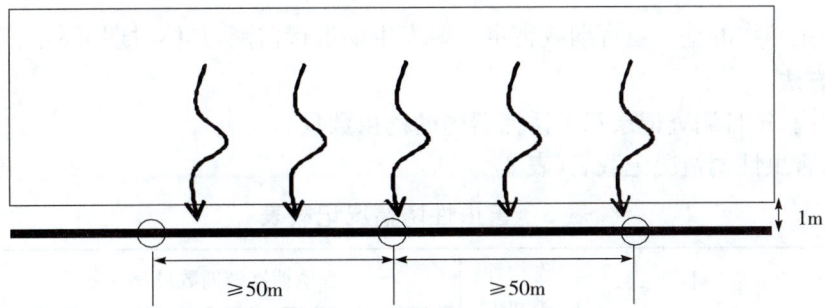

图 3 高秆作物田诱捕器放置方式

5.1.2.3 放置高度

诱捕器放置高度依寄主作物和害虫种类而定,具体高度见表2。

表 2 螟蛾类害虫诱捕器放置高度和监测期

害虫种类	放置高度	监测期*
稻纵卷叶螟	水稻秧苗期,放置高度50 cm;水稻成株期,诱捕器底边接近水稻冠层叶面	4月~10月
二化螟	水稻拔节前高于水稻冠层10 cm~20 cm;水稻成株期,诱捕器底边接近水稻冠层叶面	4月~9月
三化螟	水稻拔节前高于水稻冠层10 cm~20 cm;水稻成株期,诱捕器底边接近水稻冠层叶面	4月~9月
稻蛀茎夜蛾	离地面1 m	4月~9月
黏虫	离地面1 m左右或高于低矮植物20 cm	4月~9月
草地螟	比低矮植物冠层高出20 cm~30 cm	5月~8月
二点委夜蛾	离地面1 m左右或比低矮植物冠层高出20 cm~30 cm	4月~9月
亚洲玉米螟	离地面1.5左右或比低矮植物冠层高出10 cm~20 cm	5月~9月
甘蔗二点螟	离地面1 m左右	5月~8月（北方谷子）
甘蔗条螟	离地面1 m左右	5月~8月
桃蛀螟	离地面1 m左右	5月~9月
棉铃虫	离地面1 m左右或高于低矮植物20 cm	5月~9月
棉红铃虫	离地面1 m左右或高于低矮植物20 cm	5月~9月
烟青虫	离地面1 m左右	5月~9月
豆荚斑螟	离地面1 m左右	4月~10月
豆荚野螟	离地面1 m左右	5月~10月
瓜绢螟	离地面1 m左右	4月~9月
茶毛虫	离地面1 m左右(或高于低矮植物20 cm)	6月~8月
* 各地可根据害虫发生期调整性诱监测期。		

5.1.2.4 安全间隔距离

不同害虫性诱捕器若要进行组合排列,尤其是同一寄主作物上的不同害虫性诱捕器(如二化螟和稻纵卷叶螟),诱捕器至少要相距50 m以上。

5.1.2.5 诱芯保存和使用

诱芯应存放在较低温度的冰箱中(—15℃~—5℃),避免暴晒,远离高温环境。使用前才打开密封包装袋,打开包装后,最好尽快使用包装袋中的所有诱芯,或放回冰箱中低温保存。不要使用保存期超过6个月的诱芯。

安装不同种害虫的诱芯,需要洗手,以免污染。

诱芯每20 d~40 d更换一次。

5.2 监测期

在当地主要寄主作物的整个生育期或害虫主要发生期进行监测,具体时期可参照表2。

5.3 调查和记录方法

在整个监测期内,每日调查记录每个诱捕器内的诱虫数量。

调查结果记入害虫性诱情况记载表(表3)。

表3 害虫性诱情况记载表

调查 地点	害虫 种类	害虫 代别	调查 日期	作物种 类和生 育期	性诱捕器诱捕数量,头/台			备注 (气温、降雨、 风力与风向等)
					诱捕器1	诱捕器2	诱捕器3	

6 数据分析

6.1 性诱监测反映的成虫数量和种群动态

采用时间序列作图法,得出逐日诱虫量曲线,可反映田间害虫成虫发生动态,依此划分发生代次、各代次发生期(如始盛期、高峰期、盛末期)和发生程度。

6.2 性诱监测反映的成虫发生期和发生量与田间幼虫为害的对应关系

应用性诱监测的成虫虫量曲线,与幼虫系统调查获得的田间虫量曲线进行对比,分析性诱监测反映的成虫发生盛期、发生量,与幼虫为害高峰、虫口密度之间的对应关系,从而得出性诱监测预报幼虫发生的历期参数和虫量关系。

6.3 作物生育期与气象因子对性诱监测的影响

根据调查记录中作物生育期和气象因子(温度、湿度、降雨、风力、风向等)对应的性诱捕器逐日诱捕量,分析其对诱捕效果的影响。

ICS 65.020
B 16

NY

中华人民共和国农业行业标准

NY/T 2733—2015

梨小食心虫监测性诱芯应用技术规范

Technical specification for sex pheromone lure application in monitoring of the oriental fruit moth (*Grapholitha molesta* Busck)

2015-05-21 发布

2015-08-01 实施

中华人民共和国农业部 发布

前　言

本标准按照 GB/T 1.1—2009 给出的规则起草。

本标准由农业部种植业管理司提出并归口。

本标准起草单位：中国科学院动物研究所、山西省农业科学院植物保护研究所、全国农业技术推广服务中心。

本标准主要起草人：盛承发、范仁俊、王强、李唐、封云涛、曾娟、张润祥、庾琴、赵飞、高越、朱文雅、张烨、仵均祥、李建成、石宝才。

梨小食心虫监测性诱芯应用技术规范

1 范围

本标准规定了梨小食心虫监测专用性诱芯的制作方法及其田间应用技术。

本标准适用于果树梨小食心虫成虫种群动态的监测与防治适期的预报。

2 规范性引用文件

下列文件对于本文件的应用是必不可少的。凡是注日期的引用文件，仅注日期的版本适用于本文件。凡是不注日期的引用文件，其最新版本（包括所有的修改单）适用于本文件。

NY/T 2039 梨小食心虫测报技术规范

3 术语和定义

下列术语和定义适用于本文件。

3.1

梨小食心虫 oriental fruit moth

梨小食心虫（*Grapholitha molesta* Busck）为我国果树重要害虫，又名梨小蛀果蛾、东方蛀果蛾，属鳞翅目（Lepidoptera）小卷蛾科（Tortricidae）。

3.2

昆虫性信息素 insect sex pheromone

昆虫成虫分泌并向体外释放的、引诱同种异性个体前来求偶交配的信息化学物质。

3.3

性诱剂 sex attractant

人工合成的昆虫性信息素或类似物，称为昆虫性引诱剂，简称"性诱剂"。

3.4

性诱芯 sex lure

含有适量昆虫性诱剂的载体。

4 监测专用性诱芯制作方法

4.1 性诱剂准备

4.1.1 性诱剂活性组分、配比、含量

梨小食心虫监测专用性诱芯的3个性诱剂活性组分为：顺-8-十二烯醇乙酸酯、反-8-十二烯醇乙酸酯和顺-8-十二烯醇，三者配比为93：6：1，每枚性诱芯性诱剂活性组分含量合计为（200±5）μg。各组分纯度要达到99%。

4.1.2 抗氧化剂

抗氧化剂为2,6-二叔丁基-4-甲基苯酚（BHT），每枚性诱芯抗氧化剂含量为（20±1）μg。

4.1.3 溶剂

采用分析纯正己烷作为溶剂。

4.2 性诱芯载体规格

性诱芯载体为天然脱硫橡胶塞；载体长度（14±2）mm，最大断面直径（10±1）mm；每枚性诱芯净重

540 mg~580 mg；胶塞形状为反口、钟形；颜色为红色。

4.3 主要制作器具

称量误差≤0.001 g的电子天平，20 mL量筒，25 mL具塞平底烧瓶，量程误差≤0.07 μL的10 μL～100 μL单道微量移液器，电热封口机，7 cm×10 cm～10 cm×14 cm的15 dmm铝箔纸包装袋，橡胶塞碗。

4.4 制作室温度、湿度

制作室内温度为(20±1)℃，相对湿度40%～60%。

4.5 制作批量

每次制作批量不少于1 000枚。

4.6 制作步骤

以下步骤以1 000枚制作批量为例。制作更大批量时，所需性诱剂活性组分及各辅助成分按比例增加。

4.6.1 性诱剂溶液配制

精确量取正己烷19.75 mL，置入25 mL具塞平底烧瓶内，迅速盖紧瓶塞，尽可能减少溶剂挥发。分别精确称取3种性诱剂活性组分的混合液0.2 g和抗氧化剂0.02 g，置入盛放正己烷的平底烧瓶内，迅速盖紧瓶塞，摇晃3 min。

4.6.2 性诱芯制作

将移液器定于20 μL，吸入溶液，注进橡胶塞大头的碗口内，每枚橡胶塞注1次。整个制作过程连续完成，注液时防止漏注或多注。

4.6.3 包装封口

15 min后，待橡胶塞碗口内变干，用镊子将性诱芯装入铝箔纸包装袋，每袋10枚～50枚，包装袋封口。

4.7 保存

性诱芯使用前保持密封，冷冻存放于—18℃的冰柜中，保存时间不超过6个月。

5 性诱芯田间应用技术

5.1 诱捕器选择

选用粘胶板诱捕器或水盆诱捕器均可。

5.1.1 粘胶板诱捕器

粘胶板诱捕器，材料选用高强度钙塑板，形状为三角形，规格(长×宽×高)为24.5 cm×18.0 cm×15.5 cm，白色粘胶板单面涂胶，每张胶板涂胶量为5 g。将粘胶板置于诱捕器底部，性诱芯横向用大头针固定在诱捕器底部粘胶板的中央，配有悬挂用的细铁丝。

5.1.2 水盆诱捕器

水盆诱捕器，选用红色硬质塑料盆，直径25 cm，性诱芯用细铁丝固定在水盆中央，并配有悬挂用的细铁丝。性诱芯距水面0.5 cm～1.0 cm，盆中加0.5%的洗衣粉水。其他按照NY/T 2039的要求进行。

5.2 诱捕器设置和管理

5.2.1 诱捕器设置

选择当地代表性的、集中连片、周围无高大建筑物遮挡的，面积不小于50×667 m²的桃园、梨园等果园各3个。根据果园大小，每个果园从边缘10 m起，向中心方向等距离悬挂3个～5个诱捕器，诱捕器间距不少于40 m。诱捕器要悬挂在果树树冠的背阴处，悬挂高度1.5 m～1.8 m。

5.2.2 田间管理与数据采集

每天上午检查记载诱捕器中的诱蛾数量,记录格式按照 NY/T 2039 的要求进行。在检查记载时用镊子清除粘胶板上的虫尸及杂物,或用漏勺清除水盆中的虫尸及杂物。粘胶板诱捕器中的粘胶板每15d 更换 1 次,春季遇沙尘天气或虫量过大时,应酌情缩短粘胶板的更换时间。水盆诱捕器要注意适时加水和洗衣粉。

诱捕器中的性诱芯应为当年制作的新诱芯,且需每 30d 更换 1 次。包装袋中的性诱芯未用完时,应将包装袋封口、一18℃以下冷冻保存,以便当季使用。本年度未用完的性诱芯不得存放至次年再用。

为保证果园梨小食心虫发生动态的长期监测,不同年份间应保持性诱芯监测果园、设置地点和位置不变。

5.3 成虫监测与防治适期预报

春季桃树、梨树等果树萌芽期,在桃园、梨园等果园悬挂诱捕器开始进行梨小食心虫成虫发生动态监测。当每次成虫连续出现且数量显著增加时,表明进入成虫羽化盛期。越冬世代 6 d～8 d 后,其他世代 4 d～6 d 后即为卵孵化盛期,此时即为桃园、梨园等果园梨小食心虫的药剂防治适期。进入秋季后,连续 7 d 诱不到成虫时即结束当年的监测工作。

ICS 65.020
B 16

NY

中华人民共和国农业行业标准

NY/T 2734—2015

桃小食心虫监测性诱芯应用技术规范

Technical specification for sex pheromone lure application in monitoring of the peach fruit moth (*Carposina sasakii* Matsumura)

2015-05-21 发布

2015-08-01 实施

中华人民共和国农业部 发布

前　言

本标准按照 GB/T 1.1—2009 给出的规则起草。

本标准由农业部种植业管理司提出并归口。

本标准起草单位：中国科学院动物研究所、山西省农业科学院植物保护研究所、全国农业技术推广服务中心。

本标准主要起草人：盛承发、范仁俊、王强、赵飞、高越、曾娟、李唐、封云涛、郭晓君、刘中芳、李捷、马春森、马瑞燕、王洪平、李丽莉。

桃小食心虫监测性诱芯应用技术规范

1 范围

本标准规定了桃小食心虫(*Carposina sasakii* Matsumura)监测性诱芯的制作方法及田间应用技术。

本标准适用于苹果园和枣园桃小食心虫成虫种群动态监测与防治适期预报,其他果园桃小食心虫的性诱芯监测可参考执行。

2 规范性引用文件

下列文件对于本文件的应用是必不可少的。凡是注日期的引用文件,仅注日期的版本适用于本文件。凡是不注日期的引用文件,其最新版本(包括所有的修改单)适用于本文件。

NY/T 1610 桃小食心虫测报技术规范

3 术语和定义

下列术语和定义适用于本文件。

3.1

桃小食心虫 *Carposina sasakii* **Matsumura**

为我国果树重要害虫,又名桃蛀果蛾,属鳞翅目(Lepidoptera)果蛀蛾科(Carposinidae)。

3.2

昆虫性信息素 **insect sex pheromone**

昆虫成虫分泌并向体外释放的、引诱同种异性个体前来求偶交配的信息化学物质。

3.3

性诱剂 **sex attractant**

人工合成的昆虫性信息素或类似物,称为昆虫性引诱剂,简称"性诱剂"。

3.4

性诱芯 **sex lure**

含有适量昆虫性诱剂的载体。

4 监测专用性诱芯制作方法

4.1 性诱剂准备

4.1.1 性诱剂活性组分、配比、含量

桃小食心性诱芯含有 2 种性诱剂活性组分:顺-7-二十烯-11-酮和顺-7-十九烯-11-酮,各组分纯度均为 93%,二者配比为 20:1,每枚标准诱芯活性组分含量合计为(1 000±30)μg。

4.1.2 抗氧化剂

采用 2,6-二叔丁基-4-甲基苯酚(BHT)作为抗氧化剂,每枚诱芯抗氧化剂含量(100±0.5)μg。

4.1.3 溶剂

采用分析纯正己烷作为溶剂。

4.2 性诱芯载体

性诱芯载体为天然脱硫橡胶胶塞,红色、反口、钟形;长度(14±2)mm,最大断面直径(10±1)mm,

净重 540 mg～580 mg。

4.3 主要制作器具

称量误差≤0.001 g 的电子天平,50 mL 量筒,50 mL 具塞平底烧瓶,量程误差≤0.07 μL 的 10 μL～100 μL 单道微量移液器,电热封口机,7 cm×10 cm～10 cm×14 cm 的 15 dmm 铝箔纸包装袋。

4.4 制作温度、湿度

制作室内温度保持(20±1)℃,相对湿度 40%～60%。

4.5 制作批量

每次制作批量不少于 1 000 枚。

4.6 制作步骤

以下步骤以 1 000 枚制作批量为例。制作更大批量时,所需性诱剂活性组分及各辅助成分按比例增加。

4.6.1 性诱剂溶液配制

精确量取正己烷 38.72 mL,置入 50 mL 具塞平底烧瓶内,迅速盖紧,尽可能减少溶剂挥发。分别精确称取 2 种活性组分的混合液 1.0 g 和抗氧化剂 0.1 g,置入盛放正己烷的具塞平底烧瓶内,迅速盖紧,摇动 3 min。

4.6.2 性诱芯制作

将微量移液器设定至 20 μL,打开具塞平底烧瓶,吸入溶液,注进橡胶塞大头碗口内。约 15 min 橡胶塞碗口内变干后,每个胶塞再注液 1 次。整个制作过程需连贯完成。注液时防止漏注或多注。

4.6.3 包装封口

20 min 后,用镊子将性诱芯装入铝箔纸包装袋,每袋 10 枚～50 枚,包装袋封口。

4.7 保存

性诱芯使用前保持密封,冷冻存放于—18℃冰柜中,保存时间不超过 6 个月。

5 性诱芯田间应用技术

5.1 性诱捕器选择

粘胶板诱捕器或水盆诱捕器均可。

5.1.1 粘胶板诱捕器

选用长×窗为 55.0 cm×24.5 cm 的矩形白色高强度钙塑板,按长边将钙塑板围成截面边长 18.0 cm 的三角形柱体,留 1.0 cm 接口涂胶粘贴定型,制成三角形诱捕器。将三角形诱捕器横放,内壁底面放置 1 张单面粘胶板,并用别针或者铁丝将其固定在诱捕器底面,防止粘板起拱或者被风吹落。将 1 枚性诱芯放置于粘胶板中央,方向与诱捕器长边平行。将 1 根约 30 cm 长、直径 1.2 mm 的细铁丝从诱捕器顶边中央穿过,用于粘胶板诱捕器的田间悬挂。

5.1.2 水盆诱捕器

选用直径 20 cm～25 cm,深约 10 cm 的硬质红色塑料盆,用约 30 cm 长、直径 1.2 mm 的细铁丝穿过 1 枚性诱芯小头中间,并将其大头朝下固定于塑料盆中央,制成水盆诱捕器。水盆诱捕器中添水至距诱芯 0.5 cm～1.0 cm 处,水中加入 0.5%洗衣粉,将 3 根约 10 cm～20 cm 长、直径 1.2 mm 的细铁丝等距离固定于水盆边上,且顶端拧在一起,用于水盆诱捕器的田间悬挂。

5.2 性诱捕器设置与田间管理

5.2.1 性诱捕器设置

选择当地代表性的,集中连片、周围无高大建筑物遮挡的,面积不小于 50×667 m² 的苹果园或枣园 3 个～5 个。根据果园大小,每个果园从边缘 10 m 起,向中心方向等距离悬挂 3 个～5 个诱捕器,诱捕器间距不少于 40 m。诱捕器要悬挂在果树树冠的背阴处,悬挂高度 1.5 m～1.8 m。

5.2.2 田间管理与数据记录

每天上午检查1次,记载雄蛾数量,记录格式按照 NY/T 1610 的要求执行。检查完粘胶板诱捕器后,用镊子清除粘胶板上的虫尸及杂物。粘胶板每15 d 更换1次。春季遇沙尘天气或虫量过大时,应酌情缩短粘胶板的更换时间;检查完水盆诱捕器后,用漏勺清除水盆中的虫尸及杂物。注意保持诱芯与水面的距离,适时加水和补充洗衣粉。

诱捕器中的性诱芯应为当年制作的新诱芯,且需每30 d 更换1次。包装袋中的性诱芯未用完时,应将包装袋封口、-18℃以下冷冻保存,以便当季使用。本年度未用完的性诱芯不得存放至次年再用。

为保证果园桃小食心虫发生动态的长期监测,不同年份间应保持性诱芯监测果园、设置地点和位置不变。

5.3 成虫期监测与防治适期预报

苹果园盛花期开始进行桃小食心虫成虫的发生动态监测。第2次生理落果后,当单个诱捕器日均诱蛾量达到5头及以上,且进一步调查卵果率达0.5%~1.0%时,即开展树上化学防治。卵果率调查方法按照 NY/T 1610 的要求执行。

枣园盛花期开始进行桃小食心虫成虫的发生动态监测。坐果后,当诱捕器内连续出现成虫、且数量逐日激增时,即开展树上化学防治。

田间性诱捕器监测应持续至进入秋季后,连续7 d 诱不到成虫时为止。

ICS 65.020.20
B 05

NY

中华人民共和国农业行业标准

NY/T 2735—2015

稻茬小麦涝渍灾害防控与补救技术规范

Technical specification for prevention and remedy of waterlogging
disaster in growing wheat after rice

2015-05-21 发布

2015-08-08 实施

中华人民共和国农业部 发布

前　言

本标准按照 GB/T 1.1—2009 给出的规则起草。

本标准由农业部种植业管理司提出并归口。

本标准起草单位：全国农业技术推广服务中心、江苏省作物栽培技术指导站、江苏省兴化市农业技术推广中心、长江大学、中国农业科学院农田灌溉研究所、安徽省农业科学院水稻研究所。

本标准主要起草人：陈应志、王爱珺、周友根、王龙俊、汤金仪、朱建强、吴文革、周新国、邓建平、蒋小忠、沙安勤、李春广、黄大山、孔令娟、刘鹏、涂勇、胡莲生、陈春生、万羽、孔令聪。

稻茬小麦涝渍灾害防控与补救技术规范

1 范围

本标准规定了稻茬小麦涝渍灾害的防控及恢复补救技术。

本标准适用于易涝易渍地区稻茬小麦生产中涝渍灾害的防灾减灾技术指导。

2 规范性引用文件

下列文件对于本文件的应用是必不可少的。凡是注日期的引用文件,仅注日期的版本适用于本文件。凡是不注日期的引用文件,其最新版本(包括所有的修改单)适用于本文件。

GB 50288　灌溉与排水工程设计规范

NY/T 496　肥料合理使用准则　通则

NY/T 2148　高标准基本农田建设标准

SL 109　农田排水试验规范

SL/T 246　灌溉与排水工程技术管理规程

3 术语和定义

下列术语和定义适用于本文件。

3.1

涝渍灾害　waterlogging disaster

小麦生育期内涝害、渍害的统称。小麦涝害是指麦田积水超过作物耐淹深度与耐淹历时造成的危害。小麦渍害是指小麦根系密集层土壤含水量持续过高,超过小麦耐渍历时,引起根系吸水吸肥困难等生理性或病理性障碍,影响小麦正常生长发育而造成的危害。

3.2

内三沟　three types of temporary furrow in the wheat field

小麦生产上一般按竖墒沟、横墒沟、出水墒沟三级配置,逐级加深,合称为"内三沟"。为了在涝渍时能及时汇集、排除田间积水和耕作层土壤滞水,干旱时能有效灌溉洇水,而在麦田内临时开挖的纵横向排水小沟,也叫"墒沟"。其中平行耕作方向的小沟称为竖墒沟,垂直田块耕作方向的小沟称为横墒沟,通毛沟的田边横墒沟与通农沟的田头竖墒沟合称为出水墒沟。

3.3

外三沟　three types of drainage ditch outside the wheat field

在小麦生产上,通常将斗沟、农沟、毛沟合称为"外三沟"。斗沟、农沟参照 GB 50288 的规定,毛沟是垂直于农沟设置的末级固定排水明沟。

3.4

基本苗　basic seedling

小麦播种出苗后,能正常生长的植株体总数。

3.5

匀播　uniform seeding / uniform sowing/ uniform planting

播种深度一致,一般播深(或覆盖厚度)2 cm～3 cm;种子均匀分布,无丛籽、深籽现象。

3.6

浅旋耕 shallow rotary tillage

利用旋耕机灭茬、碎土、疏松、混拌耕层的一种整地方式,浅旋耕深度一般控制在 8 cm～12 cm。

3.7

深翻耕 deep ploughing

将耕作层铲起、翻转、松碎的一种土壤耕作方式。

4 涝渍灾害防控

4.1 排水工程

4.1.1 排水系统的建设应符合下列原则

a) 应同时满足水稻、小麦两季作物灌溉、排涝、降渍要求。

b) 应遵循旱、涝、洪、渍、碱综合治理和水土资源合理利用的原则。

c) 田、林、路、桥、闸、站、沟应统一规划。

d) 排水沟宜布置在低洼地带,并尽量利用天然河沟。

e) 有条件地区可采取明沟排水系统与暗管排水系统相结合的措施。

4.1.2 明沟排水系统应遵循以下规定

a) 丘陵谷地应根据山势地形、坡面径流特点,遵循高水高用、低水低用原则,采取冲顶建塘、环山撇洪、山脚截流、田间排水等措施,充分利用天然河道与沟溪布设排水系统。

b) 平原灌区应根据地形坡向、土壤、水文特点,采用沟网、河网和排涝泵站等工程配套措施,分开布设灌溉和排水系统,能有效排涝和调控地下水位。

c) 沿江、滨湖平原圩垸区应根据内、外河水文特点,采取联圩并垸、整治河道、筑堤修闸建站和挡洪蓄涝等工程措施,在确保圩堤防洪安全的前提下,按照以排为主、排蓄结合、内外河分开、高低田分排、自排提排结合和灌排分开的原则,能有效控制内河水位和地下水位。

4.1.3 工程管理

应加强排水工程管理,保证工程安全正常运行。工程管理应符合 SL/T 246 的相关规定。

4.2 田间工程

4.2.1 设计标准

田间工程设计应符合以下标准:

a) 设计暴雨重现期应根据各地情况采用 5 年或 10 年。

b) 排渍深度、适宜地下水埋深、耐渍历时,应遵照 SL 109 进行小麦涝渍试验并结合生产实践综合分析确定。无试验资料或调查资料时,设计排渍深度可取 80 cm～100 cm;雨后 4 日～7 日应将地下水埋深控制在 40 cm～60 cm。春季多雨时段,允许地表浅层积水(≤5 cm)的时间 1 d～2 d。

c) 田面积水排除后,应在小麦耐渍历时内将地下水位埋深降至适宜深度。

d) 适宜地下水埋深。日常应将地下水埋深控制在适宜范围内。小麦苗期 30 cm～50 cm,返青拔节期 60 cm～70 cm,孕穗至成熟 80 cm～100 cm。

4.2.2 农沟深度和间距

应因地制宜,根据自然经济条件,结合历年生产实践与田间试验资料分析确定。也可按 GB 50288 附录 K 所列公式进行计算,结合实践经验综合确定。无试验资料时,可按照表 1 确定执行。

表 1　农沟深度和间距

沟深,m	间距,m		
	黏土、重壤土	中壤土	轻壤土、沙壤土
0.6～1.0	10～20	20～30	30～60
1.0～1.5	20～30	30～60	60～100
1.5～2.0	30～60	60～100	100～150
2.0～2.5	60～100	100～150	/

4.2.3　田块整理

田块整理可参照 NY/T 2148 的要求,田面高差超过±3 cm 的田块须进行整理,并应符合下列要求:

a) 稻麦轮作区宜以格田作为土地平整的基本单元,格田田面高差应不超过±3 cm。

b) 格田长边宜沿等高线布置。每块格田均须在农渠、农沟上分别设置进水、排水口。

c) 格田的长度宜取 60 m～120 m,宽度宜取 20 m～40 m。

d) 丘陵谷地、平原坡地可根据地形复杂程度及耕作条件作适当调整。

4.2.4　外三沟标准

斗沟、农沟的长度、深度和间距标准按照 GB 50288 的规定执行,平原圩垸区宜沿机耕路两侧配置,并可将农沟、农渠进行灌排一体化设计。毛沟断面宜为梯形,不应硬质化。毛沟深度、宽度与间距应通过田间试验确定,或根据生产实践确定,一般沟深 80 cm～100 cm,底宽 30 cm～40 cm,间距 20 m～40 m。

4.2.5　内三沟标准

内三沟应在小麦播种前后及时开挖,竖墒沟、横墒沟、出水墒沟应逐级加深,深度应达标,能迅速汇集排除田间积水和耕层滞水。内三沟深度、宽度与间距宜通过田间试验并结合生产实践综合分析确定。或按照表2确定。

表 2　内三沟标准

名　称	深度 cm	沟宽 cm	间距 m
竖墒沟	20～25	15～20	2～3
横墒沟	25～30	15～20	30～50
出水墒沟	50	30～35	/

4.3　品种

应通过试验、示范,确定耐渍性强、稳产、高产与优质相兼顾的品种。

4.4　耕种

4.4.1　合理耕作

应采取浅旋耕与深翻耕相结合的耕作方式,一般连续 2 年～3 年浅旋耕作后,应进行一次深翻耕或深松,耕作适宜墒情为耕层土壤相对含水量 70%～75%,应坚持适墒耕作。

4.4.2　匀播

应因地制宜采取机条播等播种方式,均匀播种。

4.5　壮苗

4.5.1　适期播种

应立足稻麦周年高产原则合理安排小麦播期,在适宜播期内抢早播种,促早发壮苗。各地适宜播期应根据生产实践并通过播期密度田间试验确定。或按照表3的要求确定。

表 3　易涝易渍地区稻茬小麦适宜播期播量表

生态区	亚区	适宜播期	合理基本苗 10⁴ 苗/667 m²	代表土壤
黄淮冬麦区	淮北平原	10 月 10 日～10 月 25 日	14～18	砂姜黑土
长江中下游冬麦区	里下河平原	10 月 25 日～11 月 5 日	12～16	水稻土、盐碱土
	两湖平原	10 月 25 日～11 月 5 日	14～18	水稻土
	长江三角洲平原	10 月 25 日～11 月 10 日	12～16	水稻土
	苏皖沿江平原	10 月 25 日～11 月 10 日	12～16	水稻土
西南冬麦区	四川盆地	10 月 28 日～11 月 3 日	13～16	紫色土
注:表中数据来源于各省发布的稻茬小麦生产技术规程。				

4.5.2　精量播种

播种量应与播期配套,不同播期、不同耕作条件下的百粒种子平均田间成苗数(S_h)应根据当地多年田间试验和生产实践确定,具体播种量(R_s)按照式(1)计算:

$$R_s = \frac{D_p}{S_h} W_t \quad\cdots\cdots\cdots\cdots\cdots\cdots\cdots\cdots\cdots\cdots\cdots\cdots\cdots\cdots\cdots\cdots (1)$$

式中:

R_s——播种量,单位面积所播小麦种子的质量,单位为克每 667 平方米(g/667 m²);

D_p——合理基本苗,单位面积适宜的小麦群体密度,单位为 10⁴ 苗每 667 平方米(10⁴ 苗/667 m²);

W_t——千粒重,1 000 粒净种子的质量,单位为克每 10³ 粒(g/10³ 粒);

S_h——百粒种子田间成苗数,100 粒种子在田间所能出生的正常苗数,单位为苗每 10² 粒(苗/10² 粒)。

注:S_h 是在某特定条件下,根据多年田间成苗率试验求得的 100 粒种子所能出生的正常苗数平均值,试验应采取 4 次重复,每重复播 100 粒种子。

4.5.3　施肥技术

应根据小麦吸肥规律综合应用养分平衡施肥技术,提倡适量施用锌肥、硅肥。应注重肥水协同,以水调肥,以肥促根。有条件地区可推广水肥一体化等节水节肥灌溉技术。肥料施用应符合 NY/T 496 的规定。N、P、K 施肥定量及运筹技术应根据小麦品质类型、目标产量,参考当地农业技术推广部门意见确定,也可按照表 4 的要求确定。

表 4　稻茬小麦肥料运筹推荐值

单位为千克每 667 平方米

代表地区	品质类型	目标产量	分期施肥(用量及比例)						
			氮肥		磷肥		钾肥		
			纯 N	基肥：蘖肥：拔节肥：孕穗肥	P₂O₅	基肥：拔节肥	K₂O	基肥：拔节肥	
淮北平原	强筋、中筋	500～550	16～20	50：10：25：15	8～10	70：30	8～10	70：30	
里下河平原	中筋	450～500	16～18	50：10：25：15	7～8	70：30	7～8	70：30	
苏皖沿江平原	弱筋	400～450	12～14	50：20：30：0	5～6	70：30	4～5	70：30	
两湖平原	中筋	350～450	12～14	30：25：30：15	5～6	50：50	4～6	50：50	
四川盆地	中筋、弱筋	400～500	13～14	30：25：30：15	6～8	70：30	5～6	70：30	

4.6　土壤改良

4.6.1　目标

耕作层厚度应稳定在 20 cm～25 cm,土壤总孔隙度 50%～55%,其中通气孔隙度 10%～20%,土壤渗漏速率 10 mm/d～18 mm/d,土壤阳离子交换量(CEC)>8.96 cmol/kg。

4.6.2 措施

除通过建立农田排灌工程,改进耕作方法,还应采取下列措施:

a) 增施有机肥能有效改良黏质土壤、砂质土壤、酸性和碱性土壤,改善根际营养,培育健壮根系。有机肥应作基肥施用,商品有机肥用量 400 kg/667 m²～500 kg/667 m²,农家肥用量 1 000 kg/667m²。

b) 水稻秸秆可全量机械切碎匀铺旋耕还田,旋耕深度≥15 cm,还田后应适度镇压。

c) 酸性土壤可施用石灰性物质,盐碱土壤施用石膏、磷石膏等化学改良剂进行改良。

4.7 预警与措施

4.7.1 暴雨预警与措施

当气象部门发布暴雨预警信号时,应根据地下水位现状和历史经验,采取以下措施:

a) 暴雨前及时疏浚畅通内外三沟。

b) 根据暴雨预报雨量,计算地下水埋深抬升高度,无资料地区可按日降水量 100 mm 抬升地下水位 90 cm～110 cm 估计,对照表 5 给定指标,如达预警指标,圩垸区应提前启动排涝泵站,降低内河水位至适宜标准。

表 5 地下水埋深预警指标

主要生育期	预警指标,cm
苗期	≤30
返青期	≤40
拔节孕穗期	≤50
扬花灌浆期	≤55

4.7.2 连阴雨预警与措施

当连阴雨造成土壤持水量达饱和或接近饱和的持续时间超过小麦耐渍历时,根据连阴雨发生阶段,参照附录 A 采取下列措施:

a) 秋季连阴雨。主要发生在长江中下游和西南冬麦区,雨前抢早播种,建立健全内外三沟。预留备用麦种,或在高地预种备用麦苗。

b) 冬季连阴雨。主要发生在中东部地区,雨前清理浚深畅通内外三沟。

c) 春季连阴雨。主要发生在长江中下游、西南冬麦区,小麦处于返青拔节阶段。雨前应清理浚深畅通内外三沟。应普遍防治纹枯病,提早预防锈病。

d) 扬花灌浆期连阴雨。主要发生在长江中下游冬麦区。雨前应清理浚深畅通内外三沟。加强赤霉病、白粉病、纹枯病的综合防治,雨前普防,雨后补治。如预报发生暖湿型连阴雨,应增加赤霉病等病害防治次数。

e) 收获期连阴雨。主要发生在长江中下游冬麦区,其中江淮地区是"烂场雨"高风险区。应加强机收组织协调工作,提前做好机械作业各项准备,配套完善烘晒与仓储设施,抢收抢晒。

5 恢复补救

5.1 播种期

种子淹水耐受期为 1 d,超过则胀浆闷种,淹水 2 d 以上应补种,超过 3 d 建议重种或改种。应先开沟后播种,避免无沟种麦。应突击清理、畅通内外三沟,迅速排涝降渍。

5.2 出苗至返青期

应迅速清理疏通内外三沟。小麦苗期涝渍时间超过 3 d 时,轻度渍害不必补施恢复肥,中度渍害应选用硝硫基复合肥作补救恢复肥,施用量因苗制宜,控制在 5 kg/667 m²～8 kg/667 m²,宜同时根外喷施叶面肥。重度以上施用复合肥 10 kg/667 m²～15 kg/667 m²。

5.3 返青期

5.3.1 应迅速清理疏通内外三沟。

5.3.2 过密田块应进行疏苗,通风降湿。

5.3.3 除群体不足田块外,一般不宜额外补施恢复肥;严重受渍田块,应迅速追施 1 次速效氮肥,用量为尿素 3 kg/667 m²~5 kg/667 m²,同时进行叶面补肥。

5.3.4 锈病、纹枯病重发地区应在雨后适期补防 1 次。

5.4 拔节孕穗期

5.4.1 应迅速清理疏通内外三沟。

5.4.2 中度以下渍害参考表 4 全量施好、施足拔节孕穗肥。

5.4.3 重度以上渍害,应及时补施 1 次恢复肥,恢复肥应选用硝硫基复合肥,用量为 5 kg/667 m²~10 kg/667 m²,同时应进行根外叶面补肥,叶面肥宜选用液态硅钾肥。

5.4.4 渍后遇高温,应采取预防生理性干旱措施,可叶面喷施抗旱保水剂。

5.4.5 应配合使用植物生长调节剂,如 6-苄氨基腺嘌呤(6-BA)、胺鲜酯(DA-6)等。

5.4.6 锈病、纹枯病、白粉病重发地区应在雨后适期补防 1 次。

5.5 扬花灌浆期

5.5.1 应迅速清理疏通内外三沟。

5.5.2 扬花期可喷施植物生长调节剂,如 6-苄氨基腺嘌呤(6-BA)、胺鲜酯(DA-6)等。

5.5.3 对于强降水造成一周内农田涝水不能及时排除时,于涝后第 1 d 和第 6 d 喷施 2 次叶面肥(1% 尿素+0.3%氯化钾);在条件许可的大型农场可于受涝第 4 d 采用飞机喷施浓度为 6 mg/L~10 mg/L 的复硝酚钾溶液。

5.5.4 应对赤霉病、白粉病及时补防 1 次~2 次。

5.6 收获期

小麦收获适期应掌握在蜡熟末期。应科学调度跨区作业机械,充分利用晒场、烘干机等设备与仓储设施,抢收抢晒。

附　录　A

（资料性附录）

致害连阴雨等级划分

致害连阴雨等级划分见表 A.1。

表 A.1　致害连阴雨等级划分

	播种期			出苗—返青期			拔节—抽穗期			扬花灌浆期		
	雨日 d	雨量 mm	积水 d	雨日 d	雨量 mm	积水 d	雨日 d	雨量 mm	积水 d	雨日 d	雨量 mm	积水 d
轻度	＜5	50～100	0～1	＜6	100～150	0～3	＜7	100～150	0～3	＜2	30～60	0
中度	5～6	100～150	1～2	6～7	150～200	4～5	7～8	150～200	4～5	2～3	60～100	0～1
重度	7～8	150～200	2～3	8～9	200～250	5～7	9～10	200～250	6～9	3～4	100～150	1～2
特重	≥9	200～250	≥4	≥10	250～300	≥8	≥11	250～350	≥10	≥5	150～200	≥3
注:积水是指田间出现≥10 mm 以上水层。												

ICS 65.020
B 16

NY

中华人民共和国农业行业标准

NY/T 2736—2015

蝗虫防治技术规范

Technical Specifications for management of locusts and grasshoppers

2015-05-21 发布
2015-08-01 实施

中华人民共和国农业部 发布

前　言

本标准按照 GB/T 1.1—2009 给出的规则起草。

本标准由农业部种植业管理司提出并归口。

本标准起草单位：全国农业技术推广服务中心、山东省植物保护总站、河北省植保植检站、河南省植保植检站、四川省农业厅植物保护站、新疆维吾尔自治区植物保护站、内蒙古自治区植保植检站。

本标准主要起草人：朱景全、杨普云、朱恩林、熊延坤、林彦茹、张杰、王建敏、高军、张东霞、徐翔、买合吐木古丽、杨立国。

蝗虫防治技术规范

1 范围

本标准规定了我国蝗虫防治的基本原则、防治指标、防治技术及防治效果调查与评价方法等。

本标准适用于我国飞蝗和土蝗的防治。

2 规范性引用文件

下列文件对于本文件的应用是必不可少的。凡是注日期的引用文件,仅注日期的版本适用于本文件。凡是不注日期的引用文件,其最新版本(包括所有的修改单)适用于本文件。

GB 4285 农药安全使用标准

中华人民共和国农业部公告 2002 年第 199 号

3 术语和定义

下列术语和定义适用于本文件。

3.1

飞蝗 locusts

指能够远距离迁飞和聚集成群的蝗虫。在我国主要包括东亚飞蝗[*Locusta migratoria manilensis* (Meyen)]、亚洲飞蝗[*Locusta migratoria migratoria* (Linnaeus)]和西藏飞蝗[*Locusta migratoria tibetensis* Chen]。

3.2

土蝗 grasshoppers

直翅目蝗总科飞蝗属和沙漠蝗属以外的蝗虫。

3.3

防治指标 economic threshold

也称为经济阈值,指害虫的种群数量水平达到应当采取防治措施,以防止害虫种群数量上升到经济危害允许水平以上。

3.4

防治适期 application period

实施防治措施可以达到最佳防治效果的时期。

3.5

化学防治 chemical control

利用人工合成的化学物质及其加工品防治蝗虫的方法。

3.6

生态控制 ecological management

也称生态学治理,是指对适宜蝗虫繁衍的生态环境进行改造,使之不利于蝗虫孳生,有利于增强天敌控制作用,从而减轻蝗虫发生程度,达到可持续控制蝗虫灾害的方法。

3.7

生物防治 biological control

利用生物活体或其代谢产物防治蝗虫的方法。

3.8

蝗虫发生区 locust and grasshoppers infestation area

指蝗虫发生且可能造成经济损失的地区,分为草原土蝗发生区、农田土蝗发生区和飞蝗发生区。飞蝗发生区又分为沿海蝗区、滨湖蝗区、内涝蝗区、河泛蝗区。在每一蝗区中又可分为蝗虫发生基地、一般发生地、扩散地。

3.9

安全间隔期 safety interval

最后一次施药至可以安全放牧、收获(采收)、使用、消耗作物前的时期。

3.10

蝗虫微孢子虫 *Nosema iocustae*

原生动物界、微孢子虫科、微孢子虫属的一种单细胞真核生物,是可导致直翅目昆虫感染死亡的专性寄生物。

3.11

绿僵菌 *Metarhizium anisopliae*

属于真菌界、麦角菌科、绿僵菌属的一种可导致害虫死亡的广谱的病原真菌。

4 防治原则

4.1 防治目标

通过防治,使蝗虫种群数量水平保持在防治指标以下,确保飞蝗不起飞成灾,土蝗不大面积扩散危害。

4.2 防治策略

坚持"改治并举,控制蝗害"的治蝗原则,根据蝗虫密度高低和蝗区生态环境状况,综合运用生态控制、生物防治和化学防治技术对蝗虫进行防治,优先采用生态控制、生物防治等绿色治蝗技术,必要时采用化学防治,保护蝗区环境和非靶标生物的安全,达到可持续控制蝗害的目的。

5 防治指标

5.1 飞蝗防治指标

东亚飞蝗的防治指标为 0.5 头/m²,亚洲飞蝗、西藏飞蝗的防治指标为 1 头/m²。

5.2 土蝗防治指标

土蝗的防治指标为混合种群密度 10 头/m²。

6 防治技术

6.1 生态控制技术

6.1.1 沿海蝗区

可采取滩涂养殖、建立盐场、封育草场、蓄水养苇、垦荒种植等措施,压缩蝗虫的扩散区范围。对稀疏植被区播种草籽,种植紫穗槐、香花槐、苜蓿等植物。对适宜开垦的蝗区,垦殖大豆、棉花、冬枣、田菁等蝗虫不喜食植物。水利条件较好的蝗区,垦殖水稻,避免零星开垦农田和撂荒,同时,注意铲除田边地芦苇、马绊等野生杂草,以减少蝗虫产卵场所。

6.1.2 滨湖和内涝蝗区

采取排涝行洪和精耕细作方式,减少农田夹荒地,加强农业综合开发,改造后的蝗区可种植玉米、小麦、大豆、蔬菜等作物,沟渠可蓄水养鱼,压缩蝗虫孳生地,抑制蝗虫种群的发展。

6.1.3 河泛蝗区

根据生态特点,采取精耕细作,提高复种指数,植树种草、改造适生环境。在不影响行洪排涝的前提下,通过营造防护林,种植紫穗槐、冬枣、白蜡条、牧草等,增加植被覆盖度,形成不利于蝗虫产卵的生存环境。对地势低洼蝗区,通过稳定水域开发利用方式,开挖排水沟渠、养鱼、种莲、养苇等,使生态环境逐步实现良性循环,减轻蝗虫发生程度。

6.1.4 农牧交错区蝗虫发生区

调整种植业结构,种植大豆、苜蓿等蝗虫不喜食的作物,减少蝗虫食物源和产卵地。加大农田周边植树种草的力度,增加植物的覆盖度,建立不适合蝗虫产卵的环境,减轻蝗虫危害。

6.1.5 高原草甸蝗虫发生区

可通过种植沙棘或其他蝗虫不取食植物等措施,改造蝗区环境,压缩蝗虫发生面积。

6.2 生物防治技术

在中低密度发生区、湖库水源区和自然保护区,可使用绿僵菌、微孢子虫微生物制剂以及植物源农药、牧鸡牧鸭等防治蝗虫。

6.2.1 绿僵菌防治技术

绿僵菌使用剂量为$(7.5 \sim 25) \times 10^{11}$孢子$/ hm^2$。在蝗蝻处于 3 龄之前防治。可据当地施药条件和植被密度情况,选用施药器械或飞机直接喷施。具体使用方法参照产品使用说明书。

6.2.2 蝗虫微孢子虫防治技术

使用剂量为$(1.5 \sim 3) \times 10^{10}$孢子$/ hm^2$。最佳防治时期为优势种蝗虫处于 2 龄～3 龄盛发期。可据当地施药条件和植被密度情况,选用施药器械或飞机直接喷施。具体使用方法参照产品使用说明书。在植被覆盖度不高的地区,可将蝗虫微孢子虫配制成饵剂进行喷施,选择颗粒大的麦麸,将2×10^7孢子$/ mL$蝗虫微孢子悬浮剂均匀喷在麦麸上,麦麸用量为 1.5 kg / hm^2,麦麸的含水量约为 13%,饵剂加工完成后最好在 3 日之内使用。

6.2.3 植物源农药防治技术

在非湖库水源区蝗虫发生区,当蝗虫密度发生较低或零星发生,在 3 龄蝗蝻之前,可喷洒苦参碱、印楝素、苦皮藤素等植物源农药防治蝗虫。使用植物源农药防治蝗虫应尽量避开水生动物、鱼虾、蜜蜂、家蚕养殖区域。应选择储存时间较短的植物源农药产品,使用剂量和方法参照产品使用说明书。为避免植物源农药加速分解和保持活性,施药时应避免强光和干旱、低温天气,在傍晚或阴天施药为宜。一般在草原和农牧交错区蝗虫发生区可大面积使用。

6.2.4 牧鸡牧鸭治蝗技术

针对新疆、内蒙古等北方农牧交错区或草原蝗区,在治蝗季节,在海拔不太高,地势较平缓,地形开阔,无高灌丛,交通方便,离水源不远的蝗区,牧鸡治蝗区虫口密度一般在 8 头$/ m^2$～20 头$/ m^2$之间,牧鸭治蝗区应选择虫口密度 10 头$/ m^2$～50 头$/ m^2$的蝗区。将培育调训好的牧鸡、牧鸭运到蝗虫发生区,让鸡群或鸭群捕食蝗虫,降低蝗虫密度,控制蝗虫危害。

6.2.4.1 牧鸡治蝗技术

a) 鸡种与鸡群选择:应选择体型较小、灵活、健壮、抗逆性强、适于野外放牧的鸡种,童鸡的育雏期达 60 日龄～70 日龄,体重达到 350 g 以上,个体整齐。每群鸡以 700 只～1 500 只为宜。

b) 牧鸡治蝗调训:雏鸡出壳后开始调训,在喂食时吹哨子,以哨音与食物相联结,使鸡建立条件反射,为以后放牧治蝗奠定可靠的指挥信号。鸡群出牧前需经过室外 7 d 以上的调训锻炼,能适应野外气候变化,调训成熟,能随哨音调动,傍晚知道进笼归宿。

c) 放牧治蝗方法:当蝗虫达到 3 龄期之前开始放牧治蝗。准备好所需的鸡笼、帐篷、篷布等必要设备。一般早晨天亮太阳升起时出牧,放牧时用哨音引导鸡群捕蝗,必要时撒少许信号粮(掺沙石)引路,放牧 2 h,当多数鸡嗉囊饱满,不再捕食蝗虫时,应及时收牧回营,立即饮水,让鸡群在鸡棚内自由休息,下午再放牧 2 h。注意驱赶天空鹰雕、狐狸、黄鼬等偷袭鸡群。发现病鸡要及时隔离,及时诊断治疗,防止传染蔓延。

6.2.4.2 牧鸭治蝗技术

a) 鸭种与鸭群的选择:应随行就市,选择易销售,经济价值高,产蛋、产肉性能好的鸭品种,如绿头野鸭、番鸭、迷彩鸭等。雏鸭在10日龄~20日龄期间可投入放牧治蝗,每群鸭以1000只~2000只为宜。

b) 放牧治蝗方法:在蝗区搭建简易鸭棚,放置好饮水盆和喂饲槽。早晨6点左右鸭群出牧,每日出牧4次~6次,每次放牧1h~2h,回营后立即饮水补饲。中午天气炎热时,让鸭群在棚内休息。下午气温渐凉时出牧1次~2次。鸭棚注意通风凉晒,避免受潮。要预防牧鸭肠道疾病,发现病鸭要及时隔离和诊断治疗,防治传染。要注意驱赶天空鹰隼和其他野生动物偷袭鸭群。

6.2.5 天敌保护利用技术

6.2.5.1 招引粉红椋鸟天敌技术

在新疆等粉红椋鸟自然繁殖区,在蝗虫发生区,距离水源较近的区域,通过人工修筑单面或双面砖巢,或堆砌立方体的石堆巢,周围放置或铺垫少许树枝或麦草,创造栖息产卵的场所来招引粉红椋鸟产卵、育雏,通过招引粉红椋鸟捕食蝗虫,降低蝗虫密度,控制蝗虫危害。

6.2.5.2 创造天敌的适生环境

对蜘蛛、蚂蚁、捕食性的甲虫、芜菁、寄生性的蜂类、寄生蝇类等蝗虫天敌,要保护其在沟坎、土坡、高地等的越冬栖息场所,为天敌安全栖息创造条件,使其安全越冬与繁殖。

6.2.5.3 保护蜜源植物

保护增植双色补血草、阿尔泰紫菀等中华雏蜂虻的蜜源植物,建立蜜源植物引诱带,并保护原生长的蜜源植物,增加天敌数量。

6.2.5.4 改进施药技术

在蝗虫天敌保护利用区,要尽可能不用或少用化学农药,必须使用时,应避开天敌盛发期,同时,尽可能选用高效低毒的农药品种,最大限度减轻对天敌的杀伤,以充分发挥其自然控制作用。

6.3 化学防治技术

6.3.1 地面施药防治

在蝗虫密度达到防治指标,不具备飞机防治条件的蝗区,可采取地面施药防治措施。在飞蝗或土蝗优势种处于3龄盛发期至羽化前。针对蝗虫发生情况可以采取如下措施。

局部防治:对局部出现的成群蝗蝻和防治后残存蝗虫超过防治指标的蝗区,进行防治,控制蝗蝻的扩散。

普遍防治:当蝗虫发生面积大、发生程度重,蝗虫发生区距农田较近时,进行大范围统一防治。

条带防治:当蝗虫密度达到防治指标,蝗虫发生区是距农田较远的大面积荒地或草原。施药方法为每间隔50m~100m的距离设一用药带。

6.3.1.1 施药人员和防护服

应选择蝗虫应急防治队或植保专业合作社、专业协会、专业服务公司以及基层农技服务组织等经过培训的人员进行施药作业。作业人员应穿着专用防护服、戴口罩、手套等,防止中毒。

6.3.1.2 农药品种的选用

所用化学农药应当符合GB 4285和中华人民共和国农业部公告2002年第199号的要求。农田使用的农药应对农作物和农产品安全。

目前常用的农药有:有机磷杀虫剂、拟除虫菊酯类杀虫剂以及有机磷与拟除虫菊酯类杀虫剂的复配制剂等。常用农药品种使用剂量见表1。

表1 蝗虫地面化学防治常用农药及使用方法

农药名称	剂型	含量,%	使用时期	使用量,mL/hm²	施药方法
马拉硫磷	乳油	45	3龄盛期	1 200～1 500	低容量喷雾
马拉硫磷	油剂	75	3龄盛期	900～1 350	超低容量喷雾
高效氯氰菊酯	乳油	4.5	3龄盛期	300～450	超低容量喷雾
三氟氯氰菊酯	乳油	2.5	3龄盛期	300～450	超低容量喷雾

6.3.1.3 施药器具选择

所用的机具必须是具有国家认可的检测机构出具的合格品以上的产品。机具应有产品合格证、随机技术文件(使用说明书等)、配件、备件等。尽可能采用大、中型机械进行蝗虫防治,提高安全用药水平和防治的效率。

6.3.1.4 施药作业方法

以超低容量喷雾(喷洒药液1.5 L/hm²～2.25 L/hm²)和低容量喷雾(喷洒药液10 L/hm²～15 L/hm²)技术为主。施药人员行走路线应与风向垂直或呈大于45度的方向,从下风口向上风口推进。施药人员应在上风面,喷射部件应朝下风面,保持喷向与风向一致或稍有夹角。

6.3.1.5 施药气象条件

应避免在高温条件下施药,气温在10℃～30℃或阴天可全天喷洒。风速大于8 m/s及雨天、大雾时不宜施药。

6.3.2 飞机施药防治

当蝗虫密度达到防治指标,大面积发生,同时符合飞机作业条件的蝗虫发生区,当蝗虫处于3龄盛发期至羽化前,可采取飞机施药防治。可采取普遍防治或者条带防治方法。

6.3.2.1 作业区的确定

飞机施药作业区的面积一般应在500 hm²以上,净空条件符合飞行作业要求,作业方向应根据蝗区的形状和风向而定,一般应与风向垂直。

6.3.2.2 农药选择

飞机治蝗农药应选择闪点在70℃以上,pH在4以上,不黏稠,高效低毒,对机体腐蚀性小,对作业区畜禽、鱼、蚕、蜂及农作物比较安全的合格品种。

目前国内常用的飞机治蝗化学农药品种主要有马拉硫磷。不同含量、剂型农药的用药量及作业面积见表2。

表2 蝗虫飞机防治常用农药及使用方法

农药名称	剂型	含量,%	使用量 mL/hm²	施药方法	每架次作业面积 hm²
马拉硫磷	油剂	90	900～1 200	超低容量喷雾	500～700
马拉硫磷	油剂	75	1 000～1 350	超低容量喷雾	450～600

6.3.2.3 飞机作业要求

飞机作业飞行高度5 m～12 m,具体高度根据单位面积喷药量和地形条件而定。一般作业高度5 m～8 m,喷幅为50 m～100 m,喷药量约为1 500 mL/hm²;作业高度8 m～12 m,喷幅为80 m～100 m,喷药量约为600 mL/hm²。

飞行作业速度为160 km/h,喷雾作业风速低于4 m/s。其他作业条件应符合飞行作业要求。

6.3.2.4 飞行导航

飞机治蝗采用全球卫星定位系统(GPS)导航技术。

绘制作业图:在飞机作业前,用蝗虫数据采集GPS设备对作业区进行测量,采集有关数据,将野外测量数据传入电子计算机进行处理,测绘出作业区图,对每个作业区喷幅进行设计,并标明作业区内的村庄、河流、湖泊、山头、高压线、鱼塘、虾池、蚕场、蜂场以及高大建筑物等和忌避喷药区的位置。

设备安装：根据不同作业飞机机型，由专业人员将蝗虫数据采集 GPS、电子计算机或飞机精准施药控制等设备安装于飞机驾驶舱内，不能影响飞机作业安全。

导航作业：由飞行员根据电子计算机或飞机精准施药控制设备显示屏显示的航行路线，实施飞防作业，并利用 GPS 差分台校正飞行偏差，以避免漏喷或重喷。

6.3.2.5 地勤保障

飞机作业前，要通过多种方式通告作业区群众，提前做好安全防范，在作业期间至作业后安全间隔期内，禁止放牧或从事农事活动，防止出现人畜中毒事故。

飞机治蝗作业期间，要保证飞机装药现场、机场、作业区的通讯联络畅通，以便互相联系，随时报告飞机作业情况，接收指挥信号。

飞机装药现场和飞行作业区现场必须有气象保障，全天候监测和报告现场能见度以及风向、风力、阴晴等气象条件，以便为正常飞行提供依据。

飞机作业完毕后，防治蝗虫技术人员要根据所喷药物的性能，及时到作业区现场检查飞机防治效果，确认是否达到防治要求和决定是否需要进行补防。

6.3.3 施药区警示

施药作业前，要通过树立标识牌、通告等多种方式警示施药区群众，做好安全防范，在作业期间，禁止放牧或从事农事活动。安全间隔期内禁止放牧和采收，防止出现人畜中毒事故。

6.3.4 药械和废弃物处理

施药完毕后，农药包装容器、包装袋和其他废弃物要进行回收处理。施药器械和防护服等要及时清洗干净存放。

7 防治效果调查与评价

7.1 调查方法

化学防治效果调查时间为施药前和施药后 1 d、3 d 各取样调查一次，生物防治效果调查于防治前和防治后 7 d、10 d、15 d 各取样调查一次。采用对角线取样法进行调查，取样点数因调查面积大小确定，一般不少于 5 个，样点面积一般为 5 m²。以防治前蝗虫基数调查为参照，采取目测或扫网、样框的方法调查，查样点内所有蝗虫活虫的数量并记录。

7.2 防治效果评价

用虫口减退率来评价防治效果，根据调查的防治前、防治后的活虫数量来计算虫口减退率。虫口减退率按式（1）计算。

$$D = \frac{N_0 - N_1}{N_0} \times 100 \quad \cdots\cdots\cdots\cdots\cdots\cdots\cdots\cdots\cdots\cdots\cdots\cdots\cdots\cdots (1)$$

式中：

D ——虫口减退率，单位为百分率（％）；

N_0——防治前活虫数；

N_1——防治后活虫数。

ICS 65.020.20
B 05

NY

中华人民共和国农业行业标准

NY/T 2737.1—2015

稻纵卷叶螟和稻飞虱防治技术规程
第1部分：稻纵卷叶螟

Technical regulation for management of rice leaffolder and rice planthoppers—
Part 1：Rice leaffolder

2015-05-21 发布

2015-08-01 实施

中华人民共和国农业部 发布

前　言

NY/T 2737《稻纵卷叶螟和稻飞虱防治技术规程》为系列标准，分为以下2个部分：
——第1部分：稻纵卷叶螟；
——第2部分：稻飞虱。
本部分为NY/T 2737的第1部分。
本部分按照GB/T 1.1—2009给出的规则起草。
本部分由农业部种植业管理司提出并归口。
本部分起草单位：全国农业技术推广服务中心、浙江省农业科学院植物保护与微生物研究所、中国水稻研究所、浙江省植物保护检疫局、浙江大学、安徽省植保总站、浙江省金华市植物保护站、云南省植保植检站。
本部分主要起草人：吕仲贤、傅强、郭荣、施德、祝增荣、包文新、陈桂华、吕建平。

稻纵卷叶螟和稻飞虱防治技术规程
第 1 部分：稻纵卷叶螟

1 范围

本部分规定了稻纵卷叶螟防治的有关术语、定义、防治指标、防治技术。

本部分适用于我国水稻种植区稻纵卷叶螟的防治。

2 规范性引用文件

下列文件对于本文件的应用是必不可少的。凡是注日期的引用文件，仅注日期的版本适用于本文件。凡是不注日期的引用文件，其最新版本（包括所有的修改单）适用于本文件。

GB 4285　农药安全使用标准

GB/T 8321.1～8321.9　农药合理使用准则（一）～（九）

GB/T 15793　稻纵卷叶螟测报技术规范

GB/T 17980.2　农药田间药效试验准则（一）　杀虫剂防治稻纵卷叶螟

3 术语和定义

下列术语和定义适用于本文件。

3.1

稻纵卷叶螟　rice leaffolder

是一种为害水稻的害虫，学名：*Cnaphalocrocis medinalis* Guenée；异名 *Salbia medinalis* Guenée，1854；*Botys nurscialis* Walker，1859，属昆虫纲 Insecta，鳞翅目 Lepidoptera，螟蛾科 Pyralidae。

3.2

防治指标　control threshold

指害虫种群达到经济损害允许水平时的虫口密度，此时需要采取防治措施。

3.3

发生期　occurrence period

指各虫态发生的时期，可划分为始见期、始盛期（突增期）、高峰期、盛末期、终见期。害虫种群量出现 20% 时为始盛期，50% 为高峰期，80% 为盛末期。

3.4

发生量　population density

指田间害虫的种群密度。

3.5

防治适期　optimal time for control

田间害虫种群发展过程中，对采取的防治措施最为敏感或预期效果最好的时期。

3.6

卷叶　folded leaf

为稻纵卷叶螟幼虫为害水稻叶片形成的叶片包卷形态，也称虫苞，1 龄～2 龄幼虫为害水稻叶片形成的叶尖包卷形态又称束尖。

4 防治原则

贯彻"预防为主,综合防治"的植保方针,以保护稻田生态环境,发挥自然因素控害作用为基础;水稻分蘖期充分发挥植株的补偿作用,孕穗期至穗期以保护功能叶为防治重点,优先采用农业防治、生物防治和物理防治措施,必要时选用高效、低毒、低残留农药,将稻纵卷叶螟危害控制在经济允许水平之下。

5 防治技术

5.1 农业防治

5.1.1 合理肥水管理

避免偏施氮肥,促进氮磷钾平衡,施足基肥,巧施追肥,减少无效分蘖,防止植株贪青。分蘖期适时烤田控苗壮苗。

5.1.2 因地制宜选用抗虫品种。

5.2 昆虫性信息素诱杀

于稻纵卷叶螟蛾始见期至蛾盛末期,田间设置稻纵卷叶螟性信息素干式飞蛾诱捕器,诱杀雄蛾。性信息素应采取连片均匀放置,或外围密、内圈稀的方式放置。每 667 m² 设置 1 套诱捕器,诱捕器下端低于稻株顶部 10 cm～20 cm,苗期距地面 50 cm,并随植株生长进行调整。1 个诱捕器内安装 1 枚诱芯,诱芯每 4 周～6 周更换 1 次。诱捕器重复使用。诱捕器内的死虫应及时清理。

5.3 生物防治

5.3.1 保护和利用自然天敌

田边和田埂保留杂草和开花植物,田埂种植芝麻、大豆等蜜源植物,促进自然天敌种群增殖。开展药剂防治时,应选择对稻纵卷叶螟幼虫高效但对天敌毒性低的品种,保护天敌。

5.3.2 人工释放稻螟赤眼蜂

根据虫情监测结果,于稻纵卷叶螟迁入代蛾高峰期开始释放稻螟赤眼蜂(*Trichogramma japonicum* Ashmead)。每代放蜂 2 次～3 次,间隔 3 d～5 d,每 667 m² 每次放蜂 10 000 头。每 667 m² 均匀设置 6 个～8 个放蜂点,两点间隔 8 m～10 m。蜂卡置于放蜂器内或倒扣的纸杯中,悬挂在木棍或竹竿上插入田间,或挂在植株顶端叶片上,避免阳光直接照射蜂卡。蜂卡设置的高度应与植株顶部相齐,或高于顶部 5 cm～10 cm,并随植株生长进行调整。高温季节蜂卡应置于叶冠层下,以延长赤眼蜂寿命。避免大雨天气放蜂。

5.3.3 微生物源药剂防治

稻纵卷叶螟卵孵化盛期,选用 16 000 IU/mg 苏云金杆菌(*Bacillus thuringiensis*,简称 Bt.)可湿性粉剂或悬浮剂 1 500 g/hm²～2 250 g/hm²,或 400 亿孢子/g 球孢白僵菌(*Beauveria bassiana*)水分散粒剂 390 g/hm²～525 g/hm²,对水 450 L～675 L,均匀喷雾。

5.4 化学防治

5.4.1 防治策略

水稻移栽后 30 d 内避免使用化学农药,促进天敌增长,充分发挥天敌对害虫种群量的控制作用。只有当虫口密度达到或超过防治指标而天敌难以控制害虫种群数量时才可用药,不应盲目用药。优先选用高效、低毒、低残留、对环境影响小、对天敌安全的药剂品种,不应使用国家禁用的和拟除虫菊酯类农药品种,所选药剂应符合 GB 4285 和 GB/T 8321.1～8321.9 的规定。当稻纵卷叶螟发生量大、发生期不整齐需多次用药时,应轮换、交替使用农药。

5.4.2 防治指标

在采用农业、生物和物理防治后应密切关注虫口密度变化,密度超过防治指标时应采取药剂防治,防治指标见表 1。

表 1　稻纵卷叶螟药剂防治指标

水稻生育期	束尖或新虫苞,个/百丛	1 龄~3 龄幼虫量,头/百丛
分蘖期	150	150
孕穗至抽穗期	60	60
注:束尖(新虫苞)或幼虫量达到两者之一。		

5.4.3　防治药剂及方法

于稻纵卷叶螟卵孵化高峰期至 1 龄~3 龄幼虫高峰期,选用 20%氯虫苯甲酰胺悬浮剂 75 g/hm²~150 g/hm²,或 48%多杀霉素悬浮剂 90 g/hm²~150 g/hm²,或 22%氰氟虫腙悬浮剂 490 g/hm²~818 g/hm²,对水 450 L~675 L,均匀喷雾。当应急防治时,可选用 40%丙溴磷乳油 1 200 g/hm²~1 500 g/hm²。

5.5　防治效果评价

防治效果调查取样方法可按 GB/T 15793 的规定执行,药效评价方法可按 GB/T 17980.2 的规定执行。防治区和非防治区(对照田)应设 3 次以上重复,施药前调查基数,施药后当代为害稳定后调查防治效果。每区随机 5 点取样,每点查 10 丛水稻,记载调查总丛数、株数、叶片数、卷叶数(穗期查植株上部 3 片叶片的叶片数、卷叶数)或活虫数,计算卷叶率或幼虫死亡率,评价保叶效果或杀虫效果。

5.5.1　卷叶率

按式(1)计算。

$$F = \frac{L_f}{L_t} \times 100 \quad\cdots\cdots\cdots\cdots\cdots\cdots\cdots\cdots\cdots\cdots\cdots\cdots\cdots\cdots (1)$$

式中:

F ——卷叶率,单位为百分率(%);

L_f ——卷叶数;

L_t ——调查总叶数。

5.5.2　幼虫死亡率

按式(2)计算。

$$M = (1 - \frac{N_s}{N_t}) \times 100 \quad\cdots\cdots\cdots\cdots\cdots\cdots\cdots\cdots\cdots\cdots\cdots\cdots (2)$$

式中:

M ——幼虫死亡率,单位为百分率(%);

N_s ——剥查活虫数;

N_t ——剥查总虫数。

5.5.3　保叶效果

按式(3)计算。

$$P_f = \frac{F_{ck} - F_t}{F_{ck}} \times 100 \quad\cdots\cdots\cdots\cdots\cdots\cdots\cdots\cdots\cdots\cdots\cdots (3)$$

式中:

P_f ——保叶效果,单位为百分率(%);

F_{ck} ——对照区卷叶率,单位为百分率(%);

F_t ——防治区卷叶率,单位为百分率(%)。

5.5.4　杀虫效果

按式(4)计算。

$$P_m = \frac{M_t - M_{ck}}{M_t} \times 100 \quad\cdots\cdots\cdots\cdots\cdots\cdots\cdots\cdots\cdots\cdots\cdots (4)$$

式中：

P_m——杀虫效果，单位为百分率(%)；

M_t——防治区幼虫死亡率，单位为百分率(%)；

M_{ck}——对照区幼虫死亡率，单位为百分率(%)。

ICS 65.020.20
B 05

NY

中华人民共和国农业行业标准

NY/T 2737.2—2015

稻纵卷叶螟和稻飞虱防治技术规程
第2部分：稻飞虱

Technical regulation for management of rice leaffolder and rice planthoppers—
Part 2：Rice planthoppers

2015-05-21 发布　　　　　　　　　　　　　　　2015-08-01 实施

中华人民共和国农业部 发布

前　言

NY/T 2737《稻纵卷叶螟和稻飞虱防治技术规程》为系列标准，分为以下 2 个部分：
——第 1 部分:稻纵卷叶螟；
——第 2 部分:稻飞虱。
本部分为 NY/T 2737 的第 2 部分。
本部分按照 GB/T 1.1—2009 给出的规则起草。
本部分由农业部种植业管理司提出并归口。
本部分起草单位:全国农业技术推广服务中心、浙江省农业科学院植物保护与微生物研究所、中国水稻研究所、浙江省植物保护检疫局、浙江大学、安徽省植保总站、浙江省金华市植物保护站、云南省植保植检站。
本部分主要起草人:吕仲贤、傅强、郭荣、施德、祝增荣、包文新、陈桂华、吕建平。

稻纵卷叶螟和稻飞虱防治技术规程
第2部分:稻飞虱

1 范围

本部分规定了稻飞虱防治的有关术语、定义、防治指标、防治技术。

本部分适用于我国各水稻种植区的稻飞虱(褐飞虱、白背飞虱、灰飞虱)防治。

2 规范性引用文件

下列文件对于本文件的应用是必不可少的。凡是注日期的引用文件,仅注日期的版本适用于本文件。凡是不注日期的引用文件,其最新版本(包括所有的修改单)适用于本文件。

GB 4285 农药安全使用标准

GB/T 8321.1~8321.9 农药合理使用准则(一)~(九)

GB/T 15794 稻飞虱测报调查规范

GB/T 17980.4 农药田间药效试验准则(一) 杀虫剂防治水稻飞虱

3 术语和定义

下列术语和定义适用于本文件。

3.1

稻飞虱 rice planthoppers

是为害水稻的飞虱类害虫的统称,包括褐飞虱(*Nilaparvata lugens* Stål)、白背飞虱(*Sogatella furcifera* Horváth)和灰飞虱(*Laodelphax striatellus* Fallen)3种,属昆虫纲 Insecta,半翅目 Hemiptera,飞虱科 Delphacidae。

3.2

主害代 main damaging generation

指对水稻产量影响最为严重的稻飞虱发生代次。不同稻区和稻作类型稻飞虱的主害代次不同。

3.3

稻飞虱传播的病毒病 virus diseases transmitted by rice planthoppers

由稻飞虱传播的水稻病毒病主要种类见表1。

表1 稻飞虱传播的水稻病毒病主要种类

稻飞虱种类	传播的主要水稻病毒病及病原
褐飞虱	水稻齿叶矮缩病(*Rice ragged stunt virus*,RRSV) 水稻草丛状矮缩病(*Rice grassy stunt virus*,RGSV)
白背飞虱	水稻南方黑条矮缩病(*Southern rice black-streaked dwarf virus*,SRBSDV)
灰飞虱	水稻条纹叶枯病(*Rice stripe virus*,RSV) 水稻黑条矮缩病(*Rice black-streaked dwarf virus*,RBSDV)

4 防治原则

贯彻"预防为主,综合防治"的植保方针和有害生物综合治理(Integrated Pest Management,IPM)

的基本原则,保护稻田生态环境,发挥稻田生态因子对稻飞虱的自然调控作用,重点防治对水稻产量影响大的主害代稻飞虱。优先采用农业防治、生物防治和物理防治措施,必要时选用高效、低毒、低残留、对天敌相对安全的农药,将稻飞虱的危害控制在经济允许水平之下。

5 防治技术

5.1 农业防治

5.1.1 因地制宜选用抗虫、抗病毒病品种。

5.1.2 适时播种移栽

依据稻飞虱迁入为害期,确定水稻播种移栽期,在稻飞虱传播的水稻病毒病严重发生区,使水稻感病敏感期避开稻飞虱迁入传毒期,减少初侵染源。

5.1.3 合理肥水管理

避免偏施氮肥,促进氮磷钾平衡,施足基肥,巧施追肥,减少无效分蘖,防止植株贪青。分蘖期适时烤田控苗壮苗。

5.2 物理防治

5.2.1 防虫网或无纺布全程覆盖育秧

稻飞虱传播的水稻病毒病重发生区或年份,结合预防病毒病,使用 20 目～40 目白色防虫网或 13 g/m²～15 g/m² 规格的无纺布,于水稻秧苗出苗前或揭开塑料薄膜后立即覆盖秧田,防虫网覆盖时要设立支架或用竹片等搭拱架,支(拱)架高 50 cm,四周压实。移栽前,揭开防虫网或无纺布,炼苗 1 d～2 d 再移栽,阻断稻飞虱迁入秧田传毒和为害。

5.2.2 灯光诱杀

田间设置杀虫灯,利用稻飞虱对灯光的趋性诱杀成虫。杀虫灯应连片安装,单灯控制面积可根据杀虫灯参数确定。灯高度距地面 1.2 m～1.5 m 为宜。稻飞虱发生(迁入)始期开始至水稻黄熟期为止,每晚日落后开灯,天亮后关灯。采用布袋接虫时,应每 3 d～5 d 清理 1 次死虫。

5.3 生态控制和生物防治

5.3.1 保护和利用天敌

田边和田埂保留杂草和开花植物,田埂种植芝麻、大豆等蜜源植物,促进自然天敌种群增殖。开展药剂防治时,应选择对稻飞虱毒力较强但对天敌毒性低的药剂,保护利用稻飞虱的天敌。春耕期间或水稻收割后先灌水,待蜘蛛等天敌迁移至田边和田埂生境后再翻耕、耙地。

5.3.2 稻鸭共育

水稻移栽后 10 d～15 d 扎根返青后,或稻飞虱始盛期至盛末期,将室内培育的 15 d 左右的雏鸭放入稻田饲养,水稻齐穗灌浆至稻穗下垂前及时收捕成鸭,放鸭量为 200 只/hm²～300 只/hm²。放鸭田四周设置高度为 50 cm～60 cm 的防护网或围栏,同时在田边搭小型简易棚,便于小鸭躲避风雨和喂饲。

5.3.3 微生物源药剂防治

采用微生物源药剂 400 亿孢子/g 球孢白僵菌(*Beauveria bassiana*)可分散粒剂 1 500 g/hm²,对水 450 L～675 L 常量或低容量喷雾。

5.4 化学防治

5.4.1 防治策略

水稻分蘖期应以发挥植株补偿作用和自然天敌控害作用为主,慎重用药。只有当稻飞虱虫口密度达到或超过防治指标而天敌难以控制其为害时才可用药,不应盲目用药。优先选用高效、低毒、低残留、对环境影响小、对天敌安全的药剂品种,不应使用国家禁用的和拟除虫菊酯类农药品种,所选药剂应符合 GB 4285 和 GB/T 8321.1～8321.9 的规定。当稻飞虱发生量大、发生期不整齐需多次用药时,应轮换、交替使用农药。

5.4.2 防治指标

在采用农业、生物和物理防治后应密切关注虫口密度变化,密度超过防治指标时应采取药剂防治。水稻各生育期的稻飞虱防治指标见表2。杂交稻可适当放宽防治指标。当以预防病毒病为靶标对象防治稻飞虱时,应参考相对应的病毒病的防治指标。

表 2 稻飞虱药剂防治指标

水稻生育期	稻飞虱种群量
秧田期	30 头/m² ～40 头/m²
分蘖期	1 000 头/百丛
孕穗至灌浆期	1 000 头/百丛～1 500 头/百丛

5.4.3 防治药剂及方法

5.4.3.1 种子处理

选用吡虫啉、噻虫嗪等药剂拌种或浸种。每千克干稻种选用 60％吡虫啉悬浮种衣剂 2 mL～4 mL 或 30％噻虫嗪种子处理悬浮剂 1.2 g～3.5 g,加水调制成 30 mL～40 mL 浆状液,与催芽露白后沥干的种子充分混合拌匀,使药液均匀附着在种子表面,经 6 h～8 h 充分晾干后播种。

5.4.3.2 秧田防治

可选用 10％醚菊酯悬浮剂 900 mL/hm²～1 200 mL/hm²,或 20％烯啶虫胺水剂 375 mL/hm²,或 25％吡蚜酮可湿性粉剂 240 g/hm²～300 g/hm²,或 50％水分散粒剂 150 g/hm²～180 g/hm²,或 20％异丙威乳油 750 mL/hm²～1 000 mL/hm²,对水 450 L～675 L,于稻飞虱低龄若虫高峰期喷粗雾或常量喷雾。第 1 次施药后,进行田间防治效果调查,视虫情确定第 2 次防治,间隔 7 d～10 d。使用防虫网或无纺布覆盖育秧的秧田无需药剂防治。

5.4.3.3 带药移栽

水稻秧苗移栽前 2 d～3 d 或防虫网、无纺布覆盖育秧揭网(布)的同时,选用吡虫啉等药剂喷雾防治 1 次,或秧苗浸根处理,带药移栽。

5.4.4 大田防治

根据虫情监测结果,大田秧苗移栽后当稻飞虱种群数量达到防治指标时,采用药剂防治。选用药剂参照 5.4.3.2 秧田防治,当田间以褐飞虱为主或褐飞虱与白背飞虱混合发生时,应避免选用吡虫啉,于稻飞虱低龄若虫高峰期,对稻茎基部粗水喷雾或常量喷雾。施药后田间保持 3 cm～5 cm 水层 3 d～5 d,保证防治效果。当田间缺水时,可选用敌敌畏拌土撒施熏蒸。第 1 次施药后,进行防治效果调查,视虫情确定第 2 次防治,间隔 7 d～10 d。距收割 15 d,虫口密度 3 000 头/百丛以下时,不施药防治。

6 防治效果评价方法

防治效果调查取样方法可按 GB/T 15794 的规定执行,药效评价方法可按 GB/T 17980.4 的规定执行。防治田和非防治田(对照田)应设 3 次重复,施药前调查基数,根据需要,施药后 1 d～15 d 调查药效。每块田平行跳跃法 10 点～20 点取样,每点查 2 丛～5 丛水稻,记载调查总丛数、每种飞虱的虫口数(成虫、若虫),计算虫口减退率,评价防治效果。

6.1 虫口减退率

按式(1)计算。

$$D = \frac{N_0 - N_1}{N_0} \times 100 \quad\cdots\cdots\cdots\cdots\cdots\cdots\cdots\cdots\cdots\cdots\cdots\cdots\cdots (1)$$

式中:

D ——虫口减退率,单位为百分率(％);

N_0 ——防治前虫量;

N_1 ——防治后虫量。

6.2 防治效果

按式(2)计算。

$$P = \frac{D_t - D_{ck}}{100 - D_{ck}} \times 100$$

或

$$P = (1 - \frac{N_{c0} \times N_{t1}}{N_{c1} \times N_{t0}}) \times 100 \quad \cdots\cdots\cdots\cdots\cdots\cdots\cdots\cdots\cdots\cdots\cdots \quad (2)$$

式中：

P ——防治效果，单位为百分率(%)；

D_t ——防治区虫口减退率，单位为百分率(%)；

D_{ck} ——对照区虫口减退率，单位为百分率(%)；

N_{c0} ——对照区处理前虫量；

N_{c1} ——对照区处理后虫量；

N_{t1} ——处理区药后虫量；

N_{t0} ——处理区药前虫量。

ICS 65.020
B 16

NY

中华人民共和国农业行业标准

NY/T 2738.1—2015

农作物病害遥感监测技术规范
第1部分：小麦条锈病

Technical specification on remote sensing monitoring for crop diseases—
Part 1：Wheat stripe rust

2015-05-21 发布

2015-08-01 实施

中华人民共和国农业部 发布

目　次

前　言

NY/T 2738《农作物病害遥感监测技术规范》为系列标准，分为以下 3 个部分：
——第 1 部分：小麦条锈病；
——第 2 部分：小麦白粉病；
——第 3 部分：玉米大斑病和小斑病。

本部分是 NY/T 2738 的第 1 部分。

本部分按照 GB/T 1.1—2009 给出的规则起草。

本部分由中国农业科学院农业资源与农业区划研究所提出。

本部分由农业部发展计划司归口。

本部分起草单位：中国农业科学院农业资源与农业区划研究所、北京农业信息技术研究中心、中国农业大学。

本部分主要起草人：王利民、刘佳、张竞成、姚艳敏、滕飞、周清波、高灵旺、陈仲新、高建孟、邓辉。

农作物病害遥感监测技术规范　第 1 部分:小麦条锈病

1 范围

本部分界定了小麦条锈病卫星遥感监测的术语,规定了小麦条锈病卫星遥感监测处理流程、数据源和数据预处理、监测方法、病害测报资料整理汇总等内容。

本部分适用于小麦条锈病的卫星遥感监测工作。

2 规范性引用文件

下列文件对于本文件的应用是必不可少的。凡是注日期的引用文件,仅注日期的版本适用于本文件。凡是不注日期的引用文件,其最新版本(包括所有的修改单)适用于本文件。

GB/T 15795—2011　小麦条锈病测报技术规范

GB/T 15968—2008　遥感影像平面图制作规范

GB/T 20257(全部)　国家基本比例尺地图图式

3 术语和定义

下列术语和定义适用于本文件。

3.1

遥感　remote sensing

不接触物体本身,用传感器收集目标物的电磁波信息,经处理、分析后,识别目标物、揭示目标物几何形状大小、相互关系及其变化规律的科学技术。

[GB/T 14950—2009,定义 3.1]

3.2

小麦条锈病　wheat stripe rust

由小麦条锈病菌(*Puccinia striiformis* West. f. sp. *tritici* Eriks. et Henn.)所引起的以叶部产生铁锈状病斑症状的小麦病害。小麦条锈病主要危害小麦叶片,也可危害叶鞘、茎秆和穗部。小麦受害后,叶片表面长出褪绿斑,以后产生黄色粉疱,即病菌夏孢子堆,后期长出黑色疱斑,即病菌冬孢子堆。夏孢子堆鲜黄色,窄长形至长椭圆形,成株期排列成条状与叶脉平行,幼苗期不成行排列,形成以侵染点为中心的多重轮状。冬孢子堆狭长形,埋于表皮下,成条状。

[NY/T 1443.1—2007,定义 2.16]

3.3

病叶率　the percentage of infected leaf

发病叶片数占调查叶片总数的百分率。

[改写 GB/T 15795—2011,定义 2.1]

3.4

严重度　disease severity

病叶上病斑面积占叶片总面积的百分率,用分级法表示,设 8 级,分别用 1%、5%、10%、20%、40%、60%、80%、100%表示,对处于等级之间的病情则取其接近值,虽已发病但严重度低于 1%,按 1%记。对群体叶片,需按式(1)计算病叶平均严重度。平均严重度的使用,在病害初发期可严格计数计算;当病害处于盛发期且需调查点数繁多时,某点的平均严重度则根据目测估计给出。

$$D = \frac{\sum(d_i \times l_i)}{L} \times 100 \quad \cdots\cdots\cdots\cdots\cdots\cdots\cdots\cdots\cdots\cdots\cdots\cdots\cdots\cdots \quad (1)$$

式中：

D ——病叶平均严重度，单位为百分率(%)；

d_i ——各严重度值；

l_i ——各严重度值对应的病叶数，单位为片；

L ——调查总叶数，单位为片。

[改写 GB/T 15795—2011，定义 2.2]

3.5

病情指数 disease index

病害发生的普遍性和严重程度的综合指标，用以表示病害发生的平均水平。按式(2)计算。

$$I = F \times D \times 100 \quad \cdots\cdots\cdots\cdots\cdots\cdots\cdots\cdots\cdots\cdots\cdots\cdots\cdots\cdots \quad (2)$$

式中：

I ——病情指数；

F ——病叶率；

D ——病叶平均严重度。

[GB/T 15795—2011，定义 2.3]

3.6

病田率 diseased field rate

调查发生条锈病的田块数占全部调查田块数的百分率。

[GB/T 15795—2011，定义 2.4]

4 小麦条锈病遥感监测处理流程

基于卫星遥感影像，结合地面病害调查，确定监测区域小麦健康样本和小麦条锈病发病样本；进行小麦条锈病遥感指数计算；通过构建小麦条锈病病害等级回归模型，划分小麦条锈病病害等级，根据处理结果完成小麦条锈病病害等级分布图等遥感监测专题产品；编制小麦条锈病遥感监测报告。小麦条锈病遥感监测处理流程见图 1。

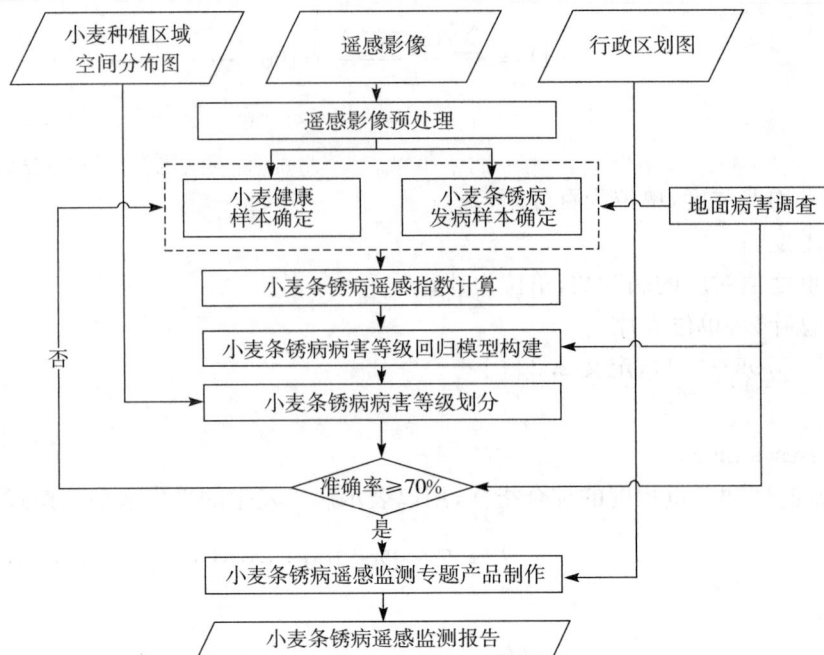

图 1 小麦条锈病遥感监测处理流程图

5 数据源和数据预处理

5.1 遥感数据

5.1.1 遥感数据的选择

遥感数据的选择要求如下：

a) 卫星传感器应至少具有绿光波段(495 nm～570 nm)、近红外波段(760 nm～1 100 nm)范围的感应能力；

b) 卫星影像空间分辨率应优于 30 m；

c) 根据所确定的制图区域,收集地面病害调查当天或距离地面病害调查时间点最近的卫星影像数据；

d) 覆盖制图区域的卫星影像云或浓雾量不超过 10%。

5.1.2 遥感数据预处理

遥感数据预处理如下：

a) 根据不同的传感器选择相应的辐射定标参数进行遥感影像辐射定标。经大气校正后,获得地表反射率遥感影像；

b) 影像需进行几何校正,配准误差在 0.5 个像元之内；

c) 影像通过剪裁或掩膜处理,获取制图区域内所监测小麦的反射率遥感影像；

d) 遥感影像平面坐标系应采用国家规定的统一坐标系,见 GB/T 15968—2008 的 3.2.1。其中 1:10 000～1:500 000 遥感影像平面图的投影采用高斯—克吕格投影;1:1 000 000 遥感影像平面图的投影采用正轴等角圆锥投影。

5.2 其他数据

其他数据至少应包括：

a) 制图区域小麦种植区分布图或者耕地分布图,比例尺宜优于遥感影像出图比例尺；

b) 制图区域行政区划图。

6 地面病害调查

6.1 调查目的

为了配合小麦条锈病遥感监测,需要进行地面病害调查,目的是提供小麦条锈病遥感指数计算所需的参数值,以及病害遥感指数划分病害等级的依据,并作为验证监测精度的基础数据。

6.2 调查时间

6.2.1 冬麦,从小麦返青后开始调查,至乳熟期末,每7 d调查一次。

6.2.2 春麦,从小麦拔节期开始调查,至乳熟期末,每7 d调查一次。

6.3 调查内容和要求

小麦条锈病地面调查内容和要求如下:

a) 小麦条锈病常规的病情系统调查、病情普查、越夏区病情调查技术要求见GB/T 15795—2011;

b) 针对每个小麦条锈病病害等级随机选择不少于10个样点,每个样点的调查范围为以遥感影像分辨率为半径的圆形,携带卫星定位系统(GPS)实地定位,并调查病害情况;

c) 地面病害调查时采用目测法估计小麦条锈病发病情况,将调查结果填入小麦条锈病地面病害调查表中(见表A.1);

d) 小麦条锈病的发生程度以普查田块的加权平均病情指数为主要指标,以地区内的病田率为参考指标确定。小麦条锈病发生程度地面调查划分为4级,即无病害(0级)、轻度病害(1级)、中度病害(2级)、重度病害(3级),各级指标见表1。

表 1 小麦条锈病发生程度地面调查分级指标

指　标	级　　别			
	无病害(0级)	轻度病害(1级)	中度病害(2级)	重度病害(3级)
病情指数(I)	$I=0$	$0.0<I\leqslant10.0$	$10.0<I\leqslant20.0$	$I>20.0$
病田率(X),%	$X=0$	$0.0<X\leqslant10.0$	$10.0<X>20.0$	$X>20.0$

7 小麦条锈病遥感监测

7.1 监测时间

小麦条锈病遥感监测时间宜与地面病害调查时间一致。

7.2 监测区域边界确定

小麦条锈病监测区域尺度宜为县级。如果要监测的区域范围较大,则应先根据小麦连片种植、生长环境条件相似等原则进行分区;再通过遥感影像处理软件的剪切功能,根据监测区域小麦种植分布图或耕地分布图确定监测区域所对应的卫星影像及制图区域。

7.3 小麦健康样本和发病样本确定

提取与地面病害调查样点相对应的绿波段和近红外波段反射率,并进一步计算健康小麦和发病小麦绿波段和近红外波段反射率的平均值。

7.4 小麦条锈病遥感指数计算

按照式(3)计算小麦条锈病遥感指数,获得小麦条锈病遥感指数空间分布图。

$$WSRI = a \times \frac{G_d - G_n}{G_n} + b \times \frac{NIR_n - NIR_d}{NIR_n} \quad\cdots\cdots\cdots\cdots\cdots\cdots (3)$$

式中:

$WSRI$——小麦条锈病遥感指数;

NIR_d——发病小麦的近红外波段反射率;

NIR_n ——健康小麦的近红外波段反射率；

G_d ——发病小麦的绿光波段反射率；

G_n ——健康小麦的绿光波段反射率；

a、b ——为系数，其中 $a=0.7,b=0.3$。

注：针对不同地区、不同小麦品种，可以依据地面光谱观测实验或专家知识微调 a、b 系数。

7.5 小麦条锈病病害等级划分

基于地面病害调查结果，提取监测区域相同位置的小麦条锈病遥感指数；通过回归统计的方法建立地面小麦发病程度与小麦条锈病遥感指数之间的关系函数，计算得出监测区域小麦条锈病发病程度分级所对应的小麦条锈病遥感指数范围，划分小麦条锈病病害等级，并计算获得小麦条锈病病害等级分布图。

小麦条锈病病害等级与地面病害调查的发病程度分级一致，划分为 4 级，即无病害（0 级）、轻度病害（1 级）、中度病害（2 级）、重度病害（3 级）。

7.6 准确率计算

将地面病害调查的样区与对应的遥感监测区域小麦条锈病发生程度进行比较（见表 A.2），按照式 (4) 计算小麦条锈病发生范围和病害等级的准确率，将准确率 ≥70% 的监测结果定为合格。

$$A = \frac{R}{D} \times 100 \quad\cdots\cdots\cdots\cdots\cdots\cdots\cdots\cdots\cdots\cdots\cdots\cdots (4)$$

式中：

A ——准确率，单位为百分率（%）；

R ——遥感监测不同发病等级的地块数（个）或发生范围；

D ——地面病害调查不同发病程度的地块数（个）或发生范围。

8 小麦条锈病遥感监测专题图制作和监测报告编写

8.1 小麦条锈病遥感监测专题图制作

小麦条锈病遥感监测专题图要素包括图名、图例、比例尺、病害等级、行政区划地理信息等。其中，基本地图要素制作方式按 GB/T 20257 完成。

8.2 小麦条锈病遥感监测报告编写

小麦条锈病遥感监测报告内容包括描述病害发生时间范围、卫星及传感器、病害等级及比例、病害的发病面积及比例等与遥感监测结果有关的信息。统计表格包括根据遥感监测结果获取病害分布范围、病害等级面积及比例等信息。图片信息包括说明灾情信息需提供的照片信息。

附 录 A
（规范性附录）
地面病害调查数据表

A.1 小麦条锈病地面病害调查表

见表 A.1。

表 A.1 小麦条锈病地面病害调查表

调查地点	调查时间（年/月/日）	经度	纬度	生育期	平均病情指数	发病程度	备注
地点 1							
地点 2							
...							

A.2 小麦条锈病遥感监测准确率验证表

见表 A.2。

表 A.2 小麦条锈病遥感监测准确率验证表

调查地点	经度	纬度	遥感病害等级	实际发病程度	是否误判
地点 1					
地点 2					
...					
调查人：			调查时间：		总体精度,%：

参 考 文 献

[1] GB/T 14950—2009 摄影测量与遥感术语.

[2] NY/T 1443.1—2007 小麦抗病虫性评价技术规范 第1部分:小麦抗条锈病评价技术规范.

[3] DB 6169/T 104—2014 小麦病害遥感监测规程.

[4] 黄木易,王纪华,黄文江,等.冬小麦条锈病的光谱特征及遥感监测.农业工程学报,2003,19(6):154-158.

[5] 袁琳,张竞成,赵晋陵,黄文江,王纪华.基于叶片光谱分析的小麦白粉病与条锈病区分及病情反演研究.光谱学与光谱分析,2013(6):1608-1614.

ICS 65.020
B 16

NY

中华人民共和国农业行业标准

NY/T 2738.2—2015

农作物病害遥感监测技术规范
第2部分：小麦白粉病

Technical specification on remote sensing monitoring for crop diseases—
Part 2：Wheat powder mildew

2015-05-21 发布

2015-08-01 实施

中华人民共和国农业部 发布

目　次

前　言

NY/T 2738《农作物病害遥感监测技术规范》为系列标准,分为以下3个部分:
——第1部分:小麦条锈病;
——第2部分:小麦白粉病;
——第3部分:玉米大斑病和小斑病。
本部分是 NY/T 2738 的第2部分。
本部分按照 GB/T 1.1—2009 给出的规则起草。
本部分由中国农业科学院农业资源与农业区划研究所提出。
本部分由农业部发展计划司归口。
本部分起草单位:中国农业科学院农业资源与农业区划研究所、北京农业信息技术研究中心、中国农业大学。
本部分主要起草人:王利民、刘佳、张竞成、姚艳敏、滕飞、周清波、高灵旺、陈仲新、高建孟、邓辉。

农作物病害遥感监测技术规范 第2部分:小麦白粉病

1 范围

本部分界定了小麦白粉病卫星遥感监测的术语,规定了小麦白粉病卫星遥感监测处理流程、数据源和数据预处理、监测方法、病害测报资料整理汇总等内容。

本部分适用于小麦白粉病的卫星遥感监测工作。

2 规范性引用文件

下列文件对于本文件的应用是必不可少的。凡是注日期的引用文件,仅注日期的版本适用于本文件。凡是不注日期的引用文件,其最新版本(包括所有的修改单)适用于本文件。

GB/T 15968—2008 遥感影像平面图制作规范

GB/T 20257(全部) 国家基本比例尺地图图式

NY/T 613—2002 小麦白粉病测报技术规范

3 术语和定义

下列术语和定义适用于本文件。

3.1

遥感 remote sensing

不接触物体本身,用传感器收集目标物的电磁波信息,经处理、分析后,识别目标物、揭示目标物几何形状大小、相互关系及其变化规律的科学技术。

[GB/T 14950—2009,定义3.1]

3.2

小麦白粉病 wheat powder mildew

由小麦白粉病菌 *Blumeria graminis*(DC.)Speer,异名 *Erisiphe graminis* DC. 所引起小麦叶片上白粉状病害。小麦白粉病主要危害小麦叶片,也可危害茎秆和穗部。小麦受害后,在叶片上形成椭圆形棉絮状霉斑,上有一层粉状霉,霉斑最初白色,后逐渐变灰至灰白色,上面散生黑色小点。霉斑可以连片形成大霉斑,病叶往往早枯。

[DB51/T 1034—2010,定义3.1]

3.3

病叶率 the percentage of infected leaf

发病叶片数占调查叶片总数的百分率。

[改写NY/T 613—2002,定义3.5]

3.4

严重度 disease severity

病叶上病斑菌丝层覆盖叶片面积占叶片总面积的比率,用分级法表示,设8级,分别用1%、5%、10%、20%、40%、60%、80%、100%表示,对处于等级之间的病情则取其接近值,虽已发病但严重度低于1%,按1%记。对群体叶片,需按式(1)计算病叶平均严重度。平均严重度的使用,在病害初发期可严格计数计算;当病害处于盛发期且需调查点数繁多时,某点的平均严重度则根据目测估计给出。

$$D = \frac{\sum(d_i \times l_i)}{L} \times 100 \quad \cdots\cdots\cdots\cdots\cdots\cdots\cdots \quad (1)$$

式中：

D——病叶平均严重度，单位为百分率（％）；

d_i——各严重度值；

l_i——各严重度值对应的病叶数，单位为片；

L——调查总叶数，单位为片。

[NY/T 613—2002,定义3.6]

3.5

病情指数 disease index

表示病害发生的平均水平的一个数值,按式(2)计算。

$$I = F \times D \times 100 \quad\cdots\cdots\cdots\cdots\cdots\cdots\cdots\cdots\cdots\cdots\cdots\cdots\cdots\cdots\cdots\cdots\cdots (2)$$

式中：

I——病情指数；

F——病叶率；

D——病叶平均严重度。

[NY/T 613—2002,定义3.7]

4 小麦白粉病遥感监测处理流程

基于卫星遥感影像,结合地面病害调查,确定监测区域小麦健康样本和小麦白粉病发病样本;进行小麦白粉病遥感指数计算;通过构建小麦白粉病病害等级回归模型,划分小麦白粉病病害等级,根据处理结果完成小麦白粉病病害等级分布图等遥感监测专题产品;编制小麦白粉病遥感监测报告。小麦白粉病遥感监测处理流程见图1。

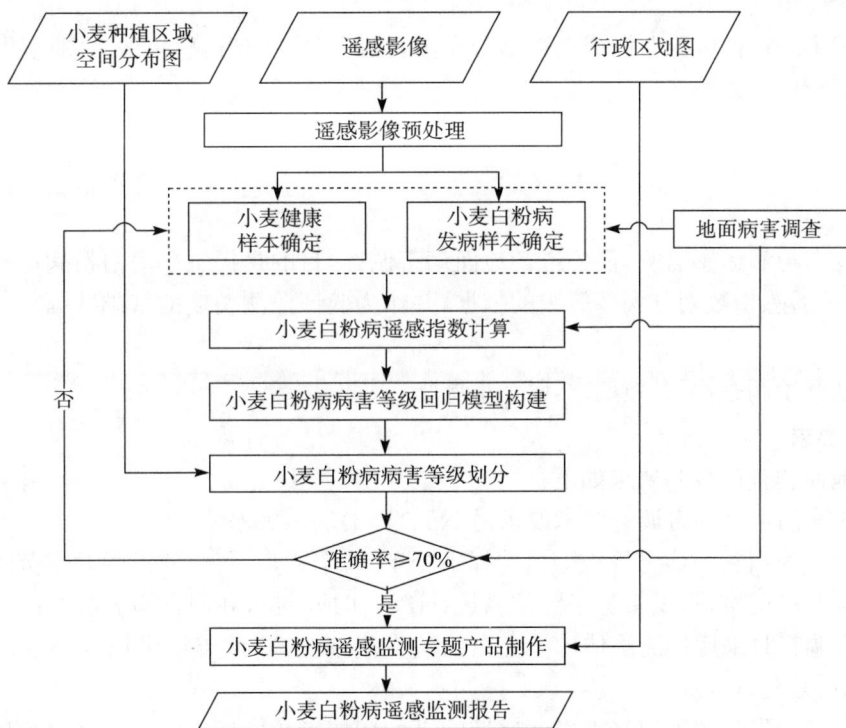

图1 小麦白粉病遥感监测处理流程图

5 数据源和数据预处理

5.1 遥感数据

5.1.1 遥感数据的选择

遥感数据的选择要求如下：

a) 卫星传感器应至少具有红光波段（620 nm～760 nm）、近红外波段（760 nm～1 100 nm）范围的感应能力；

b) 卫星影像空间分辨率应优于 30 m；

c) 根据所确定的制图区域，收集地面病害调查当天或距离地面病害调查时间点最近的卫星影像数据；

d) 覆盖制图区域的卫星影像云或浓雾量不超过 10%。

5.1.2 遥感数据预处理

遥感数据预处理如下：

a) 根据不同的传感器选择相应的辐射定标参数进行遥感影像辐射定标。经大气校正后，获得地表反射率遥感影像；

b) 影像需进行几何校正，配准误差在 0.5 个像元之内；

c) 影像通过剪裁或掩膜处理，获取制图区域内所监测小麦的反射率遥感影像；

d) 遥感影像平面坐标系应采用国家规定的统一坐标系，见 GB/T 15968—2008 的 3.2.1。其中 1：10 000～1：500 000 遥感影像平面图的投影采用高斯—克吕格投影；1：1 000 000 遥感影像平面图的投影采用正轴等角圆锥投影。

5.2 其他数据

其他数据至少应包括：

a) 制图区域小麦种植区分布图或者耕地分布图，比例尺宜优于遥感影像出图比例尺；

b) 制图区域行政区划图。

6 地面病害调查

6.1 调查目的

为了配合小麦白粉病遥感监测，需要进行地面病害调查，目的是提供小麦白粉病遥感指数计算所需的参数值，以及病害遥感指数划分病害等级的依据，并作为验证监测精度的基础数据。

6.2 调查时间

从小麦拔节期开始调查，至乳熟期末，每 7 d 调查一次。

6.3 调查内容和要求

小麦白粉病地面调查内容和要求如下：

a) 小麦白粉病的常规病害调查技术要求见 NY/T 613—2002；

b) 针对每个小麦白粉病病害等级随机选择不少于 10 个样点，每个样点的调查范围为以遥感影像分辨率为半径的圆形，携带卫星定位系统（GPS）实地定位，并调查病害情况；

c) 地面病害调查时采用目测法估计小麦白粉病发病情况，将调查结果填入小麦白粉病地面病害调查表中（见表 A.1）；

d) 小麦白粉病的发生程度以当地发病盛期的平均病情指数指标确定。小麦白粉病发生程度地面调查划分为 4 级，即无病害（0 级）、轻度病害（1 级）、中度病害（2 级）、重度病害（3 级），各级指标见表 1。

表1 小麦白粉病发生程度地面调查分级指标

指　　标	级　　别			
	无病害（0级）	轻度病害（1级）	中度病害（2级）	重度病害（3级）
病情指数（I）	$I=0$	$0.0<I\leqslant20$	$20<I\leqslant30$	$I>30$

7 小麦白粉病遥感监测

7.1 监测时间

小麦白粉病遥感监测时间宜与地面病害调查时间一致。

7.2 监测区域边界确定

小麦白粉病监测区域尺度宜为县域。如果要监测的区域范围较大，则应先根据小麦连片种植、生长环境条件相似等原则进行分区；再通过遥感影像处理软件的剪切功能，根据监测区域小麦种植分布图或耕地分布图确定监测区域所对应的卫星影像及制图区域。

7.3 小麦健康样本和发病样本

提取与地面病害调查样点相对应的红波段和近红外波段反射率，并进一步计算健康小麦和发病小麦红波段和近红外波段反射率的平均值。

7.4 小麦白粉病遥感指数计算

按照式（3）计算小麦白粉病遥感指数，获得小麦白粉病遥感指数空间分布图。

$$WPMI = a \times \frac{R_d - R_n}{R_n} + b \times \frac{NIR_n - NIR_d}{NIR_n} \quad\cdots\cdots\cdots\cdots\cdots\cdots\cdots\cdots\cdots\cdots\cdots \quad (3)$$

式中：

$WPMI$ ——小麦白粉病遥感指数；

NIR_d ——发病小麦的近红外波段反射率；

NIR_n ——健康小麦的近红外波段反射率；

R_d ——发病小麦的红光波段反射率；

R_n ——健康小麦的红光波段反射率；

a、b ——为系数，其中 $a=0.6$，$b=0.4$。

注：针对不同地区、不同小麦品种，可以依据地面光谱观测实验或专家知识微调 a、b 系数。

7.5 小麦白粉病病害等级划分

基于地面病害调查结果，提取监测区域相同位置的小麦白粉病遥感指数；通过模型统计的方法建立地面小麦发病程度与小麦白粉病遥感指数之间的关系函数，计算得出监测区域小麦白粉病发病程度分级所对应的小麦白粉病遥感指数范围，划分小麦白粉病病害等级，并计算获得小麦白粉病病害等级分布图。

小麦白粉病病害等级与地面病害调查的发病程度分级一致，划分为4级，即无病害（0级）、轻度病害（1级）、中度病害（2级）、重度病害（3级）。

7.6 准确率计算

将地面病害调查的样区与对应的遥感监测区域小麦白粉病发生程度比较（见表A.2），按照式（4）计算小麦白粉病发生范围和病害等级的准确率，将准确率≥70%的监测结果定为合格。

$$A = \frac{R}{D} \times 100 \quad\cdots\cdots\cdots\cdots\cdots\cdots\cdots\cdots\cdots\cdots\cdots\cdots\cdots \quad (4)$$

式中：

A ——准确率，单位为百分率（%）；

R ——遥感监测不同发病等级的地块数（个）或发生范围；

D——地面病害调查不同发病程度的地块数(个)或发生范围。

8 小麦白粉病遥感监测专题产品制作和监测报告编写

8.1 小麦白粉病遥感监测专题图制作

遥感监测专题图要素包括图名、图例、比例尺、病害等级、行政区划地理信息等。其中,基本地图要素制作方式按GB/T 20257完成。

8.2 小麦白粉病遥感监测报告编写

小麦白粉病遥感监测报告内容包括描述病害发生时间范围、卫星及传感器、病害等级及比例、病害的发病面积及比例等与遥感监测结果的有关信息。统计表格包括根据遥感监测结果获取病害分布范围、病害等级面积及比例等信息。图片信息包括说明灾情信息需提供的照片信息。

附 录 A

（规范性附录）

地面病害调查数据表

A.1 小麦白粉病地面病害调查表

见表 A.1。

表 A.1 小麦白粉病地面病害调查表

调查地点	调查时间（年/月/日）	经度	纬度	生长期	平均病情指数	发病程度	备注
地点 1							
地点 2							
...							

A.2 小麦白粉病遥感监测准确率验证表

见表 A.2。

表 A.2 小麦白粉病遥感监测准确率验证表

调查地点	经度	纬度	遥感病害等级	实际发病程度	是否误判
地点 1					
地点 2					
...					
调查人：			调查时间：		总体精度，%：

参 考 文 献

[1] GB/T 14950—2009 摄影测量与遥感术语.

[2] DB51/T 1034—2010 小麦品种抗白粉病性田间鉴定技术规程.

[3] DB 6169/T 104—2014 小麦病害遥感监测规程.

[4] 袁琳,张竞成,赵晋陵,黄文江,王纪华.基于叶片光谱分析的小麦白粉病与条锈病区分及病情反演研究.光谱学与光谱分析,2013(6):1608-1614.

[5] Jingcheng Zhang,Ruiliang Pu,Lin Yuan,Jihua Wang,Wenjiang Huang,Guijun Yang. Monitoring Powdery Mildew of Winter Wheat by Using Moderate Resolution Multi-Temporal Satellite Imagery. PLOS ONE. 2014,e93107. http://www.plosone.org/article/info:doi2F10.1371%2Fjournal.pone.0093107.

ICS 65.020
B 16

NY

中华人民共和国农业行业标准

NY/T 2738.3—2015

农作物病害遥感监测技术规范
第3部分：玉米大斑病和小斑病

Technical specification on remote sensing monitoring for crop diseases—
Part 3:Northern corn leaf blight and southern corn leaf blight

2015-05-21 发布

2015-08-01 实施

中华人民共和国农业部 发布

目　次

前　言

NY/T 2738《农作物病害遥感监测技术规范》为系列标准，分为以下3个部分：
——第1部分：小麦条锈病；
——第2部分：小麦白粉病；
——第3部分：玉米大斑病和小斑病。

本部分是 NY/T 2738 的第3部分。

本部分按照 GB/T 1.1—2009 给出的规则起草。

本部分由中国农业科学院农业资源与农业区划研究所提出。

本部分由农业部发展计划司归口。

本部分起草单位：中国农业科学院农业资源与农业区划研究所、北京农业信息技术研究中心、中国农业大学。

本部分主要起草人：王利民、刘佳、张竞成、姚艳敏、滕飞、周清波、高灵旺、陈仲新、高建孟、邓辉。

农作物病害遥感监测技术规范　第3部分:玉米大斑病和小斑病

1　范围

本部分界定了玉米大斑病和小斑病卫星遥感监测的术语,规定了玉米大斑病和小斑病卫星遥感监测处理流程、数据源和数据预处理、监测方法、病害测报资料整理汇总等内容。

本部分适用于玉米大斑病和小斑病的卫星遥感监测工作。

2　规范性引用文件

下列文件对于本文件的应用是必不可少的。凡是注日期的引用文件,仅注日期的版本适用于本文件。凡是不注日期的引用文件,其最新版本(包括所有的修改单)适用于本文件。

GB/T 15968—2008　遥感影像平面制作规范

GB/T 20257(全部)　国家基本比例尺地图图式

GB/T 23391.1—2009　玉米大、小斑病和玉米螟防治技术规范　第1部分:玉米大斑病

GB/T 23391.2—2009　玉米大、小斑病和玉米螟防治技术规范　第2部分:玉米小斑病

3　术语和定义

下列术语和定义适用于本文件。

3.1

遥感　remote sensing

不接触物体本身,用传感器收集目标物的电磁波信息,经处理、分析后,识别目标物、揭示目标物几何形状大小、相互关系及其变化规律的科学技术。

[GB/T 14950　2009,定义3.1]

3.2

玉米大斑病　northern corn leaf blight

由大斑刚毛球腔菌[*Setosphaeria turcica*(Luttrell)Leonard et Suggs,无性态为大斑凸脐蠕孢菌 *Exserohilum turcicum*(Pass.)Leonard et Suggs]所引起的以叶部症状为主的玉米病害。

[GB/T 23391.1—2009,定义3.1]

3.3

玉米小斑病　southern leaf blight

由异旋孢腔菌[*Cochliobolus heterostrophus*(Drechsler),无性态为玉蜀黍平脐蠕孢菌 *Bipolaris maydis*(Nishikado et Miyabe)Shoemaker]所引起的以叶部症状为主的玉米病害。

[GB/T 23391.2—2009,定义3.1]

4　玉米大斑病和小斑病遥感监测处理流程

基于卫星遥感影像,结合地面病害调查,确定监测区域玉米健康样本、玉米大斑病和小斑病发病样本;进行玉米大斑病和小斑病遥感指数计算;通过构建玉米大斑病和小斑病病害等级回归统计模型,划分玉米大斑病和小斑病病害等级,根据处理结果完成玉米大斑病和小斑病病害等级分布图等遥感监测专题产品;编制玉米大斑病和小斑病遥感监测报告。玉米大斑病和小斑病遥感监测处理流程见图1。

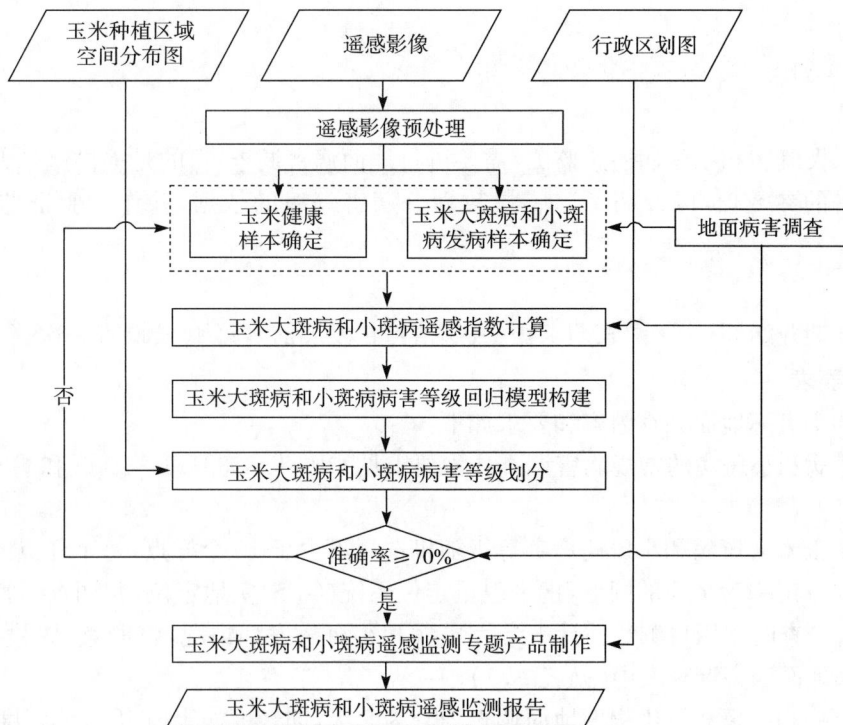

图 1 玉米大斑病和小斑病遥感监测处理流程图

5 数据源和数据预处理

5.1 遥感数据

5.1.1 遥感数据的选择

遥感数据的选择要求如下：

a) 卫星传感器应至少具有蓝光波段(420 nm～470 nm)、红光波段(620 nm～760 nm)范围的感应能力；

b) 卫星影像空间分辨率应优于 30 m；

c) 根据所确定的制图区域,收集地面病害调查当天或距离地面病害调查时间点最近的卫星影像数据；

d) 覆盖制图区域的卫星影像云或浓雾量不超过 10%。

5.1.2 遥感数据预处理

遥感数据预处理如下：

a) 根据不同的传感器选择相应的辐射定标参数进行遥感影像辐射定标。经大气校正后,获得地表反射率遥感影像；

b) 影像需进行几何校正,配准误差在 0.5 个像元之内；

c) 影像通过剪裁或掩膜处理,获取制图区域内所监测玉米的反射率遥感影像；

d) 遥感影像平面坐标系应采用国家规定的统一坐标系,见 GB/ T 15968—2008 的 3.2.1。其中 1∶10 000～1∶500 000 遥感影像平面图的投影采用高斯—克吕格投影；1∶1 000 000 遥感影像平面图的投影采用正轴等角圆锥投影。

5.2 其他数据

其他数据至少应包括：

a) 制图区域玉米种植区分布图或者耕地分布图,比例尺宜优于遥感影像出图比例尺；

b) 制图区域行政区划图。

6 地面病害调查

6.1 调查目的

为了配合玉米大斑病和小斑病遥感监测,需要进行地面病害调查,目的是提供玉米大斑病和小斑病遥感指数计算所需的参数值,以及病害遥感指数划分病害等级的依据,并作为验证监测精度的基础数据。

6.2 调查时间

从玉米心叶末期开始调查,至灌浆期末止(或病情停止发展前),每10 d调查一次。

6.3 调查内容和要求

玉米大斑病和小斑病地面调查内容和要求如下:

a) 玉米大斑病和小斑病的常规病害调查技术要求见GB/T 23391.1—2009和GB/T 23391.2—2009;

b) 针对每个玉米大斑病和小斑病病害等级随机选择不少于10个样点,每个样点的调查范围为以遥感影像分辨率为半径的圆形,携带卫星定位系统(GPS)实地定位,并调查病害情况;

c) 地面病害调查时采用目测法估计玉米大斑病和小斑病发病情况,将调查结果填入玉米大斑病和小斑病地面病害调查表中(见表A.1);

d) 玉米大斑病和小斑病发生程度地面调查划分为5级,即轻度病害(1级)、偏轻度病害(3级)、中度病害(5级)、偏重度病害(7级)、重度病害(9级)。各级指标见表1。

表 1 玉米大斑病和小斑病发生程度地面调查分级指标

病害分级	描述
1	叶片上或无病斑或仅在穗位下部叶片上有少量病斑,病斑占总叶面积少于5%
3	穗位下部叶片上有少量病斑,占总叶面积6%~10%,穗位上部叶片有零星病斑
5	穗位下部叶片上病斑较多,占总叶面积11%~30%,穗位上部叶片有较多病斑
7	穗位上部叶片有大量病斑,病斑相连,占总叶面积31%~70%,下部病叶枯死
9	全株叶片基本为病斑覆盖,叶片枯死

[引自 GB/T 23391.1—2009 和 GB/T 23391.2—2009]

7 玉米大斑病和小斑病遥感监测

7.1 调查时间

玉米大斑病和小斑病遥感监测时间宜与地面病害调查时间一致。

7.2 监测区域边界确定

玉米大斑病和小斑病监测区域尺度宜为县域。如果要监测的区域范围较大,则应先根据玉米连片种植、生长环境条件相似等原则进行分区;再通过遥感影像处理软件的剪切功能,根据监测区域玉米种植分布图或耕地分布图确定监测区域所对应的卫星影像及制图区域。

7.3 玉米健康样本和发病样本确定

提取与地面病害调查样点相对应的蓝波段和红波段反射率,并进一步计算健康玉米和发病玉米蓝波段和红波段反射率的平均值。

7.4 玉米大斑病和小斑病遥感指数计算

按照式(1)计算玉米大斑病和小斑病遥感指数,获得玉米大斑病和小斑病遥感指数空间分布图。

$$CLBI = a \times \frac{B_n - B_d}{B_n} + b \times \frac{R_n - R_d}{R_n} \quad\cdots\cdots\cdots\cdots\cdots\cdots\cdots\cdots\cdots\cdots\cdots\cdots\cdots (1)$$

式中：

CLBI ——玉米大斑病和小斑病遥感指数；

B_d ——发病玉米的蓝波段反射率；

B_n ——健康玉米的蓝波段反射率；

R_d ——发病玉米的红波段反射率；

R_n ——健康玉米的红波段反射率；

a、b ——为系数，其中 $a=1.0$，$b=1.0$。

注：针对不同地区、不同小麦品种，可以依据地面光谱观测实验或专家知识微调 a、b 系数。

7.5 玉米大斑病和小斑病病情等级划分

基于地面病害调查结果，提取监测区域相同位置的玉米大斑病和小斑病遥感指数；通过统计回归的方法建立地面玉米发病程度与玉米大斑病和小斑病遥感指数之间的关系函数，计算得到监测区域玉米发病程度分级所对应的玉米大斑病和小斑病遥感指数范围，划分玉米大斑病和小斑病病害等级，并计算获得玉米大斑病和小斑病病害等级分布图。

玉米大斑病和小斑病病害等级与地面病害调查的发病程度分级一致，划分为5级，即轻度病害（1级）、偏轻度病害（3级）、中度病害（5级）、偏重度病害（7级）、重度病害（9级）。

7.6 准确率计算

将地面病害调查的样区与对应的遥感监测区域玉米大斑病和小斑病发生程度进行比较（见表A.2)，按照式(2)计算玉米大斑病和小斑病发生范围和病害等级的准确率，将准确率≥70%的监测结果定为合格。

$$A = \frac{R}{D} \times 100 \cdots\cdots\cdots\cdots\cdots\cdots\cdots\cdots\cdots\cdots\cdots\cdots\cdots \quad (2)$$

式中：

A ——准确率，单位为百分率（%）；

R ——遥感监测不同发病等级的地块数（个）或发生范围；

D ——地面病害调查不同发病程度的地块数（个）或发生范围。

8 玉米大斑病和小斑病遥感监测专题产品制作和监测报告编写

8.1 玉米大斑病和小斑病遥感监测专题图制作

遥感监测专题图要素包括图名、图例、比例尺、病害等级、行政区划地理信息等。其中，基本地图要素制作方式按 GB/T 20257 完成。

8.2 玉米大斑病和小斑病遥感监测报告编写

玉米大斑病和小斑病遥感监测报告内容包括描述病害发生时间范围、卫星及传感器、病害等级及比例、病害的发病面积及比例等与遥感监测结果的有关信息。统计表格包括根据遥感监测结果获取病害分布范围、病害等级面积及比例等信息。图片信息包括说明灾情信息需提供的照片信息。

附 录 A
（规范性附录）
地面病害调查数据表

A.1 玉米大斑病和小斑病地面病害调查表

见表 A.1。

表 A.1 玉米大斑病和小斑病地面病害调查表

调查地点	调查时间 （年/月/日）	经度	纬度	生育期	病害分级	备　注
地点 1						
地点 2						
...						

A.2 玉米大斑病和小斑病遥感监测准确率验证表

见表 A.2。

表 A.2 玉米大斑病和小斑病遥感监测准确率验证表

调查地点	经度	纬度	遥感病害等级	实际发病程度	是否误判
地点 1					
地点 2					
...					
调查人：		调查时间：		总体精度,%：	

参 考 文 献

[1] GB/T 14950—2009 摄影测量与遥感术语.

———————————

ICS 65.020.01
B 04

NY

中华人民共和国农业行业标准

NY/T 2739.1—2015

农作物低温冷害遥感监测技术规范 第1部分：总则

Technical specification on remote sensing monitoring for crop cold injury—
Part 1:General principles

2015-05-21 发布

2015-08-01 实施

中华人民共和国农业部 发布

目　次

前　言

NY/T 2739《农作物低温冷害遥感监测技术规范》为系列标准：
——第1部分：总则；
——第2部分：北方水稻延迟型冷害；
——第3部分：北方春玉米延迟型冷害。

本部分是 NY/T 2739 的第1部分。

本部分按照 GB/T 1.1—2009 给出的规则起草。

本部分由农业部发展计划司提出。

本部分由中国农业科学院农业资源与农业区划研究所归口。

本部分起草单位：中国农业科学院农业资源与农业区划研究所、浙江大学、中国气象科学研究院。

本部分主要起草人：姚艳敏、刘佳、黄敬峰、王利民、滕飞、周清波、霍志国、陈仲新、毛飞、黄然、邓辉。

农作物低温冷害遥感监测技术规范
第1部分:总则

1 范围

本部分规定了农作物低温冷害遥感监测的流程、内容、技术方法、质量控制以及成果报告编写的基本准则。

本部分适用于农作物延迟型冷害卫星遥感监测工作。采用其他数据源开展农作物延迟型冷害监测工作可参照执行。

2 规范性引用文件

下列文件对于本文件的应用是必不可少的。凡是注日期的引用文件,仅注日期的版本适用于本文件。凡是不注日期的引用文件,其最新版本(包括所有的修改单)适用于本文件。

GB/T 14950—2009　摄影测量与遥感术语

GB/T 15968—2008　遥感影像平面图制作规范

GB/T 20257(全部)　国家基本比例尺地图图式

GB/T 27959—2011　南方水稻、油菜和柑橘低温灾害

GB/T 28923.1—2012　自然灾害遥感专题图产品制作要求　第1部分:分类、编码与制图

GB/T 28923.3—2012　自然灾害遥感专题图产品制作要求　第3部分:风险评估专题图产品

NY/T 2284.2—2012　玉米灾害田间调查及分级技术规范　第2部分:玉米冷害

NY/T 2285—2012　水稻冷害田间调查及分级技术规范

NY/T 2739.2　农作物低温冷害遥感监测技术规范　第2部分:北方水稻延迟型冷害

NY/T 2739.3　农作物低温冷害遥感监测技术规范　第3部分:北方春玉米延迟型冷害

QX/T 101—2009　水稻、玉米冷害等级

QX/T 233—2014　气象数据库存储管理命名

3 术语和定义

下列术语和定义适用于本文件。

3.1

冷害　cold injury

在农作物生长季节,生育期的重要阶段气温比要求的偏低(但仍在 0℃以上),引起农作物发育期延迟,或使生殖器官的生理机能受到损害,造成农业减产的低温灾害。

注:冷害一般可分为三种类型:延迟型冷害、障碍型冷害和混合型冷害。

[GB/T 27959—2011,定义2.5]

3.2

延迟型冷害　growth-delaying type cold injury

农作物生育期间遇较长时间 0℃以上相对低温,削弱植株的光合作用,减少养分的吸收,影响光合产物和矿质养分的运转,使农作物生育期明显延迟,不能正常成熟而减产的一种冷害类型。

[NY/T 2285—2012,定义2.2.1.1]

3.3

气温 air temperature

表示空气冷热程度的物理量。

注：本部分中气温用摄氏度(℃)表示。我国气象台(站)一般所指的气温，是百叶箱中离地面约1.5m高处的温度表或温度计测得的空气温度。它基本上代表了当地的气温。

[QX/T 101—2009，定义2.1]

3.4

陆地表面温度 land surface temperature

LST

由辐射测定的地面温度。

注：对于裸地，地面温度是指裸露土壤表面的温度(即0cm温度)；对于浓密植被覆盖地区，地面温度是指植被冠层的温度；对于稀疏植被覆盖地区，地面温度是指植被冠层、植物体和土壤表面温度的平均值。

3.5

遥感 remote sensing

不接触物体本身，用传感器收集目标物的电磁波信息，经处理、分析后，识别目标物、揭示其几何、物理特征和相互关系及其变化规律的现代科学技术。

[GB/T 14950—2009，定义3.1]

3.6

农作物低温冷害遥感监测 remote sensing monitoring for crop cold injury

基于卫星遥感影像反演的日平均气温，依据农作物低温冷害气象指标，进行农作物全生育期或关键生育时期的低温冷害监测。

4 缩略语

下列缩略语适用于本文件。

DEM：数字高程模型(Digital Elevation Model)；

FY：中国风云系列气象卫星(Feng Yun)；

HDF：层次型数据格式(Hierarchical Data Format)；

LST：陆地表面温度(Land Surface Temperature)；

MAE：平均绝对误差(mean absolute error)；

MODIS：中分辨率成像光谱仪(MODerate resolution Imaging Spectrometer)；

QA：质量保证(Quality Assurance)；

TIFF：标签图像文件格式(Tagged Image File Format)。

5 农作物低温冷害遥感监测处理流程

基于气象台站日平均气温数据和遥感陆地表面温度(LST)日值数据进行日平均气温遥感估算；然后基于农作物冷害等级气象指标、农作物种植面积空间分布图、农作物生育期空间分布图进行农作物低温冷害指标计算，确定农作物低温冷害等级；编制农作物低温冷害遥感监测报告。

农作物低温冷害遥感监测处理流程见图1。

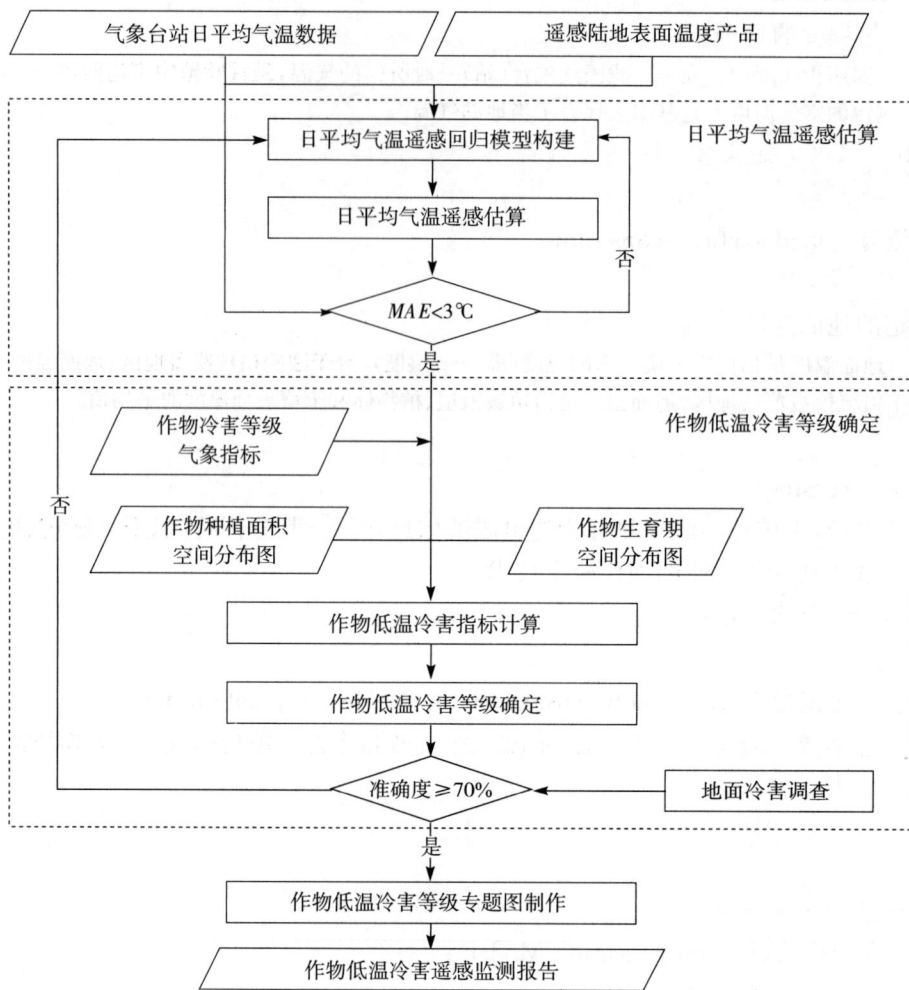

图 1 农作物低温冷害遥感监测处理流程图

6 数据源

6.1 影像数据

6.1.1 陆地表面温度(LST)遥感数据

选择覆盖监测区域的当年和前 5 年遥感影像 LST 日值数据。例如 MODIS 影像的 MOD11A1、MYD11A1,我国风云系列气象卫星(FY)LST 日值数据等。MODIS 和 FY 的 LST 数据产品介绍参见附录 A。

影像时相范围:农作物播种期至收获期。

6.1.2 坐标投影系统

平面坐标系应采用国家规定的统一坐标系,见 GB/T 15968—2008 3.2.1。其中 1:10 000~1:500 000 遥感影像平面图的投影采用高斯—克吕格投影;1:1 000 000 遥感影像平面图的投影采用正轴等角圆锥投影。

6.2 气象站点数据

收集整理覆盖监测区域的当年、近 30 年气象站点观测数据,包括:站点的经纬度坐标、海拔高度、逐日的平均气温、最高气温、最低气温、地表温度、日照,用于日平均气温遥感估算建模及精度验证。

有关气象数据的数据格式和处理说明见 QX/T 233—2014。

6.3 其他数据

其他数据包括：

a) 监测区域农作物空间分布图或耕地分布图。

b) 监测区域农作物全生育期和不同生育时期空间分布图。

c) 监测区域相关的地形图、DEM 数据、行政区划数据。

d) 监测区域历年农作物低温冷害灾情资料、农业统计资料、社会经济资料。

7 日平均气温遥感估算

日平均气温遥感估算的一般方法是，首先对 LST 数据进行预处理，选择有效 LST 数据，去除质量差的数据；然后建立气象站点日平均气温与 LST 回归模型，估算日平均气温数据；对数据进行平均绝对误差（MAE）质量控制后，再通过时间融合、空间插值的方法，获得像元缺失的日平均气温数据；最终得到监测区域日平均气温空间分布图。

附录 B 给出了基于 MODIS LST 数据估算日平均气温的方法。

8 农作物低温冷害等级确定

8.1 农作物低温冷害指标计算

农作物低温冷害指标计算步骤如下：

a) 利用 9.1 估算的日平均气温数据对照监测农作物生育期空间分布图进行分割，形成农作物全生育期和不同生育时期的日平均气温数据。

b) 计算农作物低温冷害指标。农作物低温冷害监测包括全生育期监测和不同生育时期监测。进行农作物全生育期低温冷害监测时，逐像元计算近 5 年农作物全生育期≥10℃气温的平均值，再与监测当年≥10℃平均气温相减，计算距平；或者逐像元计算近 5 年 5 月～9 月的≥10℃月平均气温之和的平均值，再与监测当年 5 月～9 月≥10℃的月平均气温之和相减，计算距平。进行农作物不同生育时期低温冷害监测时，逐像元计算近 5 年农作物不同生育时期≥10℃气温的平均值，再与监测当年农作物不同生育时期≥10℃气温相减，计算距平。

8.2 农作物低温冷害等级确定

依据农作物全生育期或不同生育时期低温冷害等级气象指标（见 NY/T 2739.2 附录 A 和 NY/T 2739.3 附录 A），计算确定农作物低温冷害等级。

8.3 地面冷害调查

在监测区域范围内，对于每个农作物低温冷害等级均匀布点至少 10 个样区进行农作物低温冷害调查。农作物低温冷害地面调查方法见 NY/T 2284.2—2012 和 NY/T 2285—2012。

8.4 准确度计算

将地面冷害调查的样区与对应的遥感监测区域进行比较，按照式（1）计算准确度，将准确度≥70％的监测结果定为合格。

$$A = \frac{R}{D} \times 100 \quad\cdots\cdots\cdots\cdots\cdots\cdots\cdots\cdots\cdots\cdots\cdots\cdots\cdots\cdots\cdots \quad (1)$$

式中：

A——准确度，单位为百分率（％）；

R——遥感监测发生农作物低温冷害的地块数，单位为个；

D——地面冷害调查发生农作物低温冷害的地块数，单位为个。

9 农作物低温冷害等级专题图制作和报告编写

9.1 农作物低温冷害遥感监测专题图制作

农作物低温冷害遥感监测专题图要素包括图名、图例、比例尺、冷害等级、行政区划地理信息等。其中,基本地图要素制作方式按 GB/T 20257 完成,农作物低温冷害等级分布图的制作方式按 GB/T 28923.1—2012 和 GB/T 28923.3—2012 完成。

9.2 农作物低温冷害遥感监测报告编写

农作物低温冷害遥感监测报告内容包括描述低温冷害发生时间范围、卫星及传感器、病害等级及比例、各冷害等级的面积及比例等与遥感监测结果的有关信息。统计表格包括根据遥感监测结果获取冷害分布范围、冷害等级面积及比例等信息。图片信息包括说明灾情信息需提供的照片信息。

附 录 A

（资料性附录）

MODIS LST 和 FY3 LST 日值遥感数据产品介绍

A.1 MODIS LST 日值遥感数据产品

A.1.1 MODIS LST 日值遥感数据产品

MOD11A1 产品（Terra MODIS 星）是日值 MOD11_L2 产品通过利用重叠区权重组合制图生成的 LST 三级产品。Aqua MODIS 星生产的对应产品，仅以 MYD 字母开头代替 MOD 命名，即 MYD11A1（表 A.1）。

表 A.1 MODIS LST 日值遥感产品技术指标

产品类型	级别	标称数据阵列	空间分辨率	时间分辨率	地图投影
MOD11A1	L3	1 200 行×1 200 列	1km(实际 0.928km)	d	Integerized Sinusoidal or Sinusoidal（等面积正弦曲线投影）
MYD11A1	L3	1 200 行×1 200 列	1km(实际 0.928km)	d	Integerized Sinusoidal or Sinusoidal（等面积正弦曲线投影）

A.1.2 MODIS LST 日值遥感数据产品质量控制数据集

MODIS LST 日值遥感数据产品的科学数据集包括白天与夜间地表温度（LST_Day_1km，LST_Night_1km）、白天与夜间地表温度和发射率的质量控制（QC_Day，QC_Night）、31 波段和 32 波段发射率（Emis_31，Emis_32）、白天与夜间地表温度观测时间（Day_view_time，Night_view_time）、白天与夜间地表温度观测天顶角（Day_view_angle，Night_view_angle）、白天与夜间有效覆盖度（day clear-sky coverage，night clear-sky coverage）12 层。其中，质量控制数据集（QC）是对产品每个像元 LST 及发射率反演质量的详细说明。质量控制判断依据见表 A.2。

表 A.2 MODIS LST 日值遥感数据产品中质量控制判断

位	属性名称	判断说明
1 & 0	强制性 QA 标记	00＝生成 LST、质量好、不需要更详细的质量检查 01＝生成 LST，其他质量、建议检查更详细的质量 10＝受到云影响未生成 LST 11＝由于云影响以外的原因未生成 LST
3 & 2	数据质量标记	00＝数据质量良好 01＝参考其他质量数据 10＝未定 11＝未定
5 & 4	发射率误差标记	00＝发射率的平均误差≤0.01 01＝发射率的平均误差≤0.02 10＝发射率的平均误差≤0.04 11＝发射率的平均误差＞0.04
7 & 8	LST 误差标记	00＝LST 平均反演误差≤1K 01＝LST 平均反演误差≤2K 10＝LST 平均反演误差≤3K 11＝LST 平均反演误差＞3K

A.2 FY3 LST 日值遥感数据产品介绍

我国风云三号极轨气象卫星由 2 颗卫星组成,即 FY-3A 卫星和 FY-3B 卫星。其中 FY-3A 卫星反射时间是 2008 年 5 月 27 日,FY-3B 发射时间为 2010 年 11 月 5 日。第三颗风云三号气象卫星发射时间为 2013 年 9 月 23 日。FY3 LST 日值遥感数据产品指标见表 A.3。

表 A.3 FY3 LST 产品技术指标

产品名称	空间分辨率	覆盖范围	精度	频次	处理时间,分
MOD11_L2	1 km/25 km/50 km×85 km	全球	1.5 K—2.5 K	2 次/日候旬月	10/30

附 录 B
（资料性附录）
MODIS LST 日平均气温遥感估算方法

B.1 MODIS LST 日平均气温遥感估算流程

MODIS LST 日平均气温遥感估算流程如图 B.1 所示。

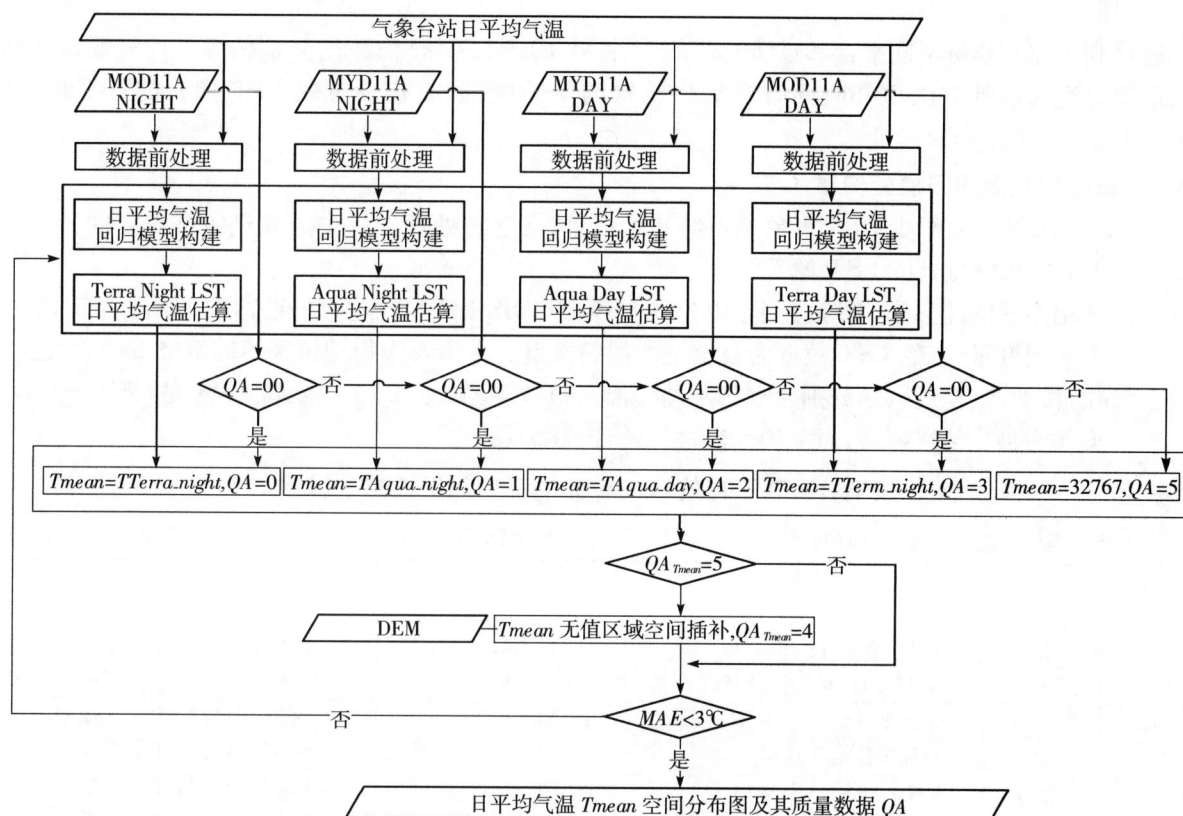

图 B.1 MODIS LST 日平均气温遥感估算总体流程

B.2 MODIS LST 数据前处理

B.2.1 投影变换和数据格式转换

将 4 种 MODIS LST 日值遥感数据产品（MOD11A DAY、MOD11A NIGHT、MYD11A DAY、MYD11A NIGHT）映射到指定地图投影坐标下进行投影和格式转换前处理。处理方法是：将覆盖研究区域的 MODIS LST 遥感数据在处理软件支持下进行图像剪切或镶嵌；通过最邻近重采样法将 LST 数据的等面积正弦曲线投影（Sinusoidal）转换成我国相应比例尺要求的投影；再将 HDF 格式的数据存储成易于多平台处理分析的 TIFF 格式。

影像几何校正、镶嵌等前处理及质量要求参照 GB/T 15968—2008 第 3 章、第 5 章的规定执行。

B.2.2 无效数据剔除

为保证 LST 数据质量，需要滤除受云污染和反演精度低（气温反演精度≥1 K）等质量不可靠的

LST 像元，只保留每期 LST 数据中质量标记为"良好"（$QA=0$）的有效像元值，将质量较差的数据标记为"-100"。

B.2.3 温度换算

按照式（B.1）将 LST 数据的原始热力学温度 T 转化为摄氏度 t。

$$T = t + 273.15 \qquad\qquad\qquad\qquad (B.1)$$

式中：

T——原始热力学温度，单位为开尔文（K）；

t——摄氏度，单位为摄氏度（℃）。

B.3 基于有效 LST 像元的日平均气温估算

B.3.1 概述

选择利用监测年份不同平台和过境时间的 4 种 MODIS LST 日值数据分别估算平均气温，同时结合局部窗口空间插补方法填补时间融合后仍空缺的像元值，形成基于有效 LST 像元的日平均气温数据。

B.3.2 日平均气温回归模型构建

a) 利用监测区域至少 30 个气象站点经纬度信息，在遥感处理软件中建立气象站点空间分布图，提取气象站点处的 LST 像元值。

b) 采用多元统计方法，对除监测年以外的 4 种 MODIS LST 数据分别建立以气象台站日平均气温为因变量、有效 LST 数据为自变量的回归模型。由于农作物种植区不同季节下垫面发生变化，按照春、夏、秋、冬分别建立日平均气温回归模型（见表 B.1）。选择决定系数（R^2）最大的模型作为最优估算模型，对平均气温进行统计拟合。

表 B.1 基于有效 LST 像元的平均气温遥感估算

卫星	季节	时间	过境时间	计算公式
Terra	春	3月1日至5月31日	6:01～18:00	平均气温与LST关系模型1
	夏	6月1日至8月31日	6:01～18:00	平均气温与LST关系模型2
	秋	9月1日至11月30日	6:01～18:00	平均气温与LST关系模型3
	冬	12月1日至2月29日	6:01～18:00	平均气温与LST关系模型4
Terra	春	3月1日至5月31日	18:01～6:00	平均气温与LST关系模型5
	夏	6月1日至8月31日	18:01～6:00	平均气温与LST关系模型6
	秋	9月1日至11月30日	18:01～6:00	平均气温与LST关系模型7
	冬	12月1日至2月29日	18:01～6:00	平均气温与LST关系模型8
Aqua	春	3月1日至5月31日	6:01～18:00	平均气温与LST关系模型9
	夏	6月1日至8月31日	6:01～18:00	平均气温与LST关系模型10
	秋	9月1日至11月30日	6:01～18:00	平均气温与LST关系模型11
	冬	12月1日至2月29日	6:01～18:00	平均气温与LST关系模型12
Aqua	春	3月1日至5月31日	18:01～6:00	平均气温与LST关系模型13
	夏	6月1日至8月31日	18:01～6:00	平均气温与LST关系模型14
	秋	9月1日至11月30日	18:01～6:00	平均气温与LST关系模型15
	冬	12月1日至2月29日	18:01～6:00	平均气温与LST关系模型16

B.3.3 日平均气温计算

利用 B.3.2 构建的日平均气温回归模型，对 4 种 MODIS LST 数据分别估算日平均气温。

B.4 日平均气温插补

B.4.1 概述

采用 B. 3 获得的 LST 日平均气温数据,还包括一些日平均气温空值数据。因此,需要采用时间域融合和空间插值方法进行缺失数据的插补,保证日平均气温数据的完整性。

B.4.2 时间域融合

以 Terra MODIS 卫星夜晚的有效像元日平均气温估算结果为基准,通过 LST 产品的 QA 数据获取空值区域,依次从 Aqua 卫星夜晚、Aqua 卫星白天、Terra 卫星白天的日平均气温估算结果获取平均气温值,生成日平均气温遥感产品的质量(QA)数据。计算过程见表 B. 2。

表 B. 2 日平均气温缺失数据时间域融合方法

融合顺序	晴空日平均气温遥感数据	过境时间	日平均气温融合值	QA 值
1	$TTerra\_night$	18:01~6:00	$TTerra\_night$	0
2	$TAqua\_night$	18:01~6:00	$TAqua\_night$,当 $TTerra\_night$ 为无效值	1
3	$TAqua\_day$	6:01~18:00	$TAqua\_day$,当 $TTerra\_night$ 和 $TAqua\_night$ 都为无效值	2
4	$TTerra\_day$	6:01~18:00	$TTerra\_day$,当 $TTerra\_night$、$TAqua\_night$ 和 $TAqua\_day$ 都为无效值	3
5	插补得到的气温		当 $TTerra\_night$、$TAqua\_night$、$TAqua\_day$ 和 $TTerra\_day$ 都为无效值	4
6	无数据区			5
注:$LSTterra\_day$、$LSTterra\_night$ 分别为 Terra MODIS 白天和夜间过境观测的 LST 影像;$LSTaqua\_day$、$LSTaqua\_night$,分别为 Aqua MODIS 白天和夜间过境观测的 LST 影像。				

B.4.3 空间域插补

经时间融合的日平均气温数据仍会残留缺失的像元,需进一步结合 DEM 的温度垂直梯度重建法对山区、云覆盖等原因造成的气温像元缺失值进行插补。

经时间域融合和空间域插补处理后,即可得到日平均气温遥感估算数据。若仍存在像元无值,则 QA 值标记为 5。

B.5 质量控制

对日平均气温遥感估算数据进行两种类型的质量评价。

a) 检查影像是否还存在无效值。若还存在,应返回 B. 3 进行检查和处理。

b) 采用地面台站实际观测平均气温数据对遥感估算的平均气温数据进行数值上的精度检验。以平均绝对误差(MAE)<3℃为合格,见式(B. 2)。

$$MAE = \frac{\sum_{i=1}^{n} |x_i - y_i|}{n} \quad\cdots\cdots\cdots\cdots\cdots\cdots\cdots\cdots\cdots\cdots (B. 2)$$

式中:

MAE——平均绝对误差,单位为摄氏度(℃);

x_i ——实际观测值,单位为摄氏度(℃);

y_i ——遥感估算值,单位为摄氏度(℃);

n ——样本容量,单位为个。

参 考 文 献

[1]GB/T 14950—2009　摄影测量与遥感术语

[2]GB/T 27959—2011　南方水稻、油菜和柑橘低温灾害

[3]QX/T 101—2009　水稻、玉米冷害等级

[4]张丽文. 2013. 基于 GIS 和遥感的东北地区水稻冷害风险区划与监测研究[D]. 杭州：浙江大学.

[5]Lin S，Moore N J，Messina J P，et al. 2012. Evaluation of estimating daily maximum and minimum air temperature with MODIS data in east Africa[J]. International Journal of Applied Earth Observation and Geoinformation(18)：128-140.

[6]Neteler M. 2010. Estimating Daily Land Surface Temperatures in Mountainous Environments by Reconstructed MODIS LST Data[J]. Remote Sensing，2(1)：333-351.

[7]Shen S H，Leptoukh G G. 2011. Estimation of surface air temperature over central and eastern Eurasia from MODIS land surface temperature[J]. Environmental Research Letters(6).

[8]Zhengming Wang. 1999. MODIS Land-Surface Temperature Algorithm Theoretical Basis Document (LST ATBD) Version 3. 3[OL]. http://modis. gsfc. nasa. gov/data/atbd/atbd_mod11. pdf.

[9]Zhengming Wang. 2006. MODIS Land Surface Temperature Products Users' Guide[OL]. www. icess. ucsb. edu/modis/LstUsrGuide/MODIS_LST_products_Users_guide. pdf.

ICS 65.020.01
B 20

NY

中华人民共和国农业行业标准

NY/T 2739.2—2015

农作物低温冷害遥感监测技术规范
第2部分：北方水稻延迟型冷害

Technical specification on remote sensing monitoring for crop cold injury—
Part 2：Growth-delaying type cold injury for rice in Northern China

2015-05-21 发布

2015-08-01 实施

中华人民共和国农业部 发布

目　次

前　言

NY/T 2739《农作物低温冷害遥感监测技术规范》为系列标准：
——第1部分：总则；
——第2部分：北方水稻延迟型冷害；
——第3部分：北方春玉米延迟型冷害。

本部分是 NY/T 2739 的第2部分。

本部分按照 GB/T 1.1—2009 给出的规则起草。

本部分由农业部发展计划司提出。

本部分由中国农业科学院农业资源与农业区划研究所归口。

本部分起草单位：中国农业科学院农业资源与农业区划研究所、浙江大学、中国气象科学研究院。

本部分主要起草人：姚艳敏、刘佳、黄敬峰、王利民、滕飞、周清波、霍志国、陈仲新、毛飞、黄然、邓辉。

农作物低温冷害遥感监测技术规范
第2部分:北方水稻延迟型冷害

1 范围

本部分规定了北方水稻延迟型冷害遥感监测的流程、内容、技术方法、质量控制以及成果报告编写的基本要求。

本部分适用于北方水稻延迟型冷害卫星遥感监测工作。采用其他数据源开展北方水稻延迟型冷害监测工作可参照执行。

2 规范性引用文件

下列文件对于本文件的应用是必不可少的。凡是注日期的引用文件,仅注日期的版本适用于本文件。凡是不注日期的引用文件,其最新版本(包括所有的修改单)适用于本文件。

NY/T 2285—2012　水稻冷害田间调查及分级技术规范

NY/T 2739.1—2015　农作物低温冷害遥感监测技术规范　第1部分:总则

QX/T 101—2009　水稻、玉米冷害等级

QX/T 182—2013　水稻冷害评估技术规范

3 术语和定义

NY/T 2739.1界定的以及下列术语和定义适用于本文件。

3.1

水稻延迟型冷害　growth-delaying type cold injury to rice

水稻生长发育期间遇较长时间0℃以上相对低温天气,削弱植株的光合作用,减少养分的吸收,影响光合产物合成和矿质养分的运转,使水稻生育期明显延迟,不能正常成熟而减产的一种冷害类型。

[NY/T 2285—2012,定义2.2.1.1]

3.2

距平　deviation from average

某一气象要素数值与其平均值之间的偏差。距平值有正有负,正距平表示高于平均值,负距平表示低于平均值。

[QX/T 101—2009,定义2.6]

3.3

减产率　yield loss rate

采用受冷害后的水稻实际产量与对照产量(当地同品种水稻常年平均产量或当年未受冷害水稻产量)的差占对照产量的百分比(%)。

[NY/T 2285—2012,定义2.3]

4 水稻低温冷害遥感监测流程

水稻低温冷害遥感监测流程见图1。

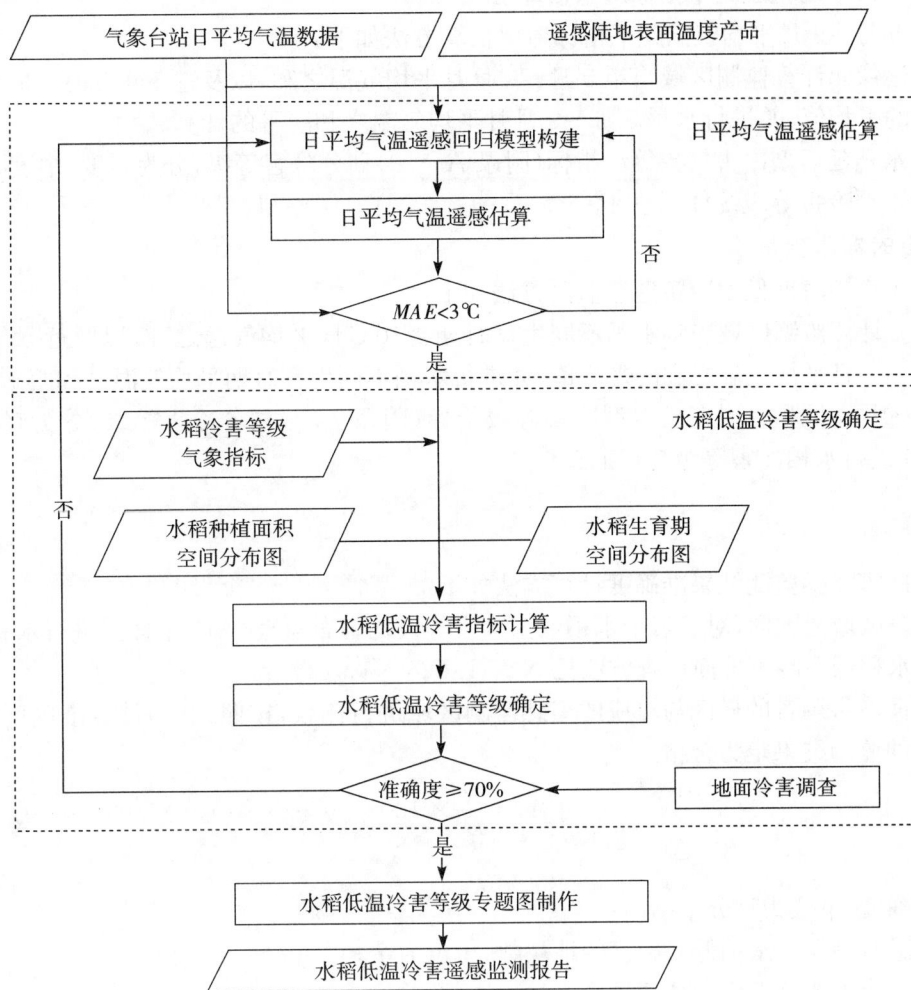

图 1　水稻低温冷害遥感监测流程图

5　数据源

水稻低温冷害遥感监测所需数据源见 NY/T 2739.1—2015 第 6 章。

6　日平均气温遥感估算

日平均气温遥感估算方法见 NY/T 2739.1—2015 第 7 章。

7　水稻冷害等级确定

7.1　全生育期评估

7.1.1　总积温距平指标遥感估算法

水稻冷害总积温距平指标遥感估算方法如下：

a) 利用第 6 章基于陆地表面温度（LST）遥感数据估算的日平均气温数据对照水稻生育期空间分布图进行分割，形成水稻全生育期的日平均气温数据。

b) 逐像元计算监测区域当年水稻全生育期≥10℃的气温之和，以及近 5 年水稻全生育期≥10℃活动积温之和的平均值，并进行水稻全生育期≥10℃活动积温距平的计算。

c) 根据水稻延迟型冷害气象等级指标（见附录 A.1.1）划分冷害等级，分为轻度冷害年、中度冷害年、重度冷害年三级，并进行水稻冷害等级统计汇总。

7.1.2 5月～9月平均气温距平指标遥感估算法

水稻冷害5月～9月平均气温距平指标遥感估算方法如下：

a) 分别逐像元计算监测区域当年5月～9月月平均气温之和，以及近5年5月～9月月平均气温之和的平均值，并进行水稻5月～9月月平均气温之和距平的计算。

b) 根据水稻延迟型冷害气象等级指标(附录A.1.2)划分冷害等级，分为轻度、中度、重度三级，并进行水稻冷害等级统计汇总。

7.2 不同生育时期监测

水稻不同生育期时期低温冷害遥感监测方法如下：

a) 逐像元计算监测区域当年水稻不同生育时期≥10℃日平均气温之和，以及近5年不同生育时期≥10℃日平均气温之和的平均值，并进行水稻不同生育时期平均气温之和距平的计算。

b) 根据水稻不同生育时期延迟型冷害等级指标(附录A.2)划分冷害等级，分为轻中度、重度二级，并进行水稻冷害等级统计汇总。

8 准确度计算

水稻低温冷害遥感监测结果准确度计算方法如下：

a) 在监测区域范围内，对于每个水稻低温冷害等级均匀布点至少10个样区进行水稻地面冷害调查。水稻低温冷害地面调查方法见NY/T 2285—2012。

b) 将地面冷害调查的样区与对应的遥感监测区域进行比较，按照式(1)计算准确度，将准确度≥70%的监测结果定为合格。

$$A = \frac{R}{D} \times 100 \cdots\cdots\cdots\cdots\cdots\cdots\cdots\cdots\cdots\cdots\cdots\cdots \quad (1)$$

式中：

A——准确度，单位为百分率(%)；

R——遥感监测发生水稻低温冷害的地块数，单位为个；

D——地面冷害调查发生水稻低温冷害的地块数，单位为个。

9 水稻低温冷害等级专题图制作和报告编写

水稻低温冷害等级专题图制作和报告编写方法见NY/T 2739.1—2015第9章。

附　录　A
（规范性附录）
水稻延迟型冷害等级气象指标

A.1　全生育期指标

A.1.1　总积温距平指标

水稻播种至成熟期间稳定通过10℃的活动积温比历年平均值少：

70℃·d～100℃·d　　　　轻度冷害年

100℃·d～120℃·d　　　　中度冷害年

＞120℃·d　　　　　　　严重冷害年

[引自 QX/T 182—2013]

A.1.2　5月～9月平均气温之和的距平指标

见表 A.1。

表 A.1　我国北方不同热量区域的水稻冷害年气象指标

单位为摄氏度

$\overline{T_{5-9}}$	≤83	83.1～88	88.1～93	93.1～98	98.1～103	＞103	减产率
轻度冷害指标 ΔT_{5-9}	-1.0～-1.5	-1.1～-1.8	-1.3～-2.0	-1.7～-2.5	-2.4～-3.0	-2.8～-3.5	单产比常年单产降低5%～10%
中度冷害指标 ΔT_{5-9}	-1.5～-2.0	-1.8～-2.2	-2.0～-2.6	-2.5～-3.2	-3.0～-3.8	-3.5～-4.2	单产比常年单产降低10.1%～15%
严重冷害指标 ΔT_{5-9}	＜-2.0	＜-2.2	＜-2.6	＜-3.2	＜-3.8	＜-4.2	单产比常年单产降低15.1%以上

注：$\overline{T_{5-9}}$为5月～9月平均气温之和的多年平均值，代表相应热量条件的区域；ΔT_{5-9}为当年5月～9月平均气温之和的距平值。

[引自 QX/T 182—2013]

A.2　不同生育时期指标

见表 A.2。

表 A.2　我国北方水稻不同品种区、各主要生长阶段不同风险度下的延迟型冷害指标

指标类型	生长发育期	轻、中度冷害			发生概率,%	严重冷害			发生概率,%
		中晚和晚熟	中熟	早熟品种		中晚和晚熟	中熟	早熟品种	
积温差值指标 $(\Delta\sum T_{10})$,℃·d	移栽—分蘖	-48～-60	-43～-55	-40～-50	55	＜-60	＜-55	＜-50	52
	移栽—抽穗	-60～-75	-55～-70	-50～-60	85	＜-75	＜-70	＜-60	85
	移栽—成熟	-70～-85	-65～-80	-60～-70	97	＜-85	＜-80	＜-70	97

注：水稻生长发育期均为普遍出现日期。

[引自 QX/T 182—2013]

参 考 文 献

[1]QX/T 101—2009 水稻、玉米冷害等级

[2]QX/T 182—2013 水稻冷害评估技术规范

[3] 张丽文.2013. 基于 GIS 和遥感的东北地区水稻冷害风险区划与监测研究[D]. 杭州:浙江大学.

ICS 65.020.01
B 20

NY

中华人民共和国农业行业标准

NY/T 2739.3—2015

农作物低温冷害遥感监测技术规范
第3部分：北方春玉米延迟型冷害

Technical specification on remote sensing monitoring for crop cold injury—
Part 3: Growth–delaying type cold injury for spring corn in Northern China

2015-05-21 发布

2015-08-01 实施

中华人民共和国农业部 发布

NY/T 2739.3—2015

目 次

前　言

NY/T 2739《农作物低温冷害遥感监测技术规范》为系列标准：
——第1部分：总则；
——第2部分：北方水稻延迟型冷害；
——第3部分：北方春玉米延迟型冷害。
本部分是NY/T 2739的第3部分。
本部分按照GB/T 1.1—2009给出的规则起草。
本部分由农业部发展计划司提出。
本部分由中国农业科学院农业资源与农业区划研究所归口。
本部分起草单位：中国农业科学院农业资源与农业区划研究所、浙江大学、中国气象科学研究院。
本部分主要起草人：姚艳敏、刘佳、黄敬峰、王利民、滕飞、周清波、霍志国、陈仲新、毛飞、黄然、邓辉。

农作物低温冷害遥感监测技术规范
第3部分：北方春玉米延迟型冷害

1 范围

本部分规定了北方春玉米延迟型冷害遥感监测的流程、内容、技术方法、质量控制以及成果报告编写的基本要求。

本部分适用于北方春玉米延迟型冷害卫星遥感监测工作。采用其他数据源开展北方春玉米延迟型冷害监测工作可参照执行。

2 规范性引用文件

下列文件对于本文件的应用是必不可少的。凡是注日期的引用文件，仅注日期的版本适用于本文件。凡是不注日期的引用文件，其最新版本（包括所有的修改单）适用于本文件。

NY/T 2284.2—2012　玉米灾害田间调查及分级技术规范　第2部分：玉米冷害

NY/T 2739.1—2015　农作物低温冷害遥感监测技术规范　第1部分：总则

QX/T 101—2009　水稻、玉米冷害等级

QX/T 167—2012　北方春玉米冷害评估技术规范

3 术语和定义

NY/T 2739.1—2015界定的以及下列术语和定义适用于本文件。

3.1

玉米延迟型冷害　growth-delaying type cold injury to corn

在玉米的生育期间遇到持续低温，导致生长缓慢，发育延迟，贪青晚熟，不能在秋霜冻前正常成熟而造成减产的农业气象灾害。

[NY/T 2284.2—2012，定义2.2.1]

3.2

距平　deviation from average

某一气象要素数值与其平均值之间的偏差。距平值有正有负，正距平表示高于平均值，负距平表示低于平均值。

[QX/T 101—2009，定义2.6]

3.3

减产率　yield loss rate

采用受冷害后的玉米实际产量与对照产量（当地同品种玉米常年平均产量或当年未受冷害玉米产量）的差占对照产量的百分比（%）。

[NY/T 2284.2—2012，定义2.3]

4 春玉米低温冷害遥感监测流程

春玉米低温冷害遥感监测流程见图1。

气象台站日平均气温数据　　　遥感陆地表面温度产品

日平均气温遥感回归模型构建　　　日平均气温遥感估算

日平均气温遥感估算

否

$MAE<3℃$

是

春玉米冷害等级
气象指标

春玉米低温冷害等级确定

春玉米种植面积
空间分布图　　　春玉米生育期
空间分布图

春玉米低温冷害指标计算

春玉米低温冷害等级确定

否

准确度≥70%　　　地面冷害调查

是

春玉米低温冷害等级专题图制作

春玉米低温冷害遥感监测报告

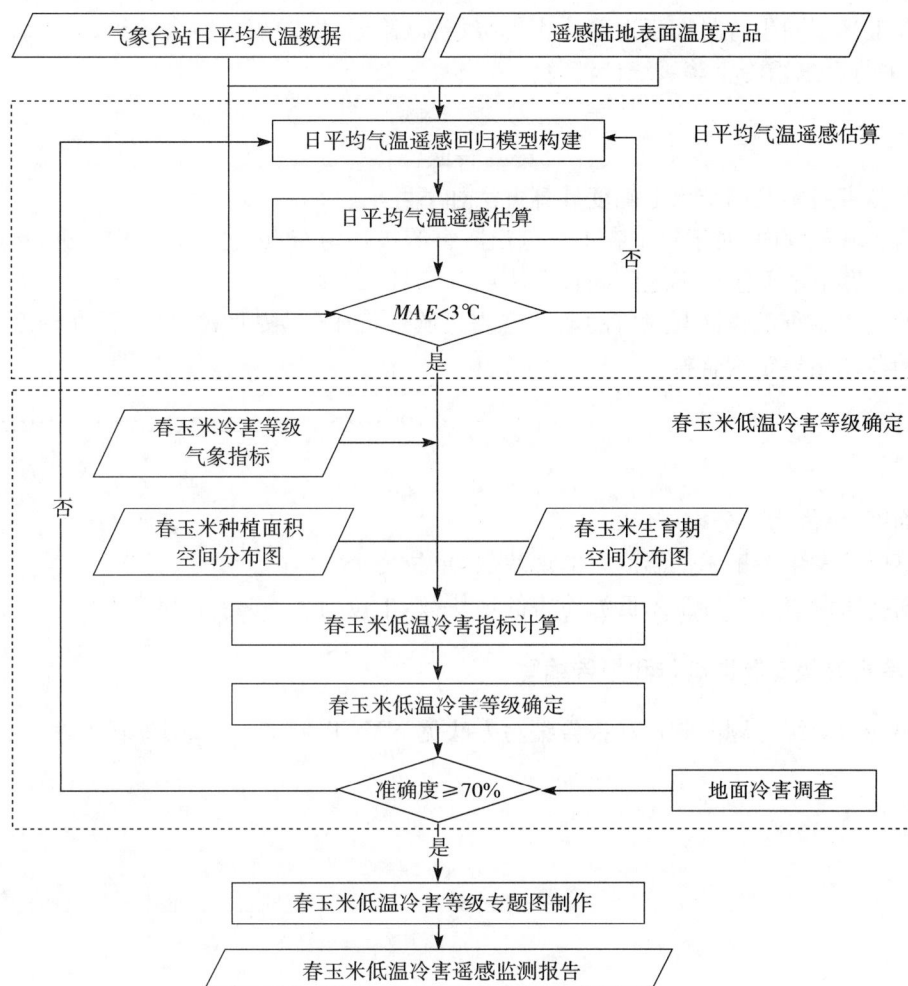

图 1　春玉米低温冷害遥感监测流程图

5　数据源

春玉米低温冷害遥感监测所需数据源见 NY/T 2739.1—2015 第 6 章。

6　日平均气温遥感估算

日平均气温遥感估算方法见 NY/T 2739.1—2015 第 7 章。

7　春玉米冷害等级确定

7.1　5 月～9 月平均气温距平指标遥感估算法

春玉米冷害 5 月～9 月月平均气温距平指标遥感估算方法如下：

a) 分别逐像元计算监测区域当年 5 月～9 月月平均气温之和，以及近 5 年 5 月～9 月月平均气温之和的平均值，并进行春玉米 5 月～9 月月平均气温之和距平的计算。

b) 根据春玉米延迟型冷害气象等级指标（附录 A.1）划分冷害等级，分为轻度、中度、重度三级，并进行春玉米冷害等级统计汇总。

7.2　不同生育时期监测

春玉米不同生育期时期低温冷害遥感监测方法如下：

a) 逐像元计算监测区域当年春玉米不同生育时期≥10℃日平均气温之和，以及近 5 年不同生育时期≥10℃日平均气温之和的平均值,并进行春玉米不同生育时期平均气温之和距平的计算。

b) 根据春玉米不同生育时期延迟型冷害等级指标(附录 A.2)划分冷害等级,分为轻中度、重度二级,并进行春玉米冷害等级统计汇总。

8 准确度计算

春玉米低温冷害遥感监测结果准确度计算方法如下:

a) 在监测区域范围内,对于每个春玉米低温冷害等级均匀布点至少 10 个样区进行春玉米地面冷害调查。春玉米低温冷害地面调查方法见 NY/T 2284.2—2012。

b) 将地面冷害调查的样区与对应的遥感监测区域进行比较,按照式(1)计算准确度,将准确度≥70%的监测结果定为合格。

$$A = \frac{R}{D} \times 100 \quad\quad\quad\quad\quad\quad\quad\quad\quad\quad\quad\quad\quad\quad\quad\quad\quad\quad\quad (1)$$

式中:

A——准确度,单位为百分率(%);

R——遥感监测发生春玉米低温冷害的地块数,单位为个;

D——地面冷害调查发生春玉米低温冷害的地块数,单位为个。

9 春玉米低温冷害等级专题图制作和报告编写

春玉米低温冷害等级专题图制作和报告编写方法见 NY/T 2739.1—2015 第 9 章。

附　录　A

（规范性附录）

春玉米延迟型冷害等级气象指标

A.1　5月～9月平均气温之和的距平指标

在春玉米生长季结束后,利用当年的5月～9月的月平均气温之和的距平 ΔT_{5-9} 来判别冷害轻度。见表A.1。

表A.1　北方春玉米冷害强度指标

冷害强度	5月～9月逐月平均气温之和的多年平均值 T_{5-9} ,℃						单产减产率参考值,%
	$T_{5-9}{\leqslant}80$	$80{<}T_{5-9}{\leqslant}85$	$85{<}T_{5-9}{\leqslant}90$	$90{<}T_{5-9}{\leqslant}95$	$95{<}T_{5-9}{\leqslant}100$	$100{<}T_{5-9}{\leqslant}105$	
轻度冷害	$-1.4{<}\Delta T_{5-9}$ $\leqslant-1.1$	$-1.9{<}\Delta T_{5-9}$ $\leqslant-1.4$	$-2.4{<}\Delta T_{5-9}$ $\leqslant-1.7$	$-2.9{<}\Delta T_{5-9}$ $\leqslant-2.0$	$-3.1{<}\Delta T_{5-9}$ $\leqslant-2.2$	$-3.3{<}\Delta T_{5-9}$ $\leqslant-2.3$	$5{\leqslant}\Delta Y{<}10$
中度冷害	$-1.7{<}\Delta T_{5-9}$ $\leqslant-1.4$	$-2.4{<}\Delta T_{5-9}$ $\leqslant-1.9$	$-3.1{<}\Delta T_{5-9}$ $\leqslant-2.4$	$-3.7{<}\Delta T_{5-9}$ $\leqslant-2.9$	$-4.1{<}\Delta T_{5-9}$ $\leqslant-3.1$	$-4.4{<}\Delta T_{5-9}$ $\leqslant-3.3$	$10{\leqslant}\Delta Y{<}15$
重度冷害	ΔT_{5-9} $\leqslant-1.7$	ΔT_{5-9} $\leqslant-2.4$	ΔT_{5-9} $\leqslant-3.1$	ΔT_{5-9} $\leqslant-3.7$	ΔT_{5-9} $\leqslant-4.1$	ΔT_{5-9} $\leqslant-4.4$	$\Delta Y{\geqslant}15$

[引自QX/T 167—2012]

A.2　不同生育时期指标

在春玉米七叶期、抽雄期和乳熟期,利用出苗至当前发育期的大于或等于10℃积温距平(H_{10}),评估春玉米生长发育受到冷害影响的可能性。见表A.2。

表A.2　北方春玉米生长季内冷害动态评估指标

发育期	积温距平 H_{10},℃·d			冷害发生的可能性,%
	早熟品种	中熟品种	晚熟品种	
出苗—七叶	$H_{10}{<}-30$	$H_{10}{<}-35$	$H_{10}{<}-40$	55
出苗—抽雄	$H_{10}{<}-40$	$H_{10}{<}-45$	$H_{10}{<}-50$	70
出苗—乳熟	$H_{10}{<}-45$	$H_{10}{<}-50$	$H_{10}{<}-55$	78

[引自QX/T 167—2012]

ICS 65.020
B 16

NY

中华人民共和国农业行业标准

NY/T 2743—2015

甘蔗白色条纹病菌检验检疫技术规程 实时荧光定量PCR法

Technical regulations for inspection and quarantine of *Xanthomonas albilineans*
(Ashby)Dowson—Real time PCR method

2015-05-21 发布

2015-08-01 实施

中华人民共和国农业部 发布

前　言

本标准按照GB/T 1.1—2009给出的规则起草。

本标准由农业部种植业管理司提出。

本标准由全国植物检疫标准化技术委员会(SAC/TC 271)归口。

本标准起草单位:农业部福建甘蔗生物学与遗传育种重点实验室、农业部甘蔗及制品质量监督检验测试中心、国家甘蔗工程技术研究中心。

本标准主要起草人:许莉萍、王恒波、阙友雄、黄国强、郭晋隆、苏亚春。

甘蔗白色条纹病菌检验检疫技术规程 实时荧光定量 PCR 法

1 范围

本标准规定了甘蔗白色条纹病菌实时荧光定量 PCR 检测方法。

本标准适用于甘蔗种茎、种苗以及甘蔗或其他植物组织中的甘蔗白色条纹病菌（*Xanthomonas albilineans*）的检验检疫与检测。本标准中 PCR 等缩略语参见附录 A。甘蔗白色条纹病菌有关信息参见附录 B。

2 规范性引用文件

下列文件对于本文件的应用是必不可少的。凡是注日期的引用文件，仅注日期的版本适用于本文件。凡是不注日期的引用文件，其最新版本（包括所有的修改单）适用于本文件。

GB/T 6682 分析实验室用水规格和试验方法

GB/T 28067 甘蔗黄叶病毒实时荧光 RT-PCR 检测方法

3 术语和定义

下列术语和定义适用于本文件。

3.1

hrpB 基因 hrpB gene

植物病原细菌的一种过敏性反应和致病性基因（hypersensitive reaction and pathogenicity gene，hrp）参与和介导过敏性反应（hypersensitive response，HR）的发生，与植物病原细菌致病性密切相关。hrpB 基因是甘蔗白色条纹病菌的特异致病基因，编码细菌的类型Ⅲ蛋白分泌系统（type Ⅲ protein secretion system，TTSS），通过该分泌途径，将细菌产生的诱导植物致病的蛋白，释放到胞外或宿主细胞中，从而诱发宿主的各种效应。

4 原理

利用荧光信号伴随着目标序列 PCR 扩增产物的增加而增强的原理，通过收集 PCR 扩增过程的荧光信号值，即可判断试样是否带有目标序列。为此，在克隆甘蔗白色条纹病菌特异性致病基因 hrpB 全长序列基础上，根据序列信息设计了 PCR 引物与探针，筛选获得特异性引物与探针，建立了一种基于 hrpB 基因检测甘蔗白色条纹病菌的实时荧光定量 PCR 方法。

5 试剂

除非另有规定，在分析中仅使用分析纯试剂，实验用水符合 GB/T 6682 的二级水指标，其中涉及 PCR 的用水要求达到一级水指标。

5.1 氢氧化钠（10 mol/L）溶液：在 160 mL 水中加入 80 g NaOH，溶解后加水定容至 200 mL，塑料瓶中保存。

5.2 EDTA 溶液（500 mmol/L，pH 8.0）：称取二水乙二铵四乙酸二钠（Na₂EDTA·2H₂O）18.6 g，加入 70 mL 水中，加热至完全溶解后，冷却至室温，用 10 mol/L NaOH 溶液调 pH 至 8.0，加水定容至 100 mL。在 121℃条件下灭菌 20 min。

5.3 Tris-HCl 溶液（1 mol/L，pH 8.0）：称取 121.1 g 三羟甲基氨基甲烷（Tris）溶解于 800 mL 水中，用浓盐酸调 pH 至 8.0，加水定容至 1 000 mL。在 121℃条件下灭菌 20 min。

5.4 TE 缓冲液(pH 8.0):分别加入 Tris‐HCl(pH 8.0)10 mL 和 EDTA(pH 8.0)溶液 2 mL,加水定容至 1 000 mL。在 121℃条件下灭菌 20 min。

5.5 Tris‐HCl(1 mol/L,pH 7.5)溶液:称取 121.1 g Tris 碱溶解于 800 mL 水中,用浓盐酸调 pH 至 7.5,用水定容至 1 000 mL。在 121℃条件下灭菌 20 min。

5.6 氯仿:异戊醇溶液:将氯仿和异戊醇按照 24:1 的体积比混合。

5.7 CTAB 裂解液(1 000 mL):在 600 mL 水中加入 81.7 g 氯化钠,20 g 十六烷基三甲基溴化铵 (CTAB),20 g 聚乙烯吡咯烷酮(K30)(PVP),1 g DIECA,充分溶解(需加热助溶),然后加入 Tris‐HCl (pH 7.5)100 mL,EDTA(pH 8.0)4 mL,加水定容至 1 000 mL,室温保存,使用时加入 0.2%(V/V)的 β‐巯基乙醇。

5.8 其他试剂:适用于实时荧光 PCR 反应 Taq DNA 聚合酶(5 U/μL)及其反应缓冲液、2.5 mmol/L dNTPs、异丙醇、75%乙醇(V:V)。

6 仪器设备

6.1 实时荧光定量 PCR 扩增仪:激发/检测波长范围 350 nm～750 nm;可用探针 SYBR Green Ⅰ染料 和 TaqMan 探针;升降温速度≥2.0℃/s;均一性+/−0.5℃;准确性+/−0.3℃;温度范围 4℃～100℃。

6.2 电泳仪:输出类型为恒压/恒流/恒功率输出;输出范围为 10 V～600 V/1 mA～500 mA/1 W～300 W;分辨率为电压 1 V、电流 1 mA、电功率 1 W;定时范围 1 min～5 h 以上。

6.3 紫外分光光度计。

6.4 低温冷冻离心机(4℃)。

6.5 −80℃冰箱。

6.6 微量加样器:0.5 μL～10 μL、5 μL～20 μL、20 μL～200 μL、200 μL～1 000 μL。

7 样品的采集与前处理

7.1 采样

7.1.1 采样工具:按 GB/T 28067 的要求执行。

7.1.2 采样方法:按 GB/T 28067 的要求执行。其中,叶片样品和蔗茎样品采集时首选可疑甘蔗病株,蔗茎采回并去皮后,采用钳子直接挤压出汁 5 mL,蔗汁收集在 5 mL～10 mL 无菌离心管中,备用。

7.1.3 对照材料

阳性对照:用已知含甘蔗白色条纹病菌的样品或甘蔗白色条纹病菌纯培养物作为阳性对照。

阴性对照:用已知不含甘蔗白色条纹病菌的样品作阴性对照。

空白对照:用无菌一级水代替样品。

7.2 样品存放与运送

按 GB/T 28067 的要求执行。

8 操作方法

8.1 样品 DNA 提取

在样品处理区进行。

8.1.1 取 $n+2$ 个 1.5 mL 无 DNA 酶的离心管,其中 n 为待检样品数、1 管阳性对照、1 管阴性对照,对每个管进行编号。

8.1.2 称取 0.2 g 样品材料,并用液氮研磨成粉末状(要保持液氮不挥发干净),置于 1.5 mL 离心管中,待液氮挥发完立即加入 1 mL CTAB 裂解液,盖上管盖,震荡混匀并裂解 30 min～60 min,于 4℃下 12 000 g 离心 10 min。

8.1.3 移取 7.1.2 制备的蔗茎样品的汁液 1 mL 于 1.5 mL 离心管中,12 000 g 离心 10 min,弃上清,留沉淀,加入 1 mL CTAB 裂解液,盖上管盖,震荡混匀并裂解 30 min～60 min,于 4℃下 12 000 g 离心 10 min。

8.1.4 吸取 8.1.2 或 8.1.3 的上清液至另一个新的离心管中,加入 1 mL 氯仿∶异戊醇,盖住管盖,剧烈振荡混匀约 15 s,室温静置 3 min 后,于 4℃下 12 000 g 离心 15 min。

8.1.5 吸取 0.5 mL 上清液至另一新的离心管中,加入 0.5 mL 异丙醇,颠倒混匀,室温静置 10 min 后,于 4℃、12 000 g 离心 15 min(离心管开口保持朝离心机转轴方向放置)。

8.1.6 小心倒出离心管中上清液,加入 1 mL 75%乙醇洗涤,颠倒离心管 2 次～3 次,7 500 g 离心 5 min(离心管开口保持朝离心机转轴方向放置)。重复洗涤沉淀 1 次。

8.1.7 小心倒出离心管中上清液,用微量加样器将其吸干,一份样本换用一个吸头,吸头不要碰到有沉淀的一面,室温干燥 10 min～15 min。

8.1.8 加入 50 μL 无菌 TE 缓冲液,溶解管壁上的 DNA,轻轻混匀,2 000 g 离心 5 s,冰上保存备用。若短期保存(1 年内),可放置－20℃冰箱;如需长期保存(超过 1 年),则应放置－80℃冰箱,或保存在 75%乙醇中置－20℃冰箱(避免反复冻融)。

8.1.9 在紫外分光光度计上,测定 DNA 的光吸收值,估算 DNA 浓度,判断其质量是否符合后续 PCR 检测对 DNA 的质量要求。当 A260/A230 值＞2.0 且 A260/A280 值＝1.8～2.0 时,提取的 DNA 质量符合 PCR 的检测要求。

8.2 实时荧光定量 PCR 检测

8.2.1 引物/探针

引物/探针序列见表 1,用无菌 TE 缓冲液(pH 8.0)或无菌一级水分别将表 1 引物/探针稀释到 10 μmol/L。

表 1 实时荧光定量 PCR 引物/探针序列

检测基因	检测引物/探针	引物/探针序列(5′—3′)	PCR 产物大小,bp
hrpB	Hrp-q5	F-5′-CTGGTACTGCACCTGCTCTC-3′ R-5′-CTTCCGGGTAAGTGTTGGAC-3′	88
	Probe	FAM-5′-ACGCCCACTGCAAGTCACCC-3′-TAMRA	

8.2.2 PCR 检测

8.2.2.1 对照设置

阳性对照是指用含甘蔗白色条纹病菌的材料或甘蔗白色条纹病菌纯培养物所提取的 DNA 作为 PCR 反应体系的模板;阴性对照是指用不含甘蔗白色条纹病菌的材料提取的 DNA 作为 PCR 反应体系的模板;空白对照是指用无菌双蒸水代替 DNA 作为 PCR 反应体系的模板。上述各对照 PCR 反应体系中,除模板外其余组分及 PCR 反应条件与 8.2.2.2 相同。

8.2.2.2 PCR 反应体系

按表 1 配制 PCR 扩增反应体系,也可采用等效的实时荧光 PCR 反应试剂盒配制反应体系(表 2),每个试样和对照设 3 次重复。

表 2　实时荧光定量 PCR 反应体系

试　剂	终浓度	单样品体积
10×PCR 缓冲液	1×	2.5 μL
25 mmol/L MgCl₂*	2.5 mmol/L	2.5 μL
dNTPs(各 2.5 mmol/L)	0.2 mmol/L	2.0 μL
10 μmol/L Probe	0.3 μmol/L	0.75 μL
10 μmol/L Hrp - q5 F	0.8 μmol/L	2.0 μL
10 μmol/L Hrp - q5 R	0.8 μmol/L	2.0 μL
5 U/μL Taq 酶	0.04 U/μL	0.2 μL
25 ng/μL DNA 模板	2 ng/μL	2.0 μL
一级水		补足至 25.0 μL
总体积		25 μL
* PCR 缓冲液中如果已经含有 Mg²⁺,则反应体系不需要另加 MgCl₂ 试剂。		

8.2.2.3　PCR 反应

PCR 反应按以下程序运行。

第一阶段 95℃/10 min;第二阶段 95℃/15 s、60℃/60 s,循环数 40;在第二阶段的退火延伸时段收集荧光值,PCR 反应结束后,根据收集的荧光曲线和 Ct 值判定结果。

8.2.3　阈值设定

实时荧光 PCR 反应结束后,设置荧光信号阈值,阈值设定原则根据仪器噪声情况进行调整,以阈值线刚好超过正常阴性样品扩增曲线的最高点为准。

8.2.4　质量控制

$HrpB$ 基因扩增时,空白对照和阴性对照的荧光曲线平直,阳性对照出现典型的扩增曲线,或空白对照和阴性对照的荧光值低于阳性对照荧光值的 15%,表明反应体系工作正常。否则,表明 PCR 反应体系不正常,需要查找原因重新检测。

8.3　结果判定

在 PCR 反应体系正常工作的前提下:

a) 待测样品基因(序列)检测 Ct 值大于或等于 40,判定该试样未检出甘蔗白色条纹病菌。

b) 待测样品基因(序列)出现典型的扩增曲线,且检测 Ct 值小于或等于 35,判定该试样检出甘蔗白色条纹病菌。

c) 待测样品基因(序列)出现典型的扩增曲线,检测 Ct 值大于 35 且小于 40,应进行重做 PCR 扩增检测实验,如重复实验的结果出现典型的扩增曲线,检测 Ct 值仍然大于 35 且小于 40,则判定试样检出甘蔗白色条纹病菌。

附　录　A
（资料性附录）
缩　略　语

下列缩略语适用于本文件。

A.1 PCR：聚合酶链式反应（polymerase chain reaction）。

A.2 Ct 值：每个反应管内的荧光信号达到设定的阈值时所经历的循环数。

A.3 Taq 酶：Taq DNA 聚合酶。

A.4 Tris：三（羟甲基）氨基甲烷[Tris（hydroxymethyl）aminomethane]。

A.5 EDTA：乙二胺四乙酸钠（sodium ethylcnc diamine tetracetate）。

A.6 dNTPs：脱氧核苷三磷酸混合液（deoxyribonucleoside triphosphates mixture），由四种脱氧核糖核苷酸 dATP、dTTP、dGTP 和 dCTP 等量混合而成的溶液。

A.7 CTAB：十六烷基三甲基溴化铵（hexadecyl trimethyl ammonium bromide）。

A.8 DIECA：二乙基二硫代氨基甲酸盐（diethyldithiocarbamic acid salt）。

附 录 B
（资料性附录）
甘蔗白色条纹病菌有关信息

B.1 甘蔗白色条纹病菌基本信息

由黄单胞杆菌属的甘蔗白色条纹病菌［*Xanthomonas albilineans*（Ashby 1929）Dowson 1943］引致的甘蔗白色条纹病（leaf scald）是重要的世界性甘蔗细菌性病害，为系统性维管束侵染病害，受感染植株发病后导致失水萎蔫、死亡，在适宜条件下，该病具有发病快、传染性强的特点，危害性极大。该病害被报道广布于 60 多个国家和地区，该病虽然在我国曾零星发生，但在不适宜发病的情况下，呈潜伏侵染而不表现病症，成为重要的传播和传染源，一旦条件适宜，可致病害暴发，因而被列入我国 2007 年颁布的《中华人民共和国进境植物检疫性有害生物名录》，成为我国对外检疫的植物病原菌之一。

B.2 甘蔗白色条纹病菌 *hrpB* 基因实时荧光定量 PCR 检测产物的序列信息

1 <u>CTGGTACTGC ACCTGCTCTC GCCCGGCGGA</u> CGCCCACTGC AAGTCACCCA AGACCTGCGC
61 AACTTCTGGT CCAACACTTA CCCGGAAG

注：划线部分为引物和探针序列。

ICS 65.020
B 16

NY

中华人民共和国农业行业标准

NY/T 2744—2015

马铃薯纺锤块茎类病毒检测
核酸斑点杂交法

Detection of *potato spindle tuber viroid*(PSTVd)—
Nucleic acid spot hybridization(NASH)

2015-05-21 发布

2015-08-01 实施

中华人民共和国农业部 发布

NY/T 2744—2015

前　言

本标准按照 GB/T 1.1—2009 给出的规则起草。

本标准由农业部种植业管理司提出并归口。

本标准起草单位:农业部脱毒马铃薯种薯质量监督检验测试中心(哈尔滨)、中国农业科学院植物保护研究所、黑龙江八一农垦大学。

本标准主要起草人:邱彩玲、刘尚武、张志想、吕典秋、白艳菊、李世访、王绍鹏、魏琪、董学志、耿宏伟、万书明、金光辉、高艳玲、郭梅、闫凡祥、王亚洲、杨光辉、王晓丹、申宇、张威、范国权、张抒、宿飞飞、李勇、胡林双、马纪、刘振宇、高云飞、杨帅、李学湛。

马铃薯纺锤块茎类病毒检测 核酸斑点杂交法

1 范围

本标准规定了马铃薯纺锤块茎类病毒(Potato Spindle Tuber Viroid，PSTVd)的检测方法。

本标准适用于马铃薯的马铃薯纺锤块茎类病毒的检测。

2 规范性引用文件

下列文件对于本文件的应用是必不可少的。凡是注日期的引用文件，仅注日期的版本适用于本文件。凡是不注日期的引用文件，其最新版本(包括所有的修改单)适用于本文件。

GB/T 6682　分析实验室用水规格和试验方法

GB 7331　马铃薯种薯产地检疫规程

GB 18133　马铃薯种薯

NY/T 1962—2010　马铃薯纺锤块茎类病毒检测

3 原理

经过标记的 PSTVd 探针通过氢键与其互补的靶序列结合，洗去未结合的游离探针后，经放射自显影或显色反应检测特异结合的探针，鉴定马铃薯组织是否感染 PSTVd。

4 试剂与材料

以下所用试剂，除特别注明者外均为分析纯试剂，水为符合 GB/T 6682 中规定的一级水。

4.1　$CHCl_3$(三氯甲烷)。

4.2　正电荷尼龙膜(Hybond-N+)。

4.3　抗地高辛- AP(Anti-Digoxigenin-AP)。

4.4　CDP-Star(化学发光法使用)。

4.5　X 光片(化学发光法使用)。

4.6　显影液、定影液(化学发光法使用)。

4.7　Tween-20($C_{58}H_{114}O_{26}$，聚氧乙烯去山梨醇单月桂酸酯)。

4.8　杂交液。市售。

4.9　10×阻断液。市售。

4.10　提取缓冲液。在 160.0 mL 蒸馏水中依次加入 NaCl 11.7 g、$MgCl_2$ 0.4 g、醋酸钠(CH_3COONa) 8.21 g、无水乙醇 40.0 mL 和十二烷基磺酸钠(Sodium Dodecyl Sulfate，SDS) 6.0 g，用 HCl 或 NaOH 调节 pH 至 6.0。

4.11　20 倍柠檬酸缓冲液储备液(20×SSC 储备液)。在 800 mL 水中加入 NaCl 175.3 g、柠檬酸钠 88.2 g，加入数滴 10 mol/L NaOH 溶液调节 pH 至 7.0，加水定容至 1 L，分装后高压灭菌。或者选择市售商品。

4.12　10% SDS。在 80 mL 水中加入 SDS 10 g，溶解后定容至 100 mL。

4.13　2×SSC/0.1% SDS。在 35.6 mL 蒸馏水中加入 20 倍柠檬酸缓冲液储备液(4.11) 4 mL，10% SDS(4.12)400 μL，混匀。

4.14　0.1×SSC/0.1% SDS。在 39.4 mL 蒸馏水中加入 20 倍柠檬酸缓冲液储备液(4.11)200 μL，

10％ SDS(4.12)400 μL,混匀。

4.15 马来酸缓冲液。在 800 mL 水中加入马来酸(顺丁烯二酸,C₄H₄O₄)11.607 g,NaCl 8.77 g,用 NaOH 调 pH 至 7.5(20℃),定容至 1 L,5℃～25℃ 稳定。

4.16 洗涤缓冲液。在 100 mL 马来酸缓冲液(4.15)中加入 0.3 mL Tween-20(4.7),混匀,5℃～25℃ 稳定。

4.17 5×检测缓冲液。在 80 mL 水中加入 Tris-HCl 7.88 g,NaCl 2.92 g,用 HCl 或 NaOH 调节 pH 至 9.5(20℃),定容至 100 mL。使用时用水稀释至 1×工作液,5℃～25℃ 稳定。

4.18 探针。参考吕典秋[1]或其他相关文献制备,或直接购买商品化的探针。

4.19 阻断液。用马来酸缓冲液(4.15)稀释 10×阻断液(4.9),制成 1×工作液。如:2 mL 10×阻断液 ＋18 mL 马来酸缓冲液,现用现配。

4.20 抗体液工作液。每次使用前,需要 10 000 r/min 离心抗 Dig-AP(4.3) 5 min,从表面小心吸取 所需的量,用阻断液按 1:5 000 稀释抗体液。例如:2 μL 抗 Dig-AP＋10 mL 阻断液(4.9),2℃～8℃ 保 存,12 h 稳定。

4.21 二甲基甲酰胺(C₃H₇NO,DMF)。

4.22 硝基蓝四氮唑(C₄₀H₃₀N₁₀O₆·2Cl,NBT)储备液(化学显色法使用)。NBT 30 mg＋DMF 70％ 1 mL,4℃或−20℃保存备用。

4.23 对甲苯胺蓝(BCIP)储备液(化学显色法使用)。BCIP 15 mg＋DMF 100％ 1 mL,4℃或−20℃保 存备用。

4.24 显色液(化学显色法使用)。加 NBT 储液(4.22)和 BCIP 储液(4.23)各 10 μL 于 1 mL 1×检测 缓冲液中,混匀,现用现配。

4.25 发光底物(化学发光法使用)。10 μL CDP-STAR(4.4) 加入到 1 mL 1×检测缓冲液中,混匀。

5 仪器

5.1 紫外交联仪。

5.2 台式低温高速离心机(≥10 000 r/min,4℃)。

5.3 杂交箱。

5.4 水平摇床。

5.5 微量移液器(0.5 μL～10 μL、10 μL～100 μL、20 μL～200 μL、100 μL～1 000 μL)。

5.6 天平仪、灭菌锅、暗盒(化学发光法)等。

6 分析步骤

6.1 阴阳对照的设立

设立阳性对照和阴性对照。在以下实验过程中,要设立阴性、阳性对照,即标准的阳性样品和阴性 样品要同待测样品一同进行如下操作,阴阳对照的制备方法参见附录 A。

6.2 样品的采集和制备

样品采集按照 GB 18133 和 GB 7331 中的规定进行。

6.3 样品 RNA 的提取

取 0.2 g 样品放于研样袋或研钵中,加入 0.3 mL 提取缓冲液(4.10),磨碎,转入 1.5 mL 离心管中, 盖严盖,37℃孵育 15 min,加入等体积(0.3 mL)的三氯甲烷(4.1),振荡离心管或涡旋震荡使之彻底混 匀,直至出现乳状液,4℃,10 000 r/min 离心 5 min,至溶液分离(上层水相,下层三氯甲烷,或把离心管 放在 4℃冰箱过夜,分离 RNA),吸出上清液,4℃保存,备用。

或者选择市售商品化 RNA 提取试剂盒,完成 RNA 的提取。

6.4 点样及固定

用移液器吸取 2 μL~3 μLRNA 溶液(6.3),点在提前画好方格的尼龙膜上,室温干燥后,将尼龙膜放在紫外交联仪上正反面各交联 1 min,能量为 1 200 J。

6.5 杂交

根据尼龙膜的大小取相应体积的杂交液(大约 4 mL 杂交液/100 cm² 尼龙膜),加入变性过的探针(5 ng/mL~20 ng/mL 杂交液),混匀,将固定好的尼龙膜放入杂交管中,排除气泡,于 68℃,8 r/min~15 r/min,杂交过夜。

6.6 洗膜

用镊子取出尼龙膜,放入装有 20 mL 2×SSC,0.1‰ SDS 溶液(4.13)的平皿中,在室温下振荡洗涤 2 次,每次 5 min;用镊子将尼龙膜转入 0.1×SSC,0.1‰ SDS 溶液(4.14)(先 50℃预热),55℃水浴振荡洗涤 2 次,每次 15 min(也可以在杂交管中用最大转速洗涤);将尼龙膜取出转入装有 20 mL 洗涤缓冲液(4.16)的平皿中振荡洗涤 5 min。

6.7 孵育

在 20 mL~30 mL 阻断液(4.19)中孵育 30 min;在 10 mL 抗体液(4.20)中孵育 30 min;在 20 mL~30 mL 洗涤缓冲液(4.16)中洗涤 2 次,每次 15 min;在 15 mL 检测缓冲液(4.17)中平衡 2 min~5 min。所有孵育过程应在 15℃~25℃下搅拌进行。

6.8 信号检测

可采用下列方法之一进行信号检测。

6.8.1 化学发光检测反应

将尼龙膜夹在两层保鲜膜中间,将上层保鲜膜提起,沿尼龙膜的左边加入适量新鲜配制的发光底物液(4.20),然后缓慢放下上层保鲜膜,使底物均匀的覆盖膜表面。于室温静置作用 5 min。

用镊子夹住膜的边缘轻轻提起,让多余的底物流出,并用滤纸吸干膜外的底物液,在暗室中用 X 光片压片并进行曝光、显影、定影。

6.8.2 化学显色检测反应

在尼龙膜上均匀涂上 NBT/BCIP 显色液(4.24),避光存放,显色,当达到所需的点强度后,照相或复印备存。

7 结果判定

7.1 化学发光检测反应

X 光片上对应点样位置出现斑点者为马铃薯纺锤块茎类病毒阳性样品,参见 B.1。如果检测结果的阴性样品没有特异性斑点,阳性样品有特异性斑点时,则表明此次反应正确可靠,如果检测的阴性样品出现特异性斑点,或阳性样品没有特异性斑点,说明在 RNA 样品制备或杂交反应中的某个环节存在问题,需重新进行检测。

7.2 化学显色检测反应

尼龙膜上对应点样位置出现蓝紫色斑点者为马铃薯纺锤块茎类病毒阳性样品,参见 B.2。如果检测结果的阴性样品没有特异性斑点,阳性样品有特异性斑点时,则表明此次反应正确可靠,如果检测的阴性样品出现特异性斑点,或阳性样品没有特异性斑点,说明在 RNA 样品制备或杂交反应中的某个环节存在问题,需重新进行检测。

附 录 A
（资料性附录）
PSTVd 阴阳对照参考制备方法

A.1 试样来源

田间采集具有植株矮化、叶片皱缩、块茎龟裂、畸形等马铃薯纺锤块茎类病毒（PSTVd）症状的马铃薯样品和健康的马铃薯样品。

A.2 测定步骤

A.2.1 PSTVd 阴阳对照的鉴定

采用 NY/T 1962—2010 中规定的方法检测上述样品，将马铃薯纺锤块茎类病毒特异性条带回收、测序，并进行 BLAST 比对，确定为 PSTVd 的样品进行隔离种植或试管苗继代保存；经检测为阴性的马铃薯样品同样处理。

A.2.2 PSTVd 阴阳对照进一步验证

分别取部分保存的植株或试管苗阳性、阴性组织接种到健康马铃薯植株上，接种 30 d 后按照 A.2.1 的方法进行检测，若检测结果与上次（A.2.1）相符，则确认该马铃薯为 PSTVd 阳性或阴性对照物，其组织便可用作 PSTVd 的对照。

附　录　B
（资料性附录）
检测结果判定参考图

B.1　化学发光法检测结果

化学发光法检测结果见图 B.1。

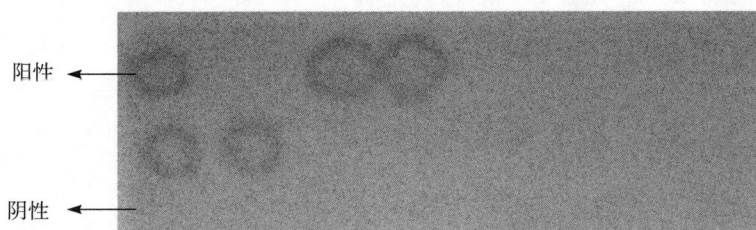

阳性

阴性

注:图中出现斑点者为阳性,未出现斑点者为阴性。

图 B.1　化学发光法检测结果

B.2　化学显色法检测结果

化学显色法检测结果见图 B.2。

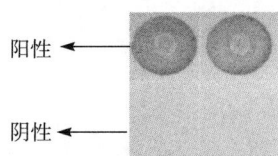

阳性

阴性

注:图中出现斑点者为阳性,未出现斑点者为阴性。

图 B.2　化学显色法检测结果

参 考 文 献

[1]吕典秋,刘尚武,宿飞飞,等. 利用 cDNA 双体探针检测马铃薯纺锤块茎类病毒[J]. 植物病理学报,2009,36(2):187-188.

———————————

ICS 65.020
B 16

NY

中华人民共和国农业行业标准

NY/T 2810—2015

橡胶树褐根病菌鉴定方法

Methods for identification of *Phellinus noxius*(Corner)G.H.Cunn of rubber tree

2015-10-09 发布
2015-12-01 实施

中华人民共和国农业部 发布

前　言

本标准按照 GB/T 1.1—2009 给出的规则起草。

本标准由农业部农垦局提出。

本标准由农业部热带作物及制品标准化技术委员会归口。

本标准起草单位：中国热带农业科学院环境与植物保护研究所、厦门出入境检验检疫局。

本标准主要起草人：贺春萍、梁艳琼、林石明、李锐、吴伟怀、郑肖兰、郑金龙。

橡胶树褐根病菌鉴定方法

1 范围

本标准规定了橡胶树褐根病菌（*Phellinus noxius*）的术语和定义、鉴定依据、试剂及配制方法、采样、症状鉴定、培养鉴定、PCR鉴定、结果判定、标本和样品保存等技术要求。

本标准适用于橡胶树褐根病菌（*P. noxius*）的鉴定。

2 规范性引用文件

下列文件对于本文件的应用是必不可少的。凡是注日期的引用文件，仅注日期的版本适用于本文件。凡是不注日期的引用文件，其最新版本（包括所有的修改单）适用于本文件。

GB/T 28095 木层孔褐根腐病菌检疫鉴定方法

3 术语和定义

下列术语和定义适用于本文件。

3.1

橡胶树褐根病 **brown root disease of rubber tree**

由有害层孔菌［*Phellinus noxius*（Corner）G. H. Cunn］引起的一种为害橡胶树根部的真菌病害。该病害病原菌的危害症状和培养性状见附录A。

4 鉴定依据

依据褐根病菌在橡胶树上的为害症状、形态特征、室内病原菌培养性状以及PCR特异性反应进行鉴定。根据褐根病菌核糖体基因内转录间隔区（rDNA-ITS）特有碱基序列设计特异性引物进行PCR扩增。依据是否扩增获得预期653 bp的特异DNA片段，判断样品中是否携带橡胶树褐根病病菌。

5 试剂及配制方法

5.1 马铃薯葡萄糖琼脂培养基（PDA）

称取200 g洗净去皮的马铃薯，切碎，加一级超纯水900 mL煮沸30 min，纱布过滤，再加20 g葡萄糖（化学纯）充分溶解后，用一级超纯水定容至1 000 mL，分装后，每100 mL培养基中加入2.2 g琼脂粉（高纯度），121℃高温灭菌20 min，4℃或室温保存备用。马铃薯葡萄糖液体培养基不加琼脂粉。

5.2 试剂

琼脂粉、葡萄糖、无菌水、75％酒精、氯化钠、0.1％升汞、乙二胺四乙酸二钠（EDTA-Na₂）、氢氧化钠（NaOH）、三羟甲基氨基甲烷（Tris）、冰乙酸、四环素、链霉素、异丙醇、无水乙醇、真菌DNA提取试剂盒、琼脂糖、液氮、蒸馏水、*Taq* DNA聚合酶、引物、DNA纯化试剂盒、PCR产物回收试剂盒、pMD18-T Vector、感受态细胞、Golden view核酸染料、DL 2000 Marker、TAE电泳缓冲液等。

5.3 试剂配制

5.3.1 四环素（Tetracycline）

称取0.1 g四环素溶解于无水乙醇，定容至10 mL。以50 μg/mL终浓度添加于生长培养基。

5.3.2 链霉素（Streptomycin）

称取0.5 g链霉素硫酸盐溶解于足量的无水乙醇中，最后定容至10 mL。以100 μg/mL的终浓度添加于生长培养基。

5.3.3 1 mol/L Tris - HCl(pH 8.0)

称取 121.1 g 三羟甲基氨基甲烷（Tris，优级纯）溶解于 800 mL 一级超纯水中，用盐酸（HCl，分析纯）调 pH 至 8.0，加超纯水定容至 1 000 mL。分装后高温灭菌（121℃）20 min，4℃或室温保存备用。

5.3.4 10 mol/L NaOH

称取 80.0 g 氢氧化钠（NaOH，分析纯）溶解于 160 mL 一级超纯水中，溶解后再加一级超纯水定容到 200 mL。

5.3.5 1 mol/L EDTA - Na$_2$ (pH 8.0)

称取 372.2 g 乙二铵四乙酸二钠（EDTA - Na$_2$，优级纯），溶解于 70 mL 一级超纯水中，再加入适量 NaOH 溶液（5.3.4），加热至完全溶解后，冷却至室温，再用 NaOH 溶液（5.3.4）调 pH 至 8.0，加超纯水定容至 100 mL。分装后高温灭菌（121℃）20 min，4℃或室温保存备用。

5.3.6 TE 缓冲液(pH 8.0)

分别量取 10 mL Tris - HCl(5.3.4)和 1 mL EDTA - Na$_2$(5.3.5)，加一级超纯水定容至 1 000 mL。分装后高温灭菌（121℃）20 min，4℃或室温保存备用。

5.3.7 50×TAE 电泳缓冲液(pH 8.0)

称取 242.2 g 三羟甲基氨基甲烷（Tris，优质纯），先用 500 mL 一级超纯水加热搅拌溶解后，加入 100 mL EDTA - Na$_2$(5.3.5)，用冰乙酸（分析纯）调 pH 至 8.0，然后加一级超纯水定容到 1 000 mL。室温保存备用，使用时用一级超纯水稀释成 1×TAE。

5.3.8 PCR 反应试剂

10×PCR 缓冲液（Mg^{2+} Plus）、dNTP(2.5 mmol/L)、Taq 聚合酶(5 U/μL)及特异性引物对(10 μmol/L)。

6 采样

仔细检查橡胶树根和根茎部，发现橡胶树褐根病疑似症状（见 A.1），将可疑部分切（锯）下 500 g 以上，装入封口袋中，备用。

7 症状鉴定

根据发病植株的症状（见 A.1），观察记录发病植株有无类似橡胶树褐根病的网纹状菌丝束、菌膜以及子实体。

8 培养鉴定

洗净根部泥沙土，在无菌操作台上剪取长宽为 0.5 cm 大小的病块组织，用 75%酒精＋0.1%升汞的溶液进行表面消毒 30 s～60 s，无菌水清洗 3 次，灭菌滤纸吸干水分，移植到 PDA 培养基上，28℃恒温培养 5 d～10 d，出现真菌菌落，立即挑取菌落边缘菌丝进行转皿，观察菌落的形态、颜色等形态特征（见 A.2）。

9 PCR 鉴定

9.1 病菌 DNA 提取及检测

9.1.1 菌丝体收集及 DNA 提取

将待检分离菌株和阴性对照菌株的菌丝体分别接种至含 50 μg/mL 四环素、100 μg/mL 链霉素的马铃薯葡萄糖液体培养基中，28℃ 150 r/min 振荡培养 5 d，用滤纸过滤收集菌丝体，将收集的菌丝体分摊在无菌离心管管壁，于−70℃冰箱冷冻 12 h。将冷冻好的菌丝体于真空冷冻干燥机抽真空至菌丝体完全干燥,然后将菌丝体放置于研钵中加入液氮迅速研磨成粉末,按 DNA 提取试剂盒步骤提取 DNA。吸取 5 μL DNA 提取液用于琼脂糖凝胶电泳检测 DNA 纯度和浓度。

9.1.2 病组织 DNA 提取

将病组织切成长宽约 0.5 cm 小块,用液氮冷冻后研磨成粉,取 0.2 g 粉末,按 DNA 提取试剂盒步骤提取 DNA。

9.2 PCR 扩增

PCR 反应体系:2.5 μL 10×PCR 缓冲液(含 Mg^{2+}),2 μL dNTPs(10 mmol/L),引物对 G_1-F(5′-GCCCT TTCCTCCGCTTATTG-3′)/G_1-R(5′-CTTGATGCTGGTGGGTCTCT-3′)各 1 μL(10 μmol/L),0.2 μL Taq DNA 聚合酶(5 U/μL)以及 2 μL 模板 DNA,最后补足 ddH_2O 至 25 μL,清水作阴性对照。

PCR 反应程序:94℃预变性 2 min;94℃变性 30 s,56℃退火 30 s,72℃延伸 40 s,30 个循环;72℃延伸 5 min,4℃保存。

9.3 PCR 产物凝胶电泳检测

9.3.1 凝胶制备

用 1×TAE 工作液配制质量分数为 1.0%琼脂糖凝胶,在微波炉中溶化混匀,冷却至 60℃左右;加入核酸染料,混匀,倒入胶槽,插上样品梳;待凝胶凝固后,拔出固定在凝胶中的样品梳,将带凝胶的胶板置于电泳槽中,使样品孔位于电场负极,向电泳槽中加入 1×TAE 电泳缓冲液(缓冲液越过凝胶表面即可)。

9.3.2 加样与电泳

取 1 μL 加样缓冲液与 5 μL PCR 反应产物,混匀,然后分别将其和 DNA 分子量标准加入到电泳槽的负极样品孔中;接通电源,电泳电压为 5 V/cm,当加样缓冲液中的溴酚蓝迁移到凝胶 1/2 位置,切断电源,停止电泳。凝胶成像系统观察、拍照。

10 结果判定

10.1 若为害症状符合第 7 章或无性阶段培养特征符合第 8 章鉴定特征,可初步判定为橡胶树褐根病。

10.2 若 PCR 特异性反应阳性,即 PCR 扩增获得 653 bp 的 DNA 片段(见图 B.1),可判定为橡胶树褐根病菌。

11 标本和样品保存

分离获得的橡胶树褐根病菌分离物转移至 PDA 培养基的试管内,放置于 15℃条件下保存。病根样品和菌株至少保存 6 个月。

12 废弃物处理

生物材料、有毒有害废弃物要进行无害化处置。

附 录 A
（规范性附录）
橡胶树褐根病菌的基本信息

A.1 症状

A.1.1 地上部症状

寄主植物全株生势衰弱，树冠叶片稀疏，顶芽抽不出或抽芽不均匀，叶片变小，无光泽，以至黄化、凋萎，脱落，枝条干枯，最后整株枯死（见图A.1）。有的植株树干基部出现条沟、凹陷或烂洞，高温多雨季节会在病死树头基部长出黑褐色菌膜和子实体。

图 A.1 橡胶树褐根病菌为害橡胶树症状

A.1.2 地下部症状

病根表面黏附泥沙多，凹凸不平，不易洗脱，茎基部及根部表面常有黄色、深褐色至黑褐色菌丝面（菌丝或菌膜），根部菌丝面常与泥沙结合而不明显。病根散发出蘑菇气味。剖开茎基部及根部的树皮，可见树皮内侧面和木质部组织干腐，质硬而脆，剖面呈不规则黄褐色网纹，又称蜂窝状褐纹（见图A.2）。

有的茎基部可观察到黄褐色至黑褐色的平伏至具菌盖的子实体，其比菌丝面坚硬且有细小的菌孔（见图A.3）。子实体生于病死树头或树干上，单生，多年生，菌盖半圆形或平伏反卷，无柄。菌肉褐色，单层，子实层体管孔状，菌管多层。将受感染的木材（病组织）放置在封口塑胶袋内，高湿保持2 d~5 d，病组织表面可形成黄褐色菌丝面。

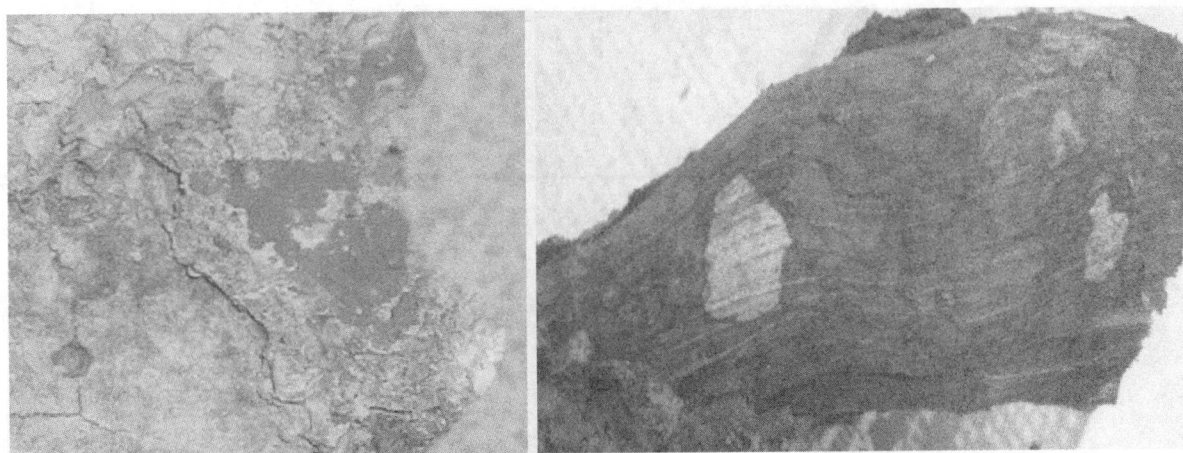

图 A.2　橡胶树褐根病病根症状

图 A.3　橡胶树褐根病子实体

A.2　病原特征

A.2.1　菌落特征

在 PDA 培养基表面生长初期菌落乳白色,培养 3 d 后逐渐变成不规则颜色深浅的黄褐色菌落。气生菌丝量较丰富,后期菌落有黄褐色轮纹或呈现不规则黄色(见图 A.4)。橡胶树 *P. noxius* 在 28℃黑暗条件下生长较快,生长速度可达 2.4 cm/d;35℃的生长速度可达 1.02 cm/d。

A.2.2　病菌形态

菌丝透明至褐色,无锁状联合,断裂可形成杆状、球形或卵形的节孢子(见图 A.5),较成熟的菌落可形成深褐色毛状菌丝,鹿角状,菌丝分叉生长,表面有刺状突起。担孢子无色或深褐色,透明,单孢,圆形或卵圆形,大小(3.25 μm~4.12 μm)×(2.6 μm~8.25 μm)。

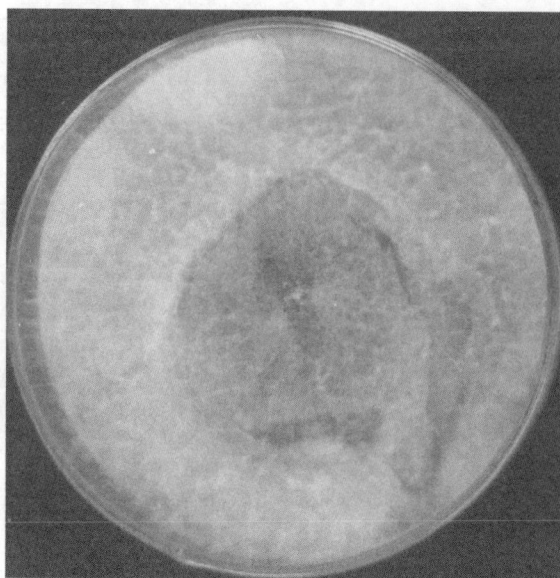

图 A.4 *Phellinus noxius* 培养性状

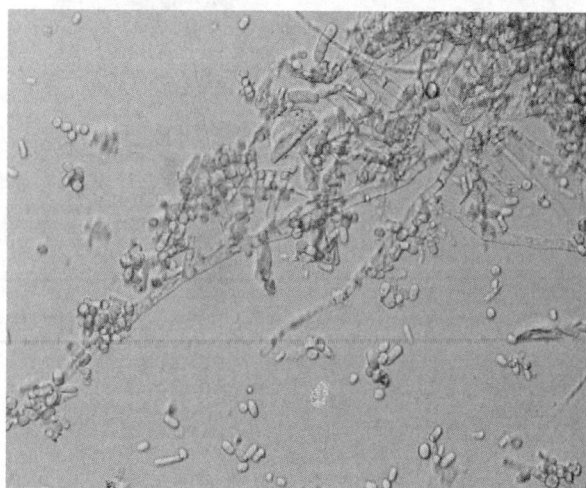

图 A.5 *Phellinus noxius* 节孢子

附　录　B

（规范性附录）

橡胶树褐根病菌（*Phellinus noxius*）PCR 分子检测

橡胶树褐根病菌 *Phellinus noxius* DNA PCR 扩增电泳图谱见图 B.1。

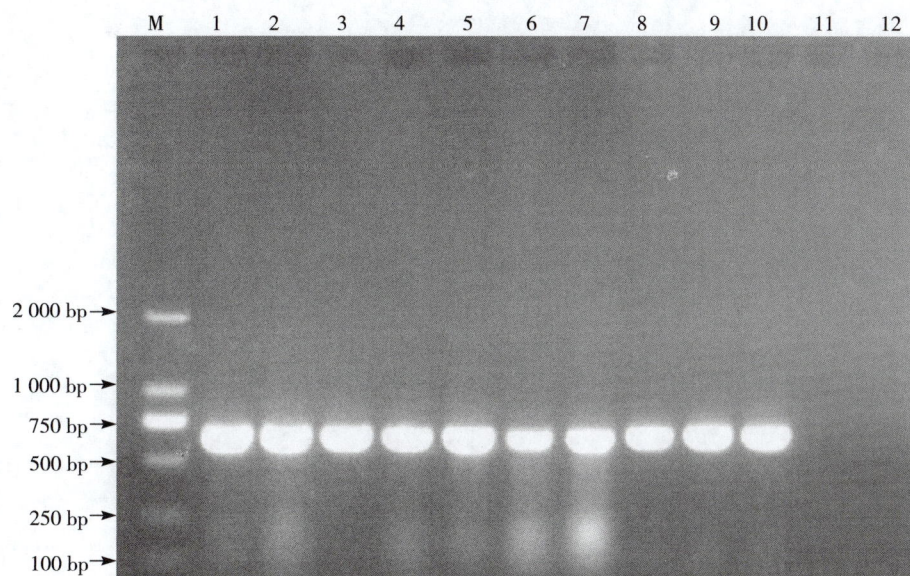

说明：

M ——DL 2000 Marker；　　　11——橡胶树红根病菌（阴性对照）；

1～10——橡胶树褐根病菌；　　12——清水对照。

图 B.1　*Phellinus noxius* DNA PCR 扩增电泳图谱

ICS 65.020
B 16

NY

中华人民共和国农业行业标准

NY/T 2811—2015

橡胶树棒孢霉落叶病病原菌分子检测技术规范

Molecular detection for pathogen of *Corynespora* leaf fall disease of rubber tree

2015-10-09 发布

2015-12-01 实施

中华人民共和国农业部 发布

前　言

本标准按照 GB/T 1.1—2009 给出的规则起草。

本标准由农业部农垦局提出。

本标准由农业部热带作物及制品标准化委员会归口。

本标准起草单位：中国热带农业科学院环境与植物保护研究所。

本标准主要起草人：谢艺贤、漆艳香、张欣、蒲金基、张贺、陆英、喻群芳、张辉强。

橡胶树棒孢霉落叶病病原菌分子检测技术规范

1 范围

本标准规定了橡胶树棒孢霉落叶病病原菌(*Corynespora cassiicola*)的术语和定义、检测方法、结果判定、样品保存等技术要求。

本标准适用于橡胶树的棒孢霉落叶病病原菌的检测。

2 规范性引用文件

下列文件对于本文件的应用是必不可少的。凡是注日期的引用文件,仅注日期的版本适用于本文件。凡是不注日期的引用文件,其最新版本(包括所有的修改单)适用于本文件。

GB/T 19495.2 转基因产品检测实验室技术要求

3 术语和定义

下列术语和定义适用于本文件。

3.1

橡胶树棒孢霉落叶病 corynespora leaf fall disease of rubber tree

由多主棒孢霉[*Corynespora cassiicola*(Berk. et Curt.)Wei]引起的一种为害橡胶树叶片和嫩梢的真菌病害。该病害病原菌的学名、形态特征及其危害症状参见附录 A。

4 检测方法

4.1 原理

根据橡胶树棒孢霉落叶病病原菌核糖体基因内转录间隔区(rDNA-ITS)特有碱基序列设计特异性引物进行 PCR 扩增。依据是否扩增获得预期 272 bp 的 DNA 片段,判断样品中是否携带橡胶树棒孢霉落叶病病原菌。

4.2 仪器

显微镜(10×40 倍)、高压灭菌锅、高速冷冻离心机(最大离心力 25 000×g)、PCR 扩增仪、电泳仪及紫外凝胶成像仪等。

4.3 试剂及配制方法

4.3.1 1 mol/L Tris-HCl(pH 8.0)

称取 121.1 g 三羟甲基氨基甲烷(Tris,优级纯)溶解于 800 mL 一级超纯水中,用盐酸(HCl,分析纯)调 pH 至 8.0,加超纯水定容至 1 000 mL。分装后高温灭菌(121℃)20 min,4℃或室温保存备用。

4.3.2 10 mol/L NaOH

称取 80.0 g 氢氧化钠(NaOH,分析纯)溶解于 160 mL 一级超纯水中,溶解后再加一级超纯水定容到 200 mL。

4.3.3 1 mol/L EDTA-Na$_2$(pH 8.0)

称取 372.2 g 乙二铵四乙酸二钠(EDTA-Na$_2$,优级纯),溶解于 70 mL 一级超纯水中,再加入适量 NaOH 溶液(4.3.2),加热至完全溶解后,冷却至室温,再用 NaOH 溶液(4.3.2)调 pH 至 8.0,加超纯水定容至 100 mL。分装后高温灭菌(121℃)20 min,4℃或室温保存备用。

4.3.4 CTAB 提取液(pH 8.0)

称取 81.9 g 氯化钠(NaCl,分析纯)溶解于 800 mL 一级超纯水中,缓慢加入 20 g 十六烷基三甲基溴化铵(CTAB,优级纯),加热并搅拌,充分溶解后加入 100 mL Tris-HCl (4.3.1),4 mL EDTA-Na₂(4.3.3),加一级超纯水定容至 1 000 mL,分装后高温灭菌(121 ℃)20 min,室温保存,研磨植物材料之前加 β-巯基乙醇(分析纯)至体积分数为 2%。

4.3.5 CTAB 沉淀液

称取 2.34 g NaCl(分析纯)溶解于 800 mL 一级超纯水中,缓慢加入 50 g CTAB(优级纯),加热并搅拌,充分溶解后加一级超纯水定容至 1 000 mL,分装后高温灭菌(121 ℃)20 min,室温保存备用。

4.3.6 1.2 mol/L NaCl

称取 70.2 g NaCl(分析纯)溶解于 800 mL 一级超纯水中,加一级超纯水定容至 1 000 mL,分装后高温灭菌(121 ℃)20 min,4 ℃或室温保存备用。

4.3.7 TE 缓冲液(pH 8.0)

分别量取 10 mL Tris-HCl(4.3.1)和 1 mL EDTA-Na₂(4.3.3),加一级超纯水定容至 1 000 mL。分装后高温灭菌(121 ℃)20 min,4 ℃或室温保存备用。

4.3.8 加样缓冲液

称取 250.0 mg 溴酚蓝(化学纯),加 10 mL 一级超纯水,在室温下溶解 12 h;称取 250.0 mg 二甲基苯腈蓝(化学纯)溶解于 10 mL 一级超纯水中;称取 50.0 g 蔗糖(化学纯)溶解于 30 mL 一级超纯水中。混合以上 3 种溶液,加一级超纯水定容至 100 mL,4 ℃或室温保存备用。

4.3.9 50×TAE 电泳缓冲液(pH 8.0)

称取 242.2 g Tris(优级纯),先用 500 mL 一级超纯水加热搅拌溶解后,加入 100 mL EDTA-Na₂(4.3.3),用冰乙酸(分析纯)调 pH 至 8.0,然后加一级超纯水定容到 1 000 mL。室温保存备用,使用时用一级超纯水稀释成 1×TAE。

4.3.10 PCR 反应试剂

10×PCR 缓冲液(Mg²⁺ Plus)、dNTP (2.5 mmol/L)、Taq 聚合酶(5 U/μL)及特异性引物对(20 μmol/L)。

4.3.11 其他试剂

Tris 饱和酚(pH≥7.8)、氯仿、异戊醇、异丙醇、无水乙醇均为分析纯,核酸染料(高纯度)及 DNA 分子量标准。

4.4 PDA 培养基

取 200 g 马铃薯,洗净去皮切碎,加一级超纯水 900 mL 煮沸半个小时,纱布过滤,再加 20 g 葡萄糖(化学纯)充分溶解后,加一级超纯水定容至 1 000 mL,分装后,每 100 mL 培养基中加入 2.2 g 琼胶(高纯度),高温灭菌(121 ℃)20 min,4 ℃或室温保存备用。

4.5 操作步骤

4.5.1 取样

仔细检查橡胶树叶片和嫩梢,采集橡胶树棒孢霉落叶病疑似症状(参见 A.3)叶片或嫩梢带回实验室,称取样本 200 g,装入牛皮纸袋中,备用。

4.5.2 显微观察

从疑似病样病斑上挑取或用透明胶粘取霉状物制成临时玻片进行镜检,观察有无类似多主棒孢霉的分生孢子梗及分生孢子(参见 A.2)。

4.5.3 PCR 模板制备

植物材料准备:剪取待检材料病健交界处叶片或嫩枝组织 1 g,置于研钵中加液氮冷冻后充分研磨成粉。

菌丝样品准备:将橡胶树棒孢霉落叶病病原菌菌株接种到 PDA 培养基上,28 ℃培养 10 d,用载玻片刮取培养基表面的菌丝,置于 10 mL 灭菌离心管中,-20℃保存备用。称取 200 mg 菌丝样品,置于研钵中加液氮冷冻后充分研磨成粉。

总 DNA 提取:称取 100 mg 干粉置于 1.5 mL 离心管中,加入 250 μL CTAB 抽提液充分混匀后,于 65 ℃水浴 30 min。离心(14 000 ×g, 10 min);取上清,加入等体积 Tris 饱和酚(pH 7.8):氯仿:异戊醇(25:24:1 的体积比),充分混匀,离心(14 000 ×g, 10 min);取上清,加入 2 倍体积 CTAB 沉淀液,室温温育 60 min;离心(14 000 ×g, 10 min),弃上清,用 350 μL NaCl(1.2 mol/L)溶解沉淀,加入等体积氯仿:异戊醇(24:1 的体积比),混匀;离心(14 000 ×g, 10 min),取上清于另一新离心管,加入 0.6 倍体积异丙醇沉淀核酸;离心(14 000 ×g, 10 min),弃上清,用体积分数为 75% 的乙醇悬浮沉淀,离心(14 000 ×g, 10 min),弃上清,重复该步骤一遍,晾干后将 DNA 溶解于 100 μL TE 缓冲液或 150 μL 超纯水中,置于-20 ℃保存备用。采用 DNA 提取试剂盒的,操作步骤参照产品说明书。

无病橡胶树叶片基因组 DNA 按同样的方法制备与保存。

4.5.4 PCR 反应体系

在 PCR 薄壁管中分别加入以下试剂(25 μL 体系)后进行 PCR 反应:1 μL 总 DNA(100 ng),10×PCR 缓冲液(Mg^{2+} Plus)2.5 μL,脱氧核糖核苷酸(dNTP)混合物 2 μL,特异性引物(见表 1)各 0.5 μL,Taq 酶 0.2 μL,无菌一级超纯水 18.3 μL。

表 1　PCR 反应的引物及扩增产物

引物名称	引物序列	预期扩增产物
CCF	5'- CCC TTC GAG ATA GCA CCC - 3'	272 bp
CCR	5'- ATG CCC TAA GGA ATA CCA AA - 3'	

反应条件:94 ℃预变性 2 min;后 30 个循环为 94 ℃变性 45 s~60 s;62 ℃退火 45 s~60 s;最后 72℃延伸 5 min。取出 PCR 反应管,对反应产物进行电泳检测或于 4 ℃条件下保存,存放时间不超过 24 h。

4.5.5 PCR 对照设置

4.5.5.1 阳性对照

用橡胶树棒孢霉落叶病病原菌提取的总 DNA 作为模板。

4.5.5.2 样品对照

用无病橡胶树叶片提取的总 DNA 作为模板。

4.5.5.3 空白对照

用无菌一级超纯水作为模板。

4.5.6 PCR 产物凝胶电泳检测

4.5.6.1 凝胶制备

用 1×TAE 工作液配制质量分数为 1.0 %琼脂糖凝胶,在微波炉中溶化混匀,冷却至 60 ℃左右;加入核酸染料,混匀,倒入胶槽,插上样品梳,待凝胶凝固后,拔出固定在凝胶中的样品梳,将带凝胶的胶板置于电泳槽中,使样品孔位于电场负极,向电泳槽中加入 1×TAE 电泳缓冲液(缓冲液越过凝胶表面即可)。

4.5.6.2 加样与电泳

取 1 μL 加样缓冲液与 5 μL PCR 反应产物,混匀,然后分别将其和 DNA 分子量标准加入到电泳槽的负极样品孔中;接通电源,电泳电压为 5 V/cm,当加样缓冲液中的溴酚蓝迁移到凝胶 1/2 位置,切断电源,停止电泳。

4.5.7 防污染措施

检测过程中防污染措施按照 GB/T 19495.2 中的规定执行。

5 结果判定

PCR 检测结果判定见表 2。

表 2 PCR 检测结果判定表

判定条件				结果判定
PCR 产物在 272 bp 处是否有条带出现（见附录 B）				
序号	阳性对照	待检样品	样品对照	空白对照	
1	是	是	否	否	检测样品携带橡胶树棒孢霉落叶病病原菌
2	是	否	否	否	检测样品不携带橡胶树棒孢霉落叶病病原菌
3	否	是/否	是/否	是/否	检测结果无效
4	是/否	是/否	是	是/否	
5	是/否	是/否	是/否	是	

6 样品保存和销毁

经检测确定携带橡胶树棒孢霉落叶病病原菌的叶片或嫩枝经液氮干燥后，于－70 ℃以下保存 90 d 以备复核，保存的样品必须做好登记和标记工作。

保存期过后的样品及用具应进行灭活处理。

附　录　A

（资料性附录）

橡胶树棒孢霉落叶病病原菌（*Corynespora cassiicola*）的背景资料

A.1　学名

Corynespora cassiicola（Berk. & Curt.）Wei。

A.2　形态特征

该病原菌分生孢子梗单生或丛生，直立或稍弯曲，有分隔，具膨大的基部，浅褐色至深褐色，大小为（59 μm～343 μm）×（4 μm～12 μm）。分生孢子椭圆形、倒棍棒形至圆柱形，直或微弯，厚壁，光滑，具有4个～9个假隔膜，大小为（52 μm～191 μm）×（13 μm～20 μm），有时可见 Y 形孢子。

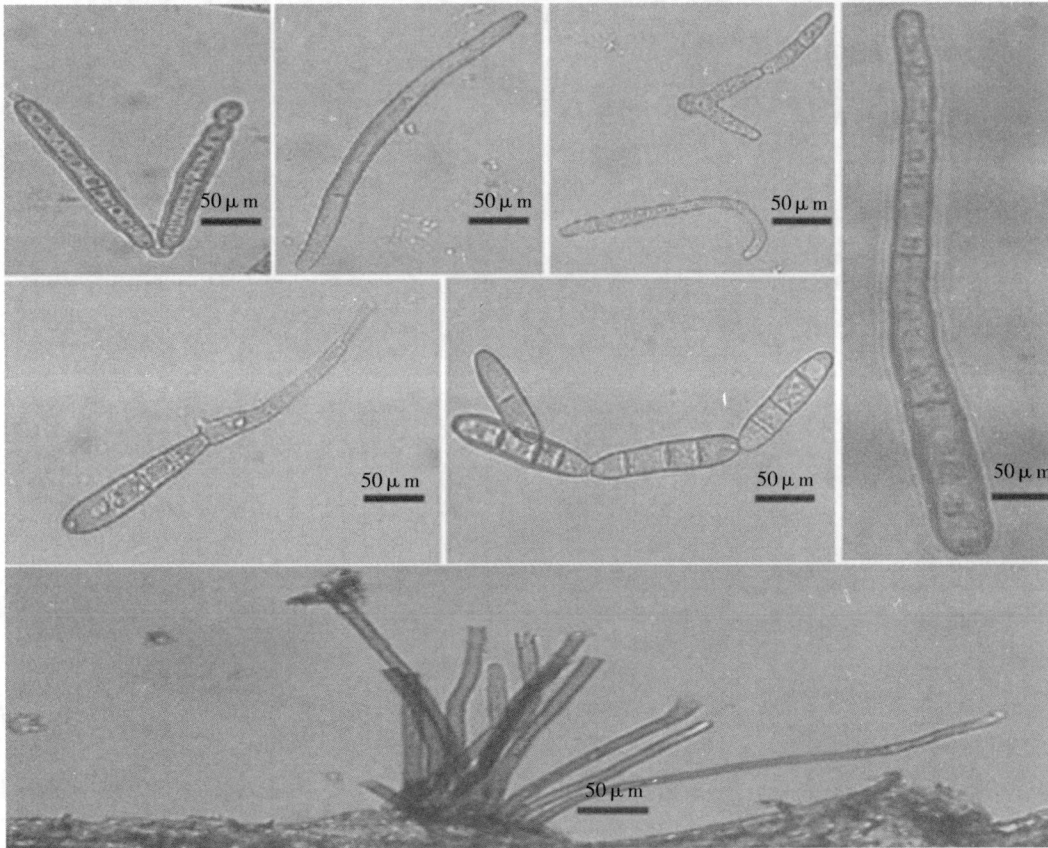

图 A.1　橡胶树棒孢霉落叶病病原菌的分生孢子及分生孢子梗

A.3　危害症状

橡胶树嫩叶和老叶都受侵害，其症状随品系、叶龄、侵染部位而异。

黄绿色嫩叶上早期产生小的浅褐色圆形病斑，病斑组织呈纸质，有轮纹，边缘褐色，外围有黄色晕圈；有时受害嫩叶上的病斑周围叶脉呈现黑色坏死，也形成本病特征性的"鱼骨"症状（见图 A.2 中 1）。

老叶上的病斑边缘深褐色或红褐色,外围有明显的晕圈,病斑周围叶脉呈现黑色坏死,形成本病特征性的"鱼骨"或"铁轨"症状(见图 A.2 中 2 和图 A.2 中 3)。

老叶叶尖或叶缘被侵染时,形成 V 形或波浪形病斑并干枯,伴有叶脉黑色坏死(见图 A.2 中 4)。

胶苗严重受害后大量落叶,茎秆光秃(见图 A.2 中 5)。

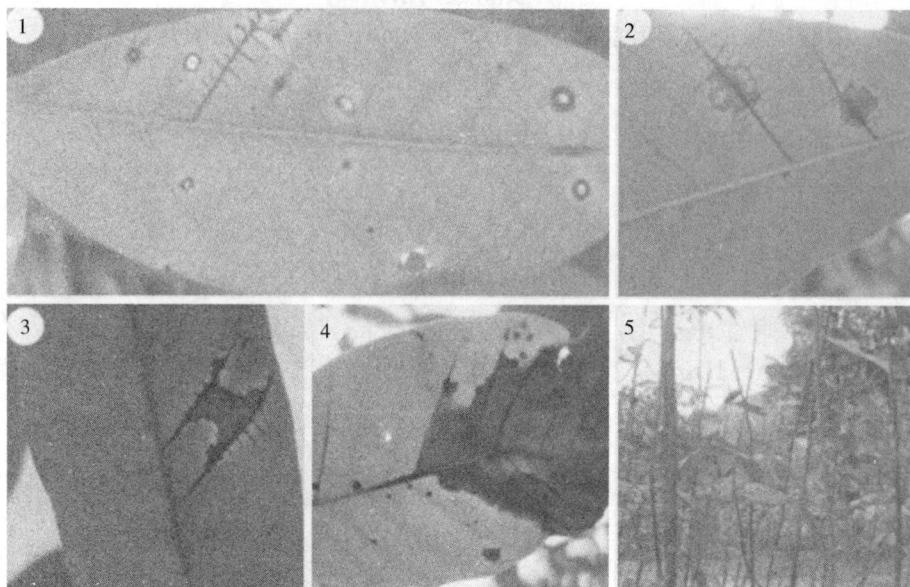

说明:

1 ——嫩叶;　　　　　　　　　　　　　　　　　　5——胶苗。

2~4——老叶;

图 A.2　棒孢霉落叶病病原菌为害橡胶树症状

附　录　B
（规范性附录）
橡胶树棒孢霉落叶病病原菌(*Corynespora cassiicola*)PCR 分子检测

橡胶树棒孢霉落叶病病原菌 *Corynespora cassiicola* DNA PCR 扩增电泳图谱见图 B.1。

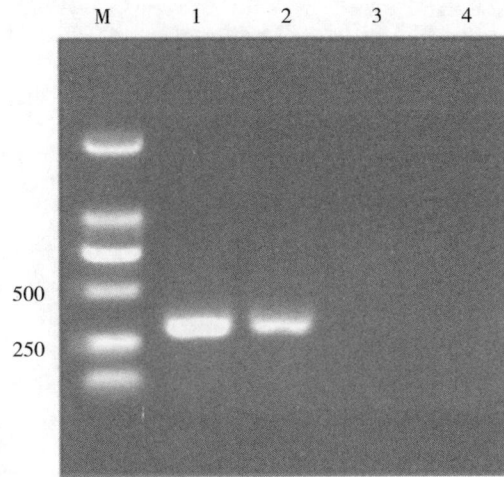

说明：
M——DNA 分子量标准；　　　　　　　　　　　3——样品对照；
1 ——阳性对照；　　　　　　　　　　　　　　4——空白对照。
2 ——待检样品；

图 B.1 *Corynespora cassiicola* DNA PCR 扩增电泳图谱

ICS 65.020
B 16

NY

中华人民共和国农业行业标准

NY/T 2814—2015

热带作物种质资源抗病虫鉴定技术规程
橡胶树白粉病

Technical specification for resistance identification to diseases and insects
of tropical crops germplasm—
Powdery mildew of rubber tree

2015-10-09 发布

2015-12-01 实施

中华人民共和国农业部 发布

前　言

本标准按照 GB/T 1.1—2009 给出的规则起草。

本标准由农业部农垦局提出。

本标准由农业部热带作物及制品标准化技术委员会归口。

本标准起草单位:中国热带农业科学院环境与植物保护研究所、中国热带农业科学院橡胶研究所。

本标准主要起草人:张欣、涂敏、黄贵修、漆艳香、刘先宝、蒲金基、谢艺贤。

热带作物种质资源抗病虫鉴定技术规程　橡胶树白粉病

1　范围

本标准规定了橡胶树种质资源抗白粉病鉴定的术语和定义、接种体制备、田间抗性鉴定、病情调查及统计、抗性判定。

本标准适用于橡胶树种质资源对白粉病抗性的田间鉴定及评价。

2　规范性引用文件

下列文件对于本文件的应用是必不可少的。凡是注日期的引用文件，仅注日期的版本适用于本文件。凡是不注日期的引用文件，其最新版本（包括所有的修改单）适用于本文件。

GB/T 17822.2　橡胶树苗木

NY/T 221　橡胶树栽培技术规程

3　术语和定义

下列术语和定义适用于本文件。

3.1

橡胶树白粉病　powdery mildew of rubber tree

由橡胶树粉孢（*Oidium heveae* Steinm）侵染引起的一种真菌性病害，造成橡胶树不正常落叶或叶片组织坏死。

3.2

接种体　inoculum

橡胶树白粉病菌的分生孢子。

3.3

接种悬浮液　inoculum suspension

用橡胶树白粉病菌的分生孢子，以无菌水配制的一定浓度的孢子悬浮液。

4　接种体制备

4.1　病原物采集

于春季采集田间具有典型白粉病病斑的橡胶树病叶（参见 A.2），用毛刷刷取单个病斑上的孢子于装有体积分数为 0.05%吐温 20 的水溶液中，混合均匀，得到含有白粉病菌的孢子悬浮液，用于接种体繁殖。

4.2　接种体繁殖

在温室大棚内用小型手持喷雾器将 4.1 所采集分离物均匀喷洒在感病品系幼苗的健康古铜期嫩叶上，进行接种体繁殖，获得所需要的分生孢子量。

4.3　接种体制备

接种前用干净毛刷刷取叶片上长出的新鲜孢子于装有体积分数为 0.05%吐温 20 的水溶液中，混合均匀后即获得接种悬浮液，用血球计数板计数分生孢子数，并用体积分数为 0.05%吐温 20 的水溶液稀释至浓度为约 8×10^4 个孢子/mL。配制完成后立即使用。

5　田间抗性鉴定

5.1　鉴定地块选择

选择交通便利、操作方便、有利于橡胶树生长的地块。

5.2 对照品系

选用"RRIC52"为抗病对照品系,"PB5/51"为感病对照品系。

5.3 鉴定材料

选择砧木相同、长势一致的三篷稳定叶的橡胶树袋装芽接苗。摆放间距根据袋装苗树冠大小而定,以叶片不相互交叉为宜。鉴定材料随机排列,每份材料重复3次,每重复10株苗。种苗质量符合GB/T 17822.2的要求,栽培技术按照NY/T 221进行。

5.4 接种

5.4.1 接种条件

接种时的田间环境温度应为16 ℃～22 ℃,相对湿度应在60%以上。

5.4.2 接种方法

采用喷雾接种法。用小型手持喷雾器将配制好的接种悬浮液,均匀喷洒于鉴定品系幼苗新抽出的顶篷叶的健康古铜期嫩叶正、反两面上,至有水滴流出为止。

5.5 接种后管理

试验期间不可使用杀菌剂;通过搭设荫棚、适量喷水等方式控制田间温湿度,以符合发病条件。

6 病情调查及统计

6.1 调查方法

接种3 d后每日1次观察病情扩展情况,叶片老化时进行1次病情调查。调查每份鉴定材料所接种叶篷的叶片发病情况,每株从上往下调查5复叶的中间小叶。按照表1叶片病情分级标准调查,并记录病情级值,计算病情指数(D_i),填写表B.1。

6.2 统计方法

6.2.1 病情指数计算

病情指数按式(1)计算。

$$D_i = \frac{\sum (N_i \times i)}{N \times 9} \times 100 \quad \cdots\cdots\cdots\cdots\cdots\cdots\cdots\cdots\cdots \quad (1)$$

式中:

D_i——病情指数;

N_i——各级病叶数;

i ——各级级别值;

N ——调查叶数。

6.2.2 病情分级

橡胶树白粉病叶片病情分级标准见表1。

表 1 橡胶树白粉病叶片病情分级标准

病情级别	分级标准
0	整张叶片无病斑
1	0<病斑面积与叶面积的比值≤1/8
3	1/8<病斑面积与叶面积的比值≤1/4
5	1/4<病斑面积与叶面积的比值≤1/2
7	1/2<病斑面积与叶面积的比值≤3/4
9	病斑面积与叶面积的比值>3/4,或叶片皱缩,或叶片脱落

7 抗性判定

7.1 鉴定有效性判定

如果感病对照品系病情指数 $D_i \geqslant 40$，则该批次抗白粉病鉴定视为有效。

7.2 抗性判定标准

依据鉴定材料的病情指数确定其对白粉病的抗性水平，判定标准见表 2。

表 2 橡胶树对白粉病抗性判定标准

病情指数（D_i）	抗性级别
$0 < D_i \leqslant X$	抗病（R）
$X < D_i \leqslant (X+Y)/2$	中抗（MR）
$(X+Y)/2 < D_i < Y$	中感（MS）
$D_i \geqslant Y$	感病（S）
注：X 为抗病对照品系的病情指数，Y 为感病对照品系的病情指数。	

附 录 A

（资料性附录）

橡 胶 树 白 粉 病

A.1 学名

橡胶树粉孢菌（*Oidium heveae* Steinm）。

A.2 症状

该菌主要为害橡胶树古铜期和淡绿期叶片、嫩梢及花序，不侵染老叶。感病初期，在叶面或叶背出现辐射状银白色菌丝，随着病情发展在病斑上出现一层白色粉状物，形成大小不一的白粉病斑。发病严重时，病叶正反面都布满白粉，甚至出现叶片的皱缩、黄化、脱落。

A.3 形态描述

菌丝体生于寄主表面，无色透明、有隔膜、具分枝，以梨形或圆形的吸器侵入寄主体内。表生菌丝分化形成无色、棒状、直立不分枝的分生孢子梗，顶端产生数个串生的分生孢子，自顶端向下依次先后成熟脱落。分生孢子单胞、无色透明、内含液泡、细胞壁薄、卵形或椭圆形，大小（25 μm～45 μm）×（12 μm～27 μm）。目前尚未发现有性阶段。

附 录 B

（规范性附录）

橡胶树抗白粉病鉴定结果统计表

橡胶树抗白粉病鉴定结果统计表见表 B.1。

表 B.1 橡胶树抗白粉病鉴定结果统计表

编号	品系名称	重复	调查总叶数	病情级别						病情指数	平均病情指数	抗性级别
				0级	1级	3级	5级	7级	9级			
		1										
		2										
		3										
		1										
		2										
		3										
1. 鉴定地块： 2. 接种日期： 3. 调查日期： 4. 记录人：												

鉴定技术负责人（签字）：

—————————

ICS 65.020
B 16

NY

中华人民共和国农业行业标准

NY/T 2815—2015

热带作物病虫害防治技术规程　红棕象甲

Technical specification for controlling pest of tropical crop—
Red palm weevil

2015-10-09 发布　　　　　　　　　　　　　2015-12-01 实施

中华人民共和国农业部 发布

前　言

本标准按照 GB/T 1.1—2009 给出的规则起草。

本标准由中华人民共和国农业部提出。

本标准由农业部热带作物及制品标准化技术委员会归口。

本标准起草单位：中国热带农业科学院椰子研究所。

本标准主要起草人：覃伟权、阎伟、刘丽、黄山春、李朝绪、孙晓东、吕朝军、钟宝珠。

热带作物病虫害防治技术规程 红棕象甲

1 范围

本标准规定了红棕象甲(*Rhynchophorus ferrugineus*)防治的有关术语和定义及防治要求等技术。本标准适用于我国棕榈植物种植区域红棕象甲的防治。

2 规范性引用文件

下列文件对于本文件的应用是必不可少的。凡是注日期的引用文件,仅注日期的版本适用于本文件。凡是不注日期的引用文件,其最新版本(包括所有的修改单)适用于本文件。

GB 4285 农药安全使用标准

GB/T 8321(所有部分) 农药合理使用准则

NY/T 2818 热带作物病虫害监测技术规程 红棕象甲

3 术语和定义

下列术语和定义适用于本文件。

3.1

监测 monitoring

长期固定连续不断监督测试工作,具体表现为通过一定的技术手段而摸清某种有害生物的发生区域、发生时期及发生数量等。

3.2

防治适期 optimum control period

病、虫、草等有害生物生长过程中,最适合进行防治的时期。

4 防治要求

4.1 基本信息

红棕象甲的识别及发生特点参见附录 A。

4.2 防治原则

贯彻"预防为主,科学治理,依法监管,强化责任"的绿色植保方针,在防治中以农业防治为基础,协调应用聚集信息素诱捕、饵料诱杀和化学防治等措施对红棕象甲进行有效控制。

4.3 田间监测

按照 NY/T 2818 的规定执行。

4.4 检疫

依据我国植物及产品检疫的有关规定,对调运的棕榈植物苗木和产品进行检疫及检疫处理。

4.5 农业防治

4.5.1 合理安排种植树种

在棕榈园有选择性的种植红棕象甲喜食树种,如假槟榔、大王棕等。

4.5.2 田园清理

发现树干受伤时,可用沥青或泥浆涂封伤口,以防成虫产卵;及时清理落叶和受害致死的植株,并集中烧毁。

4.6 化学防治

4.6.1 农药使用要求

按照 GB 4285 和 GB/T 8321 的规定，严格掌握使用剂量、使用方法和安全间隔期。不使用国家严格禁止使用的杀虫剂(见附录 B)。

4.6.2 药剂使用方法

4.6.2.1 心叶基部施药

成虫羽化初始期、高峰期，应于上午 9 时前施药，以心叶基部湿润为宜，高温季节应避免在中午烈日和高温下施药。用 2% 噻虫啉微胶囊悬浮剂 500 倍液或 5% 吡虫啉悬浮剂 1 000 倍液淋灌心叶基部，施药 7 d~10 d 后检查虫情，如发现幼虫排泄物，应进行第 2 次施药，连用 2 次~3 次。

4.6.2.2 树干打孔注药

对实施喷药等其他措施防治困难的高大树木，在离地面 0.5 m 处树干基部的 3 个方向，用 10 mm 钻头的打孔机，钻出与树干纵轴呈 45°的斜孔，孔深 7 cm~10 cm，注入 5% 吡虫啉悬浮剂 5 倍~10 倍液或 2% 噻虫啉微胶囊悬浮剂 5 倍~10 倍液，以不溢出为宜，注药后用泥浆或塑料布封口。在第 1 次注药 30 d 后，可进行第 2 次注药。连续施用 3 次以上。

附　录　A
（资料性附录）
红棕象甲形态特征、发生及危害特点

A.1　红棕象甲形态特征(图A.1)

卵:乳白色,具光泽,长卵圆形,光滑无刻点,两端略窄。卵期3 d～4 d。

幼虫:幼虫体表柔软,皱褶,无足,气门椭圆形,8对。头部发达,突出,具刚毛。腹部末端扁平略凹陷,周缘具刚毛。初孵幼虫体乳白色,比卵略细长。老熟幼虫体黄白至黄褐色,略透明,可见体内一条黑色线位于背中线位置。头部坚硬,蜕裂线Y字形,两边分别具黄色斜纹。体大于头部,纺锤形,体长约50 mm。

蛹:蛹为离蛹,长20 mm～38 mm,宽9 mm～16 mm,长椭圆形,初为乳白色,后呈褐色。前胸背板中央具一条乳白色纵线,周缘具小刻点,粗糙。喙长达前足胫节,触角长达前足腿节,翅长达后足胫节。触角及复眼突出,小盾片明显。蛹外被一束寄主植物纤维构成的长椭圆形茧。

成虫:体长19 mm～34 mm,宽8 mm～15 mm,胸厚5 mm～10 mm,喙长6 mm～13 mm。身体红褐色,光亮或暗。体壁坚硬。喙和头部的长度约为体长的1/3。口器咀嚼式,着生于喙前端。前胸前缘小,向后逐渐扩大,略呈椭圆形,前胸背板具两排黑斑,前排2个～7个,中间一个较大,两侧较小,后排3个均较大,或无斑点。鞘翅短,边缘(尤其侧缘和基缘)和接缝黑色,有时鞘翅全部暗黑褐色。身体腹面黑红相间,腹部末端外露;各足腿节末端和胫节末端黑色,各足跗节黑褐色。触角柄节和索节黑褐色,棒节红褐色。成虫前胸前缘小向后缘逐渐宽大,略呈椭圆形,具两排黑斑,前排3个或5个,中间一个较大,两侧的较小,后排3个,均较大,有极少数虫体没有两排黑斑。

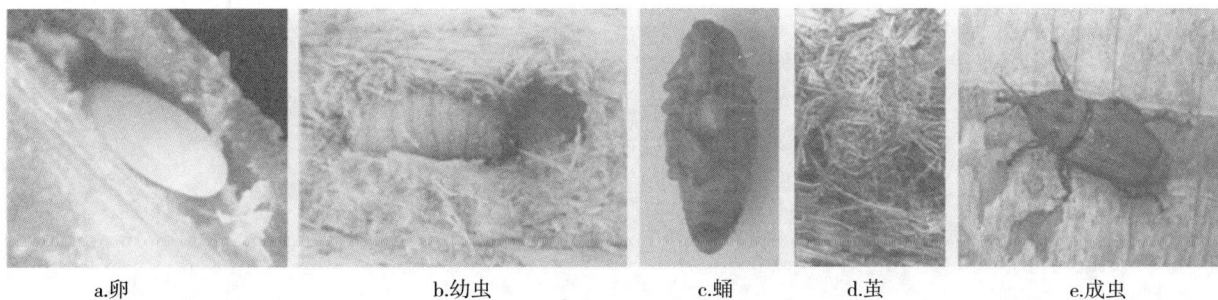

a.卵　　　　　　　b.幼虫　　　　　　　c.蛹　　　　d.茧　　　　　e.成虫

图A.1　红棕象甲各虫态

A.2　红棕象甲发生危害特点

红棕象甲成虫和幼虫都能危害,尤以幼虫造成的损失最大。成虫一般产卵于棕榈植物的伤口或裂缝,卵孵化后,幼虫钻进树干内取食茎秆疏导组织,为害初期很难被发现,为害后期,心叶干枯,被害寄主叶片减少,被害叶的基部枯死,倒披下来;移开枯死的叶柄,能看到红棕象甲的茧,剥开表皮可看到幼虫钻蛀的坑道。受害严重的植株,心叶枯萎,生长点死亡,只剩下数片老叶,树干被蛀食中空,只剩下空壳。

红棕象甲在华南地区1年发生2代～3代,时代重叠严重。第1代时间最短,100.5 d,第3代时间最长,127.8 d。幼虫7龄～9龄,历期平均55 d,蛹期平均17 d～33 d,成虫寿命变化较大,雌虫平均59.5 d,雄虫平均83.6 d。全年有两个成虫高峰期,分别为4月～5月和7月～8月。

附　录　B
（规范性附录）
禁止使用防治红棕象甲的剧毒、高毒和高残留杀虫剂

　　在红棕象甲防治中禁止使用甲拌磷、久效磷、磷胺、对硫磷、甲胺磷、水胺硫磷、甲基对硫磷、甲基异柳磷、氧化乐果、甲基硫环磷、特丁硫磷、治螟磷、内吸磷、硫线磷、地虫硫磷、氯唑磷、苯线磷、灭线磷、蝇毒磷、杀扑磷、克百威、灭多威、杀虫脒、滴滴涕、六六六、硫丹、毒杀芬、二溴氯丙烷、二溴乙烷、艾氏剂、狄氏剂、汞制剂、砷类、铅类、氟乙酰胺、氟乙酸钠、甘氟、五氯苯酚、氯丹、灭蚁灵、六氯联苯、溴甲烷、磷化铝、磷化锌、磷化钙、硫线磷、乙酰甲胺磷、丁硫克百威、乐果、氟虫氰等以及国家规定禁止使用的其他农药。

ICS 65.020
B 16

NY

中华人民共和国农业行业标准

NY/T 2816—2015

热带作物主要病虫害防治技术规程　胡椒

Technical regulation for control of main pests of tropical crops—
Pepper

2015-10-09 发布

2015-12-01 实施

中华人民共和国农业部 发布

前　言

本标准按照 GB/T 1.1—2009 给出的规则起草。

本标准由中华人民共和国农业部提出。

本标准由农业部热带作物及制品标准化技术委员会归口。

本标准起草单位：中国热带农业科学院香料饮料研究所。

本标准主要起草人：刘爱勤、桑利伟、孙世伟、谭乐和、邬华松、苟亚峰。

热带作物主要病虫害防治技术规程 胡椒

1 范围

本标准规定了胡椒（*Piper nigrum*）主要病虫害基本信息、防治原则和防治措施。

本标准适用于我国胡椒产区的胡椒主要病虫害防治。

2 规范性引用文件

下列文件对于本文件的应用是必不可少的。凡是注日期的引用文件，仅注日期的版本适用于本文件。凡是不注日期的引用文件，其最新版本（包括所有的修改单）适用于本文件。

GB 4285　农药安全使用标准

GB/T 8321　农药合理使用准则

NY/T 360　胡椒插条苗

NY/T 969　胡椒栽培技术规程

3 基本信息

3.1　胡椒主要病害有胡椒瘟病、胡椒根结线虫病、胡椒细菌性叶斑病、胡椒花叶病、胡椒枯萎病、胡椒炭疽病（参见附录 A）。

3.2　胡椒主要害虫有胡椒粉蚧和丽绿刺蛾（参见附录 B）。

4 防治原则

4.1　贯彻"预防为主、综合防治"的植保方针，依据胡椒主要病虫害的发生规律及防治要求，综合考虑影响其发生的各种因素，采取以农业防治为基础，协调应用化学防治、物理防治等措施，实现对胡椒主要病虫害的安全、有效控制。

4.2　胡椒种苗质量应符合 NY/T 360 的规定。

4.3　胡椒日常栽培管理应符合 NY/T 969 的规定。

4.4　本标准推荐使用药剂防治应符合 GB 4285 和 GB/T 8321 的规定，掌握使用浓度、使用剂量、使用次数、施药方法和安全间隔期。应进行药剂的合理轮换使用。

5 防治措施

5.1 胡椒瘟病

5.1.1 农业防治

5.1.1.1 培育壮苗

胡椒种苗质量应符合 NY/T 360 的规定。

5.1.1.2 园地选择与规划

园地选择与规划应符合 NY/T 969 的规定。

5.1.1.3 园地基本建设

修建排水沟，等高梯田或起垄适当高种。胡椒园外应有深 0.6 m～0.8 m、宽 0.8 m 的排水沟，园内每隔 12 株～15 株胡椒应开一条纵沟，梯田内壁或垄应建有小排水沟，做到大雨不积水。一块胡椒园面积以 0.3 hm²～0.4 hm² 为宜，胡椒园四周应种植防护林带。

5.1.1.4 栽培管理

合理修剪,搞好椒园卫生。常年湿度较大的胡椒园,应修剪基部 20 cm 以下的枝条,使椒头保持通风透光,一般在第二次割蔓后逐渐剪去"送嫁枝",第三次割蔓时修剪完毕,如剪口较大,应涂上波尔多液、甲霜灵等杀菌剂保护;定期清除胡椒园内的枯枝落叶、病残体,集中园外低处烧掉。

加强肥、水管理。增施有机肥,不偏施氮肥;及时绑蔓;雨季前椒头适当培土,保证椒头不积水,培土用的泥土应预先翻晒或从园外取新土;被台风吹倒吹脱的胡椒应及时处理并更换损坏的支柱,操作时尽量减少植株损伤,并填实支柱周围的洞穴。

在瘟病发生流行时,从事田间劳作应先管理无病椒园,后管理有病椒园;应防止禽畜进入椒园;发病椒园地面未干时不应进入;发病椒园使用过的任何用具应及时消毒。

5.1.1.5 减少侵染源

旱季松土、晒土,减少地表层的病原菌;雨季来临前,应对胡椒园土壤进行消毒,可用 0.5%波尔多液或 68%精甲霜·锰锌可湿性粉剂 300 倍～500 倍液均匀喷施于冠幅内及株间土壤上。

5.1.1.6 定期巡查

建立检查制度,专人负责巡查工作。巡查工作在大雨后进行,重点检查低洼处、水沟边、人行道、粪池附近的胡椒园地面落叶和堆放落叶的场所;发现瘟病应做好标记并及时处理,做到"勤检查,早发现,早防治"。

关注天气状况,特别是台风来临前,做好预防工作,准备好防治药剂及工具。

5.1.2 化学防治

5.1.2.1 地上部分防治

发生瘟病病灶(病叶、花和果穗),可在露水干后先除去病灶后再喷药保护。遇雨天,可先喷药 1 次,再除去病灶。应将所有病灶集中清出园外低处烧毁。

药剂及施药方法:用 68%精甲霜·锰锌可湿性粉剂、25%甲霜·霜霉威可湿性粉剂或 50%烯酰吗啉可湿性粉剂 500 倍～800 倍液整株喷药,或在离顶部病叶 50 cm 以下的所有叶片喷药,叶片正反面都喷湿,以有药液刚滴下为宜。每隔 7 d～10 d 喷 1 次,连续喷施 2 次～3 次。

5.1.2.2 地下部分防治

发病初期在中心病区(即病株四个方向各 2 株胡椒)的胡椒树冠下淋施 68%精甲霜·锰锌可湿性粉剂或 25%甲霜·霜霉威可湿性粉剂 500 倍液,每株淋施药液 5 kg/次～7.5 kg/次。视病情轻重,一般隔 7 d～8 d 淋施 1 次,连续淋施 2 次～3 次。

雨天湿度大时可用 1:10 粉状硫酸铜和沙土混合,均匀撒在冠幅内及株间土壤上。

经喷施药剂 2 次以上未能救治的病死株,应在晴天及时挖除,并集中清出园外低处烧毁,不应将病死株残体丢进水中污染水源。病死株植穴应用石灰或乙磷铝消毒并曝晒 3 个～6 个月再补植。

5.2 胡椒根结线虫病

5.2.1 农业防治

5.2.1.1 培育壮苗

培育胡椒种苗的苗圃应选择远离发生根结线虫的胡椒园,苗圃四周应设有阻隔设施,以防止外界水源流入和土壤传入;不应从病区取土育苗;苗床用土应用阿维菌素处理后曝晒 1 个月;应从长势良好的胡椒植株上剪取插条培育种苗;不应将感染线虫病的种苗出圃种植;插条苗质量应符合 NY/T 360 的规定。

5.2.1.2 园地选择与规划

园地选择与规划应符合 NY/T 969 的规定。

5.2.1.3 栽培管理

选择干旱季节开垦胡椒园;深翻土壤 40 cm～50 cm,翻晒 2 次～3 次,拾净杂物。适施磷钾肥,增施有机肥;定期清理园区杂草及周围野生寄主;冬季及高温干旱季节在椒头盖草,保持椒头湿度;日常栽培管理应符合 NY/T 969 的规定。

5.2.1.4 定期巡查

每月巡查 1 次,根据植株长势、叶片颜色、根系产生根结等情况,综合判断是否有根结线虫为害。如有根结线虫为害应做好标记并及时撒施药剂防治。

5.2.2 化学防治

对发生根结线虫为害的胡椒植株,每株幼龄胡椒施 10%噻唑膦颗粒剂 10 g~15 g 或 0.5%阿维菌素颗粒剂 20 g~35 g,成龄胡椒药剂可适当增加,每隔 30 d 施药 1 次,连续撒施 2 次。

施药方法:沿胡椒植株冠幅下缘开挖环形施药沟,沟宽 15 cm~20 cm、深 15 cm,药剂均匀撒施于沟内,施药后及时回土、淋水。

5.3 胡椒细菌性叶斑病

5.3.1 农业防治

5.3.1.1 培育壮苗

胡椒种苗质量应符合 NY/T 360 的要求。

5.3.1.2 园地选择与规划

园地选择与规划应符合 NY/T 969 的规定。

5.3.1.3 栽培管理

上半年干旱季节,应定期清理胡椒园杂草、病叶等集中清出园外烧毁,保持胡椒园清洁;适当施用磷钾肥,增施有机肥,改良土壤,提高肥力,增强植株抗病能力;栽培管理应符合 NY/T 969 的规定。

5.3.1.4 定期巡查

应建立检查制度,重点在台风雨季前做好检查工作。发现植株上有病状时,应及时将病叶、病枝、病花和病果摘除,集中清出园外烧毁,做到"勤检查,早发现,早防治"。

5.3.2 化学防治

先摘除病部,然后用 72%农用硫酸链霉素可溶性粉剂 2 000 倍液或 77%氢氧化铜可湿性粉剂 500倍液,喷洒病株及其邻近植株,每 5 d~7 d 喷施 1 次,连续喷施 3 次~5 次。

5.4 胡椒花叶病

5.4.1 农业防治

5.4.1.1 培育壮苗

胡椒种苗质量应符合 NY/T 360 的规定。

5.4.1.2 栽培管理

应及时铲除椒园及周边的杂草,拔除病株及田间病残体并集中清出园外低处烧毁,尽量减少毒源。胡椒定植后应经常检查及补插荫蔽物,直至幼苗枝条能自行荫蔽椒头时,方可除去荫蔽物。不应在高温干旱季节割苗,以避免病毒的侵入。避免偏施氮肥,氮、磷、钾肥配合施用;增施充分腐熟的有机肥。及时浅水灌溉。

5.4.2 化学防治

重点加强幼龄胡椒阶段病害防治。发病初期整株喷洒 3.95%病毒必克可湿性粉剂 500 倍液,隔 7 d喷施 1 次,连续喷施 3 次;同时喷 10%吡虫啉可湿性粉剂或 20%啶虫脒可湿性粉剂 1 000 倍液防治传毒昆虫如蚜虫等。

5.5 胡椒枯萎病

5.5.1 农业防治

5.5.1.1 培育壮苗

胡椒种苗质量应符合 NY/T 360 的规定。

5.5.1.2　园地选择与规划

园地选择与规划应符合 NY/T 969 的规定。

5.5.1.3　栽培管理

施足基肥,增施有机肥,不偏施化肥,追肥时应施用腐熟的有机肥,避免发生肥害。线虫为害严重的胡椒园应施用杀线虫剂,减少线虫伤根,降低枯萎病发生。

5.5.2　化学防治

发病初期在发病植株的树冠下淋施 45% 恶霉灵·溴菌腈可湿性粉剂或恶霉灵可湿性粉剂＋多菌灵可湿性粉剂(1∶1)500 倍液,每株淋施药液 3 kg/次～5 kg/次,每隔 7 d～10 d 淋施 1 次,连续淋施 3 次。

5.6　胡椒炭疽病

5.6.1　农业防治

每月应清除病叶一次,并集中清出园外低处烧毁。加强施肥管理,增施有机肥和钾肥,提高植株抗病力。雨后应及时排水,防止胡椒园积水。

5.6.2　化学防治

植株发病初期,喷施 45% 咪酰胺乳油或 50% 多·锰锌可湿性粉剂 500 倍～800 倍液等,每隔 7 d～14 d 喷药 1 次,连续喷施 2 次～3 次。

5.7　胡椒粉蚧

5.7.1　农业防治

5.7.1.1　培育壮苗

胡椒种苗质量应符合 NY/T 360 的规定。

5.7.1.2　栽培管理

应避免胡椒园土壤过分干旱,定期铲除杂草,保持胡椒园清洁。

5.7.2　化学防治

幼龄胡椒发病初期,用 48% 毒死蜱乳油 1 000 倍液灌根,每株药液用量 2 L～3 L,每隔 5 d～7 d 灌根 1 次,连续用药 2 次～3 次。

5.8　丽绿刺蛾

在第一代幼虫孵化高峰期即 6 月上中旬和第二代高峰期 7 月中旬后,选用 20% 除虫脲悬浮剂 1 000 倍液或 4.5% 高效氯氰菊酯乳油 2 000 倍液喷洒,每隔 5 d～7 d 喷药 1 次,连续喷施 2 次～3 次。

附　录　A

（资料性附录）

胡椒主要病害基本信息

胡椒主要病害症状及发生特点见表 A.1。

表 A.1　胡椒主要病害症状及发生特点

病害名称	症状及发生特点
胡椒瘟病	病原菌为辣椒疫霉（*Phytophthora capsici*）。 胡椒瘟病是一种典型的气候依赖性土传病害，也是为害胡椒种植业的首要病害。病菌能侵染胡椒的主蔓基部、根、叶、枝条、花、果穗等器官，以侵染茎基部（胡椒头）为害最严重，常引起整株胡椒萎蔫和死亡。 叶片感病症状是识别胡椒瘟病的典型特征。植株下层枝蔓上的叶片最先感病，开始为灰黑色水渍状斑点，以后病斑变黑褐色，病斑一般呈圆形或菱形或半圆形，边缘向外呈放射状。环境湿度大时在病叶背面长出白色霉状物，即病菌的菌丝体和孢子囊。主蔓基部感病，一般在离地面上下 20 cm 的地方。感病初期，外表皮无明显症状，当刮去外表皮时可见内皮层变黑。剖开主蔓，可见木质部导管变黑，有黑褐色条纹向上下扩展。后期表皮变黑，木质部腐烂，并流出黑水。挖开地下部分检查，感病的根变黑色。花序和果穗染病一般从尾部开始感病，水渍状，以后变黑，脱落。 胡椒瘟病的发生流行与气象因子关系极密切，降雨（特别是台风雨后，连续降雨）是该病害发生流行的主导因素，病害发生和流行主要取决于当年降雨量。年雨量大于 2 000 mm 的地区，8 月～10 月或 9 月～11 月 3 个月的总雨量超过 1 000 mm，病害可能局部发病流行。在病害流行期，2 个月总雨量超过 1 000 mm，加上台风暴雨的袭击，则可导致大面积胡椒瘟病流行。 瘟病的发生流行还与土壤质地、地形地势关系较密切。土壤较黏、地势低洼、排水不良，发病较严重；反之，则发病较轻。靠近河流水沟、水库边的椒园容易被洪水浸泡，更容易发病。 栽培措施对胡椒瘟病发生流行也有影响，如选地不当、椒园过于集中、没有营造防护林、没有排水沟或排水沟长期失修，椒头枝叶太密，枯枝落叶太多等，均有利于病害的发生和流行
胡椒根结线虫病	病原主要类群为南方根结线虫（*Meloidogyne incognita* Chitwood），少量为花生根结线虫（*Meloidogyne arenaria*）。 线虫直接侵入胡椒根系，使受害根部形成许多不规则、大小不一的根瘤。根瘤初期乳白色，后变淡褐色或深褐色，最后呈暗黑色。雨季根瘤腐烂，旱季根瘤干枯开裂。被害植株叶片无光泽，叶色变黄，生长停滞，节间变短，落花落果，严重影响胡椒的生长和产量，甚至整株死亡。 初侵染源来自病根和土壤，病苗是重要的传播途径。再侵染主要是靠灌溉和流水，人员、畜禽的行走，以及肥料、农具运输等也能传播。 病原线虫多分布在 10 cm～30 cm 深的土层内，以卵或幼虫随病体在土壤中存活，寄主存在时孵化出的二龄幼虫侵入为害。该病的发生和流行与土壤类型、气候条件和栽培管理措施等有关。通常在通气良好的沙质土中发生较严重，栽培管理差，缺乏肥料特别是缺乏有机肥，土壤干旱的椒园易发生，在旱季寄主地上部症状表现更明显、严重
胡椒细菌性叶斑病	病原菌为 *Xanthomonas campestris* pv.，属野油菜黄单胞菌萎叶致病变种。 该病在各龄胡椒园均有发生，以大、中椒发病较多。主要为害叶片，也为害枝、蔓、花序和果穗。叶片感病初期出现多角形水渍状病斑，病斑扩展后，中间呈褐色，边缘变黄，后期许多病斑汇合成灰白色大病斑，边缘有黄色晕圈。雨天或早晨露水大时，叶上病斑背面出现细菌溢脓，病斑外层扩展迅速的水渍状也清晰可见。枝蔓感病多从节间或伤口侵入，呈不规则紫褐色病斑。剖开枝蔓病组织，可见导管已变色。花序和果穗一般从末端或中部感病，病部紫黑色，后期变黑，易脱落。 该病的发生与气象因子和栽培管理有密切关系。一般上半年病害发展缓慢，多数年份，由于高温干旱，病情常有自然下降的趋势；下半年雨多，湿度大，病害发展快，病情严重。特别是遭到大的台风袭击后，又遇连续下雨，能导致病害大流行。因此，应抓好上半年干旱季节这个关键时期的防治

表 A.1（续）

病害名称	症状及发生特点
胡椒花叶病	病原菌为黄瓜花叶病毒（*Cucumber mosaic virus*，简称 CMV）。 感病初期，植株顶部嫩叶变小或叶色浓淡不均，重病植株矮小畸形、主蔓节间变短、叶片皱缩变小、变窄、卷曲、花穗短、果粒小且少。该病可借助带毒种苗、修剪传播，棉蚜为主要传播介体；高温干旱促进发病，园区管理差，特别在幼龄期，胡椒生长不良，发病率高且症状严重。 该病主要通过种苗、插条苗以及割取插条苗的刀具等传播。远距离传播主要通过感病的种苗，田间短距离传播主要靠蚜虫，由棉蚜在胡椒植株间直接传毒。棉蚜传播该病不需要任何中间寄主，带毒的棉蚜可在田间胡椒植株之间直接传毒，使胡椒感病。高温、强光照、干旱会抑制胡椒植株生长和降低其抗病能力，病毒的潜育期缩短，同时，高温、干旱有利于传毒媒介（蚜虫等）的繁殖、迁飞和取食活动，有利于病毒迅速传播和复制，加剧胡椒花叶病的发生和流行
胡椒枯萎病	病原菌为尖孢镰刀孢菌（*Fusarium oxysporum*）。该病与胡椒根结线虫的发生有一定的关系，一般胡椒根结线虫越严重，枯萎病的发生亦越重。 苗期和成株期的胡椒均可受害。病菌从根部和埋入土中的主蔓部侵入，属维管束系统病害。植株感病后，叶片褪绿，叶片、花及果穗变小，畸形，稔实少，果小，叶片自下而上，由内向外变黄凋萎脱落，最后整株枯死。地上部症状分为慢性型和急性型两大类：①慢性型：常呈现典型的"半边死"症状：同一支柱两侧种植的 2 株胡椒，1 株的枝叶已变褐枯死，另 1 株的叶片才开始褪绿变黄，不同病株的褐色枯死枝叶与黄绿色枝叶混杂相间。症状表现期持续时间较长，通常可达 1 年以上；②急性型：初期表现为植株停止生长，顶端叶片褪绿、变黄，随后自上而下扩展至植株大部分叶片发黄、变褐脱落，最后整株枯死。症状表现期一般持续 4 个～6 个月，初期症状同慢性型相似，但发病半年左右，植株突然失水萎蔫，短时间内枯死，大量叶片萎垂不落。 该病周年均有发生，以 10 月至翌年 3 月发病较集中。气候及土壤因素是影响该病发生的主要因素。气温在 20℃～30℃时最适合此病的发生流行。土壤黏重，酸性较大，肥力低，排水渗透性差，湿度高，低洼积水的胡椒园易发病，施城镇垃圾肥、伤根多的植株易发病。大风、大雨或人、畜活动频繁的椒园病害扩展蔓延快，降雨量大，降雨天集中，降雨持续时间长发病严重。土质好，肥力高，保水渗透性好，生长健壮的植株发病少
胡椒炭疽病	病原菌为胶孢炭疽菌［*Colletotrichum gloeosporioides*（Penz.）Sacc.］。 发病初期叶片上出现褪绿斑点，随即病斑变为暗褐色，扩大成不规则的圆形，有黄色晕圈，坏死部分呈灰褐色，继而变为灰白色，在叶缘和叶尖产生灰褐色，后变成灰白色的圆形或不规则形大病斑，外围有黄晕，病斑上有众多小黑粒，常排列成同心轮纹。其上散生或轮生小黑点（病菌的分生孢子盘）。潮湿条件下受害叶片在被侵染 10 d 左右脱落。嫩枝受害扩展成黑色坏死病斑，侵染严重时可导致嫩枝干枯。病菌为害幼嫩果穗，引起果穗脱落，果粒干枯、颜色变黑，发病部位腐烂。果实受害时，最初症状与枝条的症状相似，严重时成熟椒果果皮破裂、腐烂。 该病全年均可发生，在高温多雨季节流行。老叶受高温日灼后遇雨最易发生此病，生长势差的植株或受风害损伤的叶片发病严重。该病菌以菌丝体和分生孢子盘在枯枝、病叶、病果等病组织中越冬。次年春季当温、湿度条件适宜时，便会产生大量分生孢子，分生孢子借风雨和昆虫传播。落在叶面上的分生孢子在高湿条件下萌发产生芽管，从气孔、伤口或直接穿透表皮侵入寄主，潜育期 3 d～6 d。该病的发生与气候及环境条件关系密切。相对湿度大于 90% 时才可发病，高温和晴朗天气抑制其发生发展；受温湿度影响，形成多次发病高峰；寒害严重时，伤口多易发病。地势低洼、冷空气沉积、日照短、荫蔽潮湿的胡椒园发病严重

附　录　B
（资料性附录）
胡椒主要害虫基本信息

胡椒主要害虫为害症状及发生特点见表 B.1。

表 B.1　胡椒主要害虫为害症状及发生特点

害虫名称	发生特点
胡椒粉蚧	同翅目，粉蚧科，学名：*Planococcus lilacinus*，Cockerell。 　　该虫主要为害胡椒根部，也可为害嫩叶、嫩蔓及果实，以若虫及雌成虫生活于胡椒根部，胡椒受害后轻则长势衰退，造成减产，重则烂根至整株枯死。此虫以若虫在寄主根部湿润的土壤中越冬，翌年3月～4月为第1代成虫盛期，6月～7月为第2代成虫盛发期，世代重叠，一般完成一代需 60 d 左右。一般喜在茸草及灌木丛生、土壤肥沃疏松、富有机质和稍湿润的林地发生，主要靠蚂蚁传播
丽绿刺蛾	鳞翅目，刺蛾科，学名：*Latoia lepida*，Cramer。 　　该虫是为害胡椒的重要害虫，在海南胡椒上1年发生2代～3代。以幼虫取食胡椒叶片呈孔洞、不规则缺刻，严重时可将叶片吃光，仅剩叶柄和叶脉，造成树势衰弱，影响胡椒果实的质量和产量

ICS 65.020
B 16

NY

中华人民共和国农业行业标准

NY/T 2817—2015

热带作物病虫害监测技术规程
香蕉枯萎病

Technical regulation on monitoring of the tropical plant pests—
Banana wilt disease

2015-10-09 发布

2015-12-01 实施

中华人民共和国农业部 发布

前　言

本标准按照 GB/T 1.1—2009 给出的规则起草。

本标准由中华人民共和国农业部提出。

本标准由农业部热带作物及制品标准化技术委员会归口。

本标准起草单位：中国热带农业科学院环境与植物保护研究所。

本标准主要起草人：黄俊生、王国芬、张欣、杨腊英、王福祥、李潇楠、任小平、汪军。

热带作物病虫害监测技术规程 香蕉枯萎病

1 范围

本标准规定了由尖孢镰刀菌古巴专化型[*Fusarium oxysporum* f. sp. *cubense*(E. F. Smith)Snyder et Hansen],1号和4号小种引起的香蕉枯萎病监测区划分、假植苗圃监测、发生区监测、未发生区监测、疫情诊断及监测结果上报等技术要求。

本标准适用于全国香蕉产区香蕉镰刀菌枯萎病的调查和监测。

2 规范性引用文件

下列文件对于本文件的应用是必不可少的。凡是注日期的引用文件,仅注日期的版本适用于本文件。凡是不注日期的引用文件,其最新版本(包括所有的修改单)适用于本文件。

NY/T 1807 香蕉镰刀菌枯萎病诊断及疫情处理规范

3 术语和定义

下列术语和定义适用于本文件。

3.1

监测 monmitoring

长期固定连续不断的监督测试工作,具体表现为通过一定的技术手段而摸清某种有害生物的发生区域、发生时期即发生数量等。

3.2

监测区 monitoring region

开展监测的行政区域内,所有的香蕉种植区即为监测区。

3.3

香蕉假植杯苗 banana temporary plantlet planted in culture cup

假植于装有营养土塑料杯中的香蕉苗。

3.4

五点取样法 five-spot-sampling method

先确定对角线的中点作为中心抽样点,再在对角线上选择四个与中心样点距离相等的点作为样点的取样方法。

4 香蕉枯萎病发生区与未发生区划分

以县级行政区域作为发生区与未发生区划分的基本单位。县级行政区域内有香蕉枯萎病发生,无论发生面积大或小,该区域即为枯萎病发生区。

5 发生区监测

5.1 监测工具

GPS定位仪、标签、砍刀、锄头、铁锨、剪刀、样品袋、记录笔、一次性手套和鞋套等。

5.2 监测时间

监测时间为香蕉假植杯苗育苗期、出圃期、定植后的营养生长中后期和果实抽蕾期,每个时期各调查1次。

5.3 监测区

以县级行政区域作为1个监测区。

5.4 监测点

在监测区内,以种植香蕉的乡镇作为1个监测点,无论该乡镇是否有枯萎病发生。

5.5 监测内容

监测内容包括枯萎病的发生面积及病株率。

5.6 监测与计算方法

5.6.1 监测方法

5.6.1.1 调查

由各市(区)、县农业局(农委)组织当地植保植检人员会同各乡、镇农业技术人员向香蕉种植区蕉农询问当地香蕉种植、病虫害发生情况、蕉苗来源、蕉苗圃及蕉苗集散地情况,了解香蕉植株是否有香蕉枯萎病症状出现,做好访问调查记录,分析是否存在香蕉枯萎病可疑发生区。对访问调查过程中发现的可疑地点进行重点目测观察。

5.6.1.2 工具处理

每监测一个点需更换鞋套,使用过的剪刀、砍刀、锄头和铁锹等工具在使用前后应消毒处理。

5.6.2 计算方法

5.6.2.1 发病面积

对具有明显发病中心的地块,持 GPS 定位仪沿最外围病株向外延伸 20 m 走完一个闭合轨迹,将 GPS 定位仪计算出的面积作为其发病面积;对点状发生无明显发病中心的地块,通过咨询蕉农,获取该地的种植面积,根据病害发生的实际情况测量发病面积;对零星发病地块,可将整个种植面积地定为发病面积。调查结果按表 B.1 的格式记录。

5.6.2.2 监测点面积发生率

监测点面积发生率的计算:根据实际测量的发病面积和监测点总面积计算面积发生率,按式(1)计算。

$$S_1 = \frac{s_1}{t_1} \times 100 \quad\cdots\cdots\cdots\cdots\cdots\cdots\cdots\cdots\cdots\cdots\cdots\cdots\cdots\cdots\cdots (1)$$

式中:

S_1——监测点面积发生率,单位为百分率(%);

s_1——监测点的发病面积,单位为平方米(m²);

t_1——监测点总面积,单位为平方米(m²)。

计算结果精确到小数点后一位。

将计算结果记录到表 B.1 中。

5.6.2.3 监测区面积发生率

监测区面积发生率的计算:根据各监测点实际测量的发病面积和监测区总面积计算面积发生率,按式(2)计算。

$$S_2 = \frac{\sum_{i=1}^{n} s_i}{t_2} \times 100 \quad\cdots\cdots\cdots\cdots\cdots\cdots\cdots\cdots\cdots\cdots\cdots\cdots\cdots (2)$$

式中:

S_2——监测区面积发生率,单位为百分率(%);

s ——监测点的发病面积,单位为平方米(m²);

t_2——监测区总面积，单位为平方米（m²）；

n ——监测点数，$i = 1, 2, \cdots, n$。

计算结果精确到小数点后一位。

将计算结果记录到表 B.2 中。

5.6.2.4 病株率

根据香蕉种植地面积，1 hm² 以下的香蕉地，应全面调查；面积 2 hm²～10 hm² 的，抽查种植面积的 35%，按式（3）计算。面积 10 hm² 以上，以道路为基线每 10 hm² 划分一个监测区块，每个监测区块随机选择 3 个点，集中计数每个点 100 株香蕉中发病植株数量计算病株率，按式（4）计算。

$$D_1 = \frac{d}{m} \times 100 \quad\cdots\cdots\cdots\cdots\cdots\cdots\cdots\cdots\cdots\cdots\cdots\cdots\cdots\cdots \text{（3）}$$

$$D_2 = \frac{\sum_{i=1}^{n} d_i}{300 \times n} \times 100 \quad\cdots\cdots\cdots\cdots\cdots\cdots\cdots\cdots\cdots\cdots\cdots \text{（4）}$$

式中：

D_1——调查面积小于 10 hm² 的病株率，单位为百分率（%）；

d ——发病株数，单位为株；

m ——调查田块总株数，单位为株；

D_2——调查面积大于 10 hm² 的病株率，单位为百分率（%）；

n ——分区块数，$i = 1, 2, \cdots, n$。

计算结果精确到小数点后一位。

将计算结果记录到表 B.1 中。

5.6.2.5 发病严重程度

以病株率确定病害严重程度：病株率＜1% 为 1 级，1%～10% 为 2 级，11%～20% 为 3 级，21%～30% 为 4 级，＞30% 为 5 级。调查结果记录到表 C.1 中。

6 未发生区监测

6.1 监测点

对距离香蕉枯萎病发生区较近的水源下游、坡脚，以及有频繁客货运往来等高风险地区，应进行重点和定点调查。

6.2 监测时间

每年分别在香蕉种植后的营养生长中后期和果实抽蕾期进行调查。

6.3 监测内容

香蕉枯萎病是否发生；监测到可疑植株后，应立即全面调查其发生情况并按照第 5 章规定的方法开展监测；有疑似症状的植株，应采集并用纸质材料包装样品，送省级以上植物检疫部门指定的机构进行检测和鉴定。

7 假植杯苗圃监测

7.1 抽样

7.1.1 假植杯苗抽样

对香蕉种苗圃，应在全面目测的基础上，采用五点取样法对繁育场每一批次所有香蕉假植杯苗进行抽样检测；对出场种苗和市场销售种苗，应按 1 万株以下抽查 100 株，1 万株～10 万株抽查 300 株，10 万株以上抽查 500 株的抽样量随机抽查。

7.1.2 假植杯土壤抽样

在全面目测香蕉种苗圃的基础上,采用五点取样法对繁育场每一批次香蕉假植苗的假植杯土壤进行抽样,根据苗圃的规模,以1万株作为一个样本点,每个样本点的土壤由5个采样点混合均匀,每一个采样点取3个～5个杯中的土样100 g,一个样本点共500 g。每个土样应该用纸质材料包装并封口标记。

7.2 样本检测

对抽取的假植苗样本先进行目测,对出现黄叶、萎蔫的植株球茎和假茎进行纵横切,观察球茎和假茎的症状。对土壤样本和不能确定病害的植株,应送省级以上植物检疫部门指定的机构进行病害的检测和鉴定。调查结果填入表C.1。

8 疫情诊断

8.1 现场诊断

按照附录A及NY/T 1807进行现场鉴定。

8.2 室内鉴定

现场不能诊断,难以下结论的,取样带回实验室,按照NY/T 1807进行鉴定,自行鉴定结果不确定或仍不能做出鉴定的,送具有资质的检疫机构或其委托的科研教学单位鉴定,送检时应填写表D.1,并附上田间症状照片。

9 样本采集、处理和保存

9.1 采集

对疑似病株应选取症状典型且中等发病程度的植株,取样部位包括蕉头病健组织(8 cm×8 cm)、根1.2 m以下具有典型症状的假茎(长20 cm);对发现疑似病株的假植杯苗应取包括培植土壤的整个植株。在同一田块或苗圃内同一批次,具有相同或相似症状植株所取的组织作为1个样品,所取样品采用纸质材料包裹。

9.2 处理

在样本的采集、运输、制作等过程中,植物活体部分均不叮遗撒或随意丢弃,应统一烧毁或灭菌处理;在运输中应特别注意包装完整。

9.3 保存

采集的样本除送检后,应妥善保存于县级以上的监测负责部门,以备复核。重复的或无需保存的样本应集中灭活后进行销毁,不得随意丢弃。

10 监测结果上报与数据保存

香蕉枯萎病发生区的监测结果,应于监测结束后或送交鉴定的样本鉴定结果返回后及时汇总上报。

未发生区发现枯萎病后,应立即将初步结果上报当地植物检疫机构,包括监测人、监测日期、监测地点、监测面积、发病地块和发生面积等信息,并在详细说明调查情况后及时上报完整的监测报告。

监测中所有的原始数据、记录表、照片等均应进行整理后妥善保存于县级以上的监测部门,以备复核。

附 录 A
（资料性附录）
香蕉枯萎病的病原及其症状特征

A.1 病原

病害英文名：Banana vasclar wilt；Panama disease of banana；Banana fusarium wilt。

病害名：香蕉枯萎病；香蕉镰刀菌枯萎病；香蕉巴拿马病；黄叶病。

病原拉丁名：*Fusarium oxysporum* f. sp. *cubense* Snyder&Hansen。

病原菌学名：尖孢镰刀菌古巴专化型。

A.1.1 病原分类地位

半知菌亚门（Deuteromycotina）丝孢纲（Hyphomycetes）瘤座孢目（Tuberculariales）镰刀菌属（*Fusarium*）。

A.1.2 病原菌特征

香蕉枯萎病菌有三种类型孢子（图 A.1 中 C、D、E）：大型分生孢子、小型分生孢子和厚垣孢子。大型分生孢子产生于分生孢子座上，镰刀形，无色，具足细胞，3 个～7 个隔膜，多数为 3 个隔膜，大小为（30～43）μm ×（3.5～4.3）μm；小型分生孢子在孢子梗上呈头状聚生，数量大，单胞或双胞，椭圆形至肾形，大小为（5～16）μm×（2.4～3.5）μm；厚垣孢子椭圆形或球形，顶生或间生，单个或成串，单个厚垣孢子（5.5～6）μm×（6～7）μm。

香蕉枯萎病菌在马铃薯琼脂（PDA）培养基平板上（图 A.1 中 A、B）菌落中心突起絮状，粉白色，浅粉色，背面呈肉色，略带些紫色；菌落边缘呈放射状，菌丝白色质密。病原菌可正常生长温度为 15℃～35℃，最适生长温度为 26℃～30℃。适宜弱酸性环境，pH 5 条件下生长最好。香蕉枯萎病菌是兼性寄生菌，腐生能力很强，在土壤中可以存活 8 年～10 年。病原菌采用死体营养方式，进入寄主后，先降解寄主组织，再吸收营养。

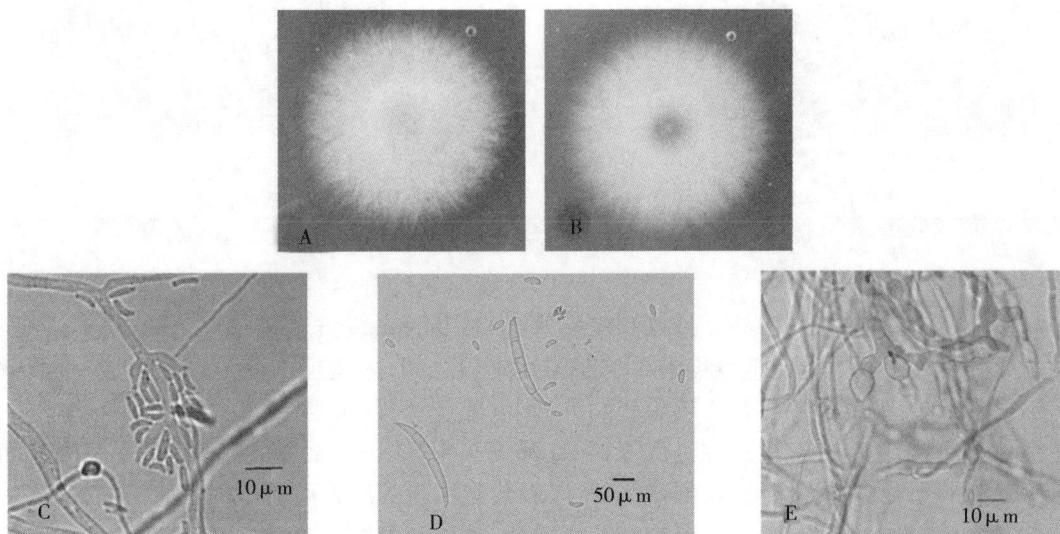

说明：

A——镰刀菌菌落形态（正面）；　　　　　　D——大小型分生孢子；

B——镰刀菌菌落形态（反面）；　　　　　　E——厚垣孢子。

C——产孢结构及小型分生孢子；

图 A.1 香蕉枯萎病病原菌尖孢镰刀菌古巴专化型的形态特征

A.1.3 病原寄主范围

香蕉枯萎病菌有 4 个生理小种。1 号小种感染香蕉的栽培种大蜜哈（Gros Michel AAA）和龙牙蕉（Silk，ABB），2 号小种在中美洲仅感染三倍体杂种棱香蕉（Bluggoe ABB），3 号小种感染野生的蝎尾蕉属（*Heliconia* spp.），4 号小种感染大蜜哈（Gros Michel AAA）、矮香蕉（Dwarf Cavendish AAA）、野蕉（BB）和棱指蕉，其危害性最大。

A.2 病害特征

香蕉的各个生长期，从幼小的吸芽至成株期都能发病。由于各个生长期土壤类型等情况的不同，外部症状也有些差异；病原菌的不同小种，也会导致不完全相同的症状。

A.2.1 外部症状

受害蕉株初期老叶外缘呈现黄色，黄色病变初表现于叶片边缘，后逐渐向中肋扩展，致使整叶发黄迅速枯萎。叶柄在靠近叶鞘处下折，致使叶片下垂；随后病株除顶叶外，所有叶片自下而上相继变褐、干枯；心叶延迟抽出或不能抽出。病害后期，整株枯死，形成一条枯秆，倒挂着干枯的叶子。部分病株可以看到假茎基部出现纵裂，先在假茎外围近地面处开裂，继而开裂向内扩展。严重发病时整株死亡，有些病株虽能继续生长并抽蕾，但果实发育不良、果梳少、果指小，无食用价值（见图 A.2）。

说明：
A——营养生长期发病症状；
B——挂果期发病症状。

图 A.2　香蕉感枯萎病外部症状

A.2.2 内部症状

横切病株球茎及假茎基部，中柱生长点和皮层薄壁组织间，出现黄色或红棕色的斑点，这是被病原菌侵染后坏死的维管束。这种变色也集中在髓部和外皮层之间，内皮层内面维管束形成一圈坏死。纵向剖开病株根茎，初发病的组织有黄红色病变的维管束，近茎基部，病变颜色很深，越向上病变颜色渐渐变淡。在根部木质导管上，常产生红棕色病变，一直延伸至根茎部；至后期，大部分根变黑褐色而干枯。病茎旁所生吸芽的导管也会受侵染，纵剖球茎，可以看到红棕色的维管束从母株延伸侵染的迹象。病害严重的植株，整个球茎内部明显地变为深红色及棕褐色，中柱和内层的叶鞘变褐色；剖开病组织，有一种特异而不是臭的气味。只有在其他微生物再次侵染后，才腐烂发臭（见图 A.3）。

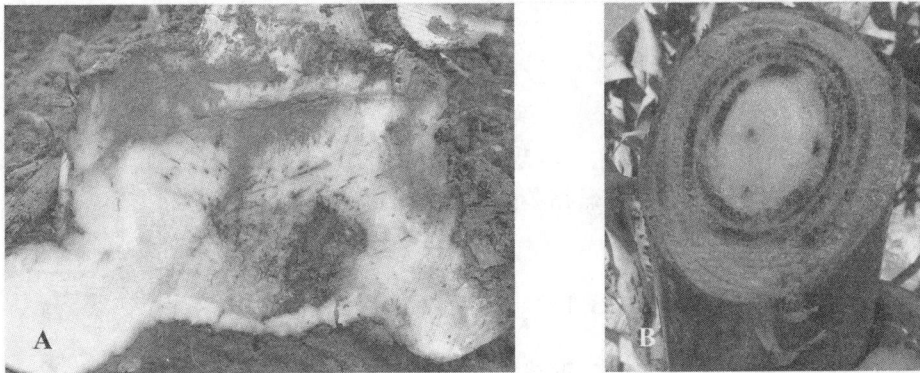

说明：

A——香蕉根部球茎感病症状；　　　　　　　　　　　　B——香蕉茎部维管束感病症状。

图 A.3　香蕉感枯萎病内部症状

A.3　分布地区

香蕉枯萎病是全球香蕉最重要的毁灭性土传病害之一。该病于 1874 年在澳大利亚发现，1940—1950 年在中南美洲的巴拿马等国家的香蕉暴发感染，使风靡世界的国际贸易香蕉品种大蜜哈（Gros Michel）退出历史舞台。菲律宾、澳大利亚、马来西亚以及非洲等地的香蕉也相继局部发生枯萎病。1970 年我国台湾发生香芽蕉的枯萎病，福建、广东和海南等地也因从台湾传入了强致病力的镰刀菌 4 号生理小种，蔓延十分迅速，造成我国香蕉产业的巨大经济损失。特别是海南的三亚、乐东、东方、昌江、文昌、澄迈、海口等市县香蕉种植区，广州的珠江三角洲，以及福建的漳浦等地。广西和云南随着种植面积的增加，枯萎病的发病面积也逐年增大。

附 录 B
（规范性附录）
香蕉枯萎病田间监测调查表

B.1 香蕉枯萎病田间监测调查表见表 B.1。

表 B.1 香蕉枯萎病田间监测调查表

填表时间：

蕉园地点	＿＿＿省（区、市）＿＿＿市（地、州、盟）＿＿＿县（区、市）＿＿＿镇＿＿＿村委会＿＿＿村（组）							
土壤类型	沙壤		黏壤				其他	
＊海拔高度		m	＊经度	° ′ ″		＊纬度		° ′ ″
种植地类型	水田面积		坡地面积			山地面积		
		hm²			hm²			hm²
品种			种苗来源			种苗类型		
种植面积		hm²	发病面积		hm²	监测点面积发生率		%
总株数		株	发病株数		株	病株率		%
发病严重程度	级		监测时间			年 月 日		
初次种蕉时间	年 月 日		初次发病时间			年 月 日		
灌溉方式	漫灌		喷灌		滴灌		其他	
	井水		湖泊水		水库水		其他	
种植历史说明								
香蕉其他病害发生情况								
监测人（签名）			联系方式					
＊ 表示可以不填。								

B.2 根据表 B.1 的监测结果，按表 B.2 的格式进行汇总整理。

表 B.2 香蕉枯萎病监测结果汇总表

地区	＿＿＿省（区、市）＿＿＿市（地、州、盟）＿＿＿县（区、市）					
	1	2	3	4	5	6
市/县/镇/乡						
香蕉种植面积，hm²						
发病面积，hm²						
发病后轮作面积，hm²						
发病后丢荒面积，hm²						
监测区面积发生率，%						
	品种1	品种2	品种3	品种4	品种5	品种6
种植品种						
来源						
发病率						
发病严重程度						
汇总日期	年 月 日	汇总人		联系方式		

附　录　C
（规范性附录）
香蕉假植杯苗监测调查表

香蕉假植杯苗监测调查见表 C.1。

表 C.1　香蕉假植杯苗监测调查表

监测单位（盖章）			
调查地点	省　　县（市、区）　　镇（街）　　村		
苗圃公司、单位名称		苗圃面积 hm²	
苗圃经度	°　′　″	苗圃纬度	°　′　″
品种名称			
数量，株			
抽查数量，株			
疑似病株数，株			
确诊病株数，株		水源	
培养土来源		种苗来源	
监测人（签名）		监测时间	
联系方式			
备注			

附　录　D
（规范性附录）
香蕉生物样本送检表

香蕉生物样本送检表见表 D.1。

表 D.1　香蕉生物样本送检表

送样（生产）单位（盖章）							
通讯地址						邮编	
送样人		电话		传真		E-mail	
标本编号		标本类型		样本数量			
采样人		采集时间		采集地点			
采集方式		采集场所			危害部位		
症状描述：							
发生与防控情况及原因：							
抽样方法、部位和抽样比例							
备注：							
检测单位（盖章）： 检测人（签名）： 年　月　日				生产/经营者 现场负责人 年　　月　　日			

注：本表一式两份，检测单位和送样（生产）单位各一份。

ICS 65.020
B 16

NY

中华人民共和国农业行业标准

NY/T 2818—2015

热带作物病虫害监测技术规程 红棕象甲

Technical specification for monitoring pest of tropical crop—
Red palm weevil

2015-10-09 发布

2015-12-01 实施

中华人民共和国农业部 发布

前　言

本标准按照 GB/T 1.1—2009 给出的规则起草。

本标准由中华人民共和国农业部提出。

本标准由农业部热带作物及制品标准化技术委员会归口。

本标准起草单位：中国热带农业科学院椰子研究所。

本标准主要起草人：覃伟权、阎伟、刘丽、黄山春、李朝绪。

热带作物病虫害监测技术规程　红棕象甲

1　范围

本标准规定了红棕象甲（*Rhynchophorus ferrugineus*）监测相关的术语和定义、基本信息及监测方法。

本标准适用于我国棕榈科植物种植区红棕象甲的发生和种群动态监测。

2　术语和定义

下列术语和定义适用于本文件。

2.1

监测　monitoring

长期固定连续不断监督测试工作，具体表现为通过一定的技术手段而摸清某种有害生物的发生区域、发生时期及发生数量等。

2.2

聚集信息素　aggregation pheromone

由昆虫释放或人工合成的，能引起同种其他个体聚集的信息化学物质。

2.3

诱芯　lure

含有昆虫聚集信息素的载体。

2.4

诱捕器　trap

用来引诱和捕杀昆虫的器具。

3　基本信息

红棕象甲的形态特征、生物学特性、发生及为害特点参见附录A。

4　监测方法

4.1　监测原理

根据昆虫对聚集信息素具有趋性的生物学特性，人工合成对红棕象甲成虫具有特异吸引的聚集信息素，并置于诱芯中。将诱芯置于诱捕器中，吸引成虫进入诱捕器。根据诱捕到的成虫数量，即可了解不同时间、空间的红棕象甲种群数量。

4.2　诱捕器构造

诱捕器由遮雨盖、集虫桶、漏斗等构成，与诱芯配合使用。诱捕器由耐用的聚乙烯制成，结构图见附录B。

4.3　聚集信息素活性成分

红棕象甲聚集信息素的主要成分为4-甲基-5-壬醇、4-甲基-5-壬酮和乙酸乙酯，能有效吸引成虫。聚集信息素由具有缓释功能的微胶囊和PVC微管组成的诱芯包裹密封，以控制聚集信息素的释放速率，正常情况下，释放速率为2 mg/d。

4.4　诱捕器放置

在棕榈园边缘或园内空旷地带的地面放置诱捕器,每 667 m² 放置 1 个。在集虫桶中加入清水,水面高度以集虫桶高度的 2/3 为宜。

4.5 诱捕器管理和数据记录

注意检查诱捕器集虫桶水面高度,清除其中杂物。诱芯每 90 d 更换一次。每 7 d 收集一次诱捕到的红棕象甲,记录虫口数量,记录表格见表 1。

表 1 红棕象甲诱捕结果记录表

监测地点:_____ 调查人:_____ 寄主植物:_____

检查日期	诱捕器编号/诱集数量(头)					
	1	2	3	4	5	合计
注:此表将作为监测的原始记录,请妥善保管。						

4.6 发生程度划分标准

红棕象甲的发生程度用诱虫数划分,分级标准见表 2,当发生程度达到中度时应采取防治措施。

表 2 红棕象甲发生为害程度分级标准

指标	级别		
	轻	中	重
每月诱虫量 头/诱捕器	<5	5~20	>20

附　录　A
（资料性附录）
红棕象甲的形态特征、发生及为害特点

A.1　红棕象甲形态特征

见图 A.1。

卵:乳白色,具光泽,长卵圆形,光滑无刻点,两端略窄。卵期 3 d~4 d。

幼虫:幼虫体表柔软,皱褶,无足,气门椭圆形,8 对。头部发达,突出,具刚毛。腹部末端扁平略凹陷,周缘具刚毛。初孵幼虫体乳白色,比卵略细长。老熟幼虫体黄白至黄褐色,略透明,可见体内一条黑色线位于背中线位置。头部坚硬,蜕裂线"Y"字形,两边分别具黄色斜纹。体大于头部,纺锤形,体长约 50 mm。

蛹:蛹为离蛹,长 20 mm~38 mm(有多处类似表述不规范),宽 9 mm~16 mm,长椭圆形,初为乳白色,后呈褐色。前胸背板中央具一条乳白色纵线,周缘具小刻点,粗糙。喙长达前足胫节,触角长达前足腿节,翅长达后足胫节。触角及复眼突出,小盾片明显。蛹外被一束寄主植物纤维构成的长椭圆形茧。

成虫:体长 19 mm~34 mm,宽 8 mm~15 mm,胸厚 5 mm~10 mm,喙长 6 mm~13 mm。身体红褐色,光亮或暗。体壁坚硬。喙和头部的长度约为体长的 1/3。口器咀嚼式,着生于喙前端。前胸前缘小,向后逐渐扩大,略呈椭圆形,前胸背板具两排黑斑,前排 2 个~7 个,中间一个较大,两侧较小,后排 3 个均较大,或无斑点。鞘翅短,边缘(尤其侧缘和基缘)和接缝黑色,有时鞘翅全部暗黑褐色。身体腹面黑红相间,腹部末端外露;各足腿节末端和胫节末端黑色,各足跗节黑褐色。触角柄节和索节黑褐色,棒节红褐色。成虫前胸前缘小向后缘逐渐宽大,略呈椭圆形,具两排黑斑,前排 3 个或 5 个,中间一个较大,两侧的较小,后排 3 个,均较大,有极少数虫体没有两排黑斑。

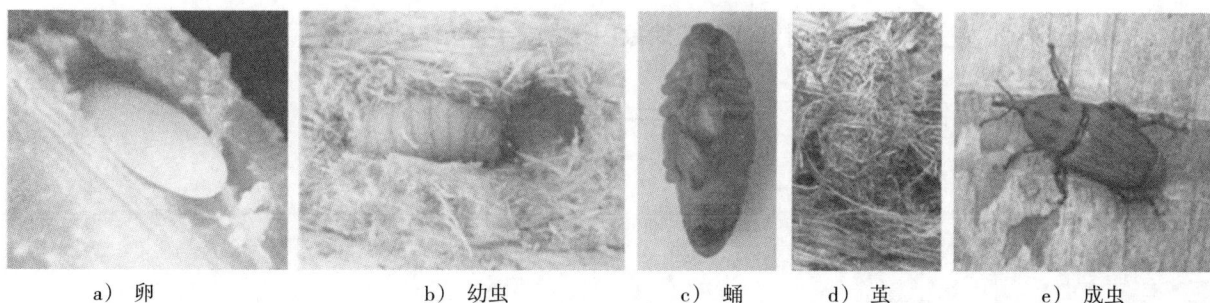

a) 卵　　　　b) 幼虫　　　　c) 蛹　　　　d) 茧　　　　e) 成虫

图 A.1　红棕象甲各虫态

A.2　红棕象甲发生为害特点

红棕象甲成虫和幼虫都能危害,尤以幼虫造成的损失最大。成虫一般产卵于棕榈植物的伤口或裂缝,卵孵化后,幼虫钻进树干内取食茎秆疏导组织,为害初期很难被发现,为害后期,心叶干枯,被害寄主叶片减少,被害叶的基部枯死,倒披下来;移开枯死的叶柄,能看到红棕象甲的茧,剥开表皮可看到幼虫钻蛀的坑道。受害严重的植株,心叶枯萎,生长点死亡,只剩下数片老叶,树干被蛀食中空,只剩下空壳。

红棕象甲在华南地区 1 年发生 2 代~3 代,时代重叠严重。第 1 代时间最短,100.5 d,第 3 代时间最长,127.8 d。幼虫 7 龄~9 龄,历期平均 55 d,蛹期平均 17 d~33 d,成虫寿命变化较大,雌虫平均 59.5 d,雄虫平均 83.6 d。全年有两个成虫高峰期,分别为 4 月~5 月和 7 月~8 月。

附　录　B

（规范性附录）

红棕象甲诱捕器结构图

红棕象甲诱捕器结构图见图 B.1。

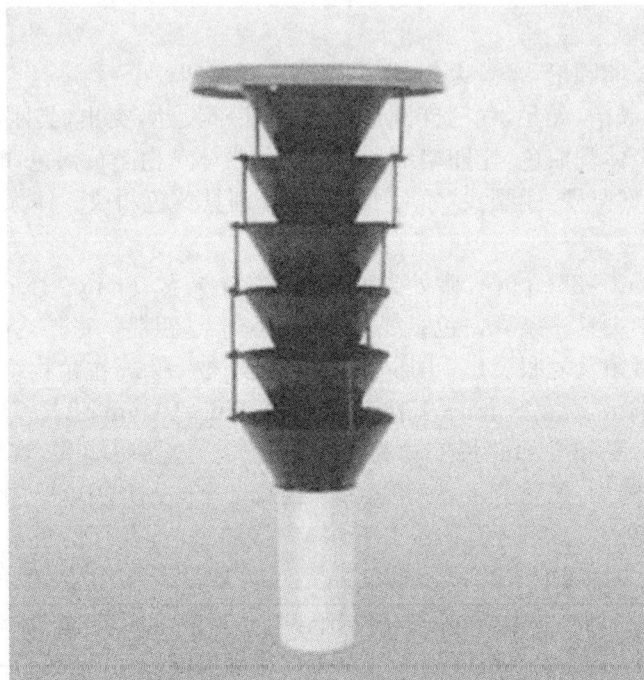

图 B.1　红棕象甲诱捕器结构图

ICS 65.020
B 16

NY

中华人民共和国农业行业标准

NY/T 2864—2015

葡萄溃疡病抗性鉴定技术规范

Technical specification for evaluation of grape resistance to grapevine dieback

2015-12-29 发布

2016-04-01 实施

中华人民共和国农业部 发布

前　言

本标准按照 GB/T 1.1—2009 给出的规则起草。

本标准由农业部种植业管理司提出。

本标准由全国果品标准化技术委员会(SAC/TC 510)归口。

本标准起草单位:北京市农林科学院。

本标准主要起草人:李兴红、燕继晔、张玮、严红、乔广行。

葡萄溃疡病抗性鉴定技术规范

1 范围

本标准规定了葡萄抗溃疡病（grapevine dieback）鉴定方法和评价方法。

本标准适用于葡萄（*Vitis* L.）抗溃疡病的室内鉴定及抗性评价。

2 规范性引用文件

下列文件对于本文件的应用是必不可少的。凡是注日期的引用文件，仅注日期的版本适用于本文件。凡是不注日期的引用文件，其最新版本（包括所有的修改单）适用于本文件。

GB/T 6682 分析实验室用水规格和试验方法

3 术语和定义

下列术语和定义适用于本文件。

3.1

葡萄溃疡病　grapevine dieback

由葡萄座腔菌科（Botryosphaeriaecae）真菌引起的葡萄真菌性病害。

注：病原菌危害果穗和枝条，果实在转色期表现症状，穗轴出现黑褐色病斑，向下发展引起果梗干枯致使果实腐烂脱落或干缩；危害枝条引起溃疡斑，有时病斑上着生许多黑色小点，严重时还可造成整个植株枯死。该病在我国主要由可可毛色二孢 *Lasiodiplodia theobromae* 和葡萄座腔菌 *Botryosphaeria dothidea* 引起。

3.2

分生孢子器

真菌的一种无性子实体，由菌丝体构成，近圆形，顶部有一小孔口，内壁生有许多短小的分生孢子梗，梗上长有分生孢子。

3.3

抗性评价　evaluation of resistance

根据采用的技术标准判别植物寄主对特定病虫害反应程度和抵抗水平的描述。

4 试剂与材料

除非另有说明，本规范所用试剂均为分析纯，水为 GB/T 6682 规定的三级水。

4.1 马铃薯葡萄糖琼脂（PDA）培养基

马铃薯 200 g，葡萄糖 20 g，琼脂 20 g。将马铃薯去皮、切成小块，用水煮沸 30 min，纱布过滤，加入葡萄糖和琼脂粉，滤液定容至 1 000 mL，121℃高压灭菌 20 min。

4.2 2%水琼脂培养基（WA）培养基

琼脂 20 g，用水定容至 1 000 mL，121℃高压灭菌 20 min。

5 仪器设备

5.1 恒温培养箱

温度范围：0℃～50℃，温度波动：±1℃。

5.2 光学显微镜

NY/T 2864—2015

目镜:10×;物镜:10×,40×。

5.3 超净工作台

洁净等级:100级 @≥0.5 μm,平均风速:0.25 m/s～0.6 m/s。

5.4 高压灭菌锅

温度范围:0℃～135℃,灭菌时间范围:4 min～120 min,最高工作压力:0.22 MPa～0.25 MPa。

5.5 干热灭菌箱

温度范围:室温+10℃～250℃,温度波动:±1℃。

6 接种体制备

6.1 病菌分离纯化、保存

6.1.1 病原菌分离培养

从葡萄枝干病斑边缘或者发病果梗、果粒的病健交界处剪取大小0.5 cm×0.5 cm的病组织3块～5块,用75%乙醇溶液消毒90 s,然后用灭菌的三级水冲洗3次,用灭菌滤纸将水吸干,置于直径为9 cm的PDA平板上,每个平板上放3块。上述操作在超净工作台上无菌条件下完成。恒温培养箱中(28±1)℃培养。

6.1.2 病原菌纯化

病菌分离物培养4 d以后,从生长的菌落边缘挑取少量菌丝转入新的PDA培养基上,10 d～15 d左右,菌落表面开始形成分生孢子器,将分生孢子器转移至75%乙醇溶液消毒处理的载玻片上,用解剖刀将分生孢子器破碎后转移至含有1 mL无菌水的1.5 mL离心管中,充分混匀后经2层擦镜纸过滤到一个新的1.5 mL离心管中,使用血球计数板计算孢子浓度,用灭菌水配成每毫升含$1×10^4$个孢子的悬浮液,吸取100 μL孢子悬浮液均匀涂布于2%的水琼脂培养基上,在超净工作台中吹干。(28±1)℃条件下培养至分生孢子萌发,在光学显微镜(物镜:10×,目镜:10×)下镜检,挑取萌发的单个分生孢子置于新的PDA培养基上,(28±1)℃恒温培养,并保存备用。如果分离菌未产生分生孢子,则在水琼脂培养基上培养1 d,挑取单菌丝。

注:所有试材均需灭菌。

6.1.3 病原菌保存

6.1.3.1 滤纸片保存

将剪至0.5 cm²大小的滤纸片、硫酸纸袋以及牛皮纸袋湿热灭菌2次(121℃,20 min)。将待保存菌株接种在PDA培养基上,周围摆放绿纸片,(28±1)℃恒温培养,至菌丝长过滤纸片、产生分生孢子器后,用镊子将滤纸片揭下,装入硫酸纸袋。在超净工作台中,将装有带菌滤纸片的硫酸纸袋装入牛皮纸袋,在超净工作台中吹干,密封于装有硅胶干燥剂的塑料包装容器中,在-20℃低温保存。

6.1.3.2 石蜡油保存

将石蜡油湿热灭菌2次,干热灭菌1次。制作PDA试管斜面,将待保存菌株接种至斜面,待长满斜面时将石蜡油加入试管中没过斜面约1 cm,常温保存。

6.2 病原菌鉴定

依据病原菌形态和部分基因序列对接种用的菌株进行鉴定。可可毛色二孢(*Lasiodiplodia theobromae*)鉴定方法参见附录A,葡萄座腔菌(*Botryosphaeria dothidea*)鉴定方法参见附录B。

6.3 接种体制备

将保存的菌株转接于PDA培养基上,(28±1)℃恒温培养箱中培养3 d,在菌落离培养皿边缘处用灭菌的5 mm打孔器打菌饼备用。

7 室内抗性鉴定

7.1 培养室

培养室要求可控温、控湿和光照调控,以满足接种后植株所需的发病条件。

7.2 对照品种

抗病葡萄品种为'峰后'和'美人指';感病葡萄品种为'红地球'和'玫瑰香';高感葡萄品种为'夏黑'和'维多利亚'等。

7.3 鉴定设计

鉴定材料随机排列或顺序排列,每个鉴定材料重复3次,每个重复设10个枝条。

7.4 接种材料

选取健康的半木质化葡萄新梢,枝条生长期间禁用化学农药,取新梢基部以上30 cm～35 cm包含4节～5节的梢段作为接种材料。

7.5 接种方法

采用刺伤接种方法,在距离新梢顶端15 cm处用5 mm经灭菌打孔器打孔,去除韧皮部,取6.3中制备的菌饼接种于打口处,用封口膜包扎保湿。

7.6 接种后的管理

用枝剪将接种后的新梢下端做马蹄形修剪,插入装有灭菌蛭石的营养钵中,放置于培养室中培养,光照25℃,黑暗18℃交替12 h,相对湿度80%以上,并保持蛭石湿润。

7.7 调查方法

接种后每天观测病害发生情况,在接种后第10 d测量病斑的长度和宽度。调查记录参见附录C。

8 抗性评价

8.1 鉴定有效性判别

分别选用抗病品种('峰后'、'美人指')、感病品种('红地球'、'玫瑰香')和高感品种('夏黑'、'维多利亚')为对照品种。当对照感病品种表现为感病时,该批次葡萄溃疡病抗病性鉴定视为有效。

8.2 统计分析方法

对调查所得的病斑长度和病斑宽度数据进行统计分析,用欧氏距离和离差平方方法对品种进行聚类、绘制聚类谱系图。

8.3 抗性划分

根据鉴定材料的病斑长度和病斑宽度,用聚类分析法将所有供试品种聚为三类,与对照抗病品种聚在一类的试验品种为抗病品种,与对照感病品种聚在一类的为感病品种,与对照高感品种聚在一类的为高感品种。

附 录 A

（资料性附录）

可可毛色二孢(*Lasiodiplodia theobromae*)鉴定方法

A.1 学名和形态学描述

A.1.1 学名

可可毛色二孢(*Lasiodiplodia theobromae*)

A.1.2 形态描述

在 PDA 培养基上具有灰棕色至黑色的致密气生菌丝。分生孢子器球型,聚生,深棕色,单腔,厚或者薄壁,壁由深棕色厚壁的角质化组织构成。分生孢子梗简化为产孢细胞,产孢细胞无色,光滑,圆柱状至近倒梨形。分生孢子长圆形,直,最初为无色、无隔,并保持很长一段时间,最终变为深棕色和具有不规则经向纹饰的单隔,顶部广圆,基部平截。分生孢子大小为(20～)24～28(～33) μm×(10～)12～15(～18) μm。

A.2 分子生物学鉴定

将待提 DNA 的葡萄溃疡病菌菌株置于 PDA 培养基上,28℃下,光暗交替培养 5 d,后用灭菌牙签刮取培养基表面菌丝,收集到灭菌的 1.5 mL 离心管中,采用 CTAB 法提取菌株基因组 DNA。以上述基因组 DNA 为模板,分别以引物对 ITS1/ITS4、Bt2a/Bt2b 和 EF1-728F/EF1-986R(序列见表 A.1)扩增 ITS、β-tubulin 和 EF1-α 基因。PCR 反应总体系为 25 μL,各组分如下:10×PCR reaction buffer 2.5 μL,10 mM dNTP 0.5 μL,正反引物(浓度为 10 mM)各 0.5 μL,1 U *Ex Taq* DNA 聚合酶 0.25 μL,模板 DNA 10 ng-20 ng,用 ddH$_2$O 补至 25 μL。ITS 和 β-tubulin 基因 PCR 的反应条件 致,为 94℃ 2 min 预变性;94℃变性 60 s,退火 58℃ 60 s,72℃ 90 s,35 个循环;72℃ 10 min。EF1-α 的扩增条件为 95℃ 3 min 预变性;95℃变性 30 s,退火 55℃ 30 s,72℃ 60 s,35 个循环;72℃ 10 min。

表 A.1 菌株鉴定所用引物序列

目标基因	引物名称	引物序列
ITS	ITS1	5′-TCCGTAGGTGAACCTGCGG-3′
	ITS4	5′-TCCTCCGCTTATTGATATGC-3′
β-tubulin	Bt2a	5′-GGTAACCAAATCGGTGCTGCTTTC-3′
	Bt2b	5′-ACCCTCAGTGTAGTGACCCTTGGC-3′
EF1-α	EF1-728F	5′-CATCGAGAAGTTCGAGAAGG-3′
	EF1-986R	5′-CATCGAGAAGTTCGAGAAGG-3′

扩增产物用浓度为 0.8% 的琼脂糖凝胶电泳并用凝胶成像仪观察,切胶回收目的基因扩增产物,片段连入 PMD18-T 载体,由公司进行序列测定,获得的序列在 NCBI 数据库中进行初步比对分析。

分别将同一菌株的 ITS,β-tubulin 和 EF1-α 基因序列整合后,以葡萄溃疡病菌的标准菌株序列作为参考,以 *Guignardia citricarpa* 为外围菌株进行多位点系统发育分析。整合好的序列首先用 Clustal W 软件进行比对,然后利用 BioEdit(V 7.0.8)软件对序列进行人工调整。在 PAUP(V4.0)软件中,利用最大简约法进行遗传发育分析,构建遗传进化树,明确接种菌株分类地位。

附　录　B

（资料性附录）

葡萄座腔菌（*Botryosphaeria dothidea*）鉴定方法

B.1　学名和形态学描述

B.1.1　学名

葡萄座腔菌（*Botryosphaeria dothidea*）。

B.1.2　形态描述

无性型：在 PDA 上最初产生白色的气生菌丝，随后菌丝颜色逐渐变为灰色到深灰色。培养 4 d 左右，从中心开始变为墨绿色到橄榄绿色，直到黑色。分生孢子器多腔。分生孢子无色、无隔、薄壁，纺锤形至纺锤—椭圆形，顶点微钝，基部平截，边缘具有褶形纹饰，分生孢子颜色不随菌龄增长而变深，也不产生隔膜，极少能观察到小孢子。分生孢子大小为（18～）21～28.5（～30）μm×（3.5～）4～4.5（～6）μm。

有性型：子囊座单腔，外表像子囊壳，初期通常是成簇地埋在一个暗色垫状的子座内，后期渐渐地突出于子座而呈葡萄状，丛生在子座上。子座半埋在基物内或外生。子囊之间有假侧丝。子囊孢子单细胞，无色，椭圆形。

B.2　分子生物学鉴定

将待提 DNA 的葡萄溃疡病菌菌株置于 PDA 培养基上，28℃下，光暗交替培养 5 d，后用灭菌牙签刮取培养基表面菌丝，收集到灭菌的 1.5 mL 离心管中，采用 CTAB 法提取菌株基因组 DNA。以上述基因组 DNA 为模板，分别以引物对 ITS1/ITS4、Bt2a/Bt2b 和 EF1-728F/EF1-986R 扩增 ITS、β-tubulin 和 EF1-α 基因。PCR 反应总体系为 25 μL，各组分如下：10×PCR reaction buffer 2.5 μL，10 mM dNTP 0.5 μL，正反引物（浓度为 10 mM）各 0.5 μL，1 U *Ex Taq* DNA 聚合酶（TaKaRa,Japan）0.25 μL，模板 DNA 10 ng～20 ng，用 ddH$_2$O 补至 25 μL。ITS 和 β-tubulin 基因 PCR 的反应条件一致，为 94℃ 2 min 预变性；94℃变性 60 s，退火 58℃ 60 s，72℃ 90 s，35 个循环；72℃ 10 min。EF1-α 的扩增条件为 95℃ 3 min 预变性；95℃变性 30 s，退火 55℃ 30 s，72℃ 60 s，35 个循环；72℃ 10 min。

扩增产物用浓度为 0.8% 的琼脂糖凝胶电泳并用成像仪观察，切胶回收目的基因扩增产物，用琼脂糖回收试剂盒回收，片段连入 PMD18-T 载体，进行序列测定，获得的序列在 NCBI 数据库中进行初步比对分析。

分别将同一菌株的 ITS、β-tubulin 和 EF1-α 基因序列整合后，以葡萄溃疡病菌的标准菌株序列作为参考，以 Guignardia citricarpa 为外围菌株进行多位点系统发育分析。整合好的序列首先用 Clustal W 软件进行比对，然后利用 BioEdit（V 7.0.8）软件对序列进行人工调整。在 PAUP（V4.0）软件中，利用最大简约法进行遗传发育分析，构建遗传进化树，明确接种菌株分类地位。

附　录　C
（资料性附录）
葡萄溃疡病鉴定结果记载表

葡萄溃疡病鉴定结果记载表见表C.1。

表 C.1　葡萄溃疡病鉴定结果记载表

编号	品种名称	来源	调查因素		抗性评价
			病斑长度 cm	病斑宽度 cm	

　　1. 接种日期：
　　2. 调查日期：
　　3. 接种病原菌菌株编号：

鉴定技术负责人(签字)：

ICS 65.020
B 15

NY

中华人民共和国农业行业标准

NY/T 2865—2015

瓜类果斑病监测规范

Guidelines for surveillance of bacterial fruit blotch of cucurbits

2015-12-29 发布

2016-04-01 实施

中华人民共和国农业部 发布

前　言

本标准按照 GB/T 1.1—2009 给出的规则起草。

本标准由农业部种植业管理司提出。

本标准由全国植物检疫标准化技术委员会(SAC/TC 271)归口。

本标准起草单位:全国农业技术推广服务中心、甘肃省植保植检站。

本标准主要起草人:李潇楠、姜红霞、冯晓东、陈臻、朱莉、秦萌。

瓜类果斑病监测规范

1 范围

本标准规定了瓜类果斑病（Bacterial fruit blotch of cucurbits）的监测时期、监测区域、监测方法等。
本标准适用于全国范围内瓜类果斑病的监测。

2 规范性引用文件

下列文件对于本文件的应用是必不可少的。凡是注日期的引用文件，仅注日期的版本适用于本文件。凡是不注日期的引用文件，其最新版本（包括所有的修改单）适用于本文件。

SN/T 1465 西瓜细菌性果斑病菌检疫鉴定方法

中华人民共和国农业部令〔2010〕第 4 号 农业植物疫情报告与发布管理办法

3 原理

瓜类果斑病由瓜类果斑病菌引起，属原核生物界的薄壁菌门，假单胞菌科，噬酸菌属。

学名：*Acidovorax citrulli*（Schaad et al.）Schaad et al.，2008

瓜类果斑病菌可以侵染多种葫芦科作物，除西瓜（*Citrullus lanatus*）外，还能侵染甜瓜（*Cucumis melo*）、厚皮甜瓜（*Cucumis melo* var. *cantalupensis*，包括哈密瓜、伽师瓜）、南瓜（*Cucurbita moschata*）、黄瓜（*Cucumis sativus*）、西葫芦（*Cucurbita pepo*）和苦瓜（*Momordica charantia*）等。

瓜类果斑病菌寄主植物、发生规律和典型症状（参见附录 A）等是瓜类果斑病监测的重要依据。

4 监测

4.1 监测准备

收集当地瓜类果斑病的发生历史和现状，寄主植物的种植与繁育及种子种苗调入情况等相关资料，制订监测计划。

4.2 监测工具

剪刀、镊子、取样袋、记录笔、标签纸、记录表、消毒液、手套、鞋套及快速检测试纸条等。

4.3 监测作物

重点监测西瓜、甜瓜、籽瓜、黄瓜、南瓜、西葫芦等葫芦科植物。

4.4 监测时期

监测时期为寄主植物整个生育期，以苗期和果实成熟期为重点，可根据本地气候特点和寄主植物生育期确定具体调查时间。

4.5 监测区域

4.5.1 未发生区

监测是否传入瓜类果斑病。重点监测瓜类种苗繁育基地、从疫情发生区调入瓜类种苗及产品的地区、境外瓜类引种种植区等疫情发生高风险区域。

4.5.2 发生区

监测瓜类果斑病发生动态和扩散趋势。重点监测瓜类种苗繁育基地、有瓜类果斑病发生历史的地块及其周边地区。

4.6 监测方法

4.6.1 苗圃监测

对苗圃进行全覆盖调查,苗期要逐圃、逐株调查1次。

4.6.2 生产田监测

4.6.2.1 未发生区

4.6.2.1.1 访问调查

向农技人员、瓜农、种苗经销商等询问当地瓜类种植规模、病害发生情况、瓜类种苗主要来源,查阅相关文献和技术报告等,初步了解疫情可能发生的地点、时间及为害情况。

4.6.2.1.2 踏查

对访问调查过程中发现的可疑发生区和其他有代表性的瓜类作物种植区,在生长期进行踏查2次～3次,观察田间有无瓜类果斑病发病症状。调查面积应占种植面积的20%以上。

4.6.2.1.3 定点调查

在访问调查和踏查过程中,发现可疑疫情需进行定点调查。采用5点取样法,每点随机调查10株,统计发病株率和病果率,填写瓜类果斑病调查监测记录表(见附录B)。

4.6.2.2 发生区

4.6.2.2.1 发生范围监测

采取访问调查和踏查方法(具体方法见4.6.2.1.1和4.6.2.1.2),监测发生区的范围变化。

4.6.2.2.2 发生动态监测

在瓜类果斑病发生地块以及周边地区采取定点调查法,每县(市、区)设立10个以上调查点,每点随机调查10株,统计发病株率和病果率,每7天调查1次,整个生育期调查不少于4次。

5 疫情诊断

田间检查寄主植物是否具有瓜类果斑病典型症状。采集具有典型症状样本,利用快速免疫检测试纸条对疑似症状样本进行快速鉴定,检测阳性样品,带回实验室按照SN/T 1465的要求进行鉴定。样品标签需记录采集时间、地点、采集人、发病症状及发病面积等必要信息,同时附田间症状照片。

6 监测报告

植物检疫机构对监测结果进行整理汇总形成监测报告,并按照中华人民共和国农业部令〔2010〕第4号及相关规定报送疫情信息。

7 除害处理

检验过程中使用的有关材料和用具,在使用完毕后须进行消毒和除害处理。经检疫鉴定后的种子样品应保存在4℃冰箱内,叶片和果实样品应保存在-20℃以下或冻干保存3个月备查,保存期满后,进行灭活处理。

附 录 A

（资料性附录）

瓜类果斑病典型症状

瓜类果斑病菌可侵染寄主植物的子叶、真叶和果实，引起叶枯和瓜腐，叶柄和根部通常不受此病菌侵染。

A.1 西瓜染病症状

见图 A.1。

幼苗感病，子叶的叶尖和叶缘先发病，出现水浸状小斑点，并逐渐向子叶基部扩展形成条形或不规则形暗绿色状病斑，后期转为褐色，下陷干枯，形成不明显的褐色小斑，周围有黄色晕圈，病斑通常沿叶脉发展。条件适宜时，子叶病斑可扩展到嫩茎，引起茎基部腐烂，使整株幼苗坏死。种子带菌的瓜苗在发病后1周～3周即死亡。植株生长中期，叶片病斑多为浅褐色至深褐色，圆形至多角形，周围有黄色晕圈，沿叶脉分布，后期病斑中间变薄，病斑干枯，严重时多个病斑连在一起。有时病原菌自叶片边缘侵入，可形成"V"字形病斑，通常不导致落叶。果实首先在表面出现水渍状斑点，初期较小，直径仅为几毫米，随后迅速扩展，形成边缘不规则的深绿色水浸状病斑。几天内，这些坏死病斑便可扩展覆盖整个果实表面，初期这些坏死病斑不延伸至果肉中，后期受损中心部变成褐色并开裂，果实上常见到白色的细菌分泌物或渗出物并伴随着其他杂菌浸染，最终整个果实腐烂，严重影响果实产量。籽用西瓜果实受害初期为水渍状斑点，随着病程发展，病斑凹陷木栓化并开裂，通常无水渍状症状，发病中后期可导致内部果肉坏死。

A.2 甜瓜染病症状

见图 A.2。

子叶发病时病斑暗褐色，沿主脉逐渐发展为黑褐色坏死斑。真叶上病斑呈圆形或多角形，暗褐色，周围有黄色晕圈，通常沿叶脉发展。田间湿度大时病斑背面可溢出白色菌脓，叶基沿叶脉可见水浸状斑点。叶片上的症状与黄瓜细菌性角斑病在黄瓜叶片上的症状基本相似，但叶脉也可侵染，并沿叶脉蔓延，形成深褐色水浸状病斑，在高湿条件下可见乳白色菌脓。果实上症状随品种不同而异，有的品种形成深褐色或墨绿色小斑点，有的品种具水浸状晕圈，斑点通常不扩大；有的品种病菌侵入果肉组织造成水浸状、褐腐或木栓化；有的品种病斑仅局限于表皮，中后期条件适宜可造成果肉腐烂。

图 A.1　西瓜染病症状

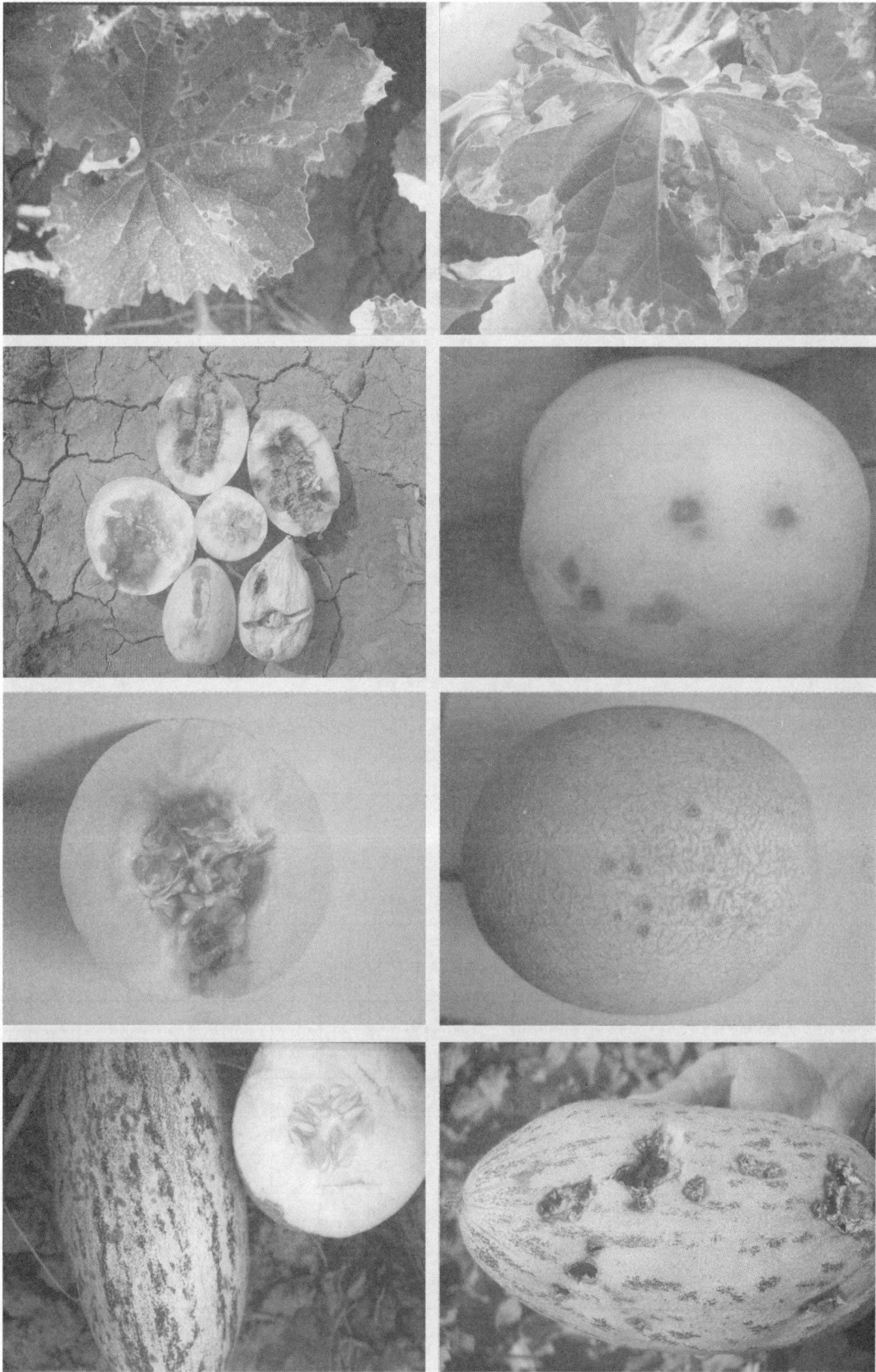

图 A.2　甜瓜染病症状

附　录　B
（规范性附录）
瓜类果斑病调查监测记录表

瓜类果斑病调查监测记录表见表 B.1。

表 B.1　瓜类果斑病调查监测记录表

调查单位(盖章):　　　　　　　　　　　　　　　　　　　　　　　　　　　调查人:

调查地点:　　县　　乡(镇)										调查时间:					
作物名称:			生育期:							栽培方式:					
种植面积,亩:			调查面积,亩:							种苗来源:					

疑似症状/危害状:

	调查地点			村					村					村	
	调查地块	1	2	3	4	5	1	2	3	4	5	1	2	3	4	5
田	调查面积,亩															
间	发生面积,亩															
调	调查株数,株															
查	发病株数,株															
	病株率,%															
	病果率,%															

备注:

ICS 65.020
B 16

NY

中华人民共和国农业行业标准

NY/T 2867—2015

西花蓟马鉴定技术规范

Technical specification for *Frankliniella occidentalis*（Pergande）identification

2015-12-29 发布

2016-04-01 实施

中华人民共和国农业部 发布

前　言

本标准按照 GB/T 1.1—2009 给出的规则起草。

本标准由农业部种植业管理司提出并归口。

请注意本文件的某些内容可能涉及专利，本文件的发布机构不承担识别这些专利的责任。

本标准起草单位：农业部花卉产品质量监督检验测试中心（昆明）、云南集创园艺科技有限公司、云南省农业科学院花卉研究所、国家观赏园艺工程技术研究中心、云南省花卉育种重点实验室、云南农业大学植物保护学院、云南出入境检验检疫局检验检疫技术中心。

本标准主要起草人：张丽芳、瞿素萍、王继华、张艺萍、张宏瑞、吴学尉、刘忠善、杨秀梅、彭绿春、王丽花、苏艳、桂敏。

西花蓟马鉴定技术规范

1 范围

本标准以西花蓟马 *Frankliniella occidentalis*(Pergande)成虫的形态特征为鉴定依据,规定了原理,仪器、用具和试剂,取样,实验室鉴定,结果判定等鉴定程序与要求。

本标准适用于花卉、蔬菜等作物上西花蓟马的鉴定。

2 规范性引用文件

下列文件对于本文件的应用是必不可少的。凡是注日期的引用文件,仅注日期的版本适用于本文件。凡是不注日期的引用文件,其最新版本(包括所有的修改单)适用于本文件。

GB 15569—2009 农业植物调运检疫规程

SN/T 2084—2008 西花蓟马检疫鉴定方法

3 术语和定义

SN/T 2084—2008 界定的以及下列术语和定义适用于本文件。

3.1

叉状感觉锥 forked sense cones

位于触角第Ⅲ、Ⅳ节上,呈叉状的感觉器官。

[SN/T 2084—2008,定义2.2]

3.2

单眼间鬃 interocellar setae

单眼外缘连线上的眼鬃。

3.3

复眼后鬃 postocular setae

复眼后与单眼间鬃几乎等长的一对眼鬃。

3.4

钟形感觉孔 campaniform sensillae

位于中后胸背片中部的一对小孔。

[SN/T 2084—2008,定义2.3]

4 原理

西花蓟马为缨翅目(Thysanoptera)、蓟马科(Thripidae)、花蓟马属(*Frankliniella*)的过渐变态昆虫,主要以产卵、直接取食和传播病毒三种方式危害寄主植物,其寄主植物、分布及危害参见附录A。本标准以西花蓟马的形态特征、生物学特性及危害症状作为制定鉴定方法的依据,鉴定原理是通过显微镜观察卵、若虫、成虫等的形态特征,并依据成虫形态特征进行鉴定。

5 仪器、用具和试剂

5.1 仪器与用具

5.1.1 体视显微镜、光照培养箱、生物显微镜、电热鼓风干燥箱。

5.1.2 白瓷盘、采集布、小毛笔、采集瓶、标签纸、载玻片、解剖针、盖玻片等。

5.2 试剂

无水乙醇,30％、50％、70％、80％、85％、90％与95％的乙醇溶液(用蒸馏水配制),5％氢氧化钠(NaOH),蒸馏水,丁香油,中性树胶。

6 取样

6.1 产品取样

按 GB 15569—2009 中7.1的规定执行,所取产品或样品用封口样品袋带回实验室。在取样过程中,注意用肉眼或手持放大镜查看植株与叶片上是否出现白色斑点、条斑、叶片卷曲甚至新梢或叶尖萎蔫、坏死,花苞或花朵上花瓣变形或出现污点,果实畸形或表面产生疤痕与斑点等症状,如有疑似危害症状,则分类装入样品袋内封口带回。

6.2 直接采集成虫

使用拍打法采集标本,将白瓷盘或白色采集布置于植株中上部下方,用木棍或手轻轻拍打植株花朵或幼嫩部分,用小毛笔蘸取 70％乙醇溶液,直接收集落在白瓷盘或白色采集布上的蓟马成虫,并保存于盛有70％乙醇溶液的采集瓶内,盖上瓶盖,贴上标签,注明采集时间、地点、寄主植物和采集人等。

7 实验室鉴定

7.1 样品处理

将带回的产品或样品按6.2的方法采集与保存成虫。若未收集到成虫,则仔细检查带回的样品上是否有卵或若虫,必要时借助体视显微镜检查,并将植株插于盛装适量水的容器内,放入(22±2)℃、光强为 2 000 lx~2 500 lx、光照时长为 10 h/d~12 h/d 的光照培养箱内,3 d~4 d 后检查是否有若虫和成虫,发现成虫则按6.2的方法采集与保存成虫。

7.2 成虫标本制备

7.2.1 预处理

将6.2采集与保存的成虫从70％乙醇溶液中挑出,浸入5％NaOH溶液中,20℃~25℃室温下浸泡4h~10h后,从氢氧化钠溶液中挑出,置于蒸馏水中,浸泡 5 h~10 h,使其体内物质自然排出。

7.2.2 脱水

将经7.2.1预处理的成虫依次置于30％、50％、70％、80％、85％、90％与95％乙醇溶液与无水乙醇中逐级脱水,每个浓度乙醇浸泡(20±2)min,其中无水乙醇脱水两次,然后将标本移入丁香油中浸泡 10 min~30 min。

7.2.3 封盖

载玻片中央预先滴上1滴中性树胶,将成虫移入树胶,用解剖针对翅、触角及足等进行整姿后,盖上盖玻片。若有气泡产生时,可用酒精灯稍微加热以驱除气泡。

7.2.4 干燥及保存

在载玻片上贴上标签,标签内容包括寄主植物、采集地点、采集时间、采集人、鉴定人等,置入45℃~50℃电热鼓风干燥箱内烘2周~3周,移入标本盒中保存。

7.3 鉴定特征

7.3.1 花蓟马属

花蓟马属:触角8节。前胸背板前缘角及前缘各有1对长鬃,前缘角鬃长于前缘长鬃,后缘角有2对长鬃。腹部末段:雄性端部圆形,雌性为圆锥性,腹面纵裂;雌虫产卵器呈锯状,由4片组成。雄虫体略小,体色较淡,腹部腹片没有附属鬃,一般第Ⅲ节~第Ⅶ节腹片具腹腺域。蓟马科分属检索表见附录B。

7.3.2　西花蓟马

7.3.2.1　成虫

花蓟马属分种检索表及西花蓟马形态特征见附录 C、附录 D。

a)　雌虫：体长 1.2 mm～1.3 mm。体黄色至深褐色，头及胸部色略淡。触角第Ⅲ节～第Ⅴ节黄色，端部棕色，其余各节淡棕色。腹部各节前缘线深棕色。

b)　头短于前胸，两颊后部略收窄。单眼间鬃着生于前、后单眼外缘连线上，复眼后鬃长，最长的鬃几与单眼间鬃等长。触角 8 节，第Ⅲ节和第Ⅳ节具叉状感觉锥。

c)　前胸前缘角鬃长于前缘长鬃，后缘角具 2 对长鬃，后缘鬃 4 对。中胸盾片密布横线纹，后胸盾片前缘具 4 根长鬃，中央具长形网状线纹，后方有 1 对钟形感觉孔。前翅前脉鬃 22 根，后脉鬃 18 根，均等距排列。

d)　腹部第Ⅷ节背片后缘梳完整，两侧梳毛较长，中央则较短。

e)　雄虫与雌虫形态相似，唯体形较小，体色淡。腹部第Ⅲ节～第Ⅶ节腹片上有长椭圆形腹腺域。

7.3.2.2　若虫

一龄若虫一般无色透明，虫体包括头、3 个胸节、11 个腹节；在胸部有 3 对结构相似的胸足，没有翅芽。二龄若虫金黄色，形态与一龄若虫相近。

7.3.2.3　前蛹

虫体黄色，触角直立于头部的前方，发育尚不完全，有翅芽和发育完好的胸足，翅芽短于腹部的1/2。

7.3.2.4　蛹

黄色，触角向头的后方弯曲，翅芽长于腹部的 1/2。

7.3.2.5　卵

不透明，肾形，长约 200 μm。

8　结果判定

用体视显微镜与生物显微镜观察成虫标本的形态特征，符合 7.3.2.1 鉴定特征的成虫可判定为西花蓟马。

附 录 A
(资料性附录)
西花蓟马寄主植物、分布及危害

A.1 寄主

西花蓟马的寄主主要是花卉、蔬菜及一些果树。已记载的寄主有 50 科 500 多种植物,包括玫瑰、菊花、香石竹、唐菖蒲、番茄、辣椒、茄子、甜菜、豌豆、胡萝卜、棉花、洋葱、菜豆、葫芦科作物、杏、桃、洋桃、葡萄、草莓、李等。

A.2 分布

加拿大、美国、墨西哥、哥斯达黎加、危地马拉、哥伦比亚、委内瑞拉、秘鲁、阿根廷、智利、澳大利亚、新西兰、日本、朝鲜、塞浦路斯、以色列、肯尼亚、留尼汪、南非、津巴布韦、奥地利、比利时、保加利亚、克罗地亚、捷克、丹麦、芬兰、法国、德国、希腊、匈牙利、爱尔兰、意大利、荷兰、挪威、波兰、葡萄牙、罗马尼亚、俄罗斯、西班牙、瑞典、瑞士、土耳其、英国、新西兰等地均有分布,我国大陆于 2003 年在北京大棚辣椒上首次发现,现我国云南、浙江、山东均有报道。

A.3 危害

西花蓟马对植物的为害方式主要有 3 种。一是产卵时在植物表面形成伤口,容易引起病菌感染;二是直接取食消耗植株营养,西花蓟马在植株上取食后,往往造成植株出现白色斑点、条斑、叶片卷曲、新梢或者叶尖萎蔫、坏死等症状,严重影响植株的正常生长,在花卉上为害时常造成花芽不能正常萌发、花瓣变形和花瓣上出现污点等,严重影响花卉的外观品质,取食苹果、桃、梨等水果后,会形成畸形或是表面产生疤痕及斑点;三是传播病毒,如目前已发现西花蓟马能传播多种植物病毒,最重要的是嵌纹斑点病毒(INSV)和番茄斑点萎蔫病毒(TSWV)等病毒。

附 录 B
（规范性附录）
蓟马科分属检索表

1. 腹部背板两侧无微弯梳，腹部背板和腹板有多边形网纹 ·· 2
   腹部背板两侧有微弯梳，腹部背板部背板和腹板无多边形网纹 ··· 3
2. 前翅前脉鬃有大的间断 ·· 毛蓟马属 Ayyaria
   前翅上脉鬃完整 ·· 梳蓟马属 Ctenothrips
3. 前胸后缘鬃第一对较短，后胸盾片中部有刻纹·· 花蓟马属 Frankliniella
   前胸后缘无长鬃，后胸盾片中部较光滑 ·· 拟斑蓟马属 Parabaliothrips

附　录　C
（规范性附录）
花蓟马属中国已知种检索表

1. 触角节Ⅲ基部有明显的杯状结构 ····················· 首花蓟马 *Frankliniella cephalica*
   触角节Ⅲ基部无杯状结构 ·· 2
2. 腹节Ⅷ背板后缘梳退化或无，或者仅两侧呈现 ······························· 3
   腹节Ⅷ背板后缘梳规则 ··· 7
3. 单眼间鬃位于两后单眼前缘连线上 ··················· 梳缺花蓟马 *Frankliniella schultzei*
   单眼间鬃位于前后单眼外缘连线附近 ·································· 4
4. 触角节Ⅰ～Ⅴ较短圆 ··· 5
   触角节Ⅰ～Ⅴ较细长，前胸背板后缘鬃5对 ··························· 6
5. 前胸背板后缘鬃2对 ····························· 菱笋花蓟马 *Frankliniella zizaniophila*
   前胸背板后缘鬃5对 ····························· 百合花蓟马 *Frankliniella lilivora*
6. 腹节Ⅷ后缘梳退化，仅存痕迹，CPS缺 ··················· 禾蓟马 *Franklininella tenuicornis*
   腹节Ⅷ后缘仅两侧有少量梳毛，中间无，CPS呈现 ··········· 美东花蓟马 *Frankliniella tritici*
7. 腹板节Ⅱ中部有1根～2根长的附属鬃 ··················· 威氏花蓟马 *Frankliniella williamsi*
   腹板无附属鬃 ·· 8
8. 眼后鬃Ⅳ与单眼间鬃基本等长 ··················· 西花蓟马 *Frankliniella occidentalis*
   眼后鬃Ⅳ明显短于单眼间鬃 ·· 9
9. 体通常棕色，CPS缺 ····························· 花蓟马 *Frankliniella intonsa*
   体黄色，CPS呈现 ····························· 灰白花蓟马 *Frankliniella pallida*

附 录 D
（规范性附录）
西花蓟马成虫形态特征

D.1 西花蓟马成虫形态

见图 D.1。

右侧标注（从上到下）：头部、胸部、腹部

图 **D.1** 西花蓟马成虫形态

D.2 西花蓟马成虫不同部位形态

见图 D.2。

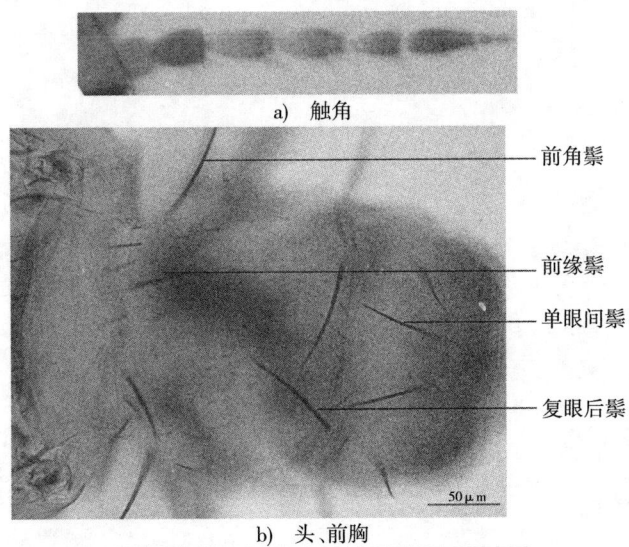

a) 触角

右侧标注（从上到下）：前角鬃、前缘鬃、单眼间鬃、复眼后鬃

b) 头、前胸

c) 右翅

d) 后胸背盾板

e) 腹部第 8 背板～第 10 背板

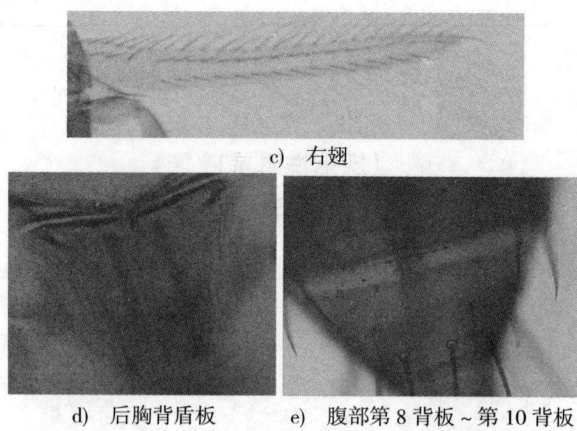

图 D.2　西花蓟马成虫不同部位形态

ICS 65.100
B 92

NY

中华人民共和国农业行业标准

NY/T 2873—2015

农药内分泌干扰作用评价方法

Evaluation method of pesticide endocrine disrupting effects

2015-12-29 发布

2016-04-01 实施

中华人民共和国农业部 发布

前　言

本标准按照 GB/T 1.1—2009 给出的规则起草。

本标准由农业部种植业管理司提出并归口。

本标准起草单位:农业部农药检定所、国家食品安全风险评估中心。

本标准主要起草人:陶传江、李宁、宋雁、陶岭梅、张丽英、李敏、刘然、孟宇晰、闫艺舟、张文众、谭彦君、刘兆平、贾旭东、毛伟峰、方瑾、叶纪明。

农药内分泌干扰作用评价方法

1 范围

本标准规定了内分泌干扰作用的基本试验方法和技术要求。

本标准适用于评价农药的内分泌干扰作用。

2 规范性引用文件

下列文件对于本文件的应用是必不可少的。凡是注日期的引用文件,仅注日期的版本适用于本文件。凡是不注日期的引用文件,其最新版本(包括所有的修改单)适用于本文件。

GB 5749 生活饮用水卫生标准

GB 14922.1 实验动物 寄生虫学等级及监测

GB 14922.2 实验动物 微生物学等级与监测

GB 14923 实验动物 哺乳类实验动物的遗传质量控制

GB 14924.1 实验动物 配合饲料通用质量标准

GB 14924.2 实验动物 配合饲料卫生标准

GB 14924.3 实验动物 配合饲料营养成分

GB 14925 实验动物 环境及设施

3 术语和定义

下列术语和定义适用于本文件。

3.1

农药 pesticide

用于预防、消灭或者控制危害农业、林业的病、虫、草和其他有害生物以及有目的地调节植物、昆虫生长的化学合成或者来源于生物、其他天然物质的一种物质或者几种物质的混合物及其制剂。

3.2

受试物 test substances

被测试的单一化学品或混合物。

3.3

内分泌干扰物 endocrine disrupter

可改变生物或其后代、或(亚)群体内分泌系统功能进而引起不良健康效应的外源性物质。

4 试验目的和程序

本方法用于检测和评价农药是否具有内分泌干扰作用,包括一阶段体外和体内试验、二阶段体内验证试验。一阶段体外试验包括雌激素受体转录激活试验(用于筛选类雌激素活性物质)和体外类固醇合成试验(用于筛查干扰类固醇合成的物质等)。一阶段体内试验包括子宫增重试验(用于筛选类雌激素或抗雌激素活性作用的物质)、Hershberger 试验(用于筛选类雄激素或抗雄激素效应以及抗甲状腺激素作用物质)、青春期雌性大鼠试验(可用于筛选类雌激素、抗雌激素或抗甲状腺激素作用的物质)和青春期雄性大鼠试验(可用于筛选类雄激素、抗雄激素或抗甲状腺激素作用的物质)。对于适合一阶段体外方法的受试物,首先经过一阶段体外试验筛选后进入一阶段体内试验,不适合进行一阶段体外筛选的受试物则直接采用一阶段体内试验进行筛选。如一阶段体内试验筛选显示阳性结果,则需对受试物进一步开展二阶段体内验证试验。二阶段体内验证试验是通过一代生殖毒性扩展试验,验证具有(抗)雌激素、(抗)雄激素和抗甲状腺激素的物质,明确受试物对内分泌系统的潜在危害及靶点。

5 试验方法

5.1 一阶段体外试验

5.1.1 雌激素受体转录激活试验

5.1.1.1 原理

本试验是利用报告基因技术,以细胞为模型来检测雌激素受体和配体的结合能力。受体与配体结合后,受体—配体螯合物转移至细胞核,与特定的 DNA 响应元件结合,并转录激活一个荧光素酶报告基因,引起荧光素酶表达增加。荧光素是一种酶作用底物,在荧光素酶的作用下,可被转化为一种生物荧光产物,利用光度计或酶标仪可对其进行定量测定。

5.1.1.2 试验步骤

5.1.1.2.1 细胞株

采用稳定转染人类雌激素 α 受体基因的 hERα - Hela 细胞株,试验正式开始前应对该细胞株的有效性进行判定。

5.1.1.2.2 细胞培养

采用无酚红的 Eagle's Minimum Essential Medium(EMEM),加入 60 mg/L 的卡那霉素、10% 胎牛血清(胎牛血清经右旋糖苷包裹的木炭处理去除雌激素活性物质,dextran-coated-charcoal-treated fetal bovine serum,DCC - FBS),将细胞置于细胞培养箱培养[5% CO_2,(37±1)℃]。当细胞覆盖率达到 75%~90% 时,可进行传代培养,一般在 100 mm 细胞培养皿中加 10 mL 细胞液,每毫升细胞液中有 $0.4×10^5$~$1×10^5$ 个细胞。用 10% FBS - EMEM(或加有 DCC - FBS 的 EMEM)将细胞悬浮,然后将其移入 96 孔细胞培养板中(即铺板),每孔加入 100 μL 细胞悬浮(含 $1×10^4$ 个细胞)。之后,将细胞放入 5% CO_2 培养箱中(37±1)℃培养 3 h,然后开始细胞染毒。试验所用塑料器皿不能被雌激素活性物质污染。

为了保持试验的完整性,试验所用细胞复苏后应至少经传代培养一次,传代次数不超过 40 代。

5.1.1.2.3 质量控制要求

5.1.1.2.3.1 试验体系灵敏度的验证

在试验开始前和试验过程中,应采用适当浓度的阳性和阴性参比物对试验体系的灵敏度进行验证。阳性参比物包括具有不同强度雌激素效应的物质[17β-雌二醇(17β - estradiol,E2),CAS 号 50 - 28 - 2; 17α-雌二醇,CAS 号 57 - 91 - 0;17α-甲基睾酮,CAS 号 58 - 18 - 4];阴性参比物为肾上腺酮(CAS 号 99 -45 - 6)。浓度设定如表 1 所示。

表 1 试验体系灵敏度的验证中阳性和阴性参比物浓度

项目	17β-雌二醇	17α-雌二醇	17α-甲基睾酮	肾上腺酮
浓度 1	10 nmol/L	1 μmol/L	10 μmol/L	100 μmol/L
浓度 2	1 nmol/L	100 nmol/L	1 μmol/L	10 μmol/L
浓度 3	100 pmol/L	10 nmol/L	100 nmol/L	1 μmol/L
浓度 4	10 pmol/L	1 nmol/L	10 nmol/L	100 nmol/L
浓度 5	1 pmol/L	100 pmol/L	1 nmol/L	10 nmol/L
浓度 6	0.1 pmol/L	10 pmol/L	100 pmol/L	1 nmol/L
浓度 7	0.01 pmol/L	1 pmol/L	10 pmol/L	100 pmol/L

5.1.1.2.3.2 溶媒和阳性对照

应将受试物溶解于适当的溶媒中,溶媒应能增加受试物的溶解度,且易与细胞培养液混合,水、乙醇

(95%～100%)和二甲基亚砜(DMSO)是较合适的溶媒。如使用 DMSO,使用量不应超过 0.1%(V/V);若使用其他溶媒,则应证明其最大使用量不会产生细胞毒性。

每个培养板中应至少检测 3 份溶媒对照和 3 份阳性对照(PC,1 nmol/L 的 E2)。如阳性对照所用溶媒与受试物所用的溶媒不同时,也应在每个培养板中检测至少 3 个阳性物的溶媒。

5.1.1.2.3.3 叠加效果

每个培养板的阳性对照荧光素酶活性响应均值应为溶媒对照的 4 倍以上。阳性对照(1 nmol/L E2)的 PC_{10} 叠加效果应大于同时测定的溶媒对照叠加效果(=1)的 1+2SD。

5.1.1.2.4 受试物剂量

受试物溶于溶媒中,按 1:10 的倍比稀释。设定受试物的剂量范围应考虑其溶解度和可能的细胞毒性。在正式试验前应进行预试验,从受试物最大容许浓度开始,逐级稀释(如 1 000 μmol/L、100 μmol/L、10 μmol/L 等)。如培养的细胞出现沉淀或较明显的细胞毒性,应调整受试物浓度,以获得较好的剂量—反应曲线。如受试物某一浓度减少 20% 以上的细胞数,则可认为该浓度的受试物具有较明显的细胞毒性,在正式试验中应避免使用该浓度及以上浓度进行试验。

5.1.1.2.5 细胞染毒

将细胞悬浮液加入至 96 孔细胞培养板的孔中,每孔 100 μL(约 10^4 个细胞)。将不同浓度的受试物以及阳性和阴性对照加入至培养板的孔中,每孔 50 μL,每个浓度设 3 个平行孔。每孔最终体积为 150 μL。将培养板置于 5% CO_2 培养箱中,在(37±1)℃下培养 20 h～24 h。

应注意具有强挥发性的化合物可能使临近的溶媒对照孔产生假阳性结果,推荐使用细胞培养板密封盖,避免各孔之间的影响。

5.1.1.2.6 荧光素酶的检测

根据所用荧光检测设备的灵敏度选择相应的荧光素酶检测试剂,对荧光素酶进行定量测定。

5.1.1.3 数据分析

计算溶媒对照的均值;用每孔测定数值减去溶媒对照均值,得到标准化数值;将受试物每孔标准化均值除以阳性对照标准化均值,得到每孔的相对转录活性;计算受试物每个浓度组的相对转录活性均值,判断是否具有剂量—反应关系。

计算公式:相对转录活性=(受试物每孔测定值-溶媒对照均值)/(阳性对照均值-溶媒对照均值)

如受试物在 2 次或 3 次重复试验中,有 2 次及以上重复试验的转录活性大于或等于阳性对照的 10%,则提示受试物在该浓度具有雌激素受体转录激活活性;如受试物在 2 次或 3 次重复试验中,有 2 次及以上重复试验的转录活性小于阳性对照的 10%,则提示受试物在该浓度不具有雌激素受体转录激活活性。

同时,要计算产生一定相对转录活性的受试物的浓度。将结果表示为达到 50% 阳性对照(PC_{50})或 10% 阳性对照(PC_{10})的浓度。10% 阳性浓度(PC_{10})是指所引起的效应水平等同于同一细胞培养板中经阳性对照物(1 nmol/L E2)诱导的效应水平为 10% 的受试物浓度。50% 阳性浓度(PC_{50})是指所引起的效应水平等同于同一细胞培养板中经阳性对照物(1 nmol/L E2)诱导的效应水平为 50% 的受试物浓度。

5.1.2 体外类固醇合成试验

5.1.2.1 原理

本试验通过细胞测试系统,检测受试物是否对类固醇合成途径产生抑制或诱导作用,包括在类固醇的生成、转运或排泄中对相关酶的表达、合成或功能的影响。用于筛选影响雌激素 17β-雌二醇(E2)和雄激素睾酮(testosterone,T)合成的受试物。

5.1.2.2 试验步骤

5.1.2.2.1 细胞株

采用人肾上腺皮质腺癌细胞系 H295R,试验正式开始前应对该细胞株的有效性进行判定。

5.1.2.2.2 细胞培养

将 H295R 细胞置于培养瓶中,于 5%CO_2 培养箱,(37±1)℃培养数天,每周更换 2 次～3 次 F-12＋10%胎牛血清细胞培养液。当细胞覆盖率达到 80%～90%时,按 1:3～1:4 的比例进行消化和传代。用磷酸盐缓冲液(PBS,无 Ca^{2+},Mg^{2+})洗 3 次细胞,加入胰蛋白酶。细胞分离后,加入 3 倍酶体积的细胞培养液终止胰蛋白酶的作用。将细胞转入离心管中,室温下离心,移出上清液,加入细胞培养液使细胞再次悬浮。然后将其移入 24 孔细胞培养板中(即铺板),每孔加入 1 000 μL(含 2×10^5～3×10^6 个细胞)。将细胞放入 5% CO_2 培养箱中培养 24 h,然后开始细胞染毒。试验所用塑料器皿不能被雌激素活性物质污染。

试验前 H295R 细胞应该至少传 5 代,复苏后应至少经传代一次后使用,总共传代次数不超过 10 次。

5.1.2.2.3 质量控制要求

5.1.2.2.3.1 试验体系灵敏度的验证

在试验开始前和试验过程中,应采用不同浓度的激素(如 T 的浓度为 100 pg/mL、500 pg/mL 和 2 500 pg/mL,E2 的浓度为 10 pg/mL、50 pg/mL 和 250 pg/mL)对试验体系的灵敏度进行验证,或根据激素检测系统的检测范围确定 T 和 E2 的最低浓度。同时采用激素合成抑制剂(1 μmol/L 和 10 μmol/L 福司柯林,forskolin,CAS:66575-29-9)或诱导剂(0.1 μmol/L 和 1 μmol/L 咪鲜胺,prochloraz,CAS:67747-09-5)对试验体系进行质量控制。

5.1.2.2.3.2 溶媒和阳性对照

应将受试物溶解于适当的溶媒中,溶媒应能增加受试物的溶解度。如使用 DMSO,使用量不应超过 0.1%(V/V);若使用其他溶媒,则应证明其最大使用量不会产生细胞毒性。

每个培养板中应至少检测溶媒对照、阳性对照(T、E2、10 μmol/L 福司柯林、1 μmol/L 咪鲜胺)。如阳性对照所用溶媒与受试物所用的溶媒不同时,也应在每个培养板中检测阳性物的溶媒。

5.1.2.2.4 受试物剂量

设定受试物的剂量范围应考虑其溶解度和可能的细胞毒性。在正式试验前应进行预试验,将受试物溶于溶媒中,从受试物最大容许浓度开始,按 1:10 的倍比稀释(如 1 000 μmol/L、100 μmol/L、10 μmol/L、1 μmol/L、0.1 μmol/L、0.01 μmol/L、0.001 μmol/L 等)。观察 24 孔板每孔细胞存活率,如果某一浓度受试物的细胞存活率不足溶媒对照组的 80%,则初步认为该浓度设定较高,应调整受试物浓度。第二次的预试验需在该浓度以下设定至少 5 个浓度,按 1:3 的倍比稀释。经过 2 次或 3 次的预试验,直至获得较好的剂量—反应曲线。

5.1.2.2.5 细胞染毒

细胞染毒前应观察细胞的形态,细胞贴壁、覆盖率应达到 50%～60%,细胞状态良好可开始试验。更换细胞培养液,每孔加入 1 000 μL 培养液,将不同浓度受试物、阳性对照或溶媒对照加入至培养液中,每个浓度设 3 个平行孔。将培养板置于 5% CO_2 培养箱中,在(37±1)℃下培养 48 h。

应注意具有强挥发性化合物可能使临近的溶媒对照孔产生假阳性结果,推荐使用细胞培养板密封盖,避免各孔之间的影响。

5.1.2.2.6 激素检测

采用激素检测试剂盒来测定 T 浓度、E2 浓度。为确保细胞测试系统的成分不干扰激素的检测,必要时应在测定激素水平前将其从溶媒中提取出来。

5.1.2.3 数据分析

计算不同浓度受试物每孔激素水平与溶媒对照激素水平均值的比值。如果在 2 个以上重复的试验中,相邻 2 个受试物浓度的激素水平较溶媒对照有显著性差异($P<0.05$),该受试物被判定为阳性。如

果 2 个重复的试验结果为阴性，或 3 个重复的试验中 2 个为阴性结果和 1 个可疑或阳性结果，该受试物
被判定为阴性。

5.2 一阶段体内试验

5.2.1 Hershberger 试验

5.2.1.1 原理

本试验是通过去势使雄性动物内源性雄激素处于最低水平，消除了正常动物存在的下丘脑—垂
体—性腺轴内分泌反馈机制的影响，增加试验测试系统的灵敏性。如果受试物具有雄激素或抗雄激素
作用，则 5 种雄激素依赖器官，包括腹侧前列腺（ventral prostate，VP），精囊腺（seminal vesicle，SV）（包
括凝固腺和液体）、肛提肌和球海绵体肌（levator ani-bulbocavernosus，LABC）、双侧尿道球腺
（Cowper's glands，COW）和阴茎头（glans penis，GP）的重量会增加或降低。该试验是用于筛选具有类
雄激素活性或抗雄激素活性物质的短期体内筛选试验，旨在为雄激素有关的内分泌机制提供数据支持，
并为下一阶段进行环青春期雄性大鼠甲状腺功能试验提供依据。

5.2.1.2 试验方法

5.2.1.2.1 受试物和阳性物

受试物应使用原始样品，若不能使用原始样品，应按照受试物处理原则对受试物进行适当处理。应
将受试物溶解或悬浮于合适的溶媒中，首选溶媒为水，不溶于水的受试物可使用植物油（如橄榄油、玉米
油等），不溶于水或油的受试物亦可使用羧甲基纤维素、淀粉等配成混悬液或糊状物等。受试物应新鲜
配制，有资料表明其溶液或混悬液储存稳定者除外。

雄激素激动剂的阳性物是丙酸睾酮（testosterone propionate，TP），CAS 号为 57-82-5。雄激素拮
抗剂的阳性物为氟他胺（flutamide，FT），CAS 号为 1311-84-7。

5.2.1.2.2 实验动物

5.2.1.2.2.1 动物选择

实验动物的选择应符合 GB 14923、GB 14922.1、GB 14922.2 的规定。选择已有资料证明对受试
物敏感的物种和品系，一般首选 SD 大鼠或 Wistar 大鼠。选择出生后 42 d（PND42）左右健康、发育正常
的雄性大鼠。个体间体重相差不超过平均体重的±20%。每组动物数不少于 10 只。

5.2.1.2.2.2 动物准备及去势后的适应

试验前实验动物在试验环境中至少应进行 3 d~5 d 环境适应和检疫观察。

在 PND42 以后，对性发育（包皮完全分离）正常大鼠进行去势。在麻醉状态下，通过在阴囊处切口
进行去势，切除两侧的睾丸和附睾，对血管和输精管连带进行结扎。确认没有发生出血后，通过自动缝
合器或缝合线对切口进行缝合。在术后前几天，应给予实验动物一定止痛药，以减轻术后不良反应。如
果从供应商直接购买已去势的动物，应确保供应商所售动物的年龄和性成熟阶段。

实验动物在去势后，需要最少 7 d 的恢复期。需每日观察实验动物，一旦动物出现疾病症状或机体
异常，都应及时清除。初次给予受试物最早于 PND49，但最晚不超过 PND60，尸检年龄不应超过
PND70。

5.2.1.2.2.3 动物饲养

实验动物饲养条件、饮用水、饲料应符合 GB 14925、GB 5749、GB 14924.1、GB 14924.2、GB
14924.3 的规定。试验期间动物自由饮水和摄食，推荐单笼饲养，大鼠也可按组分笼群饲，每笼动物数
（一般不超过 3 只）应满足实验动物最低需要的空间，以不影响动物自由活动和观察动物的体征为宜。
试验期间每组动物非试验因素死亡率应小于 10%，濒死动物应尽可能进行大体解剖以及病理组织学检
查，每组生物标本损失率应小于 10%。

5.2.1.2.3 剂量

受试物至少设置 3 个剂量组，同时设 2 个阳性对照组和 1 个阴性对照组。原则上高剂量应确保动

物连续给予受试物 10 d 后,不引起死亡,动物体重不低于阴性对照组的 10%;低剂量不宜出现任何可观察到的毒效应(相当于 NOAEL),且高于人的实际接触水平;中剂量介于两者之间,可出现轻度的毒性效应,以得出 NOAEL 和/或 LOAEL。一般递减剂量的组间距以 2 倍～4 倍为宜,如受试物剂量总跨度过大可加设剂量组。试验剂量的设计参考急性经口毒性 LD_{50} 剂量、亚慢性毒性试验和慢性毒性试验剂量进行。

5.2.1.2.4 试验步骤和观察指标

5.2.1.2.4.1 受试物给予

受试物经灌胃给予,每日同一时段灌胃 1 次,连续 10 d。试验期间,每天按体重调整灌胃量。灌胃体积一般不超过 10 mL/kg 体重,如为水溶液时,最大灌胃体积大鼠可达 20 mL/kg 体重;如为油性液体,灌胃体积应不超过 4 mL/kg 体重;各组灌胃体积一致。丙酸睾酮阳性组经灌胃给予溶媒,并皮下注射 0.2 mg/kg 体重或 0.4 mg/kg 体重的丙酸睾酮;氟他胺阳性组灌胃给予 3.0 mg/kg 体重的氟他胺,并皮下注射 0.2 mg/kg 体重或 0.4 mg/kg 体重的丙酸睾酮。

5.2.1.2.4.2 一般临床观察

试验期间至少每天观察一次动物的一般临床表现,并记录动物出现中毒的体征、程度和持续时间及死亡情况。观察至少包括:皮肤、被毛、眼、黏膜、呼吸系统、循环系统、神经系统、肢体活动、行为方式等改变。对死亡动物应及时解剖,对濒死动物应及时处理。

5.2.1.2.4.3 体重和摄食

试验期间每天记录动物体重、摄食量。

5.2.1.2.4.4 解剖和脏器称重

最后一次给予受试物后约 24 h,对大鼠实施安乐死和解剖,进行大体检查。

必测指标:5 个雄激素依赖性组织——阴茎头(GP)、腹侧前列腺(VP)、精囊腺(SV)(包括凝固腺和液体)、肛提肌和球海绵体肌(LABC)和双侧尿道球腺(COW)。分离组织,称重(湿重),并记录每只动物的上述脏器重量(精确到 0.1 mg)。

选测指标:肝脏、双侧肾脏和双侧肾上腺的重量,血清促黄体生成素(LH)、卵泡刺激素(FSH)、睾酮、三碘甲腺原氨酸(T3)和甲状腺素(T4)水平。

5.2.1.3 数据处理及结果判定

应将所有的数据和结果以表格形式进行总结,列出各组试验开始前的动物数、试验期间动物死亡数及死亡时间、出现毒性反应的动物数,列出所见的毒性反应,包括出现毒效应的时间、持续时间及程度。对计量资料给出均数、标准差。数据应至少包括:腹侧前列腺、精囊腺、提肛肌和球绵体肌、尿道球腺、阴茎头、肝脏、初始体重和终重。对动物体重、摄食量、脏器重量等结果应以适当的方法进行统计学分析。一般情况下,计量资料采用方差分析,进行多个试验组与对照组之间均数比较;分类资料采用 Fisher 精确分布检验、卡方检验、秩和检验;等级资料采用 Riding 分析、秩和检验等。

在 5 种雄激素依赖性组织(GP、VP、SV、LABC 和 COW)的重量中有任意 2 个及以上与阴性对照组比较有显著统计学差异($P<0.05$),则可认为受试物具有雄激素或抗雄激素作用。

5.2.2 子宫增重试验

5.2.2.1 原理

本试验采用发育未成熟的雌性动物(幼龄动物非卵巢切除法),其下丘脑—垂体—性腺轴功能发育尚不完全;或卵巢切除的成年雌性动物(成年动物去势法),通过去势消除了正常动物存在的下丘脑—垂体—性腺轴内分泌反馈机制的影响,从而增加试验测试系统的灵敏性。如果受试物具有雌激素或抗雌激素样作用,则动物子宫重量会增加或降低。该试验是用于筛选具有类雌激素活性或抗雌激素活性物质的短期体内筛选试验,旨在为雌激素有关的内分泌机制提供数据支持,并为下一阶段进行环青春期雌性大鼠甲状腺功能试验提供依据。

5.2.2.2 试验方法

5.2.2.2.1 受试物和阳性物

受试物应使用原始样品,若不能使用原始样品,应按照受试物处理原则对受试物进行适当处理。应将受试物溶解或悬浮于合适的溶媒中,首选溶媒为水,不溶于水的受试物可使用植物油(如橄榄油、玉米油等),不溶于水或油的受试物亦可使用羧甲基纤维素、淀粉等配成混悬液或糊状物等。受试物应新鲜配制,有资料表明其溶液或混悬液储存稳定者除外。

雌激素激动剂的阳性物是 17α-乙炔雌二醇(EE),CAS 号为 57-63-6。

5.2.2.2.2 实验动物

5.2.2.2.2.1 动物选择

实验动物的选择应符合 GB 14923、GB 14922.1、GB 14922.2 的规定。选择已有资料证明对受试物敏感的物种和品系,一般首选 SD 大鼠或 Wistar 大鼠。幼龄动物非卵巢切除法选择健康、发育未成熟的雌性大鼠;成年动物去势法选择 5 周~7 周的成年雌性大鼠。动物个体间体重相差不超过平均体重的±20%。每组动物数不少于 10 只。

5.2.2.2.2.2 动物准备

试验前实验动物在试验环境中至少应进行 3 d~5 d 环境适应和检疫观察。

幼龄动物非卵巢切除法一般从 PND18 开始初次给予受试物,最好在 PND21 完成灌胃,最晚不超过 PND25。

成年动物去势法一般选择在动物出生后 6 周~8 周进行。在麻醉状态下,完全切除双侧卵巢,不得残留卵巢组织。在术后前几天,应给予实验动物一定止痛药,以减轻术后不良反应。如果从供应商直接购买已去势的动物,应确保供应商所售物的年龄和性成熟阶段。动物在手术后至少恢复 14 d。需每日观察实验动物,一旦动物出现疾病症状或机体异常,都应及时清除出去。在恢复期的第 10 d~14 d 应进行阴道涂片,低倍显微镜观察白细胞、有核上皮细胞、角化上皮细胞等,判断动物是否处于发情期。如阳性,应排除该动物。初次给予受试物最早于 PND49 开始,但最晚不超过 PND60,尸检年龄不应超过 PND70。

5.2.2.2.2.3 动物饲养

实验动物饲养条件、饮用水、饲料应符合 GB 14925、GB 5749、GB 14924.1、GB 14924.2、GB 14924.3 的规定。试验期间动物自由饮水和摄食,推荐单笼饲养,也可分笼群饲,每笼动物数(一般不超过 3 只)应满足实验动物需要的最低空间,以不影响动物自由活动和观察动物的体征为宜。试验期间每组动物非试验因素死亡率应小于 10%,濒死动物应尽可能进行大体解剖以及病理组织学检查,每组生物标本损失率应小于 10%。

5.2.2.2.3 剂量

受试物至少设置 3 个剂量组,同时设 1 个阳性对照组和 1 个阴性对照组。原则上高剂量应确保动物连续给予受试物 3 d 后,不引起死亡,动物体重减少量不低于阴性对照组的 10%;低剂量不宜出现任何可观察到的毒效应(相当于 NOAEL),且高于人的实际接触水平;中剂量介于两者之间,可出现轻度的毒性效应,以得出 NOAEL 和/或 LOAEL。一般递减剂量的组间距以 2 倍~4 倍为宜,如受试物剂量总跨度过大可加设剂量组。试验剂量的设计参考急性经口毒性 LD_{50} 剂量进行。

5.2.2.2.4 试验步骤和观察指标

5.2.2.2.4.1 受试物给予

受试物经灌胃给予,每日同一时段灌胃 1 次,连续 3 d。试验期间,每天按体重调整灌胃量。灌胃体积一般不超过 10 mL/kg 体重,如为水溶液时,最大灌胃体积大鼠可达 20 mL/kg 体重;如为油性液体,灌胃体积应不超过 4 mL/kg 体重;各组灌胃体积一致。阳性组在每日同一时段经灌胃给予 1.0 μg/kg 体重 17α-乙炔雌二醇。

5.2.2.2.4.2 一般临床观察

试验期间至少每天观察一次动物的一般临床表现,并记录动物出现中毒的体征、程度、持续时间及死亡情况。观察内容至少包括:皮肤、被毛、眼、黏膜、呼吸系统、循环系统、神经系统、肢体活动、行为方式等改变。对死亡动物应及时解剖,对濒死动物应及时处理。

5.2.2.2.4.3 体重和摄食量

试验期间每天记录动物体重、摄食量。

5.2.2.2.4.4 解剖和脏器称重

最后一次给予受试物后约 24 h,对大鼠实施安乐死和解剖,进行大体检查(需隔夜禁食)。称取子宫湿重(包括子宫及腔内液体重量),切开子宫角,排出腔内液体,用湿滤纸吸取液体,再次称重子宫干重(精确到 0.1 mg),计算子宫湿重系数(子宫湿重/动物体重×100)和子宫干重系数(子宫干重/动物体重×100);观察子宫、阴道的组织病理学改变情况。必要时,可对子宫内膜上皮细胞进行形态学观察。

5.2.2.3 数据处理及结果判定

应将所有的数据和结果以表格形式进行总结,列出各组试验开始前的动物数、试验期间动物死亡数及死亡时间、出现毒性反应的动物数,列出所见的毒性反应,包括出现毒效应的时间、持续时间及程度。对计量资料给出均数、标准差。数据应至少包括:体重、子宫重量、子宫系数、子宫的组织病理学观察等,结果应以适当的方法进行统计学分析。一般情况下,计量资料采用方差分析,进行多个试验组与对照组之间均数比较;分类资料采用 Fisher 精确分布检验、卡方检验、秩和检验;等级资料采用 Riding 分析、秩和检验等。

如给予受试物后动物子宫重量较阴性对照组有统计学上的显著改变($P<0.05$),可认为受试物具有雌激素或抗雌激素作用。

5.2.3 幼龄/环青春期雌性大鼠青春期发育及甲状腺功能试验

5.2.3.1 原理

本试验是采用幼龄/环青春期雌性动物,其下丘脑—垂体—性腺轴功能发育尚不完全,从而增加试验测试系统的灵敏性。通过对完整的幼龄/环青春期雌性大鼠的青春期发育效应和甲状腺功能测定,筛选抗甲状腺激素、雌激素或抗雌激素的化学物,同时可筛选与青春期发育效应有关的可引起促黄体生成素、促卵泡激素、催乳素或生长激素等水平改变以及下丘脑功能改变的化学物。

5.2.3.2 试验方法

5.2.3.2.1 受试物

受试物应使用原始样品,若不能使用原始样品,应按照受试物处理原则对受试物进行适当处理。应将受试物溶解或悬浮于合适的溶媒中,首选溶媒为水,不溶于水的受试物可使用植物油(如橄榄油、玉米油等),不溶于水或油的受试物亦可使用羧甲基纤维素、淀粉等配成混悬液或糊状物等。受试物应新鲜配制,有资料表明其溶液或混悬液储存稳定者除外。

5.2.3.2.2 实验动物

5.2.3.2.2.1 动物选择

实验动物的选择应符合 GB 14923、GB 14922.1、GB 14922.2 的规定。选择已有资料证明对受试物敏感的物种和品系,一般首选 SD 大鼠或 Wistar 大鼠。选择健康、发育未成熟的幼龄雌性大鼠。幼龄雌性大鼠可通过饲养孕鼠或直接购买明确受孕天数的孕鼠,从而获得仔鼠。孕鼠应首次受孕且同天产仔。孕鼠自然产仔,任何一窝少于 8 只(包括雄鼠和雌鼠,其中雌性至少有 4 只)及受孕第 23 天仍未产仔的,应剔除。应确保至少保留 15 窝的仔鼠。在 PND3~PND5 对每窝进行标准化,使每窝仔鼠数目为8 只~10 只。每周测定仔鼠体重一次,剔除体重过大或过小者。仔鼠在 PND21 断乳,当日将每一窝雌性仔鼠按体重随机分配到不同的试验组,动物个体间体重相差不超过平均体重的±20 %。每组应有 15只雌性仔鼠。避免将同一窝雌性仔鼠分配在同一试验组中。

每组动物 3 只/笼。

5.2.3.2.2.2 动物饲养

实验动物饲养条件、饮用水、饲料应符合 GB 14925、GB 5749、GB 14924.1、GB 14924.2、GB 14924.3 的规定。试验期间动物自由饮水和摄食,推荐单笼饲养,也可分笼群饲,每笼动物数(一般不超过 3 只)应满足实验动物需要的最低空间,以不影响动物自由活动和观察动物的体征为宜。试验期间每组动物非试验因素死亡率应小于 10%,濒死动物应尽可能进行大体解剖以及病理组织学检查,每组生物标本损失率应小于 10%。

5.2.3.2.3 剂量

受试物至少设置 3 个剂量组,同时设 1 个阴性对照组。高剂量原则上应接近最大耐受剂量(MTD),确保不引起动物死亡,体重减少量不低于阴性对照组的 10%,尽量不超过剂量限值(1 000 mg/kg 体重);低剂量不宜出现任何可观察到的毒效应(相当于 NOAEL),且高于人的实际接触水平;中剂量介于两者之间,可出现轻度的毒性效应,以得出 NOAEL 和/或 LOAEL。一般递减剂量的组间距以 2 倍~4 倍为宜,如受试物剂量总跨度过大可加设剂量组。试验剂量的设计可参考急性经口毒性 LD_{50}、子宫增重试验和 28 d 喂养试验剂量进行。

5.2.3.2.4 试验步骤和观察指标

5.2.3.2.4.1 受试物给予

受试物经灌胃给予,从 PND22~PND42,每日同一时段灌胃 1 次。试验期间,每周称重 2 次,根据体重调整灌胃体积。灌胃体积一般不超过 10 mL/kg 体重,如为水溶液时,最大灌胃体积大鼠可达 20 mL/kg 体重;如为油性液体,灌胃体积应不超过 4 mL/kg 体重;各组灌胃体积一致。

5.2.3.2.4.2 一般临床观察

试验期间至少每天观察一次动物的一般临床表现,并记录动物出现中毒的体征、程度、持续时间及死亡情况。观察至少包括:皮肤、被毛、眼、黏膜、呼吸系统、循环系统、神经系统、肢体活动、行为方式等改变。对死亡动物应及时解剖,对濒死动物应及时处理。

5.2.3.2.4.3 体重和摄食量

试验期间每周记录动物体重、摄食量。

5.2.3.2.4.4 阴道开口时间

从 PND22 开始,每日观察和记录动物阴道开口情况。阴道状态包括:针孔、阴道线、阴道完全开口。初次阴道完全开口时间是阴道开口年龄的观察指标。如任何组中的任何一只动物阴道没有完全开口(针孔或阴道线)的天数超过 3 d,需单独分析,即采用第一次未完全开口的时间。如动物解剖时阴道尚未完全开口,用最后观察时间 + 1 d 作为阴道开口时间。

5.2.3.2.4.5 观察动情周期

从阴道开口直至解剖当天,每日进行阴道涂片,低倍显微镜下观察白细胞、有核上皮细胞、角化上皮细胞等,记录观察结果。动情周期包括动情间期(大量白细胞混有少量角化上皮细胞)、动情前期(大量圆形的有核上皮细胞)、动情期(大量角化上皮细胞)。典型的动情周期一般为 2 d~3 d 动情间期、1 d 动情前期和 1 d~2 d 动情期。应记录动物出现第一次动情期的年龄。

对每只动物的动情周期进行分类,包括有规律的动情周期(周期为 4 d~5 d)、不规律的动情周期(动情间期超过 3 d 或动情期超过 2 d)、无动情周期(阴道涂片显示阴道角化或白细胞出现时间延长)。如果阴道开口时间和试验结束时间接近,尚未观察到一个完整的动情周期,若从阴道开口时到实验结束的数据符合有规律的动情周期,则默认为有规律的动情周期;如果在试验结束时还不能区分是不规律的动情周期还是无动情周期,则默认为不规律的动情周期。

5.2.3.2.4.6 激素的检测

最后一次给予受试物(PND42)后约 2 h,取血测定血清中总甲状腺素(T4)、血清促甲状腺激素

（TSH）水平。

5.2.3.2.4.7 脏器称重和组织病理学检查

最后一次给予受试物（PND42）后约 2 h，对大鼠实施安乐死和解剖，进行大体检查。称取卵巢（无输卵管，双侧）、子宫（湿重和干重）、甲状腺（解剖时同时取气管，固定在 10% 的中性福尔马林缓冲液 24 h，分离甲状腺后单独测定其重量）、肝脏、肾脏（双侧）、脑垂体和肾上腺（双侧）重量，并对这些组织进行组织病理学观察。

5.2.3.2.4.8 血生化检测

试验结束后，取血测定血清肌酐、尿素氮、丙氨酸氨基转移酶、门冬氨酸氨基转移酶、碱性磷酸酶、白蛋白、总胆固醇、谷氨酰转肽酶等指标。

5.2.3.3 数据处理及结果判定

应将所有的数据和结果以表格形式进行总结，列出各组试验开始前的动物数、试验期间动物死亡数及死亡时间、出现毒性反应的动物数，列出所见的毒性反应，包括出现毒效应的时间、持续时间及程度。对计量资料给出均数、标准差。数据应至少包括：周体重，阴道开口的年龄和体重，器官重量包括卵巢（双侧）、子宫（湿重和干重）、甲状腺（固定后称重）、肝脏、肾脏（双侧）、脑垂体、肾上腺（双侧）。组织病理学检查包括子宫、卵巢、甲状腺、肾脏（双侧），激素水平包括血清 T4 和 TSH，动情周期包括阴道开口后第一次动情期的年龄、动情周期长度、有动情周期的动物百分比、有规律动情周期的动物百分比，血生化指标包括血清肌酐、尿素氮等。结果应以适当的方法进行统计学分析。一般情况下，计量资料采用方差分析，进行多个试验组与对照组之间均数比较；分类资料采用 Fisher 精确分布检验、卡方检验、秩和检验；等级资料采用 Riding 分析、秩和检验等。

5.2.4 幼龄/环青春期雄性大鼠青春期发育及甲状腺功能试验

5.2.4.1 原理

本试验是采用幼龄/环青春期雄性动物，其下丘脑—垂体—性腺轴功能发育尚不完全，从而增加试验测试系统的灵敏性。通过对完整的幼龄/环青春期雄性大鼠的青春期发育效应和甲状腺功能测定，筛选抗甲状腺激素、雄激素或抗雄激素的化学物，同时可筛选与青春期发育效应有关的可引起促性腺激素、催乳素等水平改变以及卜丘脑功能改变的化学物。

5.2.4.2 试验方法

5.2.4.2.1 受试物

受试物应使用原始样品，若不能使用原始样品，应按照受试物处理原则对受试物进行适当处理。应将受试物溶解或悬浮于合适的溶媒中，首选溶媒为水，不溶于水的受试物可使用植物油（如橄榄油、玉米油等），不溶于水或油的受试物亦可使用羧甲基纤维素、淀粉等配成混悬液或糊状物等。受试物应新鲜配制，有资料表明其溶液或混悬液储存稳定者除外。

5.2.4.2.2 实验动物

5.2.4.2.2.1 动物选择

实验动物的选择应符合 GB 14923、GB 14922.1、GB 14922.2 的规定。选择已有资料证明对受试物敏感的物种和品系，一般首选 SD 大鼠或 Wistar 大鼠。选择健康、发育未成熟的幼龄雄性大鼠。幼龄雄性大鼠可通过饲养孕鼠或直接购买明确受孕天数的孕鼠，从而获得仔鼠。孕鼠应首次受孕且同天产仔。孕鼠自然产仔，任何一窝少于 8 只（包括雄鼠和雌鼠，其中雄性至少有 4 只）及受孕第 23 d 仍未产仔的，应剔除。应确保至少保留 15 窝的仔鼠。在 PND3～PND5 对每窝进行标准化，使每窝仔鼠数目为 8 只～10 只。每周测定仔鼠体重一次，剔除体重过大或过小者。仔鼠在 PND21 断乳，当日将每一窝雄性仔鼠按体重随机分配到不同的试验组，动物个体间体重相差不超过平均体重的 ±20%。每组应有 15 只雄性仔鼠。避免将同一窝雄性仔鼠分配在同一试验组中。

5.2.4.2.2.2 动物饲养

实验动物饲养条件、饮用水、饲料应符合 GB 14925、GB 5749、GB 14924.1、GB 14924.2、GB 14924.3 的规定。试验期间动物自由饮水和摄食,推荐单笼饲养,也可分笼群饲,每笼动物数(一般不超过 3 只)应满足实验动物需要的最低空间,以不影响动物自由活动和观察动物的体征为宜。试验期间每组动物非试验因素死亡率应小于 10%,濒死动物应尽可能进行大体解剖以及病理组织学检查,每组生物标本损失率应小于 10%。

5.2.4.2.3 剂量

受试物至少设置 3 个剂量组,同时设 1 个阴性对照组。高剂量原则上应接近最大耐受剂量(MTD),确保不引起死亡,动物体重减少量不低于阴性对照组的 10%,尽量不超过剂量限值(1 000 mg/kg 体重);低剂量不宜出现任何可观察到的毒效应(相当于 NOAEL),且高于人的实际接触水平;中剂量介于两者之间,可出现轻度的毒性效应,以得出 NOAEL 和/或 LOAEL。一般递减剂量的组间距以 2 倍~4 倍为宜,如受试物剂量总跨度过大可加设剂量组。试验剂量的设计可参考急性经口毒性 LD_{50}、Hershberger 试验和 28 d 喂养试验剂量进行。

5.2.4.2.4 试验步骤和观察指标

5.2.4.2.4.1 受试物给予

受试物经灌胃给予,从 PND23~PND53,每日同一时段灌胃 1 次。试验期间,每周称重 2 次,根据体重调整灌胃体积。灌胃体积一般不超过 10 mL/kg 体重,如为水溶液时,最大灌胃体积大鼠可达 20 mL/kg 体重;如为油性液体,灌胃体积应不超过 4 mL/kg 体重;各组灌胃体积一致。

5.2.4.2.4.2 一般临床观察

试验期间至少每天观察一次动物的一般临床表现,并记录动物出现中毒的体征、程度和持续时间及死亡情况。观察内容至少包括:皮肤、被毛、眼、黏膜、呼吸系统、循环系统、神经系统、肢体活动、行为方式等改变。对死亡动物应及时解剖,对濒死动物应及时处理。

5.2.4.2.4.3 体重和摄食量

试验期间每周记录动物体重、摄食量。

5.2.4.2.4.4 包皮分离时间

从 PND30 开始,每日观察和记录动物包皮分离情况。包皮状态包括:包皮未完全分离(也包括阴茎和包皮有持续的螺纹线)和包皮完全分离。初次包皮完全分离时间是包皮分离年龄的观察指标。如任何组中的任何一只动物包皮未完全分离(包括持续的螺纹线)的天数超过 3 d,需单独分析,即采用第一次未完全分离的时间。如动物解剖时包皮尚未完全分离,用最后观察时间+1 d 作为包皮分离时间。

5.2.4.2.4.5 激素的检测

最后一次给予受试物(PND53)后约 2 h,取血测定血清中总睾酮(T)、总甲状腺素(T4)、血清促甲状腺激素(TSH)水平。

5.2.4.2.4.6 脏器称重和组织病理学检查

最后一次给予受试物(PND53)后约 2 h,对大鼠实施安乐死和解剖,进行大体检查。称取睾丸(双侧)、附睾(双侧)、腹侧前列腺、背侧前列腺、含有液体的凝固腺、提肛肌和球海绵体肌、甲状腺(解剖时同时取气管,固定在 10% 的中性福尔马林缓冲液 24 h,分离甲状腺后单独测定其重量、肝脏、肾脏(双侧)、脑垂体和肾上腺(双侧)重量,并至少对睾丸、附睾、甲状腺、肾脏进行组织病理学观察。

5.2.4.2.4.7 血生化检测

试验结束后,取血测定血清肌酐、尿素氮、丙氨酸氨基转移酶、门冬氨酸氨基转移酶、碱性磷酸酶、白蛋白、总胆固醇、谷氨酰转肽酶等指标。

5.2.4.3 数据处理及结果判定

应将所有的数据和结果以表格形式进行总结,列出各组试验开始前的动物数、试验期间动物死亡数及死亡时间、出现毒性反应的动物数,列出所见的毒性反应,包括出现毒效应的时间、持续时间及程度。

对计量资料给出均数、标准差。数据应至少包括：周体重，包皮分离的年龄和体重，器官重量包括精囊腺和凝固腺（有和无液体）、腹侧前列腺、背外侧前列腺、提肛肌和球海绵体肌、附睾（双侧）、睾丸（双侧）、甲状腺（固定后称重）、肝脏、肾脏（双侧）、脑垂体、肾上腺（双侧），组织病理学检测包括睾丸、附睾、甲状腺（胶体面积和滤泡细胞高度）、肾脏（双侧）；激素水平包括血清 T、T4、TSH。结果应以适当的方法进行统计学分析。一般情况，计量资料采用方差分析，进行多个试验组与对照组之间均数比较；分类资料采用 Fisher 精确分布检验、卡方检验、秩和检验；等级资料采用 Riding 分析、秩和检验等。

5.3 二阶段体内验证试验

5.3.1 原理

本试验在一代生殖毒性试验的基础上加入内分泌系统干扰评价指标，通过在动物出生前和出生后暴露受试物，评价受试物对动物特定生命周期的内分泌干扰作用，明确受试物是否具有内分泌干扰作用及其可能机制。

5.3.2 试验方法

5.3.2.1 受试物

受试物应使用原始样品，若不能使用原始样品，应按照受试物处理原则对受试物进行适当处理。应将受试物溶解或悬浮于合适的溶媒中，首选溶媒为水，不溶于水的受试物可使用植物油（如橄榄油、玉米油等），不溶于水或油的受试物亦可使用羧甲基纤维素、淀粉等配成混悬液或糊状物等。受试物应新鲜配制，有资料表明其溶液或混悬液储存稳定者除外。

5.3.2.2 实验动物

5.3.2.2.1 动物选择

实验动物的选择应符合 GB 14923、GB 14922.1、GB 14922.2 的规定。选择已有资料证明对受试物敏感的物种和品系，一般首选大鼠。为了正确评价受试物对动物内分泌系统和生殖系统的影响，两种性别的动物都应使用。选用 6 周～8 周的亲代（F_0 代）雌性和雄性大鼠。F_0 代雌性大鼠应为非经产鼠、非孕鼠。同性别实验动物个体间体重相差不超过平均体重的 ±20%。

为获得符合统计学要求的基本试验数据，需保证每个受试物组和对照组至少获得 20 只孕鼠，一般在试验开始时两种性别每组各需要 30 只（F_0 代）。在后续的试验中每组每种性别各需 F_1 代仔鼠 40 只（至少每窝雌雄各取 2 只）。将 F_1 代仔鼠分为 2 个队列，队列 A 用于进行生殖发育毒性和内分泌干扰作用试验；队列 B 为可能需要获得的 F_2 代仔鼠做准备，需同步给予受试物，根据 F_0 代和队列 A 组试验结果决定是否对 F_2 代进行试验。

5.3.2.2.2 动物准备

试验前实验动物在试验环境中至少应进行 3 d～5 d 环境适应和检疫观察。

5.3.2.2.3 动物饲养

实验动物饲养条件、饮用水、饲料应符合 GB 14925、GB 5749、GB 14924.1、GB 14924.2、GB 14924.3 的规定。饲料为不含大豆和苜蓿的饲料。试验期间动物自由饮水和摄食，单笼饲养。试验期间每组动物非试验因素死亡率应小于 10%，濒死动物应尽可能进行大体解剖以及病理组织学检查，每组生物标本损失率应小于 10%。

5.3.2.3 剂量

受试物至少设置 3 个剂量组，同时设 1 个溶媒对照组。高剂量原则上应接近最大耐受剂量（MTD），确保不引起死亡，动物体重减少量不低于溶媒对照组的 10%，尽量不超过剂量限值（1 000 mg/kg 体重）；低剂量不宜出现任何可观察到的毒效应（相当于 NOAEL），且高于人的实际接触水平；中剂量介于两者之间，可出现轻度的毒性效应，以得出 NOAEL 和/或 LOAEL。一般递减剂量的组间距以 2 倍～4 倍为宜，如受试物剂量总跨度过大可加设剂量组。试验剂量的设计可参考一阶段体内试验剂量进行。

5.3.2.4 试验步骤和观察指标

5.3.2.4.1 交配

可用1：1(1雄：1雌)或1：2(1雄：2雌)的方式交配。每次交配时,每只雌鼠应与同一受试物组随机选择的单只雄鼠同笼(1：1交配)。每日早晨检查精子或阴栓,直到证明已交配为止,并在证明已交配后尽快将雄、雌鼠分开,查到精子或阴栓的当天为受孕第0 d。如需对子代 F_1 代大鼠进行交配,则应达到周龄13周才可。同一受试物组中每窝随机选择与另一窝仔鼠1：1交叉交配产生子代 F_2。如果经过2周仍未交配成功,应将交配的雌、雄鼠分开,不再继续同笼。同时应对不育的动物进行检查,分析其原因。

5.3.2.4.2 受试物给予

F_0 代雌、雄大鼠在实验室进行环境适应和检疫观察后开始给予受试物,雌、雄性大鼠交配前的2周和交配期的2周至少连续每日给予受试物。F_0 代雌鼠妊娠期,直到 F_1 代断乳整个试验期间,仍需每日给予受试物。同时 F_0 代雄鼠也应继续给予受试物,直至 F_1 代断乳。F_1 代仔鼠断乳后对 F_0 代雌、雄鼠进行剖检。F_1 代仔鼠在断乳后经灌胃给予受试物至13周(PND90),见图1。如需对 F_2 代进行评价,则 F_1 代应连续给予受试物,直至 F_2 代仔鼠断乳。

受试物经灌胃给予,每日同一时段灌胃1次。试验期间,每周称重2次,根据体重调整灌胃体积。灌胃体积一般不超过10 mL/kg体重,如为水溶液时,最大灌胃体积大鼠可达20 mL/kg体重;如为油性液体,灌胃体积应不超过4 mL/kg体重;各组灌胃体积一致。

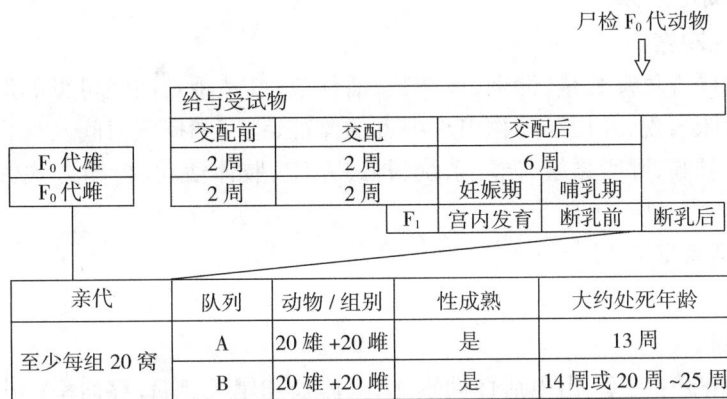

图1 二阶段体内验证试验初步方案

5.3.2.4.3 每窝仔鼠数量的标准化

F_1 代仔鼠出生后第4 d采用随机的方式将每窝仔鼠数目进行调整,剔除多余的仔鼠,达到每窝仔鼠性别和数目的统一。每窝尽可能选5只雄性和5只雌性仔鼠,也可根据实际情况进行部分调整,但每窝应不少于8只仔鼠。

5.3.2.4.4 F_0 代大鼠测定指标

5.3.2.4.4.1 一般情况观察

试验期间至少每天观察一次动物的一般临床表现,并记录动物出现中毒的体征、程度、持续时间及死亡情况。观察内容至少包括:皮肤、被毛、眼、黏膜、呼吸系统、循环系统、神经系统、肢体活动、行为方式等改变。对死亡动物应及时解剖,对濒死动物应及时处理。

5.3.2.4.4.2 体重和摄食量

动物在给予受试物的第1 d称重,以后每周称重。孕鼠应在受孕第0 d、第7 d、第14 d、第20 d称重,哺乳第0 d、第4 d、第7 d、第14 d和第21 d也须对母鼠进行称重。试验期间每周记录动物摄食量。

5.3.2.4.4.3 繁殖指标

仔鼠 PND21 刚断乳后,对雌性和雄性 F_0 代大鼠实施安乐死和解剖,计算交配成功率、受孕率、妊娠率、着床后丢失率,并观察雄性 F_0 代大鼠精子活力。交配成功率(%)=交配成功的动物数/用于交配的动物数×100;受孕率(%)=受孕动物数/交配雌性动物数×100;妊娠率(%)=分娩活仔的雌性动物数/受孕动物数×100;着床后丢失率(%)=(着床数-分娩幼仔数)/着床数×100。

5.3.2.4.4.4 脏器重量及组织病理学改变

试验结束时,对大鼠实施安乐死和解剖,进行大体检查。称取大脑、脑垂体、甲状腺(固定后称重)、肝脏、肾脏(双侧)、肾上腺(双侧)、脾脏(双侧)、胸腺、心脏、附睾(双侧)、睾丸(双侧)、精囊腺和凝固腺、前列腺、卵巢(双侧)、子宫(双侧)重量,并计算脏器系数。并对上述器官和乳腺、阴道进行组织病理学观察。

5.3.2.4.4.5 激素水平测定

试验结束时,取雌性和雄性 F_0 代大鼠血清,测定血清 T4、TSH 水平。

5.3.2.4.4.6 血液学、血生化和尿液分析

试验结束时,进行血液学指标测定,包括白细胞计数及分类、红细胞计数、血红蛋白浓度、红细胞压积、血小板计数、凝血酶原时间、活化部分凝血活酶时间等。血生化指标包括丙氨酸氨基转移酶、门冬氨酸氨基转移酶、谷氨酰转肽酶、碱性磷酸酶、尿素、肌酐、血糖、总蛋白、白蛋白、总胆固醇、甘油三酯等。尿液分析包括尿蛋白、比重、pH、葡萄糖和潜血等指标。若预期有毒反应指征,应增加尿液检查的有关项目如尿沉渣镜检、细胞分析等。

5.3.2.4.5 F_1 代仔鼠测定指标

5.3.2.4.5.1 一般情况观察

仔鼠出生后应尽快检查每窝数量、性别、死产数、活仔数、肛殖距及肉眼可见的形态异常。至少每天观察一次仔鼠的一般临床表现,并记录动物出现中毒的体征、程度和持续时间及死亡情况。观察内容至少包括:皮肤、被毛、眼、黏膜、呼吸系统、循环系统、神经系统、肢体活动、行为方式等改变。对死亡动物应及时解剖,对濒死动物应及时处理。

5.3.2.4.5.2 体重和摄食量

在 PND0、PND4、PND7、PND14 和 PND21 测定仔鼠体重,每周记录摄食量。

5.3.2.4.5.3 繁殖指标

计算出生活仔率、出生存活率、出生活仔性别比、头体长和尾长、哺育存活率。出生活仔率(%)=出生时活的仔鼠数/出生时仔鼠总数×100;出生存活率(%)=PND4 幼仔存活数/出生时活仔数×100;出生活仔性别比(%)=出生时活的雄鼠数/出生时活的雌鼠数×100;哺育存活率(%)=PND21 断乳时幼仔存活数/PND4 幼仔存活数×100。

5.3.2.4.5.4 仔鼠乳头退化的观察

在 PND12 或 PND13,观察雄性仔鼠的乳头/乳晕退化情况

5.3.2.4.5.5 阴道开口、包皮分离年龄和体重

对 F_1 代仔鼠进行阴道开口或包皮分离的观察,方法同幼龄/环青春期雌性大鼠青春期发育及甲状腺功能试验和幼龄/环青春期雄性大鼠青春期发育及甲状腺功能试验所述。

5.3.2.4.5.6 脏器重量及组织病理学改变

在 PND90,对雌性和雄性 F_1 代大鼠实施安乐死和解剖,进行大体检查。称取大脑、脑垂体、甲状腺(固定后称重)、肝脏、肾脏(双侧)、肾上腺(双侧)、脾脏(双侧)、胸腺、心脏、附睾(双侧)、睾丸(双侧)、精囊腺和凝固腺、前列腺、卵巢(双侧)、子宫(双侧)重量,并计算脏器系数。并对上述器官和乳腺、阴道进行组织病理学观察。

5.3.2.4.5.7 激素水平测定

试验结束时,取雌性和雄性 F_1 代大鼠血清,测定血清 T4、TSH 水平。

5.3.2.4.5.8 血液学、血生化和尿液分析

试验结束时,取 F_1 代大鼠进行血液学、血生化和尿液分析指标的测定(同 F_0 代)。

5.3.2.4.6 F_2 代仔鼠测定指标

如需扩展对 F_2 代仔鼠进行试验,这项观察指标同 F_1 代仔鼠。

5.3.3 数据处理及结果判定

应将所有的数据和结果以表格形式进行总结,列出各组试验开始前的动物数、试验期间动物死亡数及死亡时间、出现毒性反应的动物数,列出所见的毒性反应,包括出现毒效应的时间、持续时间及程度。对计量资料给出均数、标准差。数据应至少包括:周体重和进食量、繁殖指标、脏器重量及组织病理学改变、激素水平、血液学、血生化、尿液分析等。结果应以适当的方法进行统计学分析。一般情况下,计量资料采用方差分析,进行多个试验组与对照组之间均数比较;分类资料采用 Fisher 精确分布检验、卡方检验、秩和检验;等级资料采用 Riding 分析、秩和检验等。

———————————

ICS 65.100
G 25

NY

中华人民共和国农业行业标准

NY/T 2874—2015

农药每日允许摄入量

Pesticide acceptable daily intake

2015-12-29 发布

2016-04-01 实施

中华人民共和国农业部 发布

前　言

本标准按照 GB/T 1.1—2009 给出的规则起草。

本标准由农业部种植业管理司提出并归口。

本标准起草单位：农业部农药检定所。

本标准主要起草人：张丽英、闫艺舟、陶传江、陶岭梅、李敏、刘然、孟宇晰、叶纪明。

农药每日允许摄入量

1 范围

本标准规定了1-甲基环丙烯等554种农药的每日允许摄入量。

本标准适用于制定农药最大残留限量和进行农药长期膳食风险评估等相关工作而制定的每日允许摄入量。

2 术语和定义

下列术语和定义适用于本文件。

2.1

每日允许摄入量 acceptable daily intake，ADI

人类终生每日摄入某物质,而不产生可检测到的危害健康的估计量,以每千克体重可摄入的量表示,单位为 mg/kg bw。

2.2

临时 ADI temporary ADI

在毒理学资料有限的情况下,或根据最新资料对已制定 ADI 农药的安全性提出疑问,需要进一步准备资料进行修订期间,所制定的 ADI。

3 农药每日允许摄入量

农药每日允许摄入量应符合表1的规定。

表 1 农药每日允许摄入量

序号	农药名称	农药英文名称	ADI,mg/kg bw	备注
1	1-甲基环丙烯	1-methylcyclopropene(1-MCP)	0.000 9	
2	2,4-滴	2,4-D	0.01	
3	2,4-滴丁酸	2,4-DB	0.02	
4	2,4-滴丁酯	2,4-D butylate	0.01	
5	2,4-滴二甲胺盐	2,4-D dimethyl amine salt	0.01	
6	2,4-滴钠盐	2,4-D Na	0.01	
7	2,4-滴三乙醇胺盐	2,4-D triethanolamine sult	0.01	
8	2,4-滴异辛酯	2,4-D-ethylhexyl	0.01	
9	2,4-二硝基苯酚钾	potassium 2,4-dinitrophenolate	0.002	
10	2,4-二硝基苯酚钠	sodium 2,4-dinitrophenolate	0.002	
11	2甲4氯	MCPA	0.1	
12	2甲4氯钠	MCPA-sodium	0.1	
13	5-硝基邻甲氧基苯酚钠	sodium 5-nitroguaiacolate	0.003	
14	R-烯唑醇	diniconazole-M	0.005	
15	R-左旋敌草胺	R(—)-napropamide	0.3	
16	S-甲氰菊酯	S-fenpropathrin	0.03	
17	S-氰戊菊酯	esfenvalerate	0.02	
18	zeta-氯氰菊酯	zeta-cypermethrin	0.02	
19	阿维菌素	abamectin	0.002	
20	矮壮素	chlormequat	0.05	

表 1（续）

序号	农药名称	农药英文名称	ADI,mg/kg bw	备注
21	艾氏剂	aldrin	0.000 1	
22	艾氏剂和狄氏剂	aldrin & dieldrin	0.000 1	
23	氨磺乐灵	oryzalin	0.05	
24	氨氯吡啶酸	picloram	0.3	
25	胺苯磺隆	ethametsulfuron	0.2	
26	胺鲜酯	diethyl aminoethyl hexanoate	0.023	
27	百草枯	paraquat	0.005	
28	百菌清	chlorothalonil	0.02	
29	保棉磷	azinphos methyl	0.03	
30	倍硫磷	fenthion	0.007	
31	苯丁锡	fenbutatin oxide	0.03	
32	苯氟磺胺	dichlofluanid	0.3	
33	苯磺隆	tribenuron-methyl	0.01	
34	苯菌灵	benomyl	0.1	
35	苯硫威	fenothiocarb	0.007 5	临时 ADI
36	苯螨特	benzoximate	0.15	临时 ADI
37	苯醚甲环唑	difenoconazole	0.01	
38	苯嘧磺草胺	saflufenacil	0.05	
39	苯嗪草酮	metamitron	0.03	
40	苯噻酰草胺	mefenacet	0.007	临时 ADI
41	苯霜灵	benalaxyl	0.07	
42	苯酰菌胺	zoxamide	0.5	
43	苯线磷	fenamiphos	0.000 8	
44	苯锈啶	fenpropidin	0.02	
45	苯氧威	fenoxycarb	0.053	
46	苯唑草酮	topramezone	0.004	
47	吡丙醚	pyriproxyfen	0.1	
48	吡草醚	pyraflufen-ethyl	0.2	
49	吡虫啉	imidacloprid	0.06	
50	吡氟禾草灵	fluazifop-butyl	0.007 4	
51	吡氟酰草胺	diflufenican	0.2	
52	吡嘧磺隆	pyrazosulfuron-ethyl	0.043	
53	吡喃草酮	tepraloxydim	0.05	
54	吡蚜酮	pymetrozine	0.03	
55	吡唑草胺	metazachlor	0.08	
56	吡唑醚菌酯	pyraclostrobin	0.03	
57	苄草隆	cumyluron	0.027	
58	苄嘧磺隆	bensulfuron-methyl	0.2	
59	丙草胺	pretilachlor	0.018	
60	丙环唑	propiconazol	0.07	
61	丙硫唑/丙硫多菌灵	albendazole	0.05	
62	丙硫克百威	benfuracarb	0.01	
63	丙硫菌唑	prothioconazole	0.05	
64	丙硫磷	prothiofos	0.000 1	
65	丙炔噁草酮	oxadiargyl	0.008	
66	丙炔氟草胺	flumioxazin	0.02	
67	丙森锌	propineb	0.007	
68	丙溴磷	profenofos	0.03	
69	残杀威	propoxur	0.02	

表 1（续）

序号	农药名称	农药英文名称	ADI,mg/kg bw	备注
70	草铵膦	glufosinate-ammonium	0.01	
71	草除灵	benazolin-ethyl	0.006	临时 ADI
72	草甘膦	glyphosate	1	
73	草甘膦铵盐	glyphosate ammonium	1	
74	草甘膦钾盐	glyphosate potassium salt	1	
75	草甘膦异丙胺盐	glyphosate-isopropylammonium	1	
76	虫螨腈	chlorfenapyr	0.03	
77	虫酰肼	tebufenozide	0.02	
78	除草定	bromacil	0.1	
79	除虫菊素	pyrethrins	0.04	
80	除虫菊素（Ⅰ+Ⅱ）	pyrethrins（Ⅰ+Ⅱ）	0.04	
81	除虫脲	diflubenzuron	0.02	
82	春雷霉素	kasugamycin	0.113	
83	哒螨灵	pyridaben	0.01	临时 ADI
84	代森铵	amobam	0.03	
85	代森联	metiram	0.03	
86	代森锰	maneb	0.03	
87	代森锰锌	mancozeb	0.03	
88	代森锌	zineb	0.03	
89	单甲脒	semiamitraz	0.004	
90	单甲脒盐酸盐	semiamitraz cloride	0.004	
91	单嘧磺隆	monosulfuron	0.12	
92	单氰胺	cyanamide	0.002	
93	稻丰散	phenthoate	0.003	
94	稻瘟灵	isoprothiolane	0.016	
95	稻瘟酰胺	fenoxanil	0.007	
96	滴滴涕	DDT	0.01	
97	狄氏剂	dieldrin	0.000 1	
98	敌百虫	trichlorfon	0.002	
99	敌稗	propanil	0.2	
100	敌草胺	napropamide	0.3	
101	敌草快	diquat	0.006	
102	敌草隆	diuron	0.001	
103	敌敌畏	dichlorvos	0.004	
104	敌磺钠	fenaminosulf	0.02	
105	敌菌灵	anilazine	0.1	
106	敌螨普	dinocap	0.008	
107	敌瘟磷	edifenphos	0.003	
108	地虫硫磷	fonofos	0.002	
109	丁苯吗啉	fenpropimorph	0.003	
110	丁吡吗啉	pyrimorph	0.01	临时 ADI
111	丁草胺	butachlor	0.1	
112	丁虫腈	flufiprole	0.008	
113	丁氟螨酯	cyflumetofen	0.17	
114	丁硫克百威	carbosulfan	0.01	
115	丁醚脲	diafenthiuron	0.003	
116	丁噻隆	tebuthiuron	0.14	
117	丁酰肼	daminozide	0.5	
118	丁香菌酯	coumoxystrobin	0.045	临时 ADI

表1（续）

序号	农药名称	农药英文名称	ADI,mg/kg bw	备注
119	丁子香酚	eugenol	2.5	
120	啶虫脒	acetamiprid	0.07	
121	啶磺草胺	pyroxsulam	1	
122	啶菌噁唑	dingjunezuo	0.1	
123	啶嘧磺隆	flazasulfuron	0.013	
124	啶酰菌胺	boscalid	0.04	
125	啶氧菌酯	picoxystrobin	0.09	
126	毒草胺	propachlor	0.54	
127	毒杀芬	camphechlor	0.000 25	临时 ADI
128	毒死蜱	chlorpyrifos	0.01	
129	对硫磷	parathion	0.004	
130	对硝基苯酚铵	ammonium para-nitrophenolate	0.003	
131	对硝基苯酚钾	potassium para-nitrophenolate	0.003	
132	对硝基苯酚钠	sodium para-nitrophenolate	0.003	
133	多果定	dodine	0.1	
134	多菌灵	carbendazim	0.03	
135	多抗霉素	polyoxin	10	
136	多抗霉素 B	polyoxin B	10	
137	多杀霉素	spinosad	0.02	
138	多效唑	paclobutrazol	0.1	
139	噁草酮	oxadiazon	0.003 6	
140	噁虫威	bendiocarb	0.004	
141	噁霉灵	hymexazol	0.2	
142	噁嗪草酮	oxaziclomefone	0.009 1	
143	噁霜灵	oxadixyl	0.01	
144	噁唑禾草灵	fenoxaprop-ethyl	0.002 5	
145	噁唑菌酮	famoxadone	0.006	
146	噁唑酰草胺	metamifop	0.017	
147	二苯胺	diphenylamine	0.08	
148	二甲戊灵	pendimethalin	0.03	
149	二氯吡啶酸	clopyralid	0.15	
150	二氯喹啉酸	quinclorac	0.3	
151	二氯异氰尿酸钠	sodium dichloroisocyanurate	0.007 1	
152	二嗪磷	diazinon	0.005	
153	二氰蒽醌	dithianon	0.01	
154	二溴磷	naled	0.002	
155	粉唑醇	flutriafol	0.01	
156	砜嘧磺隆	rimsulfuron	0.1	
157	伏杀硫磷	phosalone	0.02	
158	呋草酮	flurtamone	0.02	
159	呋虫胺	dinotefuran	0.2	
160	呋喃虫酰肼	fufenozide	0.29	
161	氟胺氰菊酯	tau-fluvalinate	0.005	
162	氟胺氰菊酯 DL 异构体	fluvalinate	0.005	
163	氟苯虫酰胺	flubendiamide	0.02	
164	氟苯脲	teflubenzuron	0.01	
165	氟吡磺隆	flucetosulfuron	0.041	
166	氟吡禾灵	haloxyfop	0.000 7	
167	氟吡甲禾灵	haloxyfop-methyl	0.000 7	

表 1（续）

序号	农药名称	农药英文名称	ADI,mg/kg bw	备注
168	氟吡菌胺	fluopicolide	0.08	
169	氟吡菌酰胺	fluopyram	0.01	
170	氟虫腈	fipronil	0.000 2	
171	氟虫脲	flufenoxuron	0.04	
172	氟啶胺	fluazinam	0.01	
173	氟啶草酮	fluridone	0.15	
174	氟啶虫胺腈	sulfoxaflor	0.05	
175	氟啶虫酰胺	flonicamid	0.025	
176	氟啶脲	chlorfluazuron	0.005	
177	氟硅唑	flusilazole	0.007	
178	氟环唑	epoxiconazole	0.02	
179	氟磺胺草醚	fomesafen	0.002 5	
180	氟磺隆	prosulfuron	0.03	
181	氟节胺	flumetralin	0.5	
182	氟菌唑	triflumizole	0.035	
183	氟乐灵	trifluralin	0.025	
184	氟铃脲	hexaflumuron	0.02	
185	氟硫草定	dithiopyr	0.003 6	
186	氟咯草酮	flurochloridone	0.04	
187	氟氯氰菊酯	cyfluthrin	0.04	
188	氟吗啉	flumorph	0.16	
189	氟氰戊菊酯	flucythrinate	0.02	
190	氟鼠灵	flocoumafen	0.000 001	
191	氟烯草酸	flumiclorac/flumiclorac-pentyl	1	
192	氟酰胺	flutolanil	0.09	
193	氟酰脲	novaluron	0.01	
194	氟唑磺隆	flucarbazone-sodium	0.36	
195	福美双	thiram	0.01	
196	福美锌	ziram	0.003	
197	腐霉利	procymidone	0.1	
198	复硝酚钠	sodium nitrophenolate	0.003	
199	高效反式氯氰菊酯	theta-cypermethrin	0.02	
200	高效氟吡甲禾灵	haloxyfop-P-methyl	0.000 7	
201	高效氟氯氰菊酯	beta-cyfluthrin	0.04	
202	高效氯氟氰菊酯	lambda-cyhalothrin	0.02	
203	高效氯氰菊酯	beta-cypermethrin	0.05	
204	硅丰环	silatrane	0.003	
205	硅噻菌胺	silthiopham	0.064	临时 ADI
206	禾草丹	thiobencarb	0.007	
207	禾草敌	molinate	0.001	
208	禾草灵	diclofop-methyl	0.002	
209	环丙嘧磺隆	cyclosulfamuron	0.015	临时 ADI
210	环丙唑醇	cyproconazole	0.02	
211	环庚草醚	cinmethylin	0.01	
212	环嗪酮	hexazinone	0.05	
213	环戊噁草酮	pentoxazone	0.23	
214	环酰菌胺	fenhexamid	0.2	
215	环酯草醚	pyriftalid	0.005 6	
216	磺草灵	asulam	0.36	

表1（续）

序号	农药名称	农药英文名称	ADI，mg/kg bw	备注
217	磺草酮	sulcotrione	0.000 4	
218	己唑醇	hexaconazole	0.005	
219	甲氨基阿维菌素	abamectin aminomethyl	0.000 5	
220	甲氨基阿维菌素苯甲酸盐	emamectin benzoate	0.000 5	
221	甲胺磷	methamidophos	0.004	
222	甲拌磷	phorate	0.000 7	
223	甲苯氟磺胺	tolylfluanid	0.08	
224	甲草胺	alachlor	0.01	
225	甲磺草胺	sulfentrazone	0.14	
226	甲磺隆	metsulfuron-methyl	0.25	
227	甲基吡噁磷	azamethiphos	0.003	
228	甲基碘磺隆钠盐	iodosulfuron-methyl-sodium	0.03	
229	甲基毒死蜱	chlorpyrifos-methyl	0.01	
230	甲基对硫磷	parathion-methyl	0.003	
231	甲基二磺隆	mesosulfuron-methyl	1.55	
232	甲基立枯磷	tolclofos-methyl	0.07	
233	甲基硫菌灵	thiophanate-methyl	0.08	
234	甲基嘧啶磷	pirimiphos-methyl	0.03	
235	甲基异柳磷	isofenphos-methyl	0.003	
236	甲硫威	methiocarb	0.02	
237	甲咪唑烟酸	imazapic	0.5	
238	甲嘧磺隆	sulfometuron-methyl	0.275	
239	甲萘威	carbaryl	0.008	
240	甲哌鎓	mepiquat chloride	0.195	
241	甲氰菊酯	fenpropathrin	0.03	
242	甲霜灵	metalaxyl	0.08	
243	甲羧除草醚	bifenox	0.3	
244	甲酰氨基嘧磺隆	foramsulfuron	0.5	
245	甲氧虫酰肼	methoxyfenozide	0.1	
246	甲氧咪草烟	imazamox	9	
247	腈苯唑	fenbuconazole	0.03	
248	腈菌唑	myclobutanil	0.03	
249	精吡氟禾草灵	fluazifop-P-butyl	0.007 4	
250	精噁唑禾草灵	fenoxaprop-P	0.002 5	
251	精二甲吩草胺	dimethenamid-P	0.07	
252	精高效氯氟氰菊酯	gamma cyhalothrin	0.000 5	
253	精甲霜灵	metalaxyl-M	0.08	
254	精喹禾灵	quizalofop-P-ethyl	0.000 9	
255	精异丙甲草胺	s-metolachlor	0.1	
256	井冈霉素	jingangmycin A	0.1	
257	久效磷	monocrotophos	0.000 6	
258	抗倒酯	trinexapac-ethyl	0.32	
259	抗蚜威	pirimicarb	0.02	
260	克百威	carbofuran	0.001	
261	克草胺	ethachlor	0.07	
262	克菌丹	captan	0.1	
263	苦参碱	matrine	0.1	
264	喹禾糠酯	quizalofop-P-tefuryl	0.013	
265	喹禾灵	quizalofop	0.000 9	

表1（续）

序号	农药名称	农药英文名称	ADI,mg/kg bw	备注
266	喹啉铜	oxine-copper	0.02	
267	喹硫磷	quinalphos	0.000 5	
268	喹螨醚	fenazaquin	0.005	
269	喹氧灵	quinoxyfen	0.2	
270	乐果	dimethoate	0.002	
271	利谷隆	linuron	0.003	
272	联苯肼酯	bifenazate	0.01	
273	联苯菊酯	bifenthrin	0.01	
274	联苯三唑醇	bitertanol	0.01	
275	链霉素	*streptomycin*	0.05	
276	邻苯基苯酚	2-phenylphenol	0.4	
277	邻苯基苯酚钠	sodium orthophenylphenoxide	0.4	
278	邻硝基苯酚铵	ammonium-ortho-nitrophenolate	0.003	
279	邻硝基苯酚钾	potassium ortho-nitrophenolate	0.003	
280	邻硝基苯酚钠	sodium ortho-nitrophenolate	0.003	
281	林丹	lindane	0.005	
282	磷胺	phosphamidon	0.000 5	
283	磷化钙	calcium phosphide	0.03	
284	磷化铝	aluminium phosphide	0.019	
285	磷化镁	megnesium phosphide	0.022	
286	磷化氢	phosphine	0.011	
287	磷化锌	zinc phosphide	0.042	
288	硫丹	endosulfan	0.006	
289	硫环磷	phosfolan	0.005	临时 ADI
290	硫双威	thiodicarb	0.03	
291	硫酸链霉素	*streptomycin sulfate*	0.05	
292	硫酸铜	copper sulfate	0.15	
293	硫酰氟	sulfuryl fluoride	0.01	
294	硫线磷	cadusafos	0.000 5	
295	六六六	BHC	0.005	
296	螺虫乙酯	spirotetramat	0.05	
297	螺螨酯	spirodiclofen	0.01	
298	咯菌腈	fludioxonil	0.4	
299	绿麦隆	chlortoluron	0.04	
300	氯氨吡啶酸	aminopyralid	0.9	
301	氯苯胺灵	chlorpropham	0.05	
302	氯苯嘧啶醇	fenarimol	0.01	
303	氯吡嘧磺隆	halosulfuron methyl	0.1	
304	氯吡脲	forchlorfenuron	0.07	
305	氯丙嘧啶酸	aminocyclopyrachlor	0.35	
306	氯虫苯甲酰胺	chlorantraniliprole	2	
307	氯丹	chlordane	0.000 5	
308	氯啶菌酯	lvdingjunzhi	0.05	临时 ADI
309	氯氟吡氧乙酸	fluroxypyr	1	
310	氯氟吡氧乙酸异辛酯	fluroxypyr-meptyl	1	
311	氯氟氰菊酯	cyhalothrin	0.02	
312	氯化苦	chloropicrin	0.001	
313	氯磺隆	chlorsulfuron	0.2	
314	氯菊酯	permethrin	0.05	

表1（续）

序号	农药名称	农药英文名称	ADI,mg/kg bw	备注
315	氯嘧磺隆	chlorimuron-ethyl	0.09	
316	氯氰菊酯	cypermethrin	0.02	
317	氯噻啉	imidaclothiz	0.025	
318	氯硝胺	dicloran	0.01	
319	氯溴异氰尿酸	chloroisobromine cyanuric acid	0.007	
320	氯酯磺草胺	cloransulam-methyl	0.05	
321	氯唑磷	isazofos	0.000 05	临时 ADI
322	马拉硫磷	malathion	0.3	
323	麦草畏	dicamba	0.3	
324	咪鲜胺	prochloraz	0.01	
325	咪鲜胺锰盐	prochloraz-manganese chloride complex	0.01	
326	咪唑喹啉酸	imazaquin	0.25	
327	咪唑烟酸	imazapyr	2.5	
328	咪唑乙烟酸	imazethapyr	2.5	
329	醚苯磺隆	triasulfuron	0.01	
330	醚磺隆	cinosulfuron	0.077	
331	醚菊酯	etofenprox	0.03	
332	醚菌酯	kresoxim-methyl	0.4	
333	嘧苯胺磺隆	orthosulfamuron	0.05	
334	嘧草醚	pyriminobac-methyl	0.02	
335	嘧啶磷	pirimiphos-ethyl	0.000 2	
336	嘧啶肟草醚	pyribenzoxim	2.5	
337	嘧菌环胺	cyprodinil	0.03	
338	嘧菌酯	azoxystrobin	0.2	
339	嘧霉胺	pyrimethanil	0.2	
340	棉隆	dazomet	0.01	
341	灭草松	bentazone	0.1	
342	灭多威	methomyl	0.02	
343	灭菌丹	folpet	0.1	
344	灭菌唑	triticonazole	0.025	
345	灭瘟素	blasticidin-S	0.01	临时 ADI
346	火线磷	ethoprophos	0.000 4	
347	灭锈胺	mepronil	0.05	临时 ADI
348	灭蚁灵	mirex	0.000 2	
349	灭蝇胺	cyromazine	0.06	
350	灭幼脲	chlorbenzuron	1.25	
351	萘乙酸	1-naphthylacetic acid	0.15	
352	萘乙酸钠	sodium 1-naphthalacitic acid	0.15	
353	内吸磷	demeton	0.000 04	
354	宁南霉素	*ningnanmycin*	0.24	
355	哌草丹	dimepiperate	0.001	临时 ADI
356	扑草净	prometryn	0.04	
357	扑灭津	propazine	0.018	
358	七氯	heptachlore	0.000 1	
359	嗪氨灵	triforine	0.02	
360	嗪草酸甲酯	fluthiacet-methyl	0.001	
361	嗪草酮	metribuzin	0.013	
362	氢氧化铜	copper hydroxide	0.15	
363	氰氨化钙	calcium cyanamide	0.002	

表 1（续）

序号	农药名称	农药英文名称	ADI,mg/kg bw	备注
364	氰草津	cyanazine	0.002	
365	氰氟草酯	cyhalofop-butyl	0.01	
366	氰氟虫腙	metaflumizone	0.1	
367	氰化物	cyanide	0.05	
368	氰霜唑	cyazofamid	0.17	
369	氰戊菊酯	fenvalerate	0.02	
370	氰烯菌酯	phenamacril	0.28	
371	炔苯酰草胺	propyzamide	0.02	
372	炔草酯	clodinafop-propargyl	0.000 3	
373	炔螨特	propargite	0.01	
374	壬菌铜	cuppric nonyl phenolsulfonate	0.025	
375	乳氟禾草灵	lactofen	0.008	
376	噻苯隆	thidiazuron	0.04	
377	噻虫胺	clothianidin	0.1	
378	噻虫啉	thiacloprid	0.01	
379	噻虫嗪	thiamethoxam	0.08	
380	噻吩磺隆	thifensulfuron-methyl	0.07	
381	噻呋酰胺	thifluzamide	0.014	
382	噻节因	dimethipin	0.02	
383	噻菌灵	thiabendazole	0.1	
384	噻菌铜	thiediazole copper	0.000 78	
385	噻螨酮	hexythiazox	0.03	
386	噻霉酮	benziothiazolinone	0.017	
387	噻嗪酮	buprofezin	0.009	
388	噻唑膦	fosthiazate	0.004	
389	噻唑锌	zinc thiazole	0.01	
390	三苯基氢氧化锡	fentin hydroxide	0.000 5	
391	三苯基乙酸锡	fentin acetate	0.000 5	
392	三氟啶磺隆钠盐	trifloxysulfuron sodium	0.15	
393	三氟甲吡醚	pyridalyl	0.03	
394	三氟羧草醚	acifluorfen sodium	0.013	
395	三环锡	cyhexatin	0.003	
396	三环唑	tricyclazole	0.04	
397	三甲苯草酮	tralkoxydim	0.005	
398	三氯吡氧乙酸	triclopyr	0.03	
399	三氯杀螨醇	dicofol	0.002	
400	三氯杀螨砜	tetradifon	0.02	
401	三氯异氰尿酸	trichloroiso cyanuric acid	0.007	
402	三乙膦酸铝	fosetyl-aluminium	3	
403	三唑醇	triadimenol	0.03	
404	三唑磷	triazophos	0.001	
405	三唑酮	triadimefon	0.03	
406	三唑锡	azocyclotin	0.003	
407	杀草强	amitrole	0.002	
408	杀虫安	profurite-aminium	0.01	
409	杀虫单	thiosultap-monosodium	0.01	
410	杀虫环	thiocyclam	0.05	
411	杀虫脒	chlordimeform	0.001	临时 ADI
412	杀虫双	bisultap	0.01	

表1（续）

序号	农药名称	农药英文名称	ADI,mg/kg bw	备注
413	杀虫畏	tetrachlorvinphos	0.042 3	
414	杀铃脲	triflumuron	0.014	
415	杀螺胺	niclosamide	1	临时 ADI
416	杀螺胺乙醇胺盐	niclosamide ethanolamine	1	临时 ADI
417	杀螟丹	cartap	0.1	
418	杀螟硫磷	fenitrothion	0.006	
419	杀扑磷	methidathion	0.001	
420	杀线威	oxamyl	0.009	
421	杀雄啉	sintofen	0.091	
422	莎稗磷	anilofos	0.001	
423	申嗪霉素	phenazino-1-carboxylic acid	0.002 8	
424	生物苄呋菊酯	bioresmethrin	0.03	
425	虱螨脲	lufenuron	0.015	
426	十三吗啉	tridemorph	0.01	
427	双草醚	bispyribac-sodium	0.01	
428	双氟磺草胺	florasulam	0.05	
429	双胍三辛烷基苯磺酸盐	*iminoctadine tris（albesilate）*	0.009	
430	双甲脒	amitraz	0.01	
431	双硫磷	temephos	0.000 5	临时 ADI
432	双炔酰菌胺	mandipropamid	0.2	
433	双酰草胺	carbetamide	0.06	
434	霜霉威	propamocarb	0.4	
435	霜霉威盐酸盐	propamocarb hydrochloride	0.4	
436	霜脲氰	cymoxanil	0.013	
437	水胺硫磷	isocarbophos	0.003	
438	顺式氯氰菊酯	alpha-cypermethrin	0.02	
439	四氟醚唑	tetraconazole	0.004	
440	四聚乙醛	metaldehyde	0.01	
441	四氯苯酞	fthalide	0.15	临时 ADI
442	四氯硝基苯	tecnazene	0.02	
443	四螨嗪	clofentezine	0.02	
444	四溴菊酯	tralomethrin	0.01	
445	特草定	terbacil	0.014	
446	特丁津	terbuthylazine	0.003	
447	特丁净	terbutryn	0.1	
448	特丁硫磷	terbufos	0.000 6	
449	涕灭威	aldicarb	0.003	
450	甜菜安	desmedipham	0.04	
451	甜菜宁	phenmedipham	0.03	
452	调环酸钙	prohexadione calcium	0.2	
453	土菌灵	etridiazole	0.015	
454	脱叶磷	tribufos	0.001	
455	王铜	copper oxychloride	0.15	
456	威百亩	metam-sodium	0.001	
457	萎锈灵	carboxin	0.008	
458	肟菌酯	trifloxystrobin	0.04	
459	五氟磺草胺	penoxsulam	0.147	
460	五氯酚	PCP	0.005	
461	五氯硝基苯	quintozene	0.01	

表1（续）

序号	农药名称	农药英文名称	ADI,mg/kg bw	备注
462	戊菌唑	penconazole	0.03	
463	戊唑醇	tebuconazole	0.03	
464	西草净	simetryn	0.025	
465	西玛津	simazine	0.018	
466	烯丙苯噻唑	probenazole	0.07	
467	烯草酮	clethodim	0.01	
468	烯啶虫胺	nitenpyram	0.53	
469	烯禾啶	sethoxydim	0.14	
470	烯肟菌胺	xiwojunan	0.069	
471	烯肟菌酯	enestroburin	0.024	
472	烯酰吗啉	dimethomorph	0.2	
473	烯效唑	uniconazole	0.02	
474	烯效唑（S 异构体）	uniconazole-P	0.02	
475	烯唑醇	diniconazole	0.005	
476	酰嘧磺隆	amidosulfuron	0.2	
477	硝虫硫磷	xiaochongliulin	0.01	
478	硝磺草酮	mesotrione	0.01	
479	硝基腐殖酸铜	nitrohumic acid ＋ copper sulfate	0.15	
480	缬霉威	iprovalicarb	0.026 2	
481	辛菌胺	xinjunan	0.028	
482	辛硫磷	phoxim	0.004	
483	辛酰溴苯腈	bromoxynil octanoate	0.015	
484	溴苯腈	bromoxynil	0.01	
485	溴敌隆	bromadiolone	0.000 002	
486	溴甲烷	methyl bromide	1	
487	溴菌腈	bromothalonil	0.001	临时 ADI
488	溴螨酯	bromopropylate	0.03	
489	溴氰菊酯	deltamethrin	0.01	
490	溴鼠灵	brodifacoum	0.000 000 5	
491	溴硝醇	bronopol	0.02	
492	蚜灭磷	vamidothion	0.008	
493	亚胺硫磷	phosmet	0.01	
494	亚胺唑	imibenconazole	0.009 8	
495	亚砜磷	oxydemeton-methyl	0.000 3	
496	烟碱	nicotine	0.000 8	
497	烟嘧磺隆	nicosulfuron	2	
498	氧化亚铜	cuprous oxide	0.15	
499	氧乐果	omethoate	0.000 3	
500	野麦畏	triallate	0.025	
501	野燕枯	difenzoquat	0.25	
502	依维菌素	ivermectin	0.001	
503	乙拌磷	disulfoton	0.000 3	
504	乙草胺	acetochlor	0.02	
505	乙虫腈	ethiprole	0.005	
506	乙基多杀菌素	spinetoram	0.05	
507	乙硫磷	ethion	0.002	
508	乙螨唑	etoxazole	0.05	
509	乙霉威	diethofencarb	0.004	
510	乙嘧酚	ethirimol	0.035	

表1（续）

序号	农药名称	农药英文名称	ADI, mg/kg bw	备注
511	乙酸铜	copper acetate	0.15	
512	乙蒜素	ethylicin	0.001	
513	乙羧氟草醚	fluoroglycofen-ethyl	0.01	
514	乙烯菌核利	vinclozolin	0.01	
515	乙烯利	ethephon	0.05	
516	乙酰甲胺磷	acephate	0.03	
517	乙氧呋草黄	ethofumesate	0.07	
518	乙氧氟草醚	oxyfluorfen	0.03	
519	乙氧磺隆	ethoxysulfuron	0.04	
520	乙氧喹啉	ethoxyquin	0.005	
521	异丙草胺	propisochlor	0.013	
522	异丙甲草胺	metolachlor	0.1	
523	异丙隆	isoproturon	0.015	
524	异丙威	isoprocarb	0.002	
525	异稻瘟净	iprobenfos	0.035	
526	异狄氏剂	endrin	0.000 2	
527	异噁草松	clomazone	0.133	
528	异噁唑草酮	isoxaflutole	0.02	
529	异菌脲	iprodione	0.06	
530	抑霉唑	imazalil	0.03	
531	抑芽丹	maleic hydrazide	0.3	
532	茵草敌	EPTC	0.025	
533	印楝素	azadirachtin	0.1	
534	茚虫威	indoxacarb	0.01	
535	蝇毒磷	coumaphos	0.000 3	
536	莠灭净	ametryn	0.072	
537	莠去津	atrazine	0.02	
538	鱼藤酮	rotenone	0.000 4	
539	藻酸丙二醇酯	propylene glycol alginate	70	
540	增效醚	piperonyl butoxide	0.2	
541	治螟磷	sulfotep	0.001	
542	中生菌素	zhongshengmycin	0.020	
543	种菌唑	ipconazole	0.015	
544	仲丁灵	butralin	0.2	
545	仲丁威	fenobucarb	0.06	
546	唑胺菌酯	pyrametostrobin	0.004	临时 ADI
547	唑草酮	carfentrazone-ethyl	0.03	
548	唑虫酰胺	tolfenpyrad	0.006	
549	唑菌酯	pyraoxystrobin	0.001 3	临时 ADI
550	唑啉草酯	pinoxaden	0.3	
551	唑螨酯	fenpyroximate	0.01	
552	唑嘧磺草胺	flumetsulam	1	
553	唑嘧菌胺	ametoctradin	10	
554	唑蚜威	triazamate	0.000 2	

ICS 65.020.01
B 13

NY

中华人民共和国农业行业标准

NY/T 2875—2015

蚊香类产品健康风险评估指南

Guidance on health risk assessment of
mosquito coils, vaporizing mats and liquid vaporizers

2015-12-29 发布
2016-04-01 实施

中华人民共和国农业部 发布

前　言

本标准按照 GB/T 1.1—2009 给出的规则起草。

本标准由农业部种植业管理司提出并归口。

本标准起草单位：农业部农药检定所。

本标准主要起草人：陶传江、张丽英、孟宇晰、陶岭梅、闫艺舟、李敏、刘然、马晓东、李重九、叶纪明。

蚊香类产品健康风险评估指南

1 范围

本标准规定了蚊香类产品居民健康风险评估程序、方法和评价标准。

本标准适用于室内使用蚊香类产品(包括蚊香、电热蚊香片、电热蚊香液等)对居民的健康风险评估。

2 规范性引用文件

下列文件对于本文件的应用是必不可少的。凡是注日期的引用文件,仅注日期的版本适用于本文件。凡是不注日期的引用文件,其最新版本(包括所有的修改单)适用于本文件。

GB/T 19378—2003 农药剂型名称及代码

3 术语和定义

GB/T 19378—2003 界定的以及下列术语和定义适用于本文件。

3.1

蚊香 coils

用于驱杀蚊虫,可点燃发烟的螺旋形盘状制剂。

[引自 GB/T 19378—2003,定义 2.2.1.4.8]

3.2

电热蚊香片 mats

与驱蚊器配套使用,驱杀蚊虫的片状制剂。

[引自 GB/T 19378—2003,定义 2.5.3.3]

3.3

电热蚊香液 liquid vaporizers

与驱蚊器配套使用,驱杀蚊虫用的均相液体制剂。

[引自 GB/T 19378—2003,定义 2.5.3.4]

3.4

未观察到有害作用剂量水平 no observed adverse effect level,NOAEL

在规定的试验条件下,用现有技术手段或检测指标,未能观察到与染毒有关的有害效应的受试物的最高剂量或浓度。

3.5

观察到有害作用最低剂量水平 lowest observed adverse effect level,LOAEL

在规定的试验条件下,用现有技术手段或检测指标,观察到与染毒有关的有害效应的受试物最低剂量或浓度。

3.6

居民允许暴露量 acceptable residential exposure level,AREL

居民通过正常使用而暴露于某种卫生杀虫剂产品,不会对人体造成明显健康危害的量。

3.7

不确定系数 uncertainty factor,UF

在制定居民允许暴露量时,存在实验动物数据外推和数据质量等因素引起的不确定性,为了减少上述不确定性,一般将从实验动物毒性试验中得到的数据缩小一定的倍数得出 AREL,这种缩小的倍数即为不确定系数。

3.8

暴露量 exposure

居民在特定场景中通过不同途径接触化合物的量。

3.9

风险系数 risk quotient,RQ

暴露量与居民允许暴露量的比值。

4 评估程序

在综合评价毒理学数据基础上,考虑实验动物和人的种间差异及人群的个体差异,运用不确定系数,推导居民在一定时期内持续使用蚊香类产品并暴露于该环境下的允许暴露量。

综合考虑蚊香类产品理化参数、居室条件、居民体质、生活习惯和使用习惯等因素,计算居民使用蚊香类产品过程中及使用后的暴露量。

以风险系数(RQ)表征蚊香类产品对居民健康的风险。

风险评估可以采取分级评估的方式,从保守估算到更加接近实际。初级风险评估应具有足够的保护性,采用较多的默认参数。当初级风险评估结果显示风险不可接受时,可以通过优化参数等方式开展更符合实际的高级风险评估,参数优化可以从危害评估和暴露评估两方面进行。本标准重点阐释蚊香类产品的初级风险评估方法。

5 评估方法

风险评估针对蚊香产品中的单个或多个有效成分,毒理学数据的选择应与产品使用周期相符。鉴于行为习惯之间的差异,本标准对成人及幼儿分别进行风险评估,并将暴露途径分为 3 种,即呼吸暴露、经皮暴露和经口暴露(经口暴露仅对幼儿)。

5.1 危害评估

5.1.1 确定 NOAEL

NOAEL 是在分析评价相关毒理资料的基础上,找到敏感动物敏感的终点,并且经过数据评价和统计分析获得的。

5.1.1.1 全面评价毒性

根据提交的登记毒理学资料,对毒理学特征进行全面分析和评估,掌握全部毒性信息。在毒性评价过程中,要特别注意农药是否存在致突变性、繁殖和发育毒性、致癌性、神经毒性等特殊毒性效应。除登记资料外,还可参考其他资料,如国际上权威机构或组织的相关评价报告、公开发表的有关文献等。

5.1.1.2 判定敏感终点

一般情况下,可用于制定 AREL 的资料为亚急(慢)性经口、经皮和吸入毒性试验等数据。通过分析和评价,获得最敏感动物的最敏感终点。

5.1.1.3 确定 NOAEL

根据敏感终点,选择最适合的试验,确定与制定农药 AREL 有关的 NOAEL。选择确定 NOAEL 时应说明所使用的试验数据和敏感的终点。

5.1.1.4 特殊情况

当缺乏某种特殊途径的试验数据时,如经皮试验,可使用相应周期的经口毒性试验结果,通过途径间外推的方法获得某种特定途径的 NOAEL,即经皮 NOAEL 可以用经口 NOAEL 除以透皮吸收率计算。当无法通过试验获得透皮吸收率时,透皮吸收率默认值为100%。

5.1.2 选择不确定系数

在推导AREL时,存在实验动物数据外推和数据质量等因素引起的不确定性,可采用不确定系数来减少上述不确定性。

不确定系数一般为100,即将实验动物的数据外推到一般人群(种间差异)以及从一般人群外推到敏感人群(种内差异)时所采用的系数。种间差异和种内差异的系数分别为10。

选择不确定系数时,除种间差异和种内差异外,还要考虑毒性资料的质量、可靠性、完整性、有害效应的性质以及试验条件与实际场景之间的匹配度等因素,再结合具体情况和有关资料,对不确定系数进行适当的放大或缩小。

选择不确定系数时,应针对具体情况进行分析和评估,并充分利用专家的经验。虽然存在多个不确定性因素,甚至在数据严重不足的情况下,不确定系数最大一般也不超过10 000。推导AREL过程中的不确定性来源及系数见表1。

表1 推导AREL过程中的不确定性来源及系数

不确定性来源	系数
从实验动物外推到一般人群	1~10
从一般人群外推到敏感人群	1~10
从LOAEL到NOAEL	1~10
从亚急性试验推导到亚慢性试验	1~10
出现严重毒性	1~10
试验数据不完整	1~10

5.1.3 计算AREL

确定NOAEL后,再除以适当的不确定系数,即可得到AREL。根据不同暴露途径的评估需要,应分别计算呼吸AREL、经皮AREL以及经口AREL。

AREL计算按式(1)计算。

$$AREL = \frac{NOAEL}{UF} \quad\quad\quad (1)$$

式中:
AREL ——居民允许暴露量,单位为毫克每千克体重(mg/kg体重);
NOAEL——未观察到有害作用剂量水平,单位为毫克每千克体重(mg/kg体重);
UF ——不确定系数。

5.2 暴露评估

5.2.1 确定主要影响因素

暴露量主要影响因素包括:
a) 蚊香类产品理化参数,包括有效成分含量、燃烧或使用时长、释放速率等;
b) 居民使用习惯,例如使用时间、场所、使用时家庭成员是否回避,是否开窗等;
c) 居室状况等,如居室的大小、空气交换率等。

5.2.2 建立暴露场景

暴露评估应建立具有保护性的暴露场景。保护性体现在对主要影响因素进行系统的调查、必要的测试后,选择现实中比较苛刻的情况,确保在初级评估阶段保证居民的安全。

建立的暴露场景描述如下:
——居民在相对较小的卧室内,在夜晚睡前开始使用蚊香类产品;
——开始使用后较短时间内进入睡眠,使用时不开窗;
——有效成分持续挥发到空气中,空气中的有效成分一部分经室内外空气交换被带走,一部分均匀沉积在居室表面；

——起床后，成人及幼儿在居室内活动一定的时间。

5.2.3 暴露量计算

按照暴露途径的不同，应分别计算呼吸暴露量、经皮暴露量以及经口暴露量（经口暴露仅对幼儿）。

暴露量计算应基于暴露场景，主要计算参数见附录 A。由于计算过程的复杂性，可以建立计算机软件辅助计算。

5.2.3.1 呼吸暴露量

呼吸暴露量的计算应包括两个阶段，一是居民睡眠过程中，以较低的呼吸速率吸入空气中的有效成分；二是室内活动过程中，以正常的呼吸速率吸入空气中的有效成分。按式（2）计算。

$$Exposure_{inh} = \frac{IR}{BW} \times \int_0^{ET} C(t)\,\mathrm{d}t \quad\cdots\cdots\cdots (2)$$

式中：

$Exposure_{inh}$——呼吸暴露量，单位为毫克每千克体重（mg/kg 体重）；

IR　　——呼吸速率，单位为立方米每小时（m^3/h）；

BW　　——体重，单位为千克（kg）；

ET　　——暴露时长，单位为小时（h）；

t　　——自开始使用蚊香类产品后的某一时刻，单位为小时（h）；

$C(t)$　　——某一时刻有效成分在空气中的浓度，单位为毫克每立方米（mg/m^3）。

5.2.3.2 经皮暴露量

经皮暴露量计算应包括两个阶段，一是室内活动过程中，接触到沉积在居室表面的有效成分；二是居民睡眠过程中，有效成分直接沉积在皮肤上。按式（3）计算。

$$Exposure_{der} = Exposure_{der}(motion) + Exposure_{der}(sleep) \quad\cdots\cdots\cdots (3)$$

式中：

$Exposure_{der}$　　　　——经皮暴露量，单位为毫克每千克体重（mg/kg 体重）；

$Exposure_{der}(motion)$　　活动中经皮暴露量，单位为毫克每千克体重（mg/kg 体重）；

$Exposure_{der}(sleep)$　——睡眠中经皮暴露量，单位为毫克每千克体重（mg/kg 体重）。

5.2.3.2.1 活动中经皮暴露量

室内活动过程中，单位时间内经皮暴露量按式（4）计算。

$$Exposure_{der}(motion) = \sum_{ST}^{ET} \frac{AdsR \times F_t \times TC}{BW} \quad\cdots\cdots\cdots (4)$$

式中：

ST　　——睡眠时长，单位为小时（h）；

$AdsR$——居室表面残留量，单位为毫克每平方米（mg/m^2）；

F_t　　——残留量可转移比例；

TC　　——转移系数，单位为平方米每小时（m^2/h）。

$AdsR$ 表示截至某一时刻单位居室表面的有效成分总量，按式（5）计算。

$$AdsR = \frac{AdH \times V}{A} \times \int_0^t C(t)\,\mathrm{d}t \quad\cdots\cdots\cdots (5)$$

式中：

AdH——沉积比率，单位为每小时（h^{-1}）；

V　　——房间体积，单位为立方米（m^3）；

A　　——房间面积，单位为平方米（m^2）。

5.2.3.2.2 睡眠中经皮暴露量

睡眠中经皮暴露量按式(6)计算。

$$Exposure_{der}(sleep) = \frac{AdH \times V \times SA}{BW \times A \times 2} \times \int_0^{ST} C(t)\,\mathrm{d}t \quad \cdots\cdots (6)$$

式中：

SA ——体表面积，单位为平方米(m²)。

综合以上参数，当释放速率不变时，$C(t)$的计算方式以蚊香类产品使用时长为界分为两个阶段：

当 $t \leqslant UL$ 时，按式(7)计算。

$$C(t) = \frac{ER}{(ACH + AdH) \times V} \times \left[1 - e^{-(ACH+AdH) \times t}\right] \quad \cdots\cdots (7)$$

当 $t > UL$ 时，按式(8)计算。

$$C(t) = \frac{ER}{(ACH + AdH) \times V} \times \left[1 - e^{-(ACH+AdH) \times UL}\right] \times e^{-(ACH+AdH) \times (t-UL)} \quad \cdots\cdots (8)$$

式中：

ER ——有效成分的释放速率，单位为毫克每小时(mg/h)；

ACH ——空气交换率，单位为每小时(h^{-1})；

UL ——产品的使用时长，单位为小时(h)。

5.2.3.3 经口暴露量

经口暴露包括手至口、物体至口两种途径，经口暴露总量为两种途径暴露量之和。按式(9)计算。

$$Exposure_{oral} = Exposure_{HtM} + Exposure_{OtM} \quad \cdots\cdots (9)$$

式中：

$Exposure_{oral}$ ——经口暴露量，单位为毫克每千克体重(mg/kg 体重)；

$Exposure_{HtM}$ ——手至口暴露量，单位为毫克每千克体重(mg/kg 体重)；

$Exposure_{OtM}$ ——物体至口暴露量，单位为毫克每千克体重(mg/kg 体重)。

5.2.3.3.1 手至口暴露量

手至口暴露量按式(10)计算。

$$Exposure_{HtM} = \sum_{ST}^{ET} \frac{HR \times (F_M \times SA_H) \times N\_Replen \times \left[1 - (1-SE)^{\frac{Freq\_HtM}{N\_Replen}}\right]}{BW} \quad \cdots\cdots (10)$$

式中：

HR ——手部残留量，单位为毫克每平方厘米(mg/cm²)；

F_M ——手入口面积比；

SA_H ——单手表面积，单位为平方厘米(cm²)；

N_Replen ——残留更新次数，单位为每小时(h^{-1})；

SE ——唾液提取率；

$Freq\_HtM$ ——手—口接触频率，单位为每小时(h^{-1})。

HR 表示手部因接触居室表面而携带的有效成分量，按式(11)计算。

$$HR = \frac{Fai_{hands} \times AdsR \times F_t \times TC}{SA_H \times 2} \quad \cdots\cdots (11)$$

式中：

Fai_{hands} ——手部残留比例。

5.2.3.3.2 物体至口暴露量

物体至口暴露量按式(12)计算。

$$Exposure_{OtM} = \sum_{ST}^{ET} \frac{OR \times SAM \times N\_Replen \times \left[1 - (1-SE)^{\frac{Freq\_OtM}{N\_Replen}}\right]}{BW} \quad \cdots\cdots (12)$$

式中：

OR ——物体转移残留量,单位为毫克每平方厘米(mg/cm²);

SAM ——物体入口表面积,单位为平方厘米(cm²);

$Freq\_OtM$ ——物体—口接触频率,单位为每小时(h⁻¹)。

OR 表示玩具等物体因接触居室表面而携带的有效成分量,按式(13)计算。

$$OR = AdsR \times F_t \qquad (13)$$

5.3 风险表征

5.3.1 风险系数(RQ)的计算

风险系数(RQ)按式(14)计算。

$$RQ = \frac{Exposure}{AREL} \qquad (14)$$

式中:

RQ ——风险系数;

$Exposure$ ——暴露量,单位为毫克每千克体重(mg/kg 体重)。

5.3.2 风险表征

应分别计算成人呼吸、经皮风险系数,以及幼儿呼吸、经皮、经口风险系数,最后以加和的方式分别计算成人及幼儿的综合风险系数。按式(15)计算。

$$RQ = RQ_{inh} + RQ_{der} + RQ_{oral} \qquad (15)$$

式中:

RQ_{inh} ——呼吸暴露风险系数;

RQ_{der} ——经皮暴露风险系数;

RQ_{oral} ——经口暴露风险系数。

若综合风险系数≤1,即暴露量小于或等于居民允许暴露量,则风险可接受;若综合风险系数>1,则风险不可接受。

如产品中存在 2 种或 2 种以上有效成分,且毒理学作用机制相似,应以加和的方式计算混剂的风险系数。

附　录　A
（规范性附录）
主　要　参　数

主要参数见表 A.1。

表 A.1　主要参数

项目	参数名	推荐值
产品	蚊香单盘质量	以标签标注或产品规格为准
	蚊香有效成分含量	质量或百分含量,以标签标注为准
	蚊香燃烧时间	8 h
	电热蚊香片有效成分含量	质量,以标签标注为准
	电热蚊香片使用时长	8 h
	电热蚊香液总质量	以标签标注或产品规格为准
	电热蚊香液有效成分含量	质量或百分含量,以标签标注为准
	电热蚊香液使用时长	以标签标注为准
	电热蚊香液每日使用时长	8 h
房间	房间体积	28 m³
	房间高度	2.5 m
	房间面积	11.2 m²
	空气交换率	0.5 h⁻¹
	沉积比率	0.1 h⁻¹
	残留量可转移比例	0.08
成人	呼吸速率（睡眠）	0.29 m³/h
	呼吸速率（活动）	0.64 m³/h
	体重	63 kg
	体表面积	1.95 m²
	转移系数	0.68 m²/h
	暴露时间	12 h
	睡眠时间	8 h
幼儿	呼吸速率（睡眠）	0.27 m³/h
	呼吸速率（活动）	0.33 m³/h
	体重	11.4 kg
	体表面积	0.53 m²
	转移系数	0.18 m²/h
	暴露时间	12 h
	睡眠时间	8 h
	手入口面积比	0.127
	残留更新次数	4 h⁻¹
	唾液提取率	0.48
	手—口接触频率	20 h⁻¹
	手部残留比例	0.15
	单手表面积	150 cm²
	物体入口表面积	10 cm²
	物体—口接触频率	14 h⁻¹

附录

中华人民共和国农业部公告
第 2224 号

  根据《中华人民共和国兽药管理条例》和《中华人民共和国饲料和饲料添加剂管理条例》规定,《饲料中赛地卡霉素的测定　高效液相色谱法》等4项标准业经专家审定通过,现批准发布为中华人民共和国国家标准,自2015年4月1日起实施。

  特此公告。

  附件:《饲料中赛地卡霉素的测定　高效液相色谱法》等4项农业国家标准目录

农业部

2015年1月30日

附件：

《饲料中赛地卡霉素的测定　高效液相色谱法》等
4 项农业国家标准目录

序号	标准名称	标准代号
1	饲料中赛地卡霉素的测定　高效液相色谱法	农业部 2224 号公告—1—2015
2	饲料中炔雌醇的测定　高效液相色谱法	农业部 2224 号公告—2—2015
3	饲料中雌二醇的测定　液相色谱—串联质谱法	农业部 2224 号公告—3—2015
4	饲料中苯丙酸诺龙的测定　高效液相色谱法	农业部 2224 号公告—4—2015

中华人民共和国农业部公告
第 2227 号

　　《尿素硝酸铵溶液》等 86 项标准业经专家审定通过,现批准发布为中华人民共和国农业行业标准,自 2015 年 5 月 1 日起实施。

　　特此公告。

　　附件:《尿素硝酸铵溶液》等 86 项农业行业标准目录

农业部

2015 年 2 月 9 日

附件：

《尿素硝酸铵溶液》等 86 项农业行业标准目录

序号	标准号	标准名称	代替标准号
1	NY 2670—2015	尿素硝酸铵溶液	
2	NY/T 2671—2015	甘味绞股蓝生产技术规程	
3	NY/T 2672—2015	茶粉	
4	NY/T 2673—2015	棉花术语	
5	NY/T 2674—2015	水稻机插钵形毯状育秧盘	
6	NY/T 2675—2015	棉花良好农业规范	
7	NY/T 2676—2015	棉花抗盲椿象性鉴定方法	
8	NY/T 2677—2015	农药沉积率测定方法	
9	NY/T 2678—2015	马铃薯 6 种病毒的检测　RT-PCR 法	
10	NY/T 2679—2015	甘蔗病原菌检测规程　宿根矮化病菌　环介导等温扩增检测法	
11	NY/T 2680—2015	鱼塘专用稻种植技术规程	
12	NY/T 2681—2015	梨苗木繁育技术规程	
13	NY/T 2682—2015	酿酒葡萄生产技术规程	
14	NY/T 2683—2015	农田主要地下害虫防治技术规程	
15	NY/T 2684—2015	苹果树腐烂病防治技术规程	
16	NY/T 2685—2015	梨小食心虫综合防治技术规程	
17	NY/T 2686—2015	旱作玉米全膜覆盖技术规范	
18	NY/T 2687—2015	刺萼龙葵综合防治技术规程	
19	NY/T 2688—2015	外来入侵植物监测技术规程　长芒苋	
20	NY/T 2689—2015	外来入侵植物监测技术规程　少花蒺藜草	
21	NY/T 2690—2015	蒙古羊	
22	NY/T 2691—2015	内蒙古细毛羊	
23	NY/T 2692—2015	奶牛隐性乳房炎快速诊断技术	
24	NY/T 2693—2015	斑点叉尾鲴配合饲料	
25	NY/T 2694—2015	饲料添加剂氨基酸锰及蛋白锰络（螯）合强度的测定	
26	NY/T 2695—2015	牛遗传缺陷基因检测技术规程	
27	NY/T 2696—2015	饲草青贮技术规程　玉米	
28	NY/T 2697—2015	饲草青贮技术规程　紫花苜蓿	
29	NY/T 2698—2015	青贮设施建设技术规范　青贮窖	
30	NY/T 2699—2015	牧草机械收获技术规程　苜蓿干草	
31	NY/T 2700—2015	草地测土施肥技术规程　紫花苜蓿	
32	NY/T 2701—2015	人工草地杂草防除技术规范　紫花苜蓿	
33	NY/T 2702—2015	紫花苜蓿主要病害防治技术规程	
34	NY/T 2703—2015	紫花苜蓿种植技术规程	
35	NY/T 2704—2015	机械化起垄全铺膜作业技术规范	
36	NY/T 2705—2015	生物质燃料成型机　质量评价技术规范	
37	NY/T 2706—2015	马铃薯打秧机　质量评价技术规范	
38	NY/T 2707—2015	纸质湿帘　质量评价技术规范	
39	NY/T 2708—2015	温室透光覆盖材料安装与验收规范　玻璃	
40	NY/T 2709—2015	油菜播种机　作业质量	
41	NY/T 2710—2015	茶树良种繁育基地建设标准	
42	NY/T 2711—2015	草原监测站建设标准	
43	NY/T 2712—2015	节水农业示范区建设标准　总则	

附　录

（续）

序号	标准号	标准名称	代替标准号
44	NY/T 2713—2015	水产动物表观消化率测定方法	SC/T 1089—2006
45	NY/T 60—2015	桃小食心虫综合防治技术规程	NY/T 60—1987
46	NY/T 500—2015	秸秆粉碎还田机　作业质量	NY/T 500—2002
47	NY/T 503—2015	单粒(精密)播种机　作业质量	NY/T 503—2002
48	NY/T 509—2015	秸秆揉丝机　质量评价技术规范	NY/T 509—2002
49	NY/T 648—2015	马铃薯收获机　质量评价技术规范	NY/T 648—2002
50	NY/T 1640—2015	农业机械分类	NY/T 1640—2008
51	NY/T 5018—2015	茶叶生产技术规程	NY/T 5018—2001
52	NY/T 1151.1—2015	农药登记用卫生杀虫剂室内药效试验及评价　第1部分:防蛀剂	NY/T 1151.1—2006
53	SC/T 1123—2015	翘嘴鲌	
54	SC/T 1124—2015	黄颡鱼　亲鱼和苗种	
55	SC/T 2068—2015	凡纳滨对虾　亲虾和苗种	
56	SC/T 2072—2015	马氏珠母贝　亲贝和苗种	
57	SC/T 2079—2015	毛蚶　亲贝和苗种	
58	SC/T 3049—2015	刺参及其制品中海参多糖的测定　高效液相色谱法	
59	SC/T 3218—2015	干江蓠	
60	SC/T 3219—2015	干鲍鱼	
61	SC/T 5061—2015	人工钓饵	
62	SC/T 6055—2015	养殖水处理设备　微滤机	
63	SC/T 6056—2015	水产养殖设施　名词术语	
64	SC/T 6080—2015	渔船燃油添加剂试验评定方法	
65	SC/T 7019—2015	水生动物病原微生物实验室保存规范	
66	SC/T 7218.1—2015	指环虫病诊断规程　第1部分:小鞘指环虫病	
67	SC/T 7218.2—2015	指环虫病诊断规程　第2部分:页形指环虫病	
68	SC/T 7218.3—2015	指环虫病诊断规程　第3部分:鳙指环虫病	
69	SC/T 7218.4—2015	指环虫病诊断规程　第4部分:坏鳃指环虫病	
70	SC/T 7219.1—2015	三代虫病诊断规程　第1部分:大西洋鲑三代虫病	
71	SC/T 7219.2—2015	三代虫病诊断规程　第2部分:鲩三代虫病	
72	SC/T 7219.3—2015	三代虫病诊断规程　第3部分:鲢三代虫病	
73	SC/T 7219.4—2015	三代虫病诊断规程　第4部分:中型三代虫病	
74	SC/T 7219.5—2015	三代虫病诊断规程　第5部分:细锚三代虫病	
75	SC/T 7210.6—2015	三代虫病诊断规程　第6部分:小林三代虫病	
76	SC/T 7220—2015	中华绒螯蟹螺原体 PCR 检测方法	
77	SC/T 9417—2015	人工鱼礁资源养护效果评价技术规范	
78	SC/T 9418—2015	水生生物增殖放流技术规范　鲷科鱼类	
79	SC/T 9419—2015	水生生物增殖放流技术规范　中国对虾	
80	SC/T 9420—2015	水产养殖环境(水体、底泥)中多溴联苯醚的测定　气相色谱—质谱法	
81	SC/T 9421—2015	水生生物增殖放流技术规范　日本对虾	
82	SC/T 9422—2015	水生生物增殖放流技术规范　鲆鲽类	
83	SC/T 3203—2015	调味生鱼干	SC/T 3203—2001
84	SC/T 3210—2015	盐渍海蜇皮和盐渍海蜇头	SC/T 3210—2001
85	SC/T 8045—2015	渔船无线电通信设备修理、安装及调试技术要求	SC/T 8045—1994
86	SC/T 7002.6—2015	渔船用电子设备环境试验条件和方法　盐雾(Ka)	SC/T 7002.6—1992

中华人民共和国农业部公告
第 2258 号

《农产品等级规格评定技术规范　通则》等 131 项标准业经专家审定通过,现批准发布为中华人民共和国农业行业标准,自 2015 年 8 月 1 日起实施。

特此公告。

附件:《农产品等级规格评定技术规范　通则》等 131 项农业行业标准目录

农业部

2015 年 5 月 21 日

附 录

附件:

《农产品等级规格评定技术规范 通则》等
131项农业行业标准目录

序号	标准号	标准名称	代替标准号
1	NY/T 2714—2015	农产品等级规格评定技术规范 通则	
2	NY/T 2715—2015	平菇等级规格	
3	NY/T 2716—2015	马铃薯原原种等级规格	
4	NY/T 2717—2015	樱桃良好农业规范	
5	NY/T 2718—2015	柑橘良好农业规范	
6	NY/T 2719—2015	苹果苗木脱毒技术规范	
7	NY/T 2720—2015	水稻抗纹枯病鉴定技术规范	
8	NY/T 2721—2015	柑橘商品化处理技术规程	
9	NY/T 2722—2015	秸秆腐熟菌剂腐解效果评价技术规程	
10	NY/T 2723—2015	茭白生产技术规程	
11	NY/T 2724—2015	甘蔗脱毒种苗生产技术规程	
12	NY/T 2725—2015	氯化苦土壤消毒技术规程	
13	NY/T 2726—2015	小麦蚜虫抗药性监测技术规程	
14	NY/T 2727—2015	蔬菜烟粉虱抗药性监测技术规程	
15	NY/T 2728—2015	稻田稗属杂草抗药性监测技术规程	
16	NY/T 2729—2015	李属坏死环斑病毒检测规程	
17	NY/T 2730—2015	水稻黑条矮缩病测报技术规范	
18	NY/T 2731—2015	小地老虎测报技术规范	
19	NY/T 2732—2015	农作物害虫性诱监测技术规范(螟蛾类)	
20	NY/T 2733—2015	梨小食心虫监测性诱芯应用技术规范	
21	NY/T 2734—2015	桃小食心虫监测性诱芯应用技术规范	
22	NY/T 2735—2015	稻茬小麦涝渍灾害防控与补救技术规范	
23	NY/T 2736—2015	蝗虫防治技术规范	
24	NY/T 2737.1—2015	稻纵卷叶螟和稻飞虱防治技术规程 第1部分:稻纵卷叶螟	
25	NY/T 2737.2—2015	稻纵卷叶螟和稻飞虱防治技术规程 第2部分:稻飞虱	
26	NY/T 2738.1—2015	农作物病害遥感监测技术规范 第1部分:小麦条锈病	
27	NY/T 2738.2—2015	农作物病害遥感监测技术规范 第2部分:小麦白粉病	
28	NY/T 2738.3—2015	农作物病害遥感监测技术规范 第3部分:玉米大斑病和小斑病	
29	NY/T 2739.1—2015	农作物低温冷害遥感监测技术规范 第1部分:总则	
30	NY/T 2739.2—2015	农作物低温冷害遥感监测技术规范 第2部分:北方水稻延迟型冷害	
31	NY/T 2739.3—2015	农作物低温冷害遥感监测技术规范 第3部分:北方春玉米延迟型冷害	
32	NY/T 2740—2015	农产品地理标志茶叶类质量控制技术规范编写指南	
33	NY/T 2741—2015	仁果类水果中类黄酮的测定 液相色谱法	
34	NY/T 2742—2015	水果及制品可溶性糖的测定 3,5-二硝基水杨酸比色法	
35	NY/T 2743—2015	甘蔗白色条纹病菌检验检疫技术规程 实时荧光定量PCR法	
36	NY/T 2744—2015	马铃薯纺锤块茎类病毒检测 核酸斑点杂交法	
37	NY/T 2745—2015	水稻品种鉴定 SNP标记法	
38	NY/T 2746—2015	植物新品种特异性、一致性和稳定性测试指南 烟草	
39	NY/T 2747—2015	植物新品种特异性、一致性和稳定性测试指南 紫花苜蓿和杂花苜蓿	
40	NY/T 2748—2015	植物新品种特异性、一致性和稳定性测试指南 人参	

（续）

序号	标准号	标准名称	代替标准号
41	NY/T 2749—2015	植物新品种特异性、一致性和稳定性测试指南　橡胶树	
42	NY/T 2750—2015	植物新品种特异性、一致性和稳定性测试指南　凤梨属	
43	NY/T 2751—2015	植物新品种特异性、一致性和稳定性测试指南　普通洋葱	
44	NY/T 2752—2015	植物新品种特异性、一致性和稳定性测试指南　非洲凤仙	
45	NY/T 2753—2015	植物新品种特异性、一致性和稳定性测试指南　红花	
46	NY/T 2754—2015	植物新品种特异性、一致性和稳定性测试指南　华北八宝	
47	NY/T 2755—2015	植物新品种特异性、一致性和稳定性测试指南　韭	
48	NY/T 2756—2015	植物新品种特异性、一致性和稳定性测试指南　莲属	
49	NY/T 2757—2015	植物新品种特异性、一致性和稳定性测试指南　青花菜	
50	NY/T 2758—2015	植物新品种特异性、一致性和稳定性测试指南　石斛属	
51	NY/T 2759—2015	植物新品种特异性、一致性和稳定性测试指南　仙客来	
52	NY/T 2760—2015	植物新品种特异性、一致性和稳定性测试指南　香蕉	
53	NY/T 2761—2015	植物新品种特异性、一致性和稳定性测试指南　杨梅	
54	NY/T 2762—2015	植物新品种特异性、一致性和稳定性测试指南　南瓜（中国南瓜）	
55	NY/T 2763—2015	淮猪	
56	NY/T 2764—2015	金陵黄鸡配套系	
57	NY/T 2765—2015	獭兔饲养管理技术规范	
58	NY/T 2766—2015	牦牛生产性能测定技术规范	
59	NY/T 2767—2015	牧草病害调查与防治技术规程	
60	NY/T 2768—2015	草原退化监测技术导则	
61	NY/T 2769—2015	牧草中15种生物碱的测定　液相色谱—串联质谱法	
62	NY/T 2770—2015	有机铬添加剂（原粉）中有机形态铬的测定	
63	NY/T 2771—2015	农村秸秆青贮氨化设施建设标准	
64	NY/T 2772—2015	农业建设项目可行性研究报告编制规程	
65	NY/T 2773—2015	农业机械安全监理机构装备建设标准	
66	NY/T 2774—2015	种兔场建设标准	
67	NY/T 2775—2015	农作物生产基地建设标准　糖料甘蔗	
68	NY/T 2776—2015	蔬菜产地批发市场建设标准	
69	NY/T 2777—2015	玉米良种繁育基地建设标准	
70	NY/T 2778—2015	骨素	
71	NY/T 2779—2015	苹果脆片	
72	NY/T 2780—2015	蔬菜加工名词术语	
73	NY/T 2781—2015	羊胴体等级规格评定规范	
74	NY/T 2782—2015	风干肉加工技术规范	
75	NY/T 2783—2015	腊肉制品加工技术规范	
76	NY/T 2784—2015	红参加工技术规范	
77	NY/T 2785—2015	花生热风干燥技术规范	
78	NY/T 2786—2015	低温压榨花生油生产技术规范	
79	NY/T 2787—2015	草莓采收与贮运技术规范	
80	NY/T 2788—2015	蓝莓保鲜贮运技术规程	
81	NY/T 2789—2015	薯类贮藏技术规范	
82	NY/T 2790—2015	瓜类蔬菜采后处理与产地贮藏技术规范	
83	NY/T 2791—2015	肉制品加工中非肉类蛋白质使用导则	
84	NY/T 2792—2015	蜂产品感官评价方法	
85	NY/T 2793—2015	肉的食用品质客观评价方法	
86	NY/T 2794—2015	花生仁中氨基酸含量测定　近红外法	
87	NY/T 2795—2015	苹果中主要酚类物质的测定　高效液相色谱法	

（续）

序号	标准号	标准名称	代替标准号
88	NY/T 2796—2015	水果中有机酸的测定 离子色谱法	
89	NY/T 2797—2015	肉中脂肪无损检测方法 近红外法	
90	NY/T 2798.1—2015	无公害农产品 生产质量安全控制技术规范 第1部分:通则	
91	NY/T 2798.2—2015	无公害农产品 生产质量安全控制技术规范 第2部分:大田作物产品	
92	NY/T 2798.3—2015	无公害农产品 生产质量安全控制技术规范 第3部分:蔬菜	
93	NY/T 2798.4—2015	无公害农产品 生产质量安全控制技术规范 第4部分:水果	
94	NY/T 2798.5—2015	无公害农产品 生产质量安全控制技术规范 第5部分:食用菌	
95	NY/T 2798.6—2015	无公害农产品 生产质量安全控制技术规范 第6部分:茶叶	
96	NY/T 2798.7—2015	无公害农产品 生产质量安全控制技术规范 第7部分:家畜	
97	NY/T 2798.8—2015	无公害农产品 生产质量安全控制技术规范 第8部分:肉禽	
98	NY/T 2798.9—2015	无公害农产品 生产质量安全控制技术规范 第9部分:生鲜乳	
99	NY/T 2798.10—2015	无公害农产品 生产质量安全控制技术规范 第10部分:蜂产品	
100	NY/T 2798.11—2015	无公害农产品 生产质量安全控制技术规范 第11部分:鲜禽蛋	
101	NY/T 2798.12—2015	无公害农产品 生产质量安全控制技术规范 第12部分:畜禽屠宰	
102	NY/T 2798.13—2015	无公害农产品 生产质量安全控制技术规范 第13部分:养殖水产品	
103	NY/T 2799—2015	绿色食品 畜肉	
104	NY/T 658—2015	绿色食品 包装通用准则	NY/T 658—2002
105	NY/T 843—2015	绿色食品 畜禽肉制品	NY/T 843—2009
106	NY/T 895—2015	绿色食品 高粱	NY/T 895—2004
107	NY/T 896—2015	绿色食品 产品抽样准则	NY/T 896—2004
108	NY/T 902—2015	绿色食品 瓜籽	NY/T 902—2004,NY/T 429—2000
109	NY/T 1049—2015	绿色食品 薯芋类蔬菜	NY/T 1049—2006
110	NY/T 1055—2015	绿色食品 产品检验规则	NY/T 1055—2006
111	NY/T 1324—2015	绿色食品 芥菜类蔬菜	NY/T 1324—2007
112	NY/T 1325—2015	绿色食品 芽苗类蔬菜	NY/T 1325—2007
113	NY/T 1326—2015	绿色食品 多年生蔬菜	NY/T 1326—2007
114	NY/T 1405—2015	绿色食品 水生蔬菜	NY/T 1405—2007
115	NY/T 1506—2015	绿色食品 食用花卉	NY/T 1506—2007
116	NY/T 1511—2015	绿色食品 膨化食品	NY/T 1511—2007
117	NY/T 1714—2015	绿色食品 即食谷粉	NY/T 1714—2009
118	NY/T 5295—2015	无公害农产品 产地环境评价准则	NY/T 5295—2004
119	NY/T 544—2015	猪流行性腹泻诊断技术	NY/T 544—2002
120	NY/T 546—2015	猪传染性萎缩性鼻炎诊断技术	NY/T 546—2002
121	NY/T 548—2015	猪传染性胃肠炎诊断技术	NY/T 548—2002
122	NY/T 553—2015	禽支原体PCR检测方法	NY/T 553—2002
123	NY/T 562—2015	动物衣原体病诊断技术	NY/T 562—2002
124	NY/T 576—2015	绵羊痘和山羊痘诊断技术	NY/T 576—2002
125	NY/T 635—2015	天然草地合理载畜量的计算	NY/T 635—2002
126	NY/T 798—2015	复合微生物肥料	NY/T 798—2004
127	NY/T 983—2015	苹果采收与贮运技术规范	NY/T 983—2006
128	NY/T 1160—2015	蜜蜂饲养技术规范	NY/T 1160—2006
129	NY/T 1392—2015	猕猴桃采收与贮运技术规范	NY/T 1392—2007
130	SC/T 6074—2015	渔船用射频识别(RFID)设备技术要求	
131	SC/T 8149—2015	渔业船舶用气胀式工作救生衣	

中华人民共和国农业部公告
第 2259 号

　　根据《中华人民共和国农业转基因生物安全管理条例》规定,《转基因植物及其产品成分检测　基体标准物质定值技术规范》等 19 项标准业经专家审定通过,现批准发布为中华人民共和国国家标准,自 2015 年 8 月 1 日起实施。

　　特此公告。

　　附件:《转基因植物及其产品成分检测　基体标准物质定值技术规范》等 19 项农业国家标准目录

农业部
2015 年 5 月 21 日

附件：

《转基因植物及其产品成分检测　基体标准物质
定值技术规范》等 19 项农业国家标准目录

序号	标准名称	标准代号
1	转基因植物及其产品成分检测　基体标准物质定值技术规范	农业部 2259 号公告—1—2015
2	转基因植物及其产品成分检测　玉米标准物质候选物繁殖与鉴定技术规范	农业部 2259 号公告—2—2015
3	转基因植物及其产品成分检测　棉花标准物质候选物繁殖与鉴定技术规范	农业部 2259 号公告—3—2015
4	转基因植物及其产品成分检测　定性 PCR 方法制定指南	农业部 2259 号公告—4—2015
5	转基因植物及其产品成分检测　实时荧光定量 PCR 方法制定指南	农业部 2259 号公告—5—2015
6	转基因植物及其产品成分检测　耐除草剂大豆 MON87708 及其衍生品种定性 PCR 方法	农业部 2259 号公告—6—2015
7	转基因植物及其产品成分检测　抗虫大豆 MON87701 及其衍生品种定性 PCR 方法	农业部 2259 号公告—7—2015
8	转基因植物及其产品成分检测　耐除草剂大豆 FG72 及其衍生品种定性 PCR 方法	农业部 2259 号公告—8—2015
9	转基因植物及其产品成分检测　耐除草剂油菜 MON88302 及其衍生品种定性 PCR 方法	农业部 2259 号公告—9—2015
10	转基因植物及其产品成分检测　抗虫玉米 IE09S034 及其衍生品种定性 PCR 方法	农业部 2259 号公告—10—2015
11	转基因植物及其产品成分检测　抗虫耐除草剂水稻 G6H1 及其衍生品种定性 PCR 方法	农业部 2259 号公告—11—2015
12	转基因植物及其产品成分检测　抗虫耐除草剂玉米双抗 12‑5 及其衍生品种定性 PCR 方法	农业部 2259 号公告—12—2015
13	转基因植物试验安全控制措施　第 1 部分：通用要求	农业部 2259 号公告—13—2015
14	转基因植物试验安全控制措施　第 2 部分：药用工业用转基因植物	农业部 2259 号公告—14—2015
15	转基因植物及其产品环境安全检测　抗除草剂水稻　第 1 部分：除草剂耐受性	农业部 2259 号公告—15—2015
16	转基因植物及其产品环境安全检测　抗除草剂水稻　第 2 部分：生存竞争能力	农业部 2259 号公告—16—2015
17	转基因植物及其产品环境安全检测　耐除草剂油菜　第 1 部分：除草剂耐受性	农业部 2259 号公告—17—2015
18	转基因植物及其产品环境安全检测　耐除草剂油菜　第 2 部分：生存竞争能力	农业部 2259 号公告—18—2015
19	转基因生物良好实验室操作规范　第 1 部分：分子特征检测	农业部 2259 号公告—19—2015

中华人民共和国农业部公告
第 2307 号

《微耕机　安全操作规程》等 68 项标准业经专家审定通过,现批准发布为中华人民共和国农业行业标准,自 2015 年 12 月 1 日起实施。

特此公告。

附件:《微耕机　安全操作规程》等 68 项农业行业标准目录

农业部

2015 年 10 月 9 日

附件：

《微耕机 安全操作规程》等 68 项农业行业标准目录

序号	标准号	标准名称	代替标准号
1	NY 2800—2015	微耕机 安全操作规程	
2	NY 2801—2015	机动脱粒机 安全操作规程	
3	NY 2802—2015	谷物干燥机大气污染物排放标准	
4	NY/T 2803—2015	家禽繁殖员	
5	NY/T 2804—2015	蔬菜园艺工	
6	NY/T 2805—2015	农业职业经理人	
7	NY/T 2806—2015	饲料检验化验员	
8	NY/T 2807—2015	兽用中药检验员	
9	NY/T 2808—2015	胡椒初加工技术规程	
10	NY/T 2809—2015	澳洲坚果栽培技术规程	
11	NY/T 2810—2015	橡胶树褐根病菌鉴定方法	
12	NY/T 2811—2015	橡胶树棒孢霉落叶病原菌分子检测技术规范	
13	NY/T 2812—2015	热带作物种质资源收集技术规程	
14	NY/T 2813—2015	热带作物种质资源描述规范 菠萝	
15	NY/T 2814—2015	热带作物种质资源抗病虫鉴定技术规程 橡胶树白粉病	
16	NY/T 2815—2015	热带作物病虫害防治技术规程 红棕象甲	
17	NY/T 2816—2015	热带作物主要病虫害防治技术规程 胡椒	
18	NY/T 2817—2015	热带作物病虫害监测技术规程 香蕉枯萎病	
19	NY/T 2818—2015	热带作物病虫害监测技术规程 红棕象甲	
20	NY/T 2819—2015	植物性食品中腈苯唑残留量的测定 气相色谱—质谱法	
21	NY/T 2820—2015	植物性食品中抑食肼、虫酰肼、甲氧虫酰肼、呋喃虫酰肼和环虫酰肼 5 种双酰肼类农药残留量的同时测定 液相色谱—质谱联用法	
22	NY/T 2821—2015	蜂胶中咖啡酸苯乙酯的测定 液相色谱—串联质谱法	
23	NY/T 2822—2015	蜂产品中砷和汞的形态分析 原子荧光法	
24	NY/T 2823—2015	八眉猪	
25	NY/T 2824—2015	五指山猪	
26	NY/T 2825—2015	滇南小耳猪	
27	NY/T 2826—2015	沙子岭猪	
28	NY/T 2827—2015	简州大耳羊	
29	NY/T 2833—2015	陕北白绒山羊	
30	NY/T 2828—2015	蜀宣花牛	
31	NY/T 2829—2015	甘南牦牛	
32	NY/T 2830—2015	山麻鸭	
33	NY/T 2831—2015	伊犁马	
34	NY/T 2832—2015	汶上芦花鸡	
35	NY/T 2834—2015	草品种区域试验技术规程 豆科牧草	
36	NY/T 2835—2015	奶山羊饲养管理技术规范	
37	NY/T 2836—2015	肉牛胴体分割规范	
38	NY/T 2837—2015	蜜蜂瓦螨鉴定方法	
39	NY/T 2838—2015	禽沙门氏菌病诊断技术	
40	NY/T 2839—2015	致仔猪黄痢大肠杆菌分离鉴定技术	
41	NY/T 2840—2015	猪细小病毒间接 ELISA 抗体检测方法	
42	NY/T 2841—2015	猪传染性胃肠炎病毒 RT - nPCR 检测方法	
43	NY/T 2842—2015	动物隔离场所动物卫生规范	
44	NY/T 2843—2015	动物及动物产品运输兽医卫生规范	

（续）

序号	标准号	标准名称	代替标准号
45	NY/T 2844—2015	双层圆筒初清筛	
46	NY/T 2845—2015	深松机　作业质量	
47	NY/T 2846—2015	农业机械适用性评价通则	
48	NY/T 2847—2015	小麦免耕播种机适用性评价方法	
49	NY/T 2848—2015	谷物联合收割机可靠性评价方法	
50	NY/T 2849—2015	风送式喷雾机施药技术规范	
51	NY/T 2850—2015	割草压扁机　质量评价技术规范	
52	NY/T 2851—2015	玉米机械化深松施肥播种作业技术规范	
53	NY/T 2852—2015	农业机械化水平评价　第5部分:果、茶、桑	
54	NY/T 2853—2015	沼气生产用原料收贮运技术规范	
55	NY/T 2854—2015	沼气工程发酵装置	
56	NY/T 2855—2015	自走式沼渣沼液抽排设备试验方法	
57	NY/T 2856—2015	非自走式沼渣沼液抽排设备试验方法	
58	NY/T 2857—2015	休闲农业术语、符号规范	
59	NY/T 2858—2015	农家乐设施与服务规范	
60	NY/T 2859—2015	主要农作物品种真实性SSR分子标记检测　普通小麦	
61	NY/T 1648—2015	荔枝等级规格	NY/T 1648—2008
62	NY/T 1089—2015	橡胶树白粉病测报技术规程	NY/T 1089—2006
63	NY/T 264—2015	剑麻加工机械　刮麻机	NY/T 264—2004
64	NY/T 1496.1—2015	户用沼气输气系统　第1部分:塑料管材	NY/T 1496.1—2007
65	NY/T 1496.2—2015	户用沼气输气系统　第2部分:塑料管件	NY/T 1496.2—2007
66	NY/T 1496.3—2015	户用沼气输气系统　第3部分:塑料开关	NY/T 1496.3—2007
67	NY/T 538—2015	鸡传染性鼻炎诊断技术	NY/T 538—2002
68	NY/T 561—2015	动物炭疽诊断技术	NY/T 561—2002

中华人民共和国农业部公告
第 2349 号

　　根据《中华人民共和国兽药管理条例》和《中华人民共和国饲料和饲料添加剂管理条例》规定,《饲料中妥曲珠利的测定　高效液相色谱法》等8项标准业经专家审定通过和我部审查批准,现批准发布为中华人民共和国国家标准,自2016年4月1日起实施。

　　特此公告。

　　附件:《饲料中妥曲珠利的测定　高效液相色谱法》等8项标准目录

农业部

2015 年 12 月 29 日

附件：

《饲料中妥曲珠利的测定　高效液相色谱法》等 8 项标准目录

序号	标准名称	标准代号
1	饲料中妥曲珠利的测定　高效液相色谱法	农业部 2349 号公告—1—2015
2	饲料中赛杜霉素钠的测定　柱后衍生高效液相色谱法	农业部 2349 号公告—2—2015
3	饲料中巴氯芬的测定　高效液相色谱法	农业部 2349 号公告—3—2015
4	饲料中可乐定和赛庚啶的测定　高效液相色谱法	农业部 2349 号公告—4—2015
5	饲料中磺胺类和喹诺酮类药物的测定　液相色谱—串联质谱法	农业部 2349 号公告—5—2015
6	饲料中硝基咪唑类、硝基呋喃类和喹噁啉类药物的测定　液相色谱—串联质谱法	农业部 2349 号公告—6—2015
7	饲料中司坦唑醇的测定　液相色谱—串联质谱法	农业部 2349 号公告—7—2015
8	饲料中二甲氧苄氨嘧啶、三甲氧苄氨嘧啶和二甲氧甲基苄氨嘧啶的测定　液相色谱—串联质谱法	农业部 2349 号公告—8—2015

中华人民共和国农业部公告
第 2350 号

《冬枣等级规格》等 23 项标准业经专家审定通过，现批准发布为中华人民共和国农业行业标准，自 2016 年 4 月 1 日起实施。

特此公告。

附件：《冬枣等级规格》等 23 项农业行业标准目录

农业部

2015 年 12 月 29 日

附件：

《冬枣等级规格》等 23 项农业行业标准目录

序号	标准号	标准名称	代替标准号
1	NY/T 2860—2015	冬枣等级规格	
2	NY/T 2861—2015	杨梅良好农业规范	
3	NY/T 2862—2015	节水抗旱稻 术语	
4	NY/T 2863—2015	节水抗旱稻抗旱性鉴定技术规范	
5	NY/T 2864—2015	葡萄溃疡病抗性鉴定技术规范	
6	NY/T 2865—2015	瓜类果斑病监测规范	
7	NY/T 2866—2015	旱作马铃薯全膜覆盖技术规范	
8	NY/T 2867—2015	西花蓟马鉴定技术规范	
9	NY/T 2868—2015	大白菜贮运技术规范	
10	NY/T 2869—2015	姜贮运技术规范	
11	NY/T 2870—2015	黄麻、红麻纤维线密度的快速检测 显微图像法	
12	NY/T 2871—2015	水稻中 43 种植物激素的测定 液相色谱—串联质谱法	
13	NY/T 2872—2015	耕地质量划分规范	
14	NY/T 2873—2015	农药内分泌干扰作用评价方法	
15	NY/T 2874—2015	农药每日允许摄入量	
16	NY/T 2875—2015	蚊香类产品健康风险评估指南	
17	NY/T 2876—2015	肥料和土壤调理剂 有机质分级测定	
18	NY/T 2877—2015	肥料增效剂 双氰胺含量的测定	
19	NY/T 2878—2015	水溶肥料 聚天门冬氨酸含量的测定	
20	NY/T 2879—2015	水溶肥料 钴、钛含量测定	
21	NY/T 2880—2015	生物质成型燃料工程运行管理规范	
22	NY/T 2881—2015	生物质成型燃料工程设计规范	
23	NY/T 2140—2015	绿色食品 代用茶	NY/T 2140—2012

图书在版编目（CIP）数据

最新中国农业行业标准．第十二辑．植保分册 / 农
业标准编辑部编．—北京：中国农业出版社，2016.11
（中国农业标准经典收藏系列）
ISBN 978-7-109-22331-8

Ⅰ．①最…　Ⅱ．①农…　Ⅲ．①农业－行业标准－汇编
－中国②植物保护－行业标准－汇编－中国　Ⅳ．
①S-65②S4-65

中国版本图书馆 CIP 数据核字（2016）第 271423 号

中国农业出版社出版
（北京市朝阳区麦子店街 18 号楼）
（邮政编码 100125）
责任编辑　冀　刚　廖　宁

北京中科印刷有限公司印刷　　新华书店北京发行所发行
2017 年 1 月第 1 版　　2017 年 1 月北京第 1 次印刷

开本：880mm×1230mm 1/16　　印张：32.25
字数：800 千字
定价：300.00 元
（凡本版图书出现印刷、装订错误，请向出版社发行部调换）